计算机应用基础

主　编／袁剑锋　郝　昆　郭　琳
副主编／唐　亮　孙瑞艺　蒋瑞芳
姚　俏　梅小东

南京大学出版社

图书在版编目(CIP)数据

计算机应用基础 / 袁剑锋，郝昆，郭琳主编. -- 南京：南京大学出版社，2021.9(2023.9 重印)
ISBN 978-7-305-24908-2

Ⅰ. ①计… Ⅱ. ①袁… ②郝… ③郭… Ⅲ. ①电子计算机-高等职业教育-教材 Ⅳ. ①TP3

中国版本图书馆 CIP 数据核字(2021)第 172462 号

出版发行　南京大学出版社
社　　址　南京市汉口路 22 号　　　邮　　编　210093
出 版 人　王文军

书　　名　计算机应用基础
主　　编　袁剑锋　郝　昆　郭　琳
责任编辑　吕家慧　　　　　　　编辑热线　(025)83597482

照　　排　江苏圣师印刷有限公司
印　　刷　丹阳兴华印务有限公司
开　　本　787 mm×1092 mm　1/16　印张 18.75　字数 433 千
版　　次　2021 年 9 月第 1 版　2023 年 9 月第 3 次印刷
ISBN 978-7-305-24908-2
定　　价　59.80 元

网　　址：http://www.njupco.com
官方微博：http://weibo.com/njupco
微信服务号：njuyuexue
销售咨询热线：(025)84461646

前 言

随着信息化社会的高速发展,信息技术成为大学生必备的基本素养。结合高等职业院校学生学情及职教特点,本书在介绍信息技术知识的同时,更注重学生信息技术应用能力的培养和信息素养的提高。本书有利于提高读者信息技术操作能力和巩固信息技术基础知识,有助于 MS Office 办公软件高级应用能力的提高和计算思维能力的培养。本书遵循教学规律,符合近年来的教学改革和实践,以教育部 2021 版信息技术课程标准为依据,内容紧扣新版全国计算机等级考试一级考试大纲。本书内容丰富、图文并茂、系统性强、注重实践,配有一定数量的实验,并给出了详细的操作步骤,操作提示清晰易懂,易教易学。

通过本书的学习,可以让读者对于办公软件在日常办公和生活中的应用具有更加全面的认识,能有效提高各项办公事务的工作效率,从而提高个人岗位应用技能。全书分为 6 章:第 1 章 计算机基础知识,主要介绍了计算机概述、计算机系统的组成、计算机中的数制与编码、计算机安全等;第 2 章 Windows 10 操作系统,主要介绍了 Windows 10 操作系统的基础知识、基本操作方法、文件管理、系统设置等;第 3 章 计算机网络基础,主要介绍了网络的基础知识和基本操作,包括网上漫游、收发电子邮件等;第 4 章 文档处理软件 Word 2016,主要介绍了 Word 2016 文档的基本操作、基础排版、图形应用、表格处理等;第 5 章 数据处理软件 Excel 2016,主要介绍了 Excel 2016 表格的基本操作、工作表的格式化、数据分析、图表以及页面设置与打印等;第 6 章 使用 PowerPoint 2016 制作演示文稿,主要介绍了 PowerPoint 2016 的常规操作,幻灯片的制作、编辑、美化以及演示文稿的管理操作方法等。

全书内容结构编排合理,既适合作为高职高专学校各专业的“计算机应用基础”课程的教材,也适合作为社会各界人士的自学参考教材。将本书作为教材进行教学时,建议采用“教、学、做一体化”的教学模式,安排在计算机实训室进行,做到理论教学和实践教学及时、紧密结合,使学生高效掌握操作技能。

本书由袁剑锋、郝昆、郭琳三位老师担任主编,蒋瑞芳、唐亮、孙瑞艺、姚俏等担任副主编。唐亮老师负责第 1 章,郝昆老师负责 2—3 章,蒋瑞芳老师负责第 4 章,孙瑞艺老师负责第 5 章,姚俏老师负责第 6 章的编写。袁剑锋、郝昆和郭琳三人负责统编全稿。本书在编写期间也得到了学院领导和老师们的大力支持和帮助,在此一并表示衷心的感谢。

由于时间仓促,编者水平有限,书中如有不足之处,敬请读者批评、指正,对此,我们深表谢意。

编者

2021 年 4 月

目　录

第1章 计算机基础知识

本章要点

- 计算机的发展历史、特点、应用
- 计算机系统的组成
- 计算机中的数制与编码
- 计算机安全

本章难点

- 各种数制间的转换
- 字符和汉字的编码

1.1 计算机概述

计算机(Computer)俗称电脑,是人类历史上最伟大的发明之一。它是一种用于高速计算的电子计算机器,可以进行数值计算,又可以进行逻辑计算,还具有存储记忆功能。计算机是能够按照程序运行,自动、高速处理海量数据的现代化智能电子设备,它的历史不过短短70多年,却已渗透到人类社会的各个领域,成为人们学习、工作和生活中不可或缺的重要工具。

1.1.1 计算机的发展历史

1. 现代计算机的发展历史

(1) 第一代电子管计算机(1946～1955年)

1946年2月15日,标志现代计算机诞生的ENIAC(Electronic Numerical Integrator and Computer,电子数字积分计算机)在美国宾夕法尼亚大学投入运行。ENIAC代表了计算机发展史上的里程碑。其占地面积150平方米,总重量30吨,使用了18 000只电子管、6 000个开关、7 000只电阻、10 000只电容、50万条线,每小时耗电量140千瓦,可进行5 000次加法/秒运算,主要用于军事和科学研究领域的计算。

(2) 第二代晶体管计算机(1956～1964年)

第二代计算机采用的主要逻辑元件是晶体管,并开始使用磁带、磁盘和操作系统。在这一时期出现了更高级的 COBOL 和 FORTRAN 等语言，使计算机编程更容易。相比之下，第二代计算机体积小、速度快、功耗低、性能更稳定。

(3) 第三代集成电路计算机(1965～1971 年)

第三代计算机采用集成电路(IC)代替了分立元件，用半导体存储器代替了磁芯存储器，于是计算机变得更小、功耗更低、速度更快。软件逐渐完善，分时操作系统、会话式语言等多种高级语言都有新的发展。

(4) 第四代大规模集成电路计算机(1972 年至今)

第四代计算机的逻辑元件和主存储器开始采用大规模和超大规模集成电路。大规模集成电路(LSI)可以在一个芯片上容纳几百个元件，超大规模集成电路(VLSI)可以容纳几十万个元件。这时计算机发展到了微型化、耗电极少、可靠性很高的阶段。

表 1-1　计算机的四个发展阶段

年代 部件	第一代 (1946～1955 年)	第二代 (1956～1964 年)	第三代 (1965～1971 年)	第四代 (1972 年至今)
主要电子元器件	电子管	晶体管	中、小规模集成电路	大规模、 超大规模集成电路
内存	汞延迟线	磁芯存储器	半导体存储器	半导体存储器
外存	穿孔卡片、纸带	磁带	磁带、磁盘	磁盘、磁带、光盘等大容量存储器
数据处理方式	汇编语言、代码程序	高级程序设计语言	结构化、模块化程序设计，实时控制	分时、实时数据处理，计算机网络
处理速度 (每秒指令数)	几千条	几万至几十万条	几十万至几百万条	上千万至亿亿条

(5) 新一代计算机

20 世纪 80 年代，日本和欧美开始研发新一代计算机。新一代计算机是把信息采集、存储、处理、通信和人工智能结合在一起的计算机系统。它的特点是智能化，具有某些与人的智能相类似的功能，可以理解人的语言，能思考问题，并具有逻辑推理的能力。

2. 微型计算机的发展历史

20 世纪 70 年代初，美国 Intel 公司等采用先进的微电子技术将运算器和控制器集成到一块芯片中，称之为微处理器(MPU)。其发展大约经历了六个阶段，如表 1-2 所示。

表 1-2　微机发展的六个阶段

阶段	起止年份	典型 CPU	数据位数
1	1971～1973 年	Intel 4004/8008	4 位、8 位
2	1974～1977 年	Intel 8080/8085	8 位
3	1978～1984 年	Intel 8086/8088，Motorola M68000，Zilog 的 Z8000	16 位
4	1985～1992 年	Intel 80386/80486，Motorola M69030/68040	32 位
5	1993～2005 年	Intel 奔腾系列芯片和 AMD K6/K7	32 位
6	1993 年至今	Intel 酷睿系列，移动节能系列	64 位

3. 我国计算机的发展历史

1958 年，中科院计算所成功研制中国第一台小型电子管通用计算机 103 机（八一型），标志着中国第一台电子计算机的诞生。

1965 年，中科院计算所成功研制第一台大型晶体管计算机 109 乙，之后推出 109 丙机，该机在两弹试验中发挥了重要作用。

1974 年，清华大学等单位联合设计并成功研制采用集成电路的 DJS-130 小型计算机，运算速度达每秒 100 万次。

1983 年，国防科技大学成功研制运算速度每秒上亿次的银河-Ⅰ巨型机，这是中国高速计算机研制的一个重要里程碑。

1985 年，电子工业部计算机管理局成功研制与 IBM PC 机兼容的长城 0520CH 微机。

1992 年，国防科技大学研究出银河-Ⅱ通用并行巨型机，峰值速度达每秒 4 亿次浮点运算（相当于每秒 10 亿次基本运算操作），为共享主存储器的四处理机向量机，其向量中央处理机是采用中小规模集成电路自行设计的，总体上达到 20 世纪 80 年代中后期国际先进水平。它主要用于中期天气预报。

1993 年，国家智能计算机研究开发中心（后成立北京市曙光计算机公司）成功研制曙光一号全对称共享存储多处理机，这是国内首次以基于超大规模集成电路的通用微处理器芯片和标准 UNIX 操作系统设计开发的并行计算机。

1995 年，曙光公司又推出了国内第一台具有大规模并行处理机（MPP）结构的并行机曙光 1000（含 36 个处理机），峰值速度每秒 25 亿次浮点运算，实际运算速度上了每秒 10 亿次浮点运算这一高性能台阶。曙光 1000 与美国 Intel 公司 1990 年推出的大规模并行机体系结构与实现技术相近，与国外的差距缩小到 5 年左右。

1997 年，国防科大成功研制银河-Ⅲ百亿次并行巨型计算机系统，采用可扩展分布共享存储并行处理体系结构，由 130 多个处理结点组成，峰值性能为每秒 130 亿次浮点运算，系统综合技术达到 90 年代中期国际先进水平。

1997～1999 年，曙光公司先后在市场上推出具有机群结构（Cluster）的曙光 1000A，曙光 2000-Ⅰ，曙光 2000-Ⅱ超级服务器，峰值计算速度已突破每秒 1000 亿次浮点运算，机器规模已超过 160 个处理机。

1999 年，国家并行计算机工程技术研究中心研制的神威Ⅰ计算机通过了国家级验收，并在国家气象中心投入运行。系统有 384 个运算处理单元，峰值运算速度达每秒 3 840 亿次。

2000 年，曙光公司推出每秒 3000 亿次浮点运算的曙光 3000 超级服务器。

2001 年，中科院计算所成功研制中国第一款通用 CPU——“龙芯”芯片。

2002 年，曙光公司推出完全自主知识产权的“龙腾”服务器，龙腾服务器采用了“龙芯-1”CPU，采用了曙光公司和中科院计算所联合研发的服务器专用主板，采用曙光 LINUX 操作系统，该服务器是国内第一台完全实现自有产权的产品，在国防、安全等部门将发挥重大作用。2003 年，百万亿次数据处理超级服务器曙光 4000L 通过国家验收，再一次刷新国产超级服务器的历史纪录，使得国产高性能产业再上新台阶。

2003 年 4 月 9 日，由苏州国芯、南京熊猫、中芯国际、上海宏力、上海贝岭、杭州士兰、北京国家集成电路产业化基地、北京大学、清华大学等 61 家集成电路企业机构组成的"C * Core(中国芯)产业联盟"在南京宣告成立,谋求合力打造中国集成电路完整产业链。2003 年 12 月 9 日 联想承担的国家网格主节点"深腾 6800"超级计算机正式研制成功,其实际运算速度达到每秒 4.183 万亿次,全球排名第 14 位,运行效率 78.5%。

2003 年 12 月 28 日,"中国芯工程"成果汇报会在人民大会堂举行,中国"星光中国芯"工程开发设计出 5 代数字多媒体芯片,在国际市场上以超过 40%的市场份额占领了计算机图像输入芯片世界第一的位置。

2004 年 3 月 24 日,在国务院常务会议上,《中华人民共和国电子签名法(草案)》获得原则上通过,这标志着中国电子业务渐入法制轨道。

2004 年 6 月 21 日,美国能源部劳伦斯伯克利国家实验室公布了最新的全球计算机 500 强名单,曙光计算机公司研制的超级计算机"曙光 4000A"排名第十,运算速度达 8.061 万亿次。

2005 年 4 月 1 日,电子签名法正式实施。《中华人民共和国电子签名法》正式实施。电子签名自此与传统的手写签名和盖章具有同等的法律效力,将促进和规范中国电子交易的发展。

2005 年 4 月 18 日,"龙芯二号"正式亮相。由中国科学研究院计算技术研究所研制的中国首个拥有自主知识产权的通用高性能 CPU"龙芯二号"正式亮相。

2005 年 5 月 1 日,联想完成并购 IBM PC。联想正式宣布完成对 IBM 全球 PC 业务的收购,联想以合并后年收入约 130 亿美元、个人计算机年销售量约 1 400 万台的实力,一跃成为全球第三大 PC 制造商。

2010 年 11 月 14 日,国际 TOP 500 组织在网站上公布了最新全球超级计算机前 500 强排行榜,中国首台千兆次超级计算机系统"天河一号"排名全球第一。

2014 年 11 月,全球超级计算机 500 强排行榜在美国公布,中国"天河二号"以比第二名美国"泰坦"快近一倍的速度获得冠军。

2016 年 6 月 20 日,在法兰克福世界超算大会上,国际 TOP 500 组织发布的榜单显示,我国"神威·太湖之光"超级计算机系统登顶榜单之首,不仅速度比第二名"天河二号"快出近两倍,其效率也提高三倍。

2019 年 10 月 20 日,第六届世界互联网大会举行新闻发布会,发布《中国互联网发展报告 2019》。报告显示,2019 年中国网络信息技术自主创新能力不断增强,新一代百亿亿次超级计算机的原型机型研制完成。

2020 年 12 月 4 日,《科学》杂志公布了中国量子计算机"九章"的重大突破。这台由中国科学技术大学潘建伟、陆朝阳等学者研制的 76 个光子的量子计算原型机,相比 2019 年 9 月美国谷歌公司宣布研制出的 53 个量子比特的计算机"悬铃木",快 100 亿倍,使全球量子计算的前沿研究达到一个新高度。尽管距离实际应用仍有漫漫长路,但成功实现了"量子计算优越性"里程碑式的突破。

1.1.2 计算机的分类

计算机的种类很多,根据不同标准,有多种分类。

1. 根据处理的信号

计算机可以分为模拟计算机、数字计算机和数字模拟混合计算机。模拟计算机是指其运算处理的数据是用连续模拟量表示的。数字计算机是指其运算处理的数据都是用离散数字量表示的。数字模拟混合计算机是指输入、输出既可以是数字数据也可以是模拟数据。目前使用的计算机基本都是数字计算机。

2. 根据使用范围

按照计算机使用的范围可以将计算机分为专用计算机和通用计算机。专用计算机是针对某一特定用途而设计的计算机。通用计算机是为了解决多种问题而设计的具有多种用途的计算机。目前使用的计算机大多是通用计算机。

3. 根据性能

目前国内外较多沿用的分类方法是根据美国电气和电子工程师协会(IEEE)的一个委员会于1989年11月提出的标准来划分的,即把计算机划分为:巨型机(Supercomputer)、小巨型机(Mini Supercomputer)、大型主机(Mainframe)、小型机(Minicomputer或Minis)、工作站(Workstation)、个人计算机(Personal Computer)等6类。

(1) 巨型计算机

巨型计算机又称超级计算机、超级电脑、超算。“超级计算机”是指工作速度在每秒以万亿次计算的运算系统。

2005年6月,在每半年评选一次的“超级计算机500强”的最新名单中,美国国际商用机器公司(IBM)的“蓝色基因/L”系统,以每秒136.8万亿次浮点运算速度,再次夺冠。2008年6月,IBM公司为美国核安全管理局(NNSA)国家实验室提供的又一超级计算机在“超级计算机500强”中,以巨大的领先优势再次夺冠,运算速度高达1.02千万亿次浮点运算。系统中IBM PowerXCell 8i芯片执行数学密集型计算,有6 562个AMD Opteron双核处理器负责执行基本计算功能。

2008年排名前9位的计算机系统均来自美国,而第10位是来自中国上海的曙光5000A,该系统采用AMD Opteron 1.9 GHz四核心处理器,安装了最新的微软Windows HPC 2008操作系统。

2010年11月14日,国际TOP 500组织在网站上公布了最新全球超级计算机前500强排行榜,中国首台千兆次超级计算机系统“天河一号”排名全球第一。其后2011年才被日本超级计算机“京”超越。2012年6月18日,国际超级电脑组织公布的全球超级电脑500强名单中,“天河一号”排名全球第五。(一兆等于一万亿)

2014年11月,全球超级计算机500强排行榜在美国公布,中国“天河二号”以比第二名美国“泰坦”快近一倍的速度获得冠军。“天河二号”是由国防科大研制的超级计算机系统,以峰值计算速度每秒5.49亿亿次、持续计算速度每秒3.39亿亿次双精度浮点运算的优异性能位居榜首,成为全球最快超级计算机。2019年11月18日,全球超级计算机500强榜单发布,中国超算“天河二号”排名第四位。

2016年6月20日,在法兰克福世界超算大会上,国际TOP 500组织发布的榜单显示,我国“神威·太湖之光”超级计算机系统登顶榜单之首,不仅速度比第二名“天河二号”快出近两倍,其效率也提高三倍。“神威·太湖之光”超级计算机是由国家并行计算机工程技术研究中心研制、安装在国家超级计算无锡中心的超级计算机。

“神威·太湖之光”超级计算机安装了40 960个中国自主研发的“申威26010”众核处理

器，该众核处理器采用 64 位自主申威指令系统，峰值性能为 12.5 亿亿次/秒，持续性能为 9.3 亿亿次/秒。

截至 2019 年 11 月，全球超级计算机 500 强榜单，美国超级计算机“顶点”蝉联冠军，中国则继续扩大数量上的领先优势，在总算力上与美国的差距进一步缩小。美国超级计算机“顶点”以每秒 14.86 亿亿次的浮点运算速度再次登顶，第二位是美国超算“山脊”，中国超算“神威·太湖之光”和“天河二号”分列第三、四位。

在上榜数量上，中国境内有 228 台超算上榜，蝉联上榜数量第一，比半年前的榜单增加 9 台；美国以 117 台位列第二。从总算力上看，美国超算占比为 37.1%，中国超算占比为 32.3%。全球超级计算机 500 强榜单始于 1993 年，由国际组织“TOP 500”编制，每半年发布一次，是给全球已安装的超级计算机排座次的知名榜单。中、美两国在超算领域你追我赶的态势已持续数年。中国的“神威·太湖之光”曾多次夺得冠军，美国“顶点”在 2018 年 6 月首次登顶后已连续四次夺冠。

2016 年 7 月 26 日，从我国首台千万亿次超级计算机“天河一号”所在的国家超算天津中心获悉，由该中心同国防科技大学联合开展的我国新一代百亿亿次超级计算机样机研制工作已经启动。

2019 年 10 月 20 日，第六届世界互联网大会举行新闻发布会，发布《中国互联网发展报告 2019》。报告显示，2019 年中国网络信息技术自主创新能力不断增强，新一代百亿亿次超级计算机的原型机型研制完成。

(2) 小巨型机

小巨型机又称小超级计算机，可以满足一些科学研究、工程设计的特定需要。

(3) 大型主机

大型主机包括过去所说的大型机和中型机，主要用于规模较大的银行、企业、高校和科研院所，有很强的管理和处理功能。

(4) 小型计算机

小型计算机相对结构简单，可靠性高，成本也较低，比昂贵的大型主机有更大的应用空间。

(5) 工作站

工作站，包括工程工作站和图形工作站等。它是介于 PC 机与小型机之间的一种高档微型计算机，其运算速度比微机快，有较强的联网功能；主要用于图像处理、计算机辅助设计等特殊的专业领域。

(6) 个人计算机

个人计算机，又称微型计算机，也称个人电脑、PC 机或微机。个人电脑运算速度多数在每秒 10 亿次左右，快的也只有几十亿次。自 20 世纪 70 年代出现后，个人电脑以其设计先进和不断采用高性能微处理器升档为标志，以操作简单、价格便宜、软件丰富、功能齐全等优势而广为普及和应用。现在 PC 机到处用，到处都有，不仅有台式机，还有膝上电脑、笔记本电脑、掌上电脑、手表型电脑等，个人计算机的技术、款式、功能集成方面都在不断推新。

4. 未来计算机

(1) 量子计算机

量子计算机，简单地说，是一种可以实现量子计算的机器，它是一种通过量子力学规律以实现数学和逻辑运算、处理和储存信息的系统。它以量子态为记忆单元和信息储存形式，以量子动力学演化为信息传递与加工基础的量子通信与量子计算，在量子计算机中其硬件的各种元件的尺寸达到原子或分子的量级。量子计算机是一个物理系统，它能存储和处理用量子比特表示的信息。

如同传统计算机是通过集成电路中电路的通断来实现0、1之间的区分，其基本单元为硅晶片一样，量子计算机也有着自己的基本单位——昆比特(qubit)。昆比特又称量子比特，它通过量子的两态的量子力学体系来表示0或1。比如光子的两个正交的偏振方向，磁场中电子的自旋方向，或核自旋的两个方向，原子中量子处在的两个不同能级，或任何量子系统的空间模式等。量子计算的原理就是将量子力学系统中量子态进行演化的结果。

2020年12月4日，中国科学技术大学宣布该校潘建伟等人成功构建76个光子的量子计算原型机"九章"，求解数学算法高斯玻色取样只需200秒。

量子计算机拥有强大的量子信息处理能力，对于目前海量的信息，能够从中提取有效的信息进行加工处理使之成为新的有用的信息。量子信息的处理先需要对量子计算机进行储存处理，之后再对所给的信息进行量子分析。运用这种方式能准确预测天气状况，目前计算机预测的天气状况的准确率达75%，但是运用量子计算机进行预测，准确率能进一步上升，更加方便人们的出行。

目前的计算机通常会受到病毒的攻击，直接导致电脑瘫痪，还会导致个人信息被窃取，但是量子计算机由于具有不可克隆的量子原理，这些问题不会存在。用户在使用量子计算机时能够放心地上网，不用害怕个人信息泄露。另一方面，量子计算机拥有强大的计算能力，能够同时分析大量不同的数据，所以在金融方面能够准确分析金融走势，在避免金融危机方面起到很大的作用；在生物化学的研究方面也能够发挥很大的作用，可以模拟新药物的成分，更加精确地研制药物和化学用品，这样就能够保证药物的成本和药物的药性。

但量子计算机并不是在任何领域都比传统计算机更有优势。

(2) 神经网络计算机

人脑总体运行速度相当于每秒1 000万亿次的电脑功能，可把生物大脑神经网络看作一个大规模并行处理的、紧密耦合的、能自行重组的计算网络。从大脑工作的模型中抽取计算机设计模型，用许多处理机模仿人脑的神经元机构，将信息存储在神经元之间的联络中，并采用大量的并行分布式网络就构成了神经网络计算机。

(3) 化学、生物计算机

在运行机理上，化学计算机以化学制品中的微观碳分子作信息载体，来实现信息的传输与存储。DNA分子在酶的作用下可以从某基因代码通过生物化学反应转变为另一种基因代码，转变前的基因代码可以作为输入数据，反应后的基因代码可以作为运算结果，利用这一过程可以制成新型的生物计算机。生物计算机最大的优点是生物芯片的蛋白质具有生物活性，能够跟人体的组织结合在一起，特别是可以和人的大脑和神经系统有机的连接，使人机接口自然吻合，免除了烦琐的人机对话。这样，生物计算机就可以听人指挥，成为人脑的外延或扩充部分，还能够从人体的细胞中吸收营养来补充能量，不要任何外界的能源。由于生物计算机的蛋白质分子具有自我组合的能力，从而使生物计算机具有自调节能力、自修复能力和自再生能力，更易于模拟人类大脑的功能。现今科学家已研制出了许多生物计算机的主要部件——生物芯片。

(4) 光计算机

光计算机是用光子代替半导体芯片中的电子，以光互连来代替导线制成数字计算机。与电的特性相比，光具有无法比拟的各种优点：光计算机是“光”导计算机，光在光介质中以许多个波长不同或波长相同而振动方向不同的光波传输，不存在寄生电阻、电容、电感和电子相互作用问题；光器件也无电位差，因此光计算机的信息在传输中畸变或失真小，可在同一条狭窄的通道中传输数量大得难以置信的数据。

1.1.3 计算机的特点

计算机是高度自动化的信息处理设备。主要特点有处理速度快、计算精度高、记忆能力强、可靠的逻辑判断能力、可靠性高、通用性强。

1. 运算速度快

计算机运算速度是计算机最重要的性能指标之一，现代计算机每秒能进行几百亿次以上的加法运算，这使大量复杂的科学计算问题得以解决。计算机的运算速度用 MIPS(每秒钟执行多少百万条指令)来衡量。

2. 计算精度高

数据的运算精度主要取决于计算机的字长，可以通过增加字长来提高数值运算的精度，字长越长，运算精度越高。

3. 记忆能力强

计算机的存储器类可以存储大量的数据和计算机的程序，例如文字、图像、音频、视频等信息。是否具有强大的存储能力，是计算机和其他计算装置(如计算器)的一个重要区别。

4. 可靠的逻辑判断能力

计算机的逻辑判断能力能够实现判断和推理，并能根据结果执行相应命令和操作。

5. 可靠性高、通用性强

计算机靠存储程序控制进行工作。无论是复杂的还是简单的问题，都可以分解成基本的算术运算和逻辑运算，并可用程序描述解决问题的步骤。所以，计算机可靠性高、通用性强。

1.1.4 计算机的性能指标

计算机的主要技术性能指标有主频、字长、内存容量、存取周期、运算速度及其他指标。

1. 主频(时钟频率)

主频是指计算机 CPU 在单位时间内输出的脉冲数。它在很大程度上决定了计算机的运行速度，单位为 MHz。

2. 字长

字长是指计算机的运算部件能同时处理的二进制数据的位数。字长决定运算精度。

3. 内存容量

内存容量是指内存储器中能存储的信息总字节数。通常以8个二进制位(bit)作为一个字节(Byte)。

4. 存取周期

存取周期是指存储器连续两次独立的“读”或“写”操作所需的最短时间,单位为纳秒(ns,1ns=10^{9}s)。存储器完成一次“读”或“写”操作所需的时间称为存储器的访问时间(或读写时间)。

5. 运算速度

运算速度是一个综合性的指标,单位为MIPS(每秒百万条指令)。影响运算速度的因素主要是主频和存取周期,字长和存储容量对运算速度也有影响。

6. 其他指标

机器的兼容性(包括数据和文件的兼容、程序兼容、系统兼容和设备兼容)、系统的可靠性[平均无故障工作时间(MTBF)]、系统的可维护性[平均修复时间(MTTR)]、机器允许配置的外部设备的最大数目、计算机系统的汉字处理能力、数据库管理系统及网络功能等,性能/价格比是一个综合性评价计算机性能的指标。

1.1.5 计算机的应用

随着计算机的广泛普及和迅猛发展,计算机的应用领域已渗透到社会的各行各业,归纳起来有以下几个主要方面。

1. 科学计算

科学计算是指利用计算机来完成科学研究和工程技术中提出的数学问题的计算。利用计算机可以实现人工无法解决的各种科学计算问题。

2. 数据处理

数据处理是目前计算机应用的一个重要领域,又称信息处理。信息处理主要是指非数值形式的数据处理,包括对数据资料的收集、存储、加工、分类、排序、检索和发布等一系列工作。信息处理包括办公自动化(OA)、企业管理、情报检索、报刊编排处理等。特点是要处理的原始数据量大,而算术运算较简单,有大量的逻辑运算与判断,结果要求以表格或文件形式存储、输出。要求计算机的存储容量大,对计算速度则不怎么要求。信息处理目前应用最广,占所有应用的80%左右。

3. 实时控制

实时控制指用计算机作为控制部件对单台设备或整个生产过程进行控制。它在工业生产的各个行业都得到了广泛的应用,特别是在卫星的发射和飞行控制、航天飞机等尖端技术领域都离不开计算机的实时控制。

4. 计算机辅助系统

计算机辅助系统包括计算机辅助教学(CAI)、计算机辅助设计(CAD)、计算机辅助制造(CAM)、计算机辅助测试(CAT)、计算机集成制造(CIMS)等系统。计算机辅助设计(Computer Aided Design,CAD)是指用计算机帮助人们进行产品和工程设计;计算机辅助制造(Computer Aided Manufacture,CAM)是使用计算机进行生产设备的控制、操作和管理;计算机辅助教学(Computer Aided Instruction,CAI)是利用计算机系统使用课件进行教学。

5. 人工智能

人工智能(Artificial Intelligence,AI)是研究解释和模拟人类智能、智能行为及其规律的一门学科。其主要任务是建立智能信息处理理论,进而设计可以展现某些近似于人类智能行为的计算系统。人工智能学科包括:知识工程、机器学习、模式识别、自然语言处理、智能机器人和神经计算等多方面的研究。

6. 计算机通信

计算机通信是计算机技术与通信技术结合的产物,计算机网络技术的发展将处在不同地域的计算机用通信线路连接起来,配以相应的软件,达到资源共享的目的。

1.2 计算机系统的组成

一个完整的计算机系统由计算机硬件系统及软件系统两大部分组成,如图 1-1 所示。它是计算机的“躯壳”,没有软件的计算机系统称为裸机。

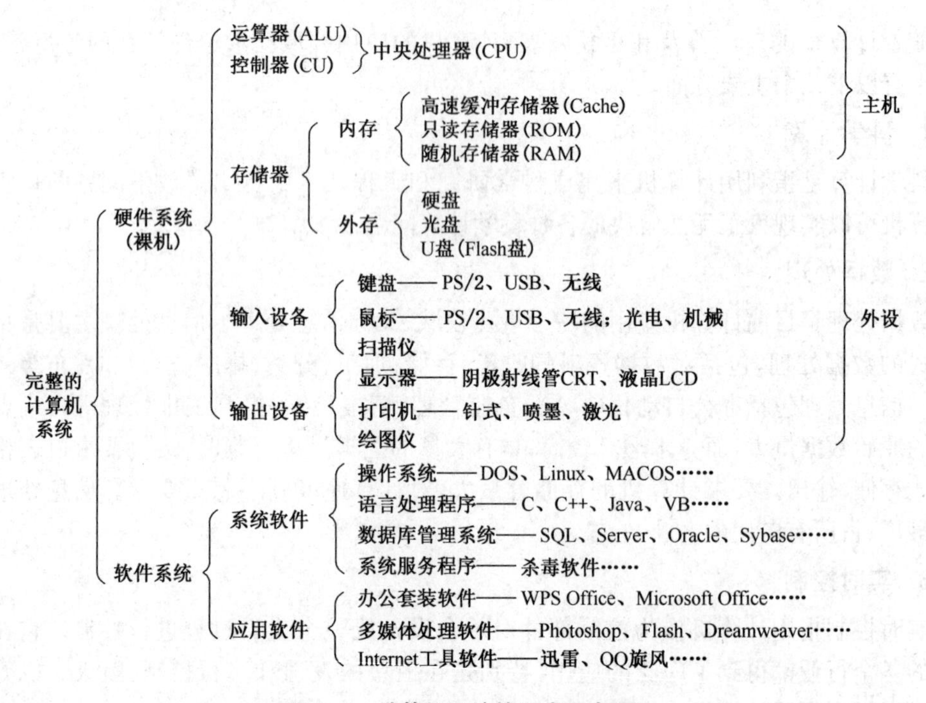

图 1-1 计算机系统的组成示意图

计算机硬件是指看得见摸得着的物理设备，比如 CPU、内存、硬盘等，它是计算机系统的物质基础，是计算机的“躯壳”，如图 1-2 所示。而软件是相对于硬件而言的。计算机软件是指为运行、维护、管理、应用计算机所编制的所有程序及相关说明和资料的总和，它是计算机的灵魂。

在计算机技术的发展进程中，硬件的发展为软件提供良好的环境；而软件的发展又对硬件系统提出新的要求，促进其发展；两者相辅相成，缺一不可。

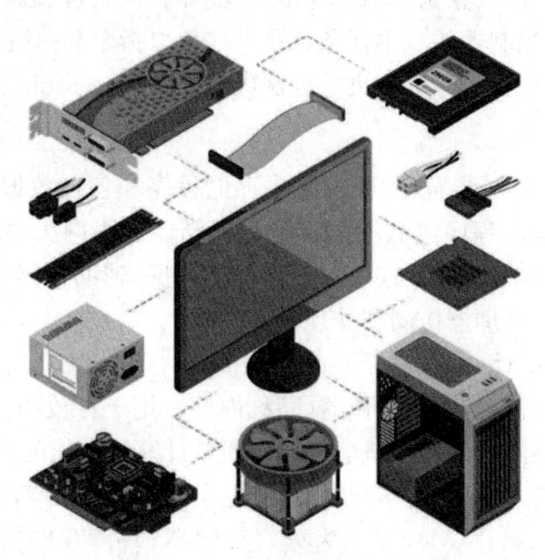

图 1-2　计算机硬件系统示意图

1.2.1　计算机的硬件系统

计算机硬件系统由运算器、控制器、存储器、输入设备和输出设备五大部件组成，它的基本结构如图 1-3 所示，每一部件分别按要求执行特定的基本功能。

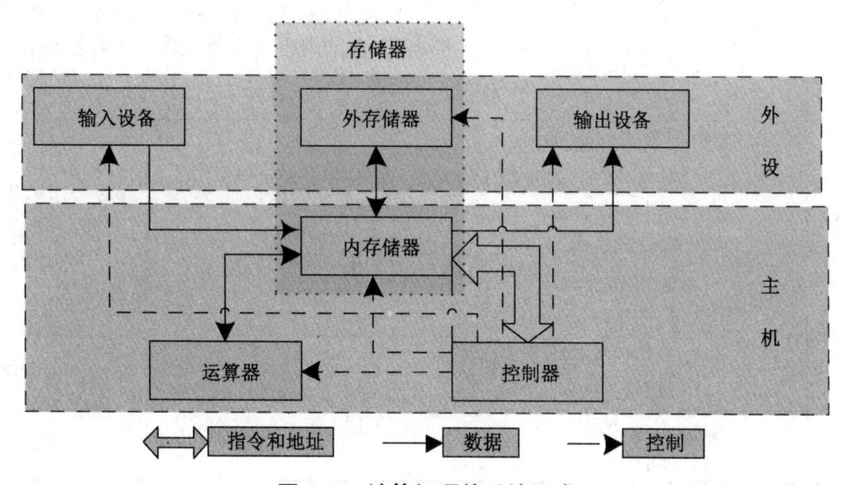

图 1-3　计算机硬件系统组成

1. 运算器(Arithmetical and Logical Unit，ALU)

运算器又称算术逻辑单元，主要功能是对数据进行各种运算，包括算术运算和逻辑运算。其中算术运算包括常规的加、减、乘、除等基本的算术运算，逻辑运算包括“与”“或”“非”这样的基本逻辑运算以及数据的比较、移位等操作。

2. 控制器(Control Unit,CU)

控制器是整个计算机系统的控制中心，它的基本功能就是按程序计数器所指出的指令地址从内存中取出一条指令，并对指令进行分析，根据指令的功能向有关部件发出控制命令，控制执行指令的操作。一条指令执行完毕，控制器控制计算机继续运行下一条指令，直到程序运行完毕。所以控制器的基本任务就是不停地取指令和执行指令。

通常把运算器和控制器合称为中央处理器(Central Processing Unit,CPU)。

3. 存储器(Memory)

存储器是计算机的记忆装置，主要功能是存储程序和各种数据信息，并能在计算机运行过程中高速、自动地完成程序或数据的存取。存储器分为两大类：主存储器和辅助存储器。中央处理器只能直接访问存储在主存储器中的数据，辅助存储器中的数据只有先调入主存储器后，才能被中央处理器访问和处理。

(1) 主存储器(Main Memory)

主存储器是设在主机中的内部存储器(简称内存)，用于存放当前运行的程序和程序所用的数据，属于临时存储器。内存容量的大小是衡量计算机性能的主要指标之一。

目前，计算机的内存储器是由半导体器件构成的。从使用功能上分为：随机存储器(Random Access Memory,RAM)，又称为读写存储器；只读存储器(Read Only Memory,ROM)；在386以上微机系统中，还有高速缓冲存储器(Cache)。表1-3列出了不同类型、不同用途的内存储器。

表1-3 不同类型、不同用途的内存储器

内存储器类型		特　点	用　途
随机存储器(RAM)	动态随机存储器(Dynamic RAM)	可以读出，也可以写入；断电后，存储内容立即消失，即具有易失性	主板上通常配有数个内存插槽，用来插入DRAM内存条
	静态随机存储器(Static RAM)		
只读存储器(ROM)	可编程只读存储器(PROM)	永久保存，不会因断电而丢失；信息可以随机读出，不可以随机写入	存放专用的固定程序和数据；主板上的ROM固化了BIOS
	可擦除可编程只读存储器(EPROM)		
	电可擦除可编程只读存储器(EEPROM)		
高速缓冲存储器(Cache)	CPU内部Cache(一级缓存)	比RAM更快，可读写，位于CPU和RAM之间	缓解高速CPU与普通速度RAM之间的速率差
	CPU外部Cache(二级缓存)		

(2) 辅助存储器(Auxiliary Memory)

辅助存储器是属于计算机外部设备的存储器，叫外部存储器(简称外存)。外存储器主要有磁盘存储器和光盘存储器。磁盘是最常用的外存储器，通常分软磁盘和硬磁盘两类。

目前，常用的外存储器有软盘、硬盘和光盘存储器。它们和内存一样，存储容量也是以字节为基本单位的。

① 软磁盘存储器

软磁盘是用柔软的聚酯材料制成圆形底片，在两个表面涂有磁性材料。

信息在磁盘上是按磁道和扇区的形式来存放的。磁道即磁盘上的一组同心圆环形的信息记录区，它们由外向内编号，一般为 0～79 道。每条磁道被划成相等的区域，称为扇区。一般每条磁道有 9 个扇区、15 个扇区或 18 个扇区。每个扇区的容量为 512B。一个软盘的存储容量可由下面的公式算出：

软盘总容量＝磁道数×扇区数×扇区字节数(512B)×磁盘面数(2 面)

例：3.5 英寸软盘有 80 个磁道，每条磁道 18 个扇区，每个扇区 512B，共有两面，则其存储容量为：软盘容量＝80×18×512×2＝1 474 560B＝1 440KB(约为 1.44MB)。

扇区是软盘(或硬盘)的基本存储单元，每个扇区记录一个数据块，数据块中的数据按顺序存取。扇区也是磁盘操作的最小可寻址单位，与内存进行信息交换是以扇区为单位进行的。

使用软磁盘应注意防磁、防潮、防污(灰尘和手摸)、防丢信息(写保护和勤备份)和防病毒(常加写保护，不使用来历不明的软磁盘)。

② 硬磁盘存储器

硬磁盘是由涂有磁性材料的铝合金圆盘组成的，通常采用温彻斯特技术，即把磁头、盘片及执行机构都密封在一个整体内，与外界隔绝。这种硬盘也称为温彻斯特盘。

硬盘的两个主要性能指标是硬盘的平均寻道时间和内部传输速率。一般来说，转速越高的硬盘寻道的时间越短，而且内部传输速率也越高，不过内部传输速率还受硬盘控制器的 Cache 影响。

硬盘每个存储表面被划分成若干个磁道(不同硬盘磁道数不同)，每个磁道被划分成若干个扇区(不同的硬盘扇区数不同)。每个存储表面的同一磁道形成一个圆柱面，称为柱面，柱面是硬盘的一个常用指标。

硬盘的存储容量计算公式为：存储容量＝磁头数×柱面数×每扇区字节数×扇区数。

例：某硬盘有磁头数 15 个，磁道数(柱面数)8 894 个，每道 63 扇区，每扇区 512B，则其存储容量为：15×8894×512×63＝4.3GB。

使用硬盘应注意避免频繁开关机器电源，应使其处于正常的温度和湿度、无振动、电源稳定的良好环境。硬盘驱动器采用了密封型空气循环方式和空气过滤装置，不得擅自拆卸。

③ 光盘存储器

光盘指的是利用光学方式进行信息存储的圆盘。光盘存储器可分为 CD－ROM 和 CD－R 两种。

CD－ROM，即 Compact Disc-Read Only Memory，是只读型光盘。这种光盘的盘片是由生产厂家预先将数据或程序写入的，出厂后用户只能读取，而不能写入或修改。

CD－R 是指 CD-Recordable，即一次性可写入光盘，但必须在专用的光盘刻录机中进行。通常光盘刻录机既可以作刻录机用，也可读取普通的 CD－ROM 盘片。它的读盘速度为 6X 或 8X，而刻录时为 2X 或 4X。CD－R 光盘的容量一般为 650MB。

(3) 存储单位

计算机中所有的数据都是以二进制来表示的。二进制的一个“0”或一个“1”叫一位。

一个二进制代码称为一位,记为 bit。位是计算机中表示信息的最小单位。在对二进制数据进行存储时,以八位二进制代码为一个单元存放在一起,称为一个字节,记为 Byte。字节(Byte)是计算机中存储信息的基本单位,一个字节由 8 位二进制数字组成,即 1 Byte=8bit,单位是 B。计算机的存储器通常是用字节来表示容量的,常用有 K 字节、M(兆)字节、G(吉)字节、T(太)字节,换算规则如下:

1KB=1024B=2^{10}B=1K(千)B

1MB=1024KB=2^{20}B=1M(兆)B

1GB=1024MB=2^{30}B=1G(吉)B

1TB=1024GB=2^{40}B=1T(太)B

以下还有 PB、EB、ZB、YB 、NB、DB,一般不常使用。

4. 输入设备(Input Devices)

输入设备指的是将外界信息(数据、程序、命令及各种信号)送入计算机的设备。计算机常用输入设备为键盘、鼠标、扫描仪等。

(1) 键盘

键盘是人们向计算机输入信息的最主要设备,各种程序和数据都可以通过键盘输入到计算机中。键盘通过键盘连线插入主板上的键盘接口与主机相连。目前,计算机上常用的键盘有 101 键和 104 键。

(2) 鼠标

鼠标是计算机不可缺少的标准输入设备。随着 Windows 图形操作界面的流行,很多命令和要求已基本上不需要再用键盘输入,只要操作鼠标的左键或右键即可。鼠标移动方便、定位准确,这使人们操作电脑变得更加轻松自如。

目前使用的鼠标,根据其工作原理可分为机械鼠标、光学鼠标、光学机械鼠标以及触控鼠标等。鼠标还可按键数分为两键鼠标、三键鼠标、五键鼠标和新型的多键鼠标。两键鼠标和三键鼠标的左右按键功能完全一致,一般情况下,我们用不到三键鼠标的中间按键,但在使用某些特殊软件时(如 AutoCAD 等),这个键也会起一些作用。例如,在 AutoCAD 软件中就可利用中键快速启动常用命令,成倍提高工作效率。五键鼠标多用于游戏,四键前进,五键后退,另外还可以设置为快捷键。多键鼠标是新一代的多功能鼠标,如有的鼠标上带有滚轮,大大方便了上下翻页;有的新型鼠标上除了有滚轮,还增加了拇指键等快速按键,进一步简化了操作程序。

(3) 扫描仪

扫描仪是一种图形、图像专用输入设备。利用它可以将图形、图像、照片、文本从外部环境输入到计算机中。如果是文本文件,扫描后需要用文字识别软件(例如清华紫光汉字识别系统、尚书汉字识别系统等)进行识别,识别后的文字以.TXT 文件格式保存。

(4) 其他输入设备

常见的其他输入设备还有光笔、条形码读入器、麦克风、数码相机、触摸屏等。

5. 输出设备(Output Devices)

所谓输出设备是指将计算机处理和计算后所得的结果以一种人们便于识别的形式(如字符、数值和图表等)记录、显示或打印出来的设备。常用的设备有显示器、打印机、绘图仪等。

(1) 显示器

显示器是计算机不可缺少的输出设备。用户通过它可以很方便地查看送入计算机的程序、数据和图形等信息,以及经过计算机处理后的中间结果、最后结果,它是人机对话的主要工具。它由一根视频电缆与主机的显示卡相连。

目前,显示器主要由两种显示管构成,它们是CRT(Cathode Ray Tube,显示阴极管射线)和LCD(Liquid Crystal Display,液晶显示器)。

衡量显示器的主要性能指标有点距和分辨率,目前常用的CRT的像素间距有0.28mm、0.26mm、0.25mm和0.24mm等。CRT的分辨率是指显示设备所能表示的像素个数,像素越密则分辨率越高,图像就越清晰。例如,某显示器的分辨率为1 024×768,就表明该显示器在水平方向能显示1 024个像素,在垂直方向能显示768个像素,即整屏能显示1 024×768个像素。

显示器必须配置正确的适配器(俗称显示卡)才能构成完整的显示系统。显示卡较早的标准有:CGA(Color Graphic Adapter)标准(320×200,彩色)和EGA(Enhanced Graphics Adapter)标准(640×350,彩色)。

目前常用的是VGA(Video Graphics Array)标准。VGA适用于高分辨率的彩色显示器,其图形分辨率在800×600像素以上,能显示16兆种颜色,其显示图形的效果相当理想。

在VGA之后,又不断出现SVGA和TVGA卡等,分辨率提高到800×600像素和1024×768像素,而且有些显卡具有32兆种彩色,称为“真彩色”。

(2) 打印机

打印机与显示器一样,也是一种常用的输出设备,它用于把文字或图形在纸上输出,供阅读和保存。它通过一根并口电缆与主机后面的并行口相连。现在已大量出现通过USB接口的打印机等外部设备。

打印机按工作原理可粗分为两类:击打式打印机和非击打式打印机。其中计算机系统常用的点阵打印机属于击打式打印机。非击打式的喷墨打印机和激光打印机,目前应用越来越广。

① 击打式打印机

以机械撞击方式使打印头通过色带在打印纸上印出计算机输出结果的设备称为击打式打印机。计算机中最常见的是点阵式打印机,它的打印头由若干根打印针和驱动电磁铁组成,通过不同的点即可组成所需要的字符图形,打印时让相应的针头接触色带击打纸面来完成打印。因此,它又称为针式打印机。

针式打印机的主要优点是结构简单、价格便宜、维护费用低,缺点是打印速度慢、噪音大、打印质量也较差。

② 激光打印机

激光打印机速度快、分辨率高、无击打噪声,因此颇受用户欢迎。随着技术的进步,它正由昂贵的、仅为大型主机配套的高速输出设备逐步进入普通计算机外设市场。

激光光束能聚焦成很细的光点,因此激光打印机的分辨率很高,可达360dpi以上,打印质量相当好。

③ 喷墨打印机

喷墨打印机价格低廉,又具有接近激光打印机的高输出分辨率,能输出色彩很好的彩色图形。

喷墨打印机没有打印头，打印头用微小的喷嘴代替。它利用喷墨替代针打式色带，可直接将墨水喷到纸上实现印刷。按打印出来的字符颜色，可将它分为黑白和彩色两种。

1.2.2 计算机的软件系统

计算机软件系统是指计算机运行时所需的各种程序和数据，以及有关的文档。计算机软件非常丰富，通常分为系统软件和应用软件两大类。

1. 系统软件

系统软件是一种综合管理硬件和软件资源、为用户提供一个友好操作界面和工作平台的大型软件。系统软件一般包括操作系统、语言处理程序、数据库管理系统和网络管理系统。

(1) 操作系统(Operating System，OS)

操作系统是方便用户管理和控制计算机系统资源的系统软件，是最重要、最基本的系统软件。可看成是计算机硬件的第一级扩充。

操作系统是计算机用户和计算机硬件(物理设备)的接口，用户只有通过操作系统才能使用计算机，所有应用程序必须在操作系统的支持下才能运行。

计算机系统资源包括硬件资源(CPU、存储器、外部设备等)和软件资源(各种系统程序、应用程序和数据文件)。

➢ 操作系统的发展

① 初级阶段(20 世纪 50 年代～60 年代)

此阶段主要使用机器代码和汇编程序，没有真正的操作系统，完成操作系统功能的是监控程序。监控程序负责初级计算机的系统管理和控制。

② 起步阶段(20 世纪 60 年代～70 年代)

此阶段出现了大量的高级语言编译程序、工具软件，同时出现了操作系统。此时的操作系统实质上是一个大规模的程序集合，可以有效地帮助用户完成系统管理工作。

③ 成熟阶段(20 世纪 70 年代～现在)

以 1974 年产生的 C 语言为标志的一批成熟的标准化、结构化高级语言开始流行，以此为工具开发的各类操作系统开始出现。

操作系统完全进入成熟期是在 20 世纪 80 年代。操作系统的设计逐渐趋向集成化、标准化、大型综合化。

➢ 操作系统的主要作用

主要作用有三个，一是提供方便友好的用户界面，二是提高系统资源的利用，三是提供软件开发的运行环境。

➢ 操作系统的基本功能

操作系统一般应具有 CPU 管理、存储管理、外部设备管理、文件管理、作业管理等五个方面的功能。

➢ 操作系统的分类

① 按使用环境可分为批处理、分时、实时操作系统。

② 按用户数目可分为单用户(单任务、多任务)、多用户、单机、多机系统。

③ 按硬件结构可分为网络、分布式、并行和多媒体操作系统等。

这样的分类仅限于宏观上的。因操作系统具有很强的通用性,具体使用哪一种操作系统,要视硬件环境和用户的需求而定。

而在实际应用中,人们常又采取以下的分类方法,一般可分为批处理操作系统、分时操作系统、实时操作系统、网络操作系统和分布式操作系统。

① 批处理操作系统

在计算机系统中能支持同时运行多个相互独立的用户程序的操作系统。

② 分时操作系统

把计算机的系统资源(尤其是 CPU 时间)进行时间上的分割,每个时间段称为一个时间片,每个用户依次轮流使用时间片,实现多个用户分享同一台主机的操作系统。分时系统的基本特征:多路性、独立性、交互性、及时性。

③ 实时操作系统

能对随机发生的外部事件作出及时的响应并对其进行处理的操作系统。实时系统用于控制实时过程,它主要包括实时过程控制和实时信息处理两种系统。其特点是:对外部事件的响应十分及时、迅速;系统可靠性高。实时系统一般都是专用系统,它为专门的应用而设计。

④ 网络操作系统

使网络上各计算机能方便而有效地共享网络资源,为网络用户提供所需的各种服务的软件和有关协议的集合。

⑤ 分布式操作系统

分布式系统是以计算机网络为基础的,它的基本特征是处理上的分布,即功能和任务的分布。分布式操作系统的所有系统任务可在系统中任何处理机上运行,自动实现全系统范围内的任务分配并自动调度各处理机的工作负载。

(2) 计算机语言

计算机语言是人们指挥计算机完成任务、进行信息交换的媒介与工具。

计算机语言随计算机科学技术的发展而逐步形成了三大类,即人们常说的三代语言:

① 机器语言(Machine Language)是用直接与计算机打交道的二进制代码所表达的计算机语言。

② 汇编语言(Assembler Language)是指用助记符表达的计算机语言。以计算数学表达式 $m \div n - z$ 的值为例:

```
LDA   M
DIV   N
SUB   Z
MOV   Y
```

可见汇编语言指令的操作码部分使用的是英语单词的省略形式符号,更容易记忆。

但是使用这种语言不能被计算机 CPU 直接识别,必须经过翻译程序翻译成汇编语言。这个翻译程序称为汇编程序,翻译成机器语言描述的程序称为目标程序。

③ 高级语言(High-level Language)与人们习惯使用的自然语言与数学语言非常接近,

例如，$y=2x^2-x+1$ 这样一个数学表达式用高级语言来表示，可以就写成 $y=2*x*x-x+1$。

高级语言编写的源程序需要翻译成机器指令才能让计算机执行。高级语言的翻译过程一般分为两种方式，即编译方式和解释方式。

(3) 数据库管理系统

计算机要处理的数据往往相当庞大，使用数据库管理系统可以有效地实现数据信息的存储、更新、查询、检索、通信控制等。常见的数据库管理系统有 FoxPro、Access、SQL Severe 等，大型数据库管理系统有 Oracle、Sybase 等。

2. 应用软件

应用软件是指为了解决各类应用问题而设计的各种计算机软件。应用软件一般分为两类：一类是专用软件，即为特定需要开发的实用软件，如订票系统、财会软件、教务系统等；另一类是通用软件，即为了方便用户使用而提供的一种工具软件，如用于文字处理的 Word 或 WPS、用于辅助设计的 AutoCAD、聊天软件 QQ 等。

1.3 计算机中的数制与编码

1.3.1 计算机中的常用数制

在计算机中，无论何种信息，都用“0”和“1”来表示，即二进制数。因此计算机在工作时，信息必须转换成二进制形式数据。这是由计算机所使用的元器件性质决定的，计算机中用低电位表示“0”，高电位则表示“1”。

1. 数制的定义

数制也叫计数制，是指用一组固定的符号和统一的规则来表示数值的方法。除了人们生活中常见的十进制，还有二进制、八进制、十六进制等。对于任意 R 进制计数制有基数 R、权 R_i 和按权展开式。其中 R 可以是任意正整数，如二进制的 R 为 2，十进制的 R 为 10，十六进制的 R 为 16 等。

(1) 基数

基数指计数制中所用到的数字符号的个数。在基数为 R 的计数制中，包含 0、1、…、R—1 共 R 个数字符号，进位规律是“逢 R 进一”，称为 R 进位计数制，简称 R 进制。例如：十进制数包含 0、1、2、3、4、5、6、7、8、9 十个数字符，它的基数 R 为 10。

为区分不同数制的数，可以对于任一 R 进制的数 N 记作：$(N)_R$。例如，$(10101)_2$、$(AB18)_{16}$ 分别表示二进制数 10101 和十六进制数 AB 18。不用括号及下标的数默认为十进制数，如 128。还有一种方法是在数的后面加上字母，例如，十进制用 D、二进制用 B、十六进制用 H 来表示其前面的数用的是什么进制。如 10101B 表示二进制数 10101；AB 18H 表示十六进制数 AB 18。

(2) 权

数制每一位所具有的值称为权。R 进制数的位权是 R 的整数次幂。例如，十进制数的位权是 10 的整数次幂，其个位的位权是 10^0，十位的位权是 10^1，以此类推。

(3) 数值的按权展开

任一 R 进制数的值都可表示为：各位数值与其权的乘积之和。例如，二进制数 1101.11 的按权展开为 $1101.11B=1\times2^3+1\times2^2+0\times2^1+1\times2^0+1\times2^{-1}+1\times2^{-2}$

这种过程叫作数值的按权展开。任意一个具有 n 位整数和 m 位小数的 R 进制数 N 的按权展开为：

$$(N)_R=a_{n-1}\times R^{n-1}+a_{n-2}\times R^{n-2}+\cdots+a_2\times R^2+a_1\times R^1+a_0\times R^0+a_{-1}\times R^{-1}+\cdots+a_{-m}\times R^{-m}=\sum_{i=-m}^{n-1}a_i\times R^i,$$

其中以 a_i 为 R 进制的数码。

通过上述数制的叙述，相信读者对数制有了一定的理解，下面具体对二、十和十六进制数进行小结，并对各种数制间的转换加以介绍。

2. 十进制

十进制具有以下特点：

(1) 有十个不同的数码符号 0、1、2、3、4、5、6、7、8、9；

(2) 每一个数码符号根据它在这个数中所处的位置（数位），按“逢十进一”来决定其实际数值，即各数位的位权是以 10 为底的幂次方。

在计算机中，一般用十进制数作为数据的输入和输出。

3. 二进制

二进制具有以下特点：

(1) 有两个不同的数码符号 0、1；

(2) 每一个数码符号根据它在这个数中所处的位置（数位），按“逢二进一”来决定其实际数值，即各数位的位权是以 2 为底的幂次方。

二进制的明显缺点是：数字冗长，书写麻烦且容易出错，不便阅读。所以，在计算机技术文献的书写中，常用十六进制数表示。

4. 十六进制

十六进制具有以下特点：

(1) 有十六个不同的数码符号 0、1、2、3、4、5、6、7、8、9、A、B、C、D、E、F；

(2) 每一个数码符号根据它在这个数中所处的位置（数位），按“逢十六进一”来决定其实际数值，即各数位的位权是以 16 为底的幂次方。

表 1-4 列出了 0～15 这 16 个十进制数与其他两种数制的对应关系。

表 1-4　三种计数制的对应表示

十进制	二进制	十六进制	十进制	二进制	十六进制
0	0000	0	8	1000	8
1	0001	1	9	1001	9
2	0010	2	10	1010	A

续表

十进制	二进制	十六进制	十进制	二进制	十六进制
3	0011	3	11	1011	B
4	0100	4	12	1100	C
5	0101	5	13	1101	D
6	0110	6	14	1110	E
7	0111	7	15	1111	F

1.3.2 不同数制间的转换

对于各种数制间的转换，重点要求掌握二进制整数与十进制整数之间的转换。

1. R 进制数转换成十进制数

任意 R 进制数据按权展开、相加即可得十进制数据。下面是将二进制、十六进制数转换为十进制数的例子。

【例 1】 将二进制数 111.101 转换成十进制数。

$111.101B=1\times2^2+1\times2^1+1\times2^0+1\times2^{-1}+0\times2^{-2}+1\times2^{-3}=7.625D$

【例 2】 将十六进制数 2BF 转换成十进制数。

$2BFH=2\times16^2+11\times16^1+15\times16^0=512+176+15=703D$

2. 十进制数转换成 R 进制数

十进制数转换成 R 进制数，须将整数部分和小数部分分别转换。

整数转换除 R 取余法规则：用 R 去除给出的十进制数的整数部分，取其余数作为转换后的 R 进制数据的整数部分最低位数字；再用 2 去除所得的商，取其余数作为转换后的 R 进制数据的高一位数字；重复执行上一步操作，一直到商为 0 结束。

【例 3】 将十进制整数 347 转换成二进制整数。

目标进制二进制的基数 R=2，故而采用“除 2 取余”法：

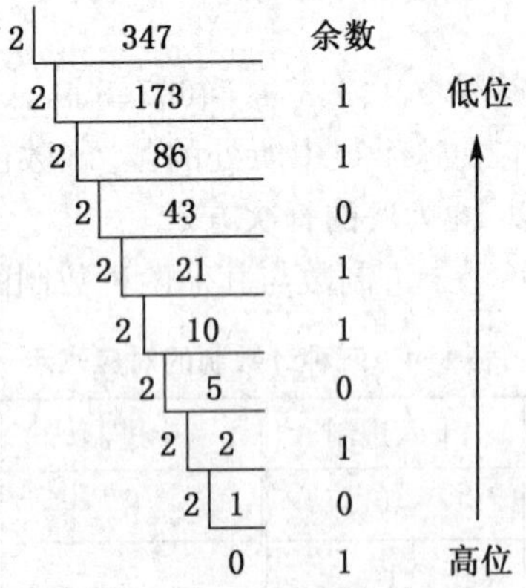

除数	被除数	余数	
2	347		
2	173	1	低位
2	86	1	↑
2	43	0	
2	21	1	
2	10	1	
2	5	0	
2	2	1	
2	1	0	
	0	1	高位

所以，347D = 101011011B。

小数转换乘 R 取整法规则：用 R 去乘给出的十进制数的小数部分，取乘积的整数部分作为转换后 R 进制小数点后第一位数字；再用 R 去乘上一步乘积的小数部分，然后取新乘积的整数部分作为转换后 R 进制小数的低一位数字；重复第二步操作，一直到乘积为 0，或已得到要求精度数位为止。

【例 4】 将十进制小数 0.6875 转换成二进制小数。

	取整数部分
0.6875	
× 2	
1.3750	1
0.3750	
× 2	
0.7500	0
× 2	
1.5000	1
0.5000	
× 2	
1.0000	1
0.0000	

所以，0.6875D=0.1011B。

3. 二进制数与十六进制数间的相互转换

用二进制数编码存在这样一个规律：n 位二进制数最多能表示 2^n 种状态，分别对应 0、1、2、3、…、2^{n-1}。可见，用四位二进制数就可对应表示一位十六进制数。其对照关系如表 1-4 所示。

(1) 二进制整数转换成十六进制整数

从小数点开始分别向左或向右，将每 4 位二进制数分成 1 组，不足 4 位数的补 0，然后将每组用 1 位十六进制数表示即可。

【例 5】 将二进制整数 1111101011001B 转换成十六进制整数。

按上述方法分组得：0001，1111，0101，1001。在所划分的二进制数组中，第一组是不足四位经补 0 而成的。再以一位十六进制数字符替代每组的四位二进制数字得：

0001	1111	0101	1001
1	F	5	9

故得结果：1111101011001B=1F59H。

(2) 十六进制整数转换成二进制整数

将每位十六进制数用 4 位二进制数表示即可。

【例 6】 将 3FCH 转换成二进制数。

因为	3	F	C
	0011	1111	1100

故得结果：3FCH=001111111100B。

1.3.3 计算机中的常用编码

把对某一类信息赋予代码的过程称为编码(Coding)。计算机中经常处理的信息不仅包括数值数据，还有大量的非数值型数据比如西文字符和中文字符。这些数据都需要在计算机中以二进制数的形式来表示，所以需要对它们进行编码。

1. 西文字符的编码

为了在世界范围内进行信息的处理与交换，必须遵循一种统一的编码标准，目前计算机中广泛使用的编码有 BCD 码和 ASCII 码。

BCD 码采用 4 位二进制数表示一位十进制数，例如 BCD 码 1000 0010 0110 1001 按 4 位二进制一组分别转换，结果是十进制数 8 269。1 位 BCD 码中的 4 位二进制代码都是有权的，从左到右按高位到低位依次是 8、4、2、1，这种二—十进制编码是一种有权码。1 位 BCD 码最小数是 0000，最大数是 1001。

ASCII（American Standard Code for Information Interchange），即美国信息交换标准代码。ASCII 码占一个字节，有 7 位版本和 8 位版本两种，7 位称为标准 ASCII 码，8 位称为扩充 ASCII 码。如表 1-5 所示，7 位版本的 ASCII 码表示了 128 个不同字符，其中控制字符 34 个、阿拉伯数字 10 个、大小写英文字母 52 个、各种标点符号和运算符号 32 个。在计算机中实际用 8 位表示一个字符，最高位为“0”。

表 1-5　ASCII 码

$D_6D_5D_4$ / $D_3D_2D_1D_0$	000	001	010	011	100	101	110	111
0000	NUL	DLE	SP	0	@	P	、	p
0001	SOH	DC1	!	1	A	Q	a	q
0010	STX	DC2	”	2	B	R	b	r
0011	ETX	DC3	#	3	C	S	c	s
0100	BOT	DC4	$	4	D	T	d	t
0101	ENQ	NAK	%	5	E	U	e	u
0110	ACK	SYN	&	6	F	V	f	v
0111	BEL	ETB	’	7	G	W	g	w
1000	BS	CAN	(	8	H	X	h	x
1001	HT	EM	)	9	I	Y	i	y
1010	LF	SUB	*	:	J	Z	j	z
1011	VT	ESC	+	;	K	[	k	{
1100	FF	FS	,	<	l	\	l	|
1101	CR	GS	—	=	M	]	m	}
1110	SO	RS	.	>	N	ˆ	n	~
1111	SI	US	/	?	O	_	o	DEL

2. 汉字的编码

在使用计算机进行信息处理时会遇到大量汉字。计算机对汉字信息的处理过程实际上是各种汉字编码间的转换过程。这些编码主要包括：汉字信息交换码（国标码）、汉字输入码、汉字内码、汉字字形码等。

(1) 汉字信息交换码(国标码)

1980 年我国颁布了国家标准——《信息交换用汉字编码字符集——基本集》,即国家标准 GB 2312—1980 方案,简称国标码。由于汉字数量多,用一个字节的 128 种状态不能全部表示出。因此在该方案中规定使用两个字节的 16 位二进制表示一个汉字,共收集了汉字、字母、数字和符号 7 445 个,其中 6 763 个常用汉字和 682 个非汉字字符。

类似西文的 ASCII 码表,汉字也有一张国标码表。简单说,把 7 445 个国标码放置在一个 94 行×94 列的阵列中。实际上,区位码也是一种输入法,其最大优点是一字一码的无重码输入法,最大的缺点是难以记忆。区位码对汉字采用十进制编码,即:区号和位号分别用两位十进制数来表示该汉字所在的行和列。

如:某汉字的区位码是 1234,则其国标码是 2C42。

解题过程:先将区位码的区码 12 和位码 34 转换成十六进制数;再将转换后的数分别加上 2020H(国标码=区位码+2020H)。

此题中,先将 1234 转换为十六进制,12 转换为十六进制是 C,34 转换为十六进制是 22,得出 C22;再将 C22 加上 2020H,结果就是 2C42H。

(2) 汉字输入码

汉字输入码又称外码,是为将汉字输入计算机而编制的代码。输入码所解决的问题是如何使用西文标准键盘把汉字输入到计算机内。有各种不同的输入码,主要可以分为四类:顺序码、音码、形码和音形码。

① 顺序码,是用数字串代表一个汉字,常用的是国标区位码。它将国家标准局公布的 6 763 个两级汉字分成 94 个区,每个区分 94 位。实际上是把汉字表示成二维数组,区码、位码各用两位十进制数表示,输入一个汉字需要按 4 次键。以十六进制表示的区位码不是用来输入汉字的。顺序码的最大特点是无重码、无规律、难记忆。

② 音码,是以汉字读音为基础的输入方法。由于汉字同音字太多,故而重码率高,但易学易用。

③ 形码,是以汉字的形状确定的编码,即按汉字的笔画部件用字母或数字进行编码。如五笔字型、表形码便属此类编码,其难点在于如何拆分一个汉字。

④ 音形码,是结合音码和形码的优点,即同时考虑汉字的读音和字形确定的编码。

(3) 汉字内码

汉字内码是为在计算机内部对汉字进行存储、处理和传输而编制的汉字代码,它应能满足存储、处理和传输的要求。当一个汉字输入计算机后就转换为内码,然后才能在机器内流动、处理。对应于国标码,一个汉字的内码也用 2 个字节存储,并把每个字节的最高二进制位置"1"作为汉字内码的标识,这样做的目的是使汉字内码区别于西文的 ASCII,因为每个西文字母的 ASCII 的高位均为 0,而汉字内码的每个字节的高位均为 1。即汉字内码=国标码+8080H。

(4) 汉字字形码

汉字输入计算机后转为内码,而显示器显示或打印机输出汉字不能直接使用内码,必须配置相应的汉字字形码。要显示汉字的字形就需要用点阵形式来组成每一个汉字的字形,称汉字字形码。所有汉字字形码的集合就是我们通常所说的"汉字库"。一个汉字的点阵越多，输出的字越细腻，占用空间越大。如图1-4所示是汉字字形点阵，这是一个16点阵的汉字，将一个汉字分为16行、16列，每个格的信息要用一位二进制码表示，有点的用"1"表示，没有点的用"0"表示。

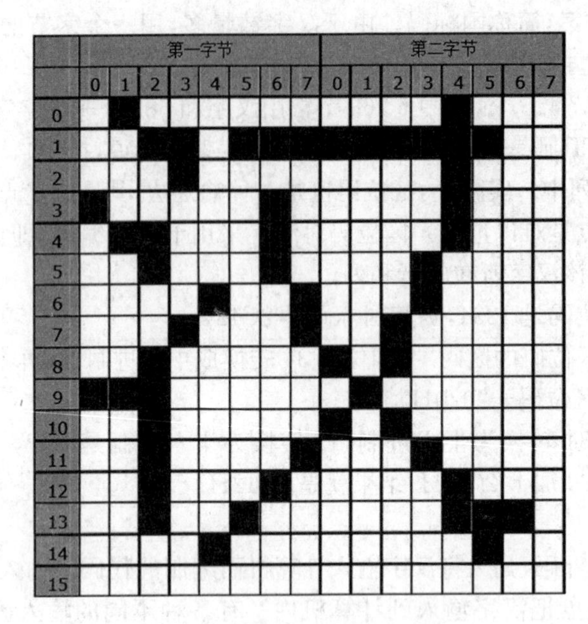

图1-4 16点阵汉字字形

根据输出汉字的要求不同，点阵的多少也不同。简易型汉字为16×16点阵、提高型汉字为24×24点阵、48×48点阵等。

以24×24点阵为例来说明一个汉字字形码所要占用的内存空间。因为每行24个点就是24个二进制位，存储一行代码需要3个字节。那么，24行共占用3×24=72个字节。计算公式：每行点数/8×行数。依此，对于48×48的点阵，一个汉字字形需要占用的存储空间为48/8×48=6×48=288个字节。

从汉字代码转换的角度，一般可以把汉字信息处理系统抽象为一个结构模型：汉字输入⟶输入码⟶国标码⟶机内码⟶字形码⟶汉字输出。

1.3.4 数值信息的表示

数值信息指的是数学中的数，它有正负和大小之分。计算机中的数值信息分为整数和实数两大类。整数不使用小数点，或者说小数点始终隐含在个位数的右边，所以整数也称为"定点数"。计算机中的整数分为两类：不带符号位的整数（Unsigned Integer，也称为无符号整数），此类整数一定是正整数；带符号位的整数（Signed Integer），此类整数既可以表示正整数，又可以表示负整数。

1. 无符号整数

无符号整数常常用于表示地址、索引等正整数，它们可以是8位、16位、32位、64位甚至位数更多。8个二进制位表示的正整数取值范围是0～255（2^8-1），16个二进制位表示的正整数取值范围是0～65 535（$2^{16}-1$），32个二进制位表示的正整数取值范围是0～$2^{32}-$

1)，n 个二进制位表示的正整数取值范围是 $0 \sim 2^n - 1$。

2. 带符号整数

带符号整数必须使用一个二进制位作为其符号位，一般总是最高位（最左边的一位），“0”表示“+”（正数），“1”表示“-”（负数），其余各位则用来表示数值的大小。例如：

00101011＝＋43，　　10101011＝－43

可见，8 个二进制位表示的带符号整数取值范围是 $-127 \sim +127(-2^7+1 \sim +2^7-1)$，16 个二进制位表示的带符号整数取值范围是 $-32\ 767 \sim +32\ 767(-2^{15}+1 \sim +2^{15}-1)$，n 个二进制位表示的带符号整数取值范围是 $-2^n+1 \sim +2^n-1$。

上面的表示法称为“原码”，它虽然与人们日常使用的方法比较一致，但由于数值“0”有两种不同的表示（“1 000…00”与“0 000…00”），且加法运算与减法运算的规则不统一，需要分别使用加法器和减法器来完成，增加了计算机的成本。为此，数值为负的整数在计算机内不采用“原码”而采用“补码”的方法进行表示。

负数使用补码表示时，符号位也是“1”，但绝对值部分的表示却是对原码的每一位取反后再在末位加“1”所得到的结果。例如：

(－43)的 8 位原码为：$(-43)_{原}$＝10101011

绝对值部分每一位取反后为：11010100

末位加“1”得到：$(-43)_{补}$＝11010101

采用原码表示整数 0 时，有“1 000…00”与“0 000…00”两种表示形式。但在补码表示法中整数 0 唯一的表示为“0 000…00”，而“1 000…00”却被用来表示负整数－2n－1（n 表示位数）。正因为如此，相同位数的二进制补码可表示的数的个数比原码多一个，见表 1-6 所示。

表 1-6　三种整数表示方法和取值范围的比较

8 位二进制码	表示无符号整数时的数值	表示带符号整数（原码）时的值	表示带符号整数（补码）时的值
0000 0000	0	0	0
0000 0001	1	1	1
……	……	……	……
0111 1111	127	127	127
1000 0000	128	－0	－128
1000 0001	129	－1	－127
……	……	……	……
1111 1111	255	－127	－1

3. 浮点数

浮点数是属于有理数中某特定子集的数的数字表示，在计算机中用以近似表示任意某个实数。具体地说，这个实数由一个整数或定点数（即尾数）乘以某个基数（计算机中通常是 2）的整数次幂得到，这种表示方法类似于基数为 10 的科学计数法。

与定点数不同，由于字长限制，大多数实数用浮点数表示时都是近似值，有一定误差。浮点数的四则运算也有误差，运算结果并不都与理论计算结果完全一致。

1.4 计算机安全

1.4.1 计算机安全概述

计算机安全主要是指计算机系统资源和信息资源不受自然和人为有害因素的威胁和危害。计算机安全主要包括实体安全、运行安全和数据安全三个方面。

1. 实体安全

实体安全又称物理安全或设备安全。在计算机系统中，计算机及相关的硬件设备、设施统称为计算机系统的实体。实体安全是指从物理媒介层面上采取措施，保护计算机硬件设备、设施免遭地震、水灾和火灾等环境事故及人为操作错误或各种计算机犯罪行为而导致破坏。

2. 运行安全

为保障系统的正常运行，为计算机系统提供一整套安全措施，以保证信息处理过程以及数据的安全，避免因系统的崩溃或损坏而对系统存储、处理和传输的信息造成破坏和损失。

3. 数据安全

数据安全就是要确保数据的传输安全和存储安全。即在数据的共享和传输过程中要确保不出现：非法访问、更改、破坏数据。要保证数据的完整性、保密性、可用性、不可否认性及可控性。

1.4.2 计算机病毒与预防管理

所谓计算机病毒(Computer Virus)，是指编制或在程序中插入的破坏计算机功能或损坏数据，影响计算机使用并能自我复制的一组计算机指令或程序代码。

1. 计算机病毒的主要特征

(1) 繁殖性

计算机病毒可以像生物病毒一样进行繁殖，当正常程序运行的时候，它也进行运行自身复制，是否具有繁殖、感染的特征是判断某段程序为计算机病毒的首要条件。

(2) 破坏性

计算机中毒后，可能会导致正常的程序无法运行，把计算机内的文件删除或受使其到不同程度的损坏。通常表现为：增、删、改、移。

(3) 传染性

计算机病毒不但本身具有破坏性，更有害的是具有传染性，一旦病毒被复制或产生变种，其速度之快令人难以预防。

(4) 潜伏性

有些病毒像定时炸弹一样，让它什么时间发作是预先设计好的。比如黑色星期五病毒，不到预定时间一点都觉察不出来，等到条件具备的时候一下子就爆炸开来，对系统进行破坏。

(5) 隐蔽性

计算机病毒具有很强的隐蔽性，有的可以通过病毒软件检查出来，有的根本就查不出来，有的时隐时现、变化无常，这类病毒处理起来通常很困难。

(6) 可触发性

病毒因某个事件或数值的出现，诱使病毒实施感染或进行攻击的特性称为可触发性。为了隐蔽自己，病毒必须潜伏，少做动作。

2. 计算机病毒的传播途径

常见的计算机病毒传播途径有以下 4 种：

(1) 通过不可移动的计算机硬件设备进行传播；

(2) 通过移动存储设备进行传播；

(3) 通过计算机网络进行传播；

(4) 通过点对点通信系统和无线通道进行传播。

3. 计算机病毒的预防

我们必须了解必要的病毒防治方法和技术手段，尽可能做到防患于未然。计算机病毒的预防是指在病毒尚未入侵或刚刚入侵时，就拦截、阻止病毒的入侵或立即报警。目前在预防病毒工具中采用的技术主要有：

(1) 从合法、正规的渠道获取信息资源；

(2) 不使用来历不明的程序或数据；

(3) 尽量不用别人的 U 盘、移动硬盘；

(4) 不轻易打开来历不明的电子邮件；

(5) 使用防病毒软件；

(6) 定期备份数据。

4. 计算机病毒的检测

计算机病毒的检测技术是指通过一定的技术手段判定出计算机病毒的一种技术。病毒检测技术主要有两种：一种是根据计算机病毒程序中的关键字、特征程序段内容、病毒特征及传染方式、文件长度的变化，在特征分类的基础上建立的病毒检测技术；另一种是不针对具体病毒程序的自身检验技术，即对某个文件或数据段进行检验和计算并保存其结果，以后定期或不定期地根据保存的结果对该文件或数据段进行检验，若出现差异，即表示该文件或数据段的完整性已遭到破坏，从而检测到病毒的存在。

5. 计算机病毒的清除

一旦检测到计算机病毒，就应该想办法将病毒立即清除，可采取如下方法：

(1) 先将正版杀毒软件升级到最新版，再进行全盘扫描并杀毒。

(2) 如果一个杀毒软件不能杀除，可找一些专业性的杀病毒网站下载最新版的其他杀病毒软件，进行查杀。

(3) 若遇到清除不掉的同种类型的病毒，可到网上下载专杀工具进行杀毒。

(4) 若以上方法均无效,只有格式化磁盘,重装系统。

1.5 案例学习

1.5.1 配置一台微机

任务:如何配置一台微型计算机。

操作步骤:

1. 选择 CPU

目前微型计算机的 CPU 主要有两大阵营,分别是 Intel 和 AMD,Intel 强调稳定和性能,AMD 侧重 DIY 和性价比。CPU 一般又分为双核、四核、八核等。一般来说,CPU 的运行频率越高越好,核心数越多越好。

2. 选择主板

主板是微型计算机核心部件的主要载体,根据 CPU 不同,不同类型的主板也会提供多种芯片对应。

3. 选择内存

内存容量一般有 1GB、2GB、4GB 等,一般主板可以插 2 至 4 根内存,2 根内存就可以组成双通道,提高性能。

4. 选择硬盘

传统硬盘容量一般有 500G、1TB、2TB 等,还可以选择固态硬盘(SSD),其容量没有传统硬盘大,但是速度更快。

5. 选择显卡

目前 CPU 一般集成显卡,如有一定的 3D 性能要求可以安装独立显卡。

6. 选择电源

一般根据 CPU 和显卡的功耗选择电源功率大小,一般有 200W 至 500W 多种选择。电源对整个微型计算机系统的稳定性起关键作用。

7. 选择其他外设

上述配件选择好后,选择机箱、光驱、键盘、鼠标、音箱等就可以组装出一台自定义配置的微型计算机了。

1.5.2 拓展练习

在互联网上搜索可以自助装机的网站,在线配置一台微型计算机,如图 1-5 所示。

装机配置单

您还未登录,登录后才能预览和发表配置。 登录

配件	商品	数量	价格
CPU*	Intel 酷睿i5 9400F	- 1 +	¥1199
主板*	华硕PRIME B250M-A	- 1 +	¥619
内存*	海盗船复仇者RGB PRO 16GB DDR4 3000	- 2 +	¥1258
硬盘	希捷Desktop HHD 6TB 7200转 128MB (ST6000	- 1 +	¥295
固态硬盘	金士顿A400 (240GB)	- 1 +	¥238
显卡	影驰GeForce GTX 1650 SUPER 骁将	- 1 +	¥1199
显示器	三星S22F350FH	- 1 +	¥749
机箱	金河田峥嵘Z30	- 1 +	¥389
电源	金河田Z监制 GF600G (金牌)	- 1 +	¥329
散热器	九州风神大霜塔	- 1 +	¥219
鼠标	请选择商品		添加

图 1-5 在线装机效果图

实例 1.1　计算机基础知识（全国等级考试样题）

1. 在计算机内部用来传送、存储、加工处理的数据或指令都是以________形式进行的。

A. 十进制码　　B. 二进制码　　C. 八进制码　　D. 十六进制码

答案：B

2. 磁盘上的磁道是________。

A. 一组记录密度不同的同心圆　　B. 一组记录密度相同的同心圆

C. 一条阿基米德螺旋线　　D. 二条阿基米德螺旋线

答案：A

3. 下列关于世界上第一台电子计算机 ENIAC 的叙述中，________是不正确的。

A. ENIAC 是 1946 年在美国诞生的

B. 它主要采用电子管和继电器

C. 它首次采用存储程序和程序控制使计算机自动工作

D. 它主要用于弹道计算

答案：C

4. 用高级程序设计语言编写的程序称为________。

A. 源程序　　B. 应用程序　　C. 用户程序　　D. 实用程序

答案：A

5. 二进制数 011111 转换为十进制整数是________。

A. 64　　B. 63　　C. 32　　D. 31

答案：D

评析：$(011111)B=1\times2^4+1\times2^3+1\times2^2+1\times2^1+1\times2^0=31(D)$。

6. 将用高级程序语言编写的源程序翻译成目标程序的程序称________。

A. 连接程序　　B. 编辑程序

C. 编译程序　　D. 诊断维护程序

答案：C

评析：将用高级程序语言编写的源程序翻译成目标程序的程序称编译程序。连接程序是一个将几个目标模块和库过程连接起来形成单一程序的应用。诊断程序是检测机器系统资源、定位故障范围的有用工具。

7. 微型计算机的主机由 CPU、________构成。

A. RAM　　B. RAM、ROM 和硬盘

C. RAM 和 ROM　　D. 硬盘和显示器

答案：C

评析：微型计算机的主机由 CPU 和内存储器构成。内存储器包括 RAM 和 ROM。

8. 十进制数 101 转换成二进制数是________。

A. 01101001　　B. 01100101　　C. 01100111　　D. 01100110

答案：B

评析：

101/2=50……1
50/2=25……0
25/2=12……1
12/2=6……0
6/2=3……0
3/2=1……1
1/2=0……1

所以转换后的二进制数为 01100101。

9. 下列既属于输入设备又属于输出设备的是________。

A. 软盘片　　B. CD-ROM　　C. 内存储器　　D. 软盘驱动器

答案：D

评析：软盘驱动器属于输入设备又属于输出设备，其他三个选项都属于存储器。

10. 已知字符 A 的 ASCII 码是 01000001B，字符 D 的 ASCII 码是________。

A. 01000011B　　B. 01000100B　　C. 01000010B　　D. 01000111B

答案：B

评析：ASCII 码本是二进制代码，而 ASCII 码表的排列顺序是十进制数，包括英文小写字母、英文大写字母、各种标点符号及专用符号、功能符等。字符 D 的 ASCII 码是 01000001B+011(3)=01000100B。

11. 1MB 的准确数量是________。

A. 1 024×1 024 Words　　B. 1 024×1 024 Bytes

C. 1 000×1 000 Bytes　　D. 1 000×1 000 Words

答案：B

12. 一个计算机操作系统通常应具有________。

A. CPU 的管理、显示器管理、键盘管理、打印机和鼠标器管理等五大功能

B. 硬盘管理、软盘驱动器管理、CPU 的管理、显示器管理和键盘管理等五大功能

C. 处理器(CPU)管理、存储管理、文件管理、输入/出管理和作业管理五大功能

D. 计算机启动、打印、显示、文件存取和关机等五大功能

答案：C

13. 下列存储器中，属于外部存储器的是________。

A. ROM　　B. RAM　　C. Cache　　D. 硬盘

答案：D

评析：属于外部存储器的是硬盘，ROM、RAM、Cache 都属于内部存储器。

14. 计算机系统由________两大部分组成。

A. 系统软件和应用软件　　B. 主机和外部设备

C. 硬件系统和软件系统　　D. 输入设备和输出设备

答案：C

15. 下列叙述中，错误的一条是________。

A. 计算机硬件主要包括：主机、键盘、显示器、鼠标器和打印机五大部件

B. 计算机软件分系统软件和应用软件两大类

C. CPU 主要由运算器和控制器组成

D. 内存储器中存储当前正在执行的程序和处理的数据

答案：A

评析：计算机硬件主要包括运算器、控制器、存储器、输入设备、输出设备五大部件。

16. 下列存储器中，属于内部存储器的是________。

A. CD-ROM　　B. ROM　　C. 软盘　　D. 硬盘

答案：B

评析：在存储器中，ROM 是内部存储器，CD-ROM、硬盘、软盘是外部存储器。

17. 目前微机中所广泛采用的电子元器件是________。

A. 电子管　　B. 晶体管

C. 小规模集成电路　　D. 大规模和超大规模集成电路

答案：D

18. 根据汉字国标 GB 2312—1980 的规定，二级次常用汉字个数是________。

A. 3 000 个　　B. 7 445 个　　C. 3 008 个　　D. 3 755 个

答案：C

评析：我国国家标准局于 1981 年 5 月颁布《信息交换用汉字编码字符集——基本集》共对 6 763 个汉字和 682 个非汉字图形符号进行了编码。根据使用频率将 6 763 个汉字分为两级：一级为常用汉字 3 755 个，按拼音字母顺序排列，同音字以笔形顺序排列；二级为次常用汉字 3 008 个，按部首和笔形排列。

19. 下列叙述中，错误的一条是________。

A. CPU 可以直接处理外部存储器中的数据

B. 操作系统是计算机系统中最主要的系统软件

C. CPU 可以直接处理内部存储器中的数据

D. 一个汉字的机内码与它的国标码相差 8080H

答案：A

评析：CPU 可以直接处理内部存储器中的数据，外部存储器中的数据在调入计算机内存后才可以进行处理。

20. 编译程序的最终目标是________。

A. 发现源程序中的语法错误

B. 改正源程序中的语法错误

C. 将源程序编译成目标程序

D. 将某一高级语言程序翻译成另一高级语言程序

答案：C

21. 汉字的区位码由一汉字的区号和位号组成。其区号和位号的范围各为________。

A. 区号 1～95，位号 1～95　　B. 区号 1～94，位号 1～94

C. 区号 0～94，位号 0～94　　D. 区号 0～95，位号 0～95

答案：B

评析：标准的汉字编码表有 94 行、94 列，其行号称为区号，列号称为位号。双字节中，用高字节表示区号,低字节表示位号。非汉字图形符号置于第 1～11 区,一级汉字 3 755 个置于第 16～55 区,二级汉字 3 008 个置于第 56～87 区。

22. 计算机之所以能按人们的意志自动进行工作,主要是因为采用了________。

A. 二进制数制　　B. 高速电子元件　　C. 存储程序控制　　D. 程序设计语言

答案:C

23. 32 位微机是指它所用的 CPU 是________。

A. 一次能处理 32 位二进制数　　B. 能处理 32 位十进制数

C. 只能处理 32 位二进制定点数　　D. 有 32 个寄存器

答案:A

评析:字长是计算机一次能够处理的二进制数位数。32 位指计算机一次能够处理 32 位二进制数。

24. 用 MIPS 为单位来衡量计算机的性能,它指的是计算机的________。

A. 传输速率　　B. 存储器容量　　C. 字长　　D. 运算速度

答案:D

评析:运算速度是指计算机每秒所能执行的指令条数,一般用 MIPS 为单位。字长是 CPU 能够直接处理的二进制数据位数。常见的微机字长有 8 位、16 位和 32 位。内存容量是指内存储器中能够存储信息的总字节数,一般以 KB、MB 为单位。传输速率用 bps 或 kbps 来表示。

25. 计算机最早的应用领域是________。

A. 人工智能　　B. 过程控制　　C. 信息处理　　D. 数值计算

答案:D

26. 在微型计算机系统中要运行某一程序时,如果所需内存储容量不够,可以通过________的方法来解决。

A. 增加内存容量　　B. 增加硬盘容量　　C. 采用光盘　　D. 采用高密度软盘

答案:A

评析:如果运行某一程序时,发现所需内存容量不够,我们可以通过增加内存容量的方法来解决。内存储器(内存)是半导体存储器,用于存放当前运行的程序和数据,信息按存储地址存储在内存储器的存储单元中。内存储器可分为只读存储器(ROM)和读写存储器(RAM)。

27. 一个汉字的机内码需用________个字节存储。

A. 4　　B. 3　　C. 2　　D. 1

答案:C

评析:机内码是指汉字在计算机中的编码,汉字的机内码占两个字节,分别称为机内码的高位与低位。

28. 在外部设备中,扫描仪属于________。

A. 输出设备　　B. 存储设备　　C. 输入设备　　D. 特殊设备

答案:C

29. 微型计算机的技术指标主要是指________。

A. 所配备的系统软件的优劣

B. CPU 的主频和运算速度、字长、内存容量和存取速度

C. 显示器的分辨率、打印机的配置

D. 硬盘容量的大小

答案：B

30. 用 MHz 来衡量计算机的性能，它指的是________。

A. CPU 的时钟主频　　B. 存储器容量

C. 字长　　D. 运算速度

答案：A

评析：用 MHz 来衡量计算机的性能，它指的是 CPU 的时钟主频。存储容量单位是 B、MB 等。字长单位是 bit。运算速度单位是 MIPS。

31. 任意一汉字的机内码和其国标码之差总是________。

A. 8000H　　B. 8080H　　C. 2080H　　D. 8020H

答案：B

评析：汉字的机内码是将国标码的两个字节的最高位分别置为 1 得到的。机内码和其国标码之差总是 8080H。

32. 操作系统是计算机系统中的________。

A. 主要硬件　　B. 系统软件　　C. 外部设备　　D. 广泛应用的软件

答案：B

33. 计算机的硬件主要包括：中央处理器(CPU)、存储器、输出设备和________。

A. 键盘　　B. 鼠标器　　C. 输入设备　　D. 显示器

答案：C

34. 在计算机的存储单元中存储的________。

A. 只能是数据　　B. 只能是字符

C. 只能是指令　　D. 可以是数据或指令

答案：D

评析：计算机存储单元中存储的是数据或指令。数据通常是指由描述事物的数字、字母、符号等组成的序列，是计算机操作的对象，在存储器中都是用二进制数“1”或“0”来表示。指令是 CPU 发布的用来指挥和控制计算机完成某种基本操作的命令，它包括操作码和地址码。

35. 用 8 个二进制位能表示的最大的无符号整数等于十进制整数________。

A. 127　　B. 128　　C. 255　　D. 256

答案：C

评析：用 8 个二进制位表示无符号整数最大为 11111111，即 $2^8-1=255$。

36. 微机正在工作时电源突然中断供电，此时计算机________中的信息全部丢失，并且恢复供电后也无法恢复这些信息。

A. 软盘片　　B. ROM　　C. RAM　　D. 硬盘

答案：C

37. 下列字符中，其 ASCII 码值最小的一个是________。

A. 空格字符　　B. 0　　C. A　　D. a

答案：A

38. 下列存储器中，CPU 能直接访问的是________。

A. 硬盘存储器　　B. CD-ROM　　C. 内存储器　　D. 软盘存储器

答案：C

39. 微型计算机的性能主要取决于________。

A. CPU 的性能　　B. 硬盘容量的大小

C. RAM 的存取速度　　D. 显示器的分辨率

答案：A

评析：CPU(中央处理器)是计算机的核心，由控制器和运算器组成，所以微型计算机的性能主要取决于 CPU 的性能。

40. 如果要运行一个指定的程序，那么必须将这个程序装入________中。

A. RAM　　B. ROM　　C. 硬盘　　D. CD-ROM

答案：A

评析：在计算机中，运行了该程序就等于将该程序调到了内存中。

41. 五笔字型汉字输入法的编码属于________。

A. 音码　　B. 形声码　　C. 区位码　　D. 形码

答案：D

评析：目前流行的汉字输入码的编码方案已有很多，如全拼输入法、双拼输入法、自然码输入法、五笔型输入法等。全拼输入法和双拼输入法是根据汉字的发音进行编码的，称为音码；五笔型输入法是根据汉字的字形结构进行编码的，称为形码；自然码输入法是以拼音为主，辅以字形字义进行编码的，称为音形码。

42. Von Neumann(冯·诺依曼)型体系结构的计算机包含的五大部件是________。

A. 输入设备、运算器、控制器、存储器、输出设备

B. 输入/出设备、运算器、控制器、内/外存储器、电源设备

C. 输入设备、中央处理器、只读存储器、随机存储器、输出设备

D. 键盘、主机、显示器、磁盘机、打印机

答案：A

43. 第一台计算机是 1946 年在美国研制的，该机英文缩写名为________。

A. EDSAC　　B. EDVAC　　C. ENIAC　　D. MARK-Ⅱ

答案：C

评析：第一台计算机于 1946 年在美国研制成功，它的英文缩写为 ENIAC(Electronic Numerical Integrator And Calculator)。

44. 调制解调器(Modem)的作用是________。

A. 将计算机的数字信号转换成模拟信号

B. 将模拟信号转换成计算机的数字信号

C. 将计算机数字信号与模拟信号互相转换

D. 为了上网与接电话两不误

答案：C

45. 存储一个汉字的机内码需两个字节。其前后两个字节的最高位二进制值依次分别

是________。

A. 1和1　　B. 1和0　　C. 0和1　　D. 0和0

答案：A

评析：汉字机内码是计算机系统内部处理和存储汉字的代码，国家标准是汉字信息交换的标准编码，但因其前后字节的最高位均为0，易与ASCII码混淆。因此汉字的机内码采用变形国家标准码，以解决与ASCII码冲突的问题。将国家标准编码的两个字节中的最高位改为1即为汉字输入机内码。

46. 显示或打印汉字时，系统使用的是汉字的________。

A. 机内码　　B. 字形码　　C. 输入码　　D. 国标交换码

答案：B

评析：存储在计算机内的汉字要在屏幕或打印机上显示、输出时，汉字机内码并不能作为每个汉字的字形信息输出。需要显示汉字时，根据汉字机内码向字模库检索出该汉字的字形信息输出。

47. 一台微型计算机要与局域网连接，必须安装的硬件是 ________。

A. 集线器　　B. 网关　　C. 网卡　　D. 路由器

答案：C

评析：网络接口卡(简称网卡)是构成网络必需的基本设备，用于将计算机和通信电缆连接在一起，以便经电缆在计算机之间进行高速数据传输。因此，每台连接到局域网的计算机(工作站或服务器)都需要安装一块网卡。

48. 在微机系统中，对输入输出设备进行管理的基本系统是存放在________中。

A. RAM　　B. ROM　　C. 硬盘　　D. 高速缓存

答案：B

评析：存储器分内存和外存，内存就是CPU能由地址线直接寻址的存储器。内存又分RAM和ROM两种，RAM是可读可写的存储器，它用于存放经常变化的程序和数据。ROM主要用来存放固定不变的控制计算机的系统程序和数据，如：常驻内存的监控程序、基本的I/O系统等。

49. 要想把个人计算机用电话拨号方式接入Internet，除性能合适的计算机外，硬件上还应配置一个________。

A. 连接器　　B. 调制解调器　　C. 路由器　　D. 集线器

答案：B

评析：调制解调器(Modem)的作用是将计算机数字信号与模拟信号互相转换，以便数据传输。

50. Internet实现了分布在世界各地的各类网络的互联，其最基础和核心的协议是________。

A. HTTP　　B. FTP　　C. HTML　　D. TCP/IP

答案：D

51. Internet提供的最简便、快捷的通信工具是________。

A. 文件传送　　B. 远程登录

C. 电子邮件(E-mail)　　D. WWW网

答案：C

评析：E mail 是电子邮件系统，是用户和用户之间的非交互式通信工具，也是 Internet 提供的最简便、快捷的通信工具。

52. Internet 中，主机的域名和主机的 IP 地址两者之间的关系是________。

A. 完全相同，毫无区别　　B. 一一对应

C. 一个 IP 地址对应多个域名　　D. 一个域名对应多个 IP 地址

答案：B

53. 度量计算机运算速度常用的单位是________。

A. MIPS　　B. MHz　　C. MB　　D. Mbps

答案：A

评析：MHz 是时钟主频的单位，MB 是存储容量的单位，Mbps 是数据传输速率的单位。

54. 下列关于计算机病毒的说法中，正确的一条是________。

A. 计算机病毒是对计算机操作人员身体有害的生物病毒

B. 计算机病毒将造成计算机的永久性物理损害

C. 计算机病毒是一种通过自我复制进行传染的、破坏计算机程序和数据的小程序

D. 计算机病毒是一种感染在 CPU 中的微生物病毒

答案：C

评析：计算机病毒是一种通过自我复制进行传染的、破坏计算机程序和数据的小程序。在计算机运行过程中，它们能把自己精确拷贝或有修改地拷贝到其他程序中或某些硬件中，从而达到破坏其他程序及某些硬件的作用。

55. 当前计算机感染病毒的可能途径之一是________。

A. 从键盘上输入数据　　B. 通过电源线

C. 所使用的软盘表面不清洁　　D. 通过 Internet 的 E-mail

答案：D

评析：计算机病毒(Computer Viruses)并非可传染疾病给人体的那种病毒，而是一种人为编制的可以制造故障的计算机程序。它隐藏在计算机系统的数据资源或程序中，借助系统运行和共享资源而进行繁殖、传播和生存，扰乱计算机系统的正常运行，篡改或破坏系统和用户的数据资源及程序。计算机病毒不是计算机系统自生的，而是一些别有用心的破坏者利用计算机的某些弱点而设计出来的，并置于计算机存储媒体中使之传播的程序。本题的四个选项中，只有 D 有可能感染上病毒。

56. 下列叙述中，________是正确的。

A. 反病毒软件总是超前于病毒的出现，它可以查、杀任何种类的病毒

B. 任何一种反病毒软件总是滞后于计算机新病毒的出现

C. 感染过计算机病毒的计算机具有对该病毒的免疫性

D. 计算机病毒会危害计算机用户的健康

答案：B

57. 组成计算机指令的两部分是________。

A. 数据和字符　　B. 操作码和地址码

C. 运算符和运算数　　D. 运算符和运算结果

答案：B

评析：一条指令必须包括操作码和地址码(或称操作数)两部分。操作码指出指令完成操作的类型；地址码指出参与操作的数据和操作结果存放的位置。

58. 计算机的主要特点是________。

A. 速度快、存储容量大、性能价格比低

B. 速度快、性能价格比低、程序控制

C. 速度快、存储容量大、可靠性高

D. 性能价格比低、功能全、体积小

答案：C

59. 在一个非零无符号二进制整数之后添加一个0，则此数的值为原数的________倍。

A. 4　　B. 2　　C. 1/2　　D. 1/4

答案：B

评析：非零无符号二进制整数之后添加一个0，相当于向左移动了一位，也就是扩大了原来数的2倍。向右移动一位相当于缩小了原来数的1/2。

60. 在计算机中，每个存储单元都有一个连续的编号，此编号称为________。

A. 地址　　B. 位置号　　C. 门牌号　　D. 房号

答案：A

评析：计算机的内存是按字节来进行编址的，每一个字节的存储单元对应一个地址编码。

61. 汇编语言是一种________程序设计语言。

A. 依赖于计算机的低级　　B. 计算机能直接执行的

C. 独立于计算机的高级　　D. 面向问题的

答案：A

评析：汇编语言需要经过汇编程序转换成可执行的机器语言，才能在计算机上运行。汇编不同于机器语言，直接在计算机上执行。

62. 有一域名为bit. edu. cn，根据域名代码的规定，此域名表示________机构。

A. 政府机关　　B. 商业组织　　C. 军事部门　　D. 教育机构

答案：D

评析：域名的格式：主机名. 机构名. 网络名. 最高层域名，顶级域名主要包括：COM表示商业机构；EDU表示教育机构；GOV表示政府机构；MIL表示军事机构；NET表示网络支持中心；ORG表示国际组织。

63. 一个字长为6位的无符号二进制数能表示的十进制数值范围是________。

A. 0～64　　B. 1～64　　C. 1～63　　D. 0～63

答案：D

评析：一个字长为6位的无符号二进制数能表示的十进制数值范围是0～63。

64. 汉字输入码可分为有重码和无重码两类，下列属于无重码类的是 ________。

A. 全拼码　　B. 自然码　　C. 区位码　　D. 简拼码

答案：C

评析：区位码也是一种输入法，其最大的优点是一字一码的无重码输入法，最大的缺点是难以记忆。

65. 计算机网络分局域网、城域网和广域网，________属于局域网。

A. ChinaDDN 网　B. Novell 网　C. Chinanet 网　D. Internet

答案：B

评析：计算机网络按地理范围进行分类可分为：局域网、城域网、广域网。ChinaDDN 网、Chinanet 网属于城域网，Internet 属于广域网，Novell 网属于局域网。

66. 下列各项中，________不能作为 Internet 的 IP 地址。

A. 202.96.12.14　B. 202.196.72.140　C. 112.256.23.8　D. 201.124.38.79

答案：C

评析：IP 地址由 32 位二进制数组成（占 4 个字节），也可用十进制数表示，每个字节之间用“.”分隔开。每个字节内的数值范围可从 0 到 255。

67. 在所列出的：(1)字处理软件　(2)Linux　(3)Unix　(4)学籍管理系统　(5)Windows XP　(6)Office 2003 六个软件中，属于系统软件的有________。

A. (1)(2)(3)　B. (2)(3)(5)　C. (1)(2)(3)(5)　D. 全部都不是

答案：B

评析：软件系统可以分为系统软件和应用软件两大类。

系统软件由一组控制计算机系统并管理其资源的程序组成，其主要功能包括：启动计算机、存储、加载和执行应用程序，对文件进行排序、检索，将程序语言翻译成机器语言等。

操作系统是直接运行在“裸机”上的最基本的系统软件。

本题中 Linux、Unix 和 Windows XP 都属于操作系统，而其余选项都属于计算机的应用软件。

68. 假设某台式计算机的内存储器容量为 128MB，硬盘容量为 10GB。硬盘的容量是内存容量的________。

A. 40 倍　B. 60 倍　C. 80 倍　D. 100 倍

答案：C

69. 用高级程序设计语言编写的程序，要转换成等价的可执行程序，必须经过________。

A. 汇编　B. 编辑　C. 解释　D. 编译和连接

答案：D

评析：　一个高级语言源程序必须经过“编译”和“连接装配”两步后才能成为可执行的机器语言程序。

70. 十进制数 131 转换成无符号二进制数是________。

A. 01110101　B. 10010011　C. 10000111　D. 10000011

答案：D

71. 在因特网技术中，缩写 ISP 的中文全名是________。

A. 因特网服务提供商　B. 因特网服务产品

C. 因特网服务协议　D. 因特网服务程序

答案：A

评析：ISP(Internet Service Provider)是指因特网服务提供商。

72. 主机域名 MH. BIT. EDU. CN 中最高域是________。

A. MH　　B. EDU　　C. CN　　D. BIT

答案：C

评析：域名系统也与 IP 地址的结构一样，采用层次结构，域名的格式为：主机名. 机构名. 网络名. 最高层域名。就本题而言，可知最高域为 CN，CN 表示中国，EDU 表示教育机构。

73. 人们把以________为硬件基本电子器件的计算机系统称为第三代计算机。

A. 电子管　　B. 小规模集成电路

C. 大规模集成电路　　D. 晶体管

答案：B

74. RAM 中存储的数据在断电后________丢失。

A. 不会　　B. 完全　　C. 部分　　D. 不一定

答案：B

75. 下列传输介质中，抗干扰能力最强的是________。

A. 双绞线　　B. 光缆　　C. 同轴电缆　　D. 电话线

答案：B

76. 域名 MH. BIT. EDU. CN 中主机名是________。

A. MH　　B. EDU　　C. CN　　D. BIT

答案：A

77. 在计算机网络中，英文缩写 WAN 的中文名是________。

A. 局域网　　B. 城域网　　C. 无线网　　D. 广域网

答案：C

评析：广域网(Wide Area Network)，也叫远程网络；局域网的英文全称是 Local Area Network；城域网的英文全称是 Metropolitan Area Network。

78. 第二代电子计算机的主要元件是________。

A. 继电器　　B. 晶体管　　C. 电子管　　D. 集成电路

答案：B

79. 将计算机与局域网互联，需要________。

A. 网桥　　B. 网关　　C. 网卡　　D. 路由器

答案：C

评析：网络接口卡(简称网卡)是构成网络必需的基本设备，它用于将计算机和通信电缆连接起来，以便经电缆在计算机之间进行高速数据传输。因此，每台连接到局域网的计算机(工作站或服务器)都需要安装一块网卡，通常网卡都插在计算机的扩展槽内。

80. 微机中，西文字符所采用的编码是________。

A. EBCDIC 码　　B. ASCII 码　　C. 原码　　D. 反码

答案：B

81. 下列两个二进制数进行算术加运算，10100＋111＝________。

A. 10211　　B. 110011　　C. 11011　　D. 10011

答案：C

82. 计算机网络最突出的优点是________。

A. 精度高　　B. 容量大　　C. 运算速度快　　D. 共享资源

答案：D

评析：建立计算机网络的目的主要是为了实现数据通信和资源共享。计算机网络最突出的优点是共享资源。

83. 构成 CPU 的主要部件是________。

A. 内存和控制器　　B. 内存、控制器和运算器

C. 高速缓存和运算器　　D. 控制器和运算器

答案：D

84. 假设某台式计算机内存储器的容量为 1KB，其最后一个字节的地址是________。

A. 1023H　　B. 1024H　　C. 0400H　　D. 03FFH

答案：D

评析：1KB=1 024B，1MB＝1 024KB，内存储器的容量为 1KB，由于内存地址是从 0000 开始的，所以最后一个字节为 1023，转换为十六进制数为 03FFH。

85. 把内存中数据传送到计算机的硬盘上去的操作称为________。

A. 显示　　B. 写盘　　C. 输入　　D. 读盘

答案：B

86. 第一代电子计算机的主要组成元件是________。

A. 继电器　　B. 晶体管　　C. 电子管　　D. 集成电路

答案：C

评析：第一代电子计算机的组成元件是电子管，第二代电子计算机的组成元件是晶体管，第三代电子计算机的组成元件是集成电路，第四代电子计算机的组成元件是大规模和超大规模集成电路。

87. 一个字节表示的最大无符号整数是________。

A. 255　　B. 128　　C. 256　　D. 127

答案：A

评析：一个字节表示的无符号整数，可以从最小的 00000000 至最大的 11111111，共 $2^8-1=255$ 个。

88. 在计算机硬件技术指标中，度量存储器空间大小的基本单位是________。

A. 字节(Byte)　　B. 二进位(bit)　　C. 字(Word)　　D. 半字

答案：A

89. 高级语言的编译程序属于________。

A. 专用软件　　B. 应用软件　　C. 通用软件　　D. 系统软件

答案：D

90. 在因特网上，一台计算机可以作为另一台主机的远程终端，从而使用该主机的资源，该项服务称为________。

A. Telnet　　B. BBS　　C. FTP　　D. Gopher

答案：A

评析：远程登录服务用于在网络环境下实现资源的共享。利用远程登录，用户可以把

一台终端变成另一台主机的远程终端，从而使该主机允许外部用户使用任何资源。它采用 TELNET 协议，可以使多台计算机共同完成一个较大的任务。

91. 在微机的配置中常看到“P4 2.4G”字样，其中数字“2.4G”表示________。

A. 处理器的时钟频率是 2.4GHz　　B. 处理器的运算速度是 2.4

C. 处理器是 Pentium4 第 2.4　　D. 处理器与内存间的数据交换速率

答案：A

评析：在微机的配置中看到“P4 2.4G”字样，其中“2.4G”表示处理器的时钟频率是 2.4GHz。

92. 下列叙述中，正确的一条是________。

A. 用高级程序语言编写的程序称为源程序

B. 计算机能直接识别并执行用汇编语言编写的程序

C. 机器语言编写的程序执行效率最低

D. 不同型号的计算机具有相同的机器语言

答案：A

评析：计算机能直接识别并执行用机器语言编写的程序。机器语言编写的程序执行效率最高。机器语言是特定的计算机系统所固有的语言。所以，不同型号的计算机具有不同的机器语言。

93. 英文缩写 CAD 的中文意思是________。

A. 计算机辅助设计　　B. 计算机辅助制造

C. 计算机辅助教学　　D. 计算机辅助管理

答案：A

评析：CAD 的英文全称为 Computer Aided Design，中文意思是计算机辅助设计。

94. 英文缩写 CAM 的中文意思是________。

A. 计算机辅助设计　　B. 计算机辅助制造

C. 计算机辅助教学　　D. 计算机辅助管理

答案：B

评析：CAM 的英文全称为 Computer Aided Manufacturing，中文意思是计算机辅助制造。

95. 内存中有一小部分用来存储系统的基本信息，CPU 对它们只读不写，这部分存储器的英文缩写是________。

A. RAM　　B. Cache　　C. ROM　　D. DOS

答案：C

96. 下列各指标中，________是数据通信系统的主要技术指标之一。

A. 重码率　　B. 传输速率　　C. 分辨率　　D. 时钟主频

答案：B

评析：数据传输速率简称数据率(Data Rate)，是指单位时间内传送的二进制数据位数，通常用“千位/秒”或“兆位/秒”作计量单位。它是数据通信系统的主要技术指标之一。

97. TCP/IP 协议的主要功能是________。

A. 进行数据分组　　B. 保证可靠的数据传输

C. 确定数据传输路径　　D. 提高数据传输速度

答案：B

评析：TCP/IP 协议是指传输控制协议/网际协议，它的主要功能是保证可靠的数据传输。

98. 用 bps 来衡量计算机的性能，它指的是计算机的________。

A. 传输速率　　B. 存储容量　　C. 字长　　D. 运算速度

答案：A

99. 操作系统以________为单位对磁盘进行读/写操作。

A. 磁道　　B. 字节　　C. 扇区　　D. KB

答案：C

评析：操作系统以扇区为单位对磁盘进行读/写操作，扇区是磁盘存储信息的最小物理单位。

100. 下列各指标中，________是数据通信系统的主要技术指标之一。

A. 误码率　　B. 重码率　　C. 分辨率　　D. 频率

答案：A

评析：误码率指数据传输中出错数据占被传输数据总数的比例，是通信信道的主要性能参数之一。

101. 下列有关总线的描述，不正确的是________。

A. 总线分为内部总线和外部总线

B. 内部总线也称为片总线

C. 总线的英文表示就是 Bus

D. 总线体现在硬件上就是计算机主板

答案：A

评析：总线分为内部总线和系统总线。内部总线连接同一部件的内部结构，系统总线连接同一计算机内部的各个部件。

102. 在一个非零无符号二进制整数之后去掉一个 0，则此数的值为原数的________倍。

A. 4　　B. 2　　C. 1/2　　D. 1/4

答案：C

评析：在一个非零无符号二进制整数之后去掉一个 0，相当于向右移动一位，也就是变为原数的 1/2。

103. 微型计算机存储系统中，PROM 是________。

A. 可读写存储器　　B. 动态随机存取存储器

C. 只读存储器　　D. 可编程只读存储器

答案：D

评析：可编程 ROM(PROGRAMMING ROM)，简写为 PROM。在其出厂时并没有写入信息，允许用户采用一定的设备将编写好的程序固化在 PROM 中和掩膜 ROM 一样，PROM 中的内容一旦写入，就再也不能更改了。

104. 配置高速缓冲存储器(Cache)是为了解决________。

A. 内存与辅助存储器之间速度不匹配问题

B. CPU 与辅助存储器之间速度不匹配问题

C. CPU 与内存储器之间速度不匹配问题

D. 主机与外设之间速度不匹配问题

答案：C

评析：内存是解决主机与外设之间速度不匹配问题；高速缓冲存储器是为了解决 CPU 与内存储器之间速度不匹配问题。

105. 为解决某一特定问题而设计的指令序列称为________。

A. 文档　　B. 语言　　C. 程序　　D. 系统

答案：C

评析：程序是为了特定的需要而编制的指令序列，它能完成一定的功能。

106. WPS、Word 等文字处理软件属于________。

A. 管理软件　　B. 网络软件　　C. 应用软件　　D. 系统软件

答案：C

107. 下列术语中，属于显示器性能指标的是________。

A. 速度　　B. 可靠性　　C. 分辨率　　D. 精度

答案：C

评析：分辨率是显示器的重要技术指标。一般用整个屏幕上光栅的列数与行数乘积(如 640 * 480)来表示，乘积越大，分辨率越高。

108. 一条计算机指令中规定其执行功能的部分称为________。

A. 源地址码　　B. 操作码　　C. 目标地址码　　D. 数据码

答案：B

评析：一条指令包括操作码和操作数地址两个部分。操作码指定计算机执行什么类型的操作；操作数地址指明操作数所在的地址和运算结果存放的地方。

109. 控制器的功能是________。

A. 指挥、协调计算机各部件工作　　B. 进行算术运算和逻辑运算

C. 存储数据和程序　　D. 控制数据的输入和输出

答案：A

评析：控制器是计算机的神经中枢，由它指挥全机各个部件自动、协调地工作。

110. UPS 是指________。

A. 大功率稳压电源　　B. 不间断电源

C. 用户处理系统　　D. 联合处理系统

答案：B

评析：不间断电源(UPS)总是直接从电池向计算机供电，当停电时，文件服务器可使用 UPS 提供的电源继续工作。UPS 中包含一个变流器，它可以将电池中的直流电转成纯正的正弦交流电供给计算机使用。

111. 下列四项内容中，不属于 Internet(因特网)基本功能的是________。

A. 电子邮件　　B. 文件传输　　C. 远程登录　　D. 实时监测控制

答案：D

112. 把用高级语言写的程序转换为可执行的程序，要经过的过程称为________。

A. 汇编和解释　　B. 编辑和连接　　C. 编译和连接　　D. 解释和编译

答案：C

113. 目前，打印质量最好的打印机是________。

A. 针式打印机　　B. 点阵打印机　　C. 喷墨打印机　　D. 激光打印机

答案：D

评析：激光打印机属非击打式打印机，优点是无噪声、打印速度快、打印质量最好，缺点是设备价格高、耗材贵、打印成本在打印机中最高。

114. 字长是 CPU 的主要性能指标之一，它表示________。

A. CPU 一次能处理二进制数据的位数　　B. 最长的十进制整数的位数

C. 最大的有效数字位数　　D. 计算结果的有效数字长度

答案：A

115. 计算机的系统总线是计算机各部件间传递信息的公共通道，它分________。

A. 数据总线和控制总线　　B. 地址总线和数据总线

C. 数据总线、控制总线和地址总线　　D. 地址总线和控制总线

答案：C

116. 办公室自动化（OA）是计算机的一大应用领域，按计算机应用的分类，它属于________。

A. 科学计算　　B. 辅助设计　　C. 实时控制　　D. 数据处理

答案：D

117. 下列关于因特网上收/发电子邮件优点的描述中，错误的是________。

A. 不受时间和地域的限制，只要能接入因特网，就能收发电子邮件

B. 方便、快速

C. 费用低廉

D. 收件人必须在原电子邮箱申请地接收电子邮件

答案：D

118. 在微机系统中，麦克风属于________。

A. 输入设备　　B. 输出设备　　C. 放大设备　　D. 播放设备

答案：A

评析：麦克风属于声音输入设备。

119. 下面关于 USB 的叙述中，错误的是________。

A. USB 的中文名为"通用串行总线"

B. USB 2.0 的数据传输率大大高于 USB 1.1

C. USB 具有热插拔与即插即用的功能

D. USB 接口连接的外部设备（如移动硬盘、U 盘等）必须另外供应电源

答案：D

评析：USB 接口连接的外部设备不用供应电源，通过 USB 接口即插即用。

120. Internet 中不同网络和不同计算机相互通信的基础是________。

A. ATM　　B. TCP/IP　　C. Novell　　D. X.25

答案：B

121. 下面关于优盘的描述中，错误的是________。

A. 优盘有基本型、增强型和加密型三种

B. 优盘的特点是重量轻、体积小

C. 优盘多固定在机箱内，不便携带

D. 断电后，优盘还能保持存储的数据不丢失

答案：C

122. 已知汉字“家”的区位码是2850，则其国标码是________。

A. 4870D　　B. 3C52H　　C. 9CB2H　　D. A8D0H

答案：B

评析：汉字的输入区位码和其国标码之间的转换方法为：将一个汉字的十进制区号和十进制位号分别转换成十六进制；然后再分别加上20H，就成为此汉字的国标码。如本题中“家”的区位码：2850，由于区位码的形式是高两位为区号，低两位为位号，所以将区号28转换为十六进制数1CH，位号50转换为十六进制数32H，即1C32H，然后再把区号和位号分别加上20H，得“家”字的国标码：1C32H＋2020H＝3C52H。

123. 能保存网页地址的文件夹是________。

A. 收件箱　　B. 公文包　　C. 我的文档　　D. 收藏夹

答案：D

评析：IE的收藏夹提供保存Web页面地址的功能。它有两个优点：一是收入收藏夹的网页地址可由浏览者给定一个简明的名字以便记忆，当鼠标指针指向此名字时，会同时显示对应的Web页地址。单击该名字便可转到相应的Web页，省去了键入地址的操作。二是收藏夹的机理很像资源管理器，其管理、操作都很方便。

124. 为了提高软件开发效率，开发软件时应尽量采用________。

A. 汇编语言　　B. 机器语言　　C. 指令系统　　D. 高级语言

答案：D

125. 操作系统中的文件管理系统为用户提供的功能是________。

A. 按文件作者存取文件　　B. 按文件名管理文件

C. 按文件创建日期存取文件　　D. 按文件大小存取文件

答案：B

评析：文件管理系统负责文件的存储、检索、共享和保护，并按文件名管理的方式为用户提供文件操作的方便。

126. 下列度量单位中，用来度量计算机外部设备传输率的是________。

A. MB/s　　B. MIPS　　C. GHz　　D. MB

答案：A

评析：用来度量计算机外部设备传输率的单位是MB/s。MB/s的含义是兆字节每秒，是指每秒传输的字节数量。

127. 下列叙述中，错误的是________。

A. 把数据从内存传输到硬盘的过程称为写盘

B. WPS Office 2003属于系统软件

C. 把源程序转换为机器语言的目标程序的过程称为编译

D. 在计算机内部，数据的传输、存储和处理都使用二进制编码

答案：B

128. 把硬盘上的数据传送到计算机内存中去的操作称为________。

A. 读盘　　B. 写盘　　C. 输出　　D. 存盘

答案：A

评析：写盘就是通过磁头往媒介写入信息数据的过程。读盘就是磁头读取存储在媒介上的数据的过程，比如硬盘磁头读取硬盘中的信息数据，光盘磁头读取光盘信息等。

129. 英文缩写 CAI 的中文意思是________。

A. 计算机辅助教学　　B. 计算机辅助制造

C. 计算机辅助设计　　D. 计算机辅助管理

答案：A

评析：CAI 是计算机辅助教学(Computer-Aided Instruction)的缩写，是指利用计算机媒体帮助教师进行教学或利用计算机进行教学的广泛应用领域。

130. 目前，度量中央处理器 CPU 时钟频率的单位是________。

A. MIPS　　B. GHz　　C. GB　　D. Mbps

答案：B

评析：度量 CPU 时钟频率的单位用 GHz 表示。

131. 下列英文缩写和中文名字的对照中，错误的是________。

A. CAD——计算机辅助设计　　B. CAM——计算机辅助制造

C. CIMS——计算机集成管理系统　　D. CAI——计算机辅助教育

答案：C

评析：CIMS 是英文 Computer Integrated Manufacturing Systems 的缩写，即计算机集成制造系统。

132. 假设 ISP 提供的邮件服务器为 bj163. com，用户名为 XUEJY 的正确电子邮件地址是________。

A. XUEJY @ bj163. com　　B. XUEJY&bj163. com

C. XUEJY#bj163. com　　D. XUEJY@bj163. com

答案：D

133. 在计算机中，条码阅读器属于________。

A. 输入设备　　B. 存储设备　　C. 输出设备　　D. 计算设备

答案：A

第 2 章

Windows 10 操作系统

本章要点

- Windows 10 基本知识
- Windows 10 基本操作
- Windows 10 文件及文件夹的管理
- Windows 10 系统设置

本章难点

- 窗口、任务栏的操作
- 文件及文件夹的管理
- 系统的个性化设置

操作系统(Operating System,OS)是管理计算机硬件与软件资源的计算机程序,用来处理如管理与配置内存、决定系统资源供需的优先次序、控制输入与输出设备、操作网络与管理文件系统等基本事务。操作系统也提供一个让用户与系统交互的操作界面。日常生活中,我们使用更多的是 Windows 操作系统。

Microsoft Windows,又称微软视窗,是微软公司推出的一系列操作系统。它问世于 1985 年,起初仅是 MS-DOS 之下的桌面环境,其后续版本逐渐发展成为个人电脑和服务器用户设计的操作系统,并最终获得了世界个人电脑操作系统软件的垄断地位,市场占有率超 90%。目前,最新的个人电脑操作系统版本是 Windows 10。Windows 10 是由美国微软公司开发的应用于计算机和平板电脑的操作系统,于 2015 年 7 月 29 日发布正式版。权威调查显示,截至 2020 年 5 月,全球 62.21%的用户都在使用 Win10 系统;最新的服务器版本是 Windows Server 2012 R2。然而,计算机软件特别是操作系统并不是越新越好,而是越稳定越好。

Windows 10 操作系统在易用性和安全性方面都有了极大的提升,除了针对云服务、智能移动设备、自然人机交互等新技术进行融合外,还对固态硬盘、生物识别、高分辨率屏幕等硬件进行了优化完善与支持。

截至 2020 年 5 月 29 日,Windows 10 正式版已更新至 10.0.19041.264 版本,预览版已更新至 10.0.19635.1 版本。Windows 10 逐步取代经典的 Windows XP、Windows 7,成为新的 Windows 继承者。

2.1 Windows 10 基础知识

2.1.1 桌面

用户启动计算机并登录 Windows 10 系统后，所见到的屏幕就是桌面(Desktop)，如图 2-1 所示。桌面由图标、任务栏等组成。用户的工作都是在桌面上进行的，可以根据需要在桌面上放置常用的文件、文件夹或应用程序。微软在 Windows 10 中对 Modern 界面进行了改进，使其与传统桌面交互使用更加自然舒畅，对于改进的 Modern 界面，可以称其为 Modern 2.0 界面。在 Windows 10 操作系统中，传统界面环境和之前 Windows 版本相比变化不是很大，自 Windows 8 系统移除的开始菜单也回归桌面任务栏。

Windows 10 操作系统的传统桌面环境更加简洁、现代。所以用户看到的是一个纯色调的传统桌面环境，虽然少了以往毛玻璃的华丽、windows7 的小工具，但是简洁的环境也不失为另一种优秀的视觉体验。

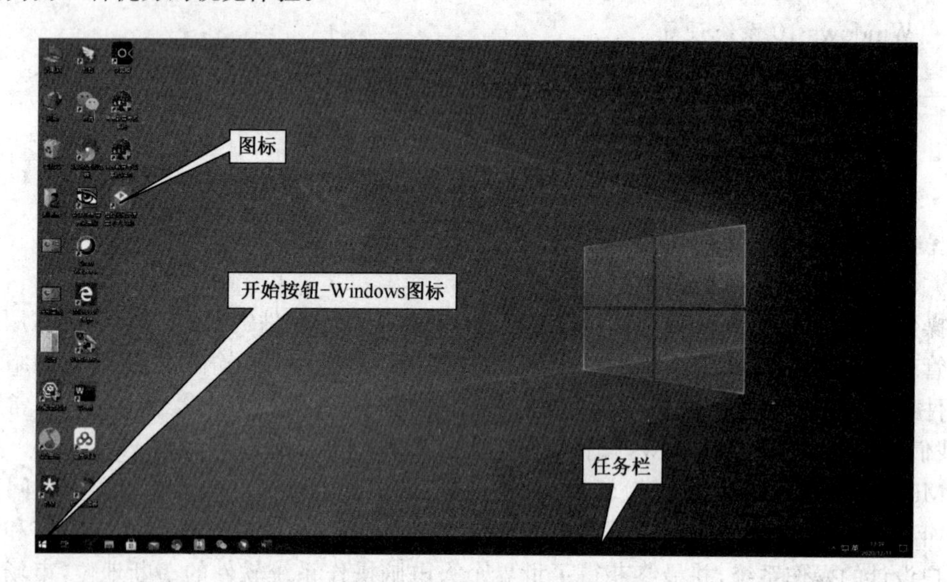

图 2-1 Windows 10 桌面

Windows 桌面上的图标可以代表一个程序、文件、文件夹或其他项目。Windows 10 的桌面上通常有【计算机】【回收站】等图标和其他一些程序文件的快捷方式图标。

【计算机】用于组织和管理本地计算机中的所有资源。双击这个图标可以快速查看磁盘、驱动器及映射网络驱动器等内容。

【回收站】中保存着用户删除的文件或文件夹。当用户误删除想找回文件，还可以到【回收站】中将其还原。如果清空【回收站】，则无法再还原文件。

2.1.2 【开始】菜单

【开始】菜单包含了系统的所有功能，所有操作都可以从这里开始。【开始】菜单的组成如图 2-2 所示。Windows 10 系统推出的开始菜单，功能更加强大，设置更加丰富，操作更加人性化。用户通过合理地设置,可以有效地提高工作效率。

【开始】菜单分为应用区和磁贴区两大区域,如图 2-3 所示。

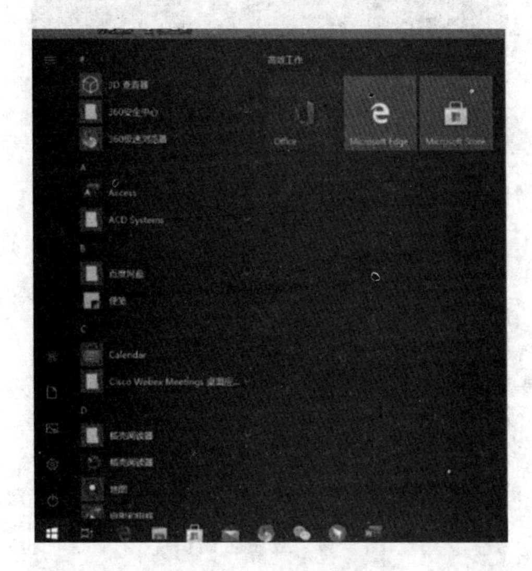

图 2-2 【开始】菜单

1. 所有应用

单击任务栏左下角的 Windows 图标,在弹出页面的应用设置区会看到列出目前系统中已安装的应用清单,且是按照数字 0~9、拼音 A~Z 的顺序依次排列的。任意选择其中一项应用,右键单击快捷键都可以启动该应用。

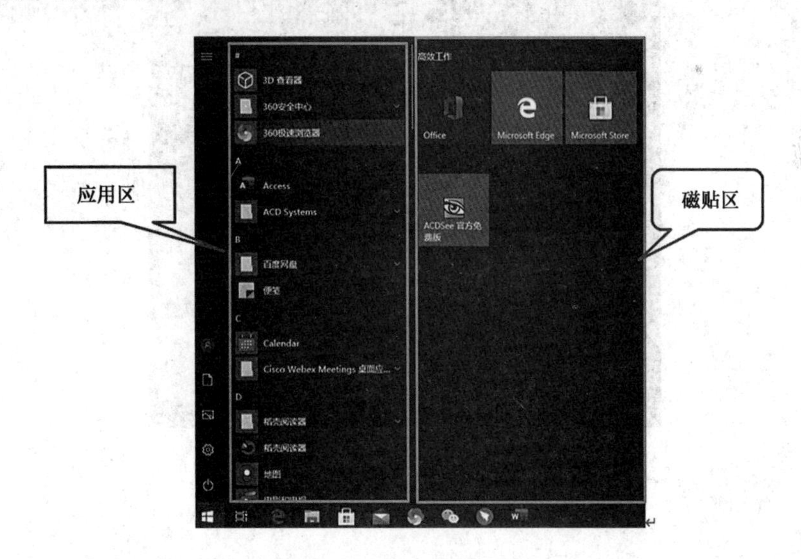

如图 2-3 【开始】菜单组成

如果该应用从未固定到磁贴区,则弹出窗口会显示“固定到开始屏幕”选项,单击即可将此应用快捷方式添加到磁贴区,否则会显示“从开始屏幕取消固定”选项,选择后可以从磁贴区取消。单击“卸载”选项,可以快速对此应该进行卸载操作。单击“更多”选项,弹出更多的选项窗口，如图 2-4 所示。

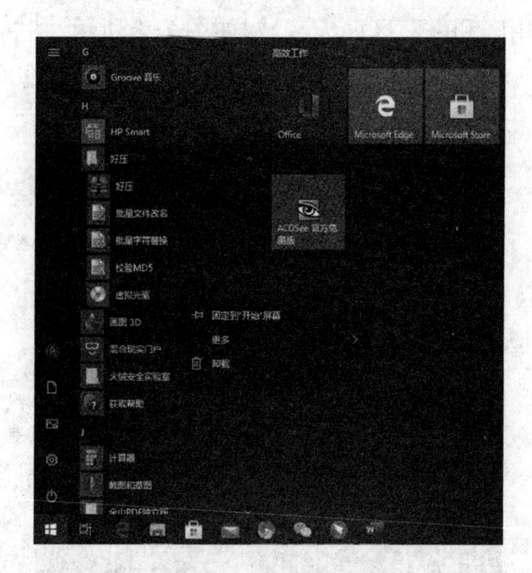

图 2-4　应用区窗口 1

单击“固定到任务栏”选项，可以将该应用快捷方式固定到“任务栏”上。单击“以管理员身份运行”选项，可以以管理员身份运行此程序。单击“打开文件位置”选项，可以打开该应用快捷方式所在的文件夹，如图 2-5 所示。

图 2-5　应用区窗口 2

2. 电源

单击“电源”选项，弹出电源选项窗口，有“睡眠”“关机”“重启”等选项，如图 2-6 所示。单击“睡眠”选项，可以使计算机进入睡眠状态；单击“关机”选项，可以关闭计算机；单击“重启”选项，可以将电脑重新启动。

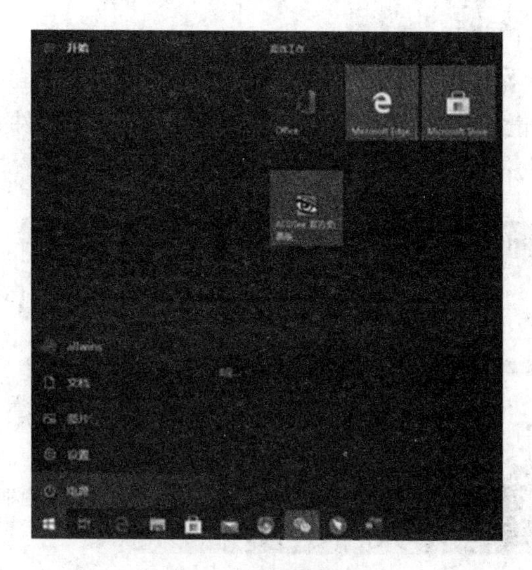

图 2-6　“电源”选项

3. 设置

单击“设置”选项，弹出“设置”窗口，如图 2-7 所示。该窗口作用与“控制面板”类似，但是操作上比控制面板要清晰简洁一些。

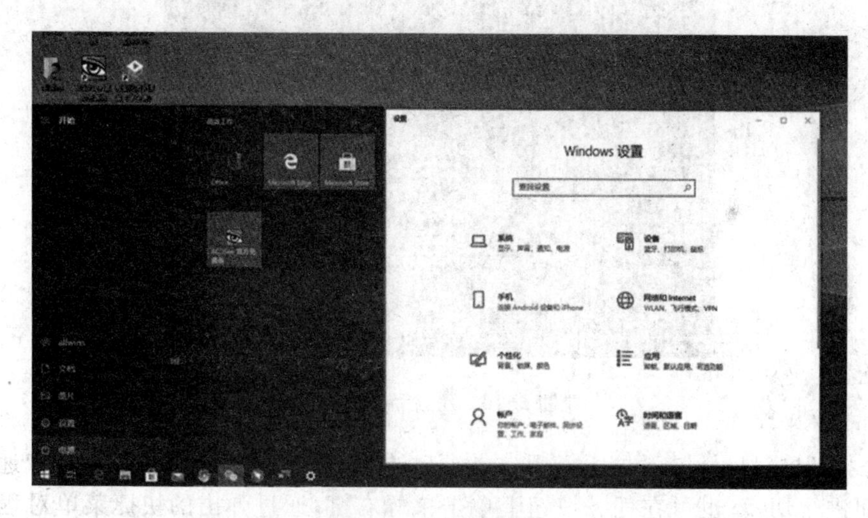

图 2-7　“设置”选项

2.1.3　任务栏

任务栏是位于屏幕底部的一个水平的长条，由【开始】按钮、【快速启动】工具栏、任务按钮区、通知区域等四个部分组成，如图 2-8 所示。

图 2-8　任务栏

【开始】按钮:用于打开【开始】菜单。

【快速启动】工具栏:单击其中的按钮即可启动程序。Windows 10 任务栏上新增了一个任务视图按钮,点击该按钮,就可以快速在打开的多个软件、应用、文件之间切换,如图 2-9 所示。

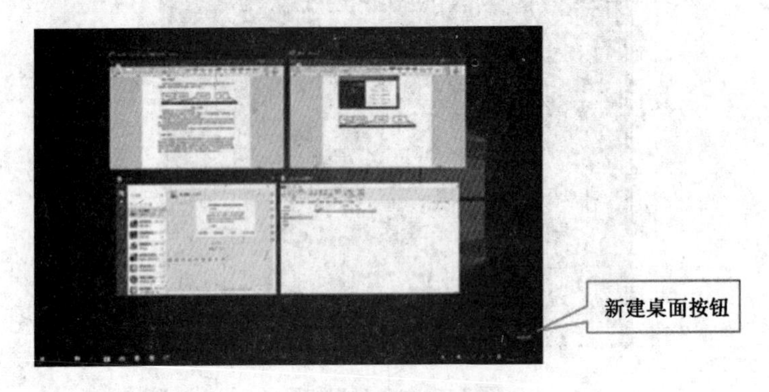

图 2-9　任务视图

另外,还可以在任务视图中点击新建桌面按钮创建新的桌面,在多个桌面间进行快速切换,如图 2-10 所示。

图 2-10　建立新的桌面

任务按钮区:显示已打开的程序和文档窗口的缩略图。点击任务按钮可以快速地在这些程序间进行切换;也可在任务按钮上单击鼠标右键,通过弹出的快捷菜单对程序进行控制。

通知区域:包括时钟、输入法、音量以及一些告知特定程序和计算机设置状态的图标。

2.1.4　窗口

窗口是 Windows 操作系统用户界面中最重要的部分,用户和计算机的大部分交互操作都是在窗口中完成的。与在窗口界面上采用经典布局的 Windows 7 系统不同,Windows 10 系统则选择了 Ribbon 界面,且以图标形式平铺所有功能,令其操作便利性激增。每当用户打开一个应用程序或文件、文件夹后,屏幕上会出现一个长方形的区域,这个就是窗口。下面以【计算机】窗口为例,介绍一下窗口的组成,如图 2-11 所示。

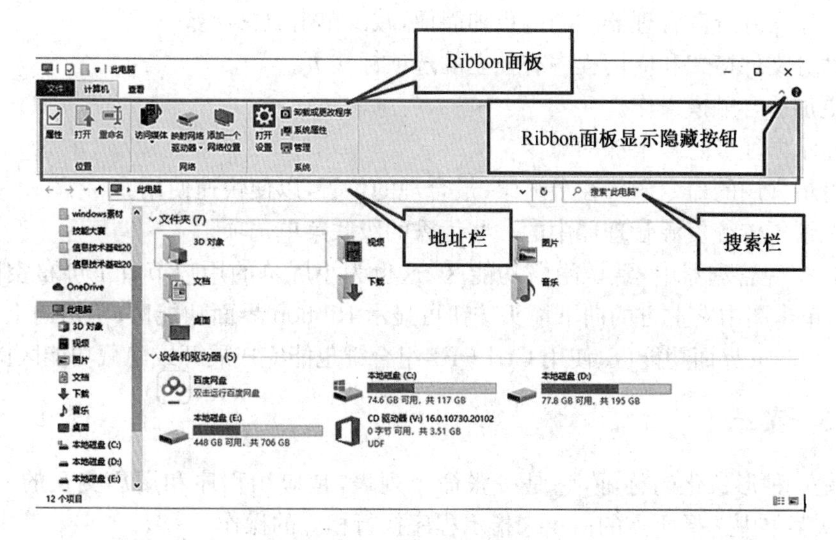

图 2-11 【计算机】窗口

窗口的各组成部分及其功能如下所示。

• 地址栏：在地址栏中可以看到当前打开窗口在计算机或网络上的位置。在地址栏中输入文件路径后，单击按钮 →，即可打开相应的文件。

• 搜索栏：在【搜索】框中键入关键词，筛选出基于文件名和文件自身的文本、标记以及其他文件属性，可以在当前文件夹及其所有子文件夹中进行文件或文件夹的查找。搜索的结果将显示在文件列表中。

• 控制按钮：单击【最小化】按钮 −，可以使应用程序窗口缩小成屏幕下方任务栏上的一个按钮，若再次单击此按钮时可以恢复窗口的显示；单击【最大化】按钮 □，可以使窗口充满整个屏幕。当窗口为最大化窗口时，此按钮便变成【还原】按钮 ⧉，若再次单击此按钮可以使窗口恢复到原来的状态。单击 × 按钮可以关闭应用程序窗口。

• 窗口边框：用于标识窗口的边界。用户可以用鼠标拖动窗口边框以调节窗口的大小。

• 导航窗格：用于显示所选对象中包含的可展开的文件夹列表，以及收藏夹链接和保存的搜索。通过导航窗格，可以直接导航到所需文件所在的文件夹。

• 滚动条：拖动滚动条可以显示隐藏在窗口中的内容。

• 详细信息面板：用于显示与所选对象关联的最常见的属性。

• Ribbon 面板：Ribbon 即功能区，是新的 Microsoft Office Fluent 用户界面（UI）的一部分。在仪表板设计器中，功能区包含一些用于创建、编辑和导出仪表板及其元素的上下文工具。它是一个收藏了命令按钮和图示的面板。它把命令组织成一组“标签”，每一组包含了相关的命令。每一个应用程序都有一个不同的标签组，展示了程序所提供的功能。在每个标签里，各种相关的选项被组在一起。

Ribbon 界面的优点如下：

（1）所有功能及命令集中分组存放，不需查找级联菜单。

（2）功能以图标的形式显示。

(3) 使用文件资源管理器的功能更加简便,减少单击鼠标次数。

(4) 部分文件格式和应用程序有独立的选项标签页。

(5) 更加适合触摸操作。

(6) 显示以往被隐藏很深的命令。

(7) 将最常用的命令放置在最显眼、最合理的位置,以便快速使用。

(8) 保留了传统资源管理器中的一些优秀的级联菜单选项。

在文件资源管理器中,默认隐藏功能区,这也为小屏幕的用户节省了屏幕空间。如图2-11所示,单击图中右上方的向下箭头按钮可显示 Ribbon 界面功能区;单击向上箭头按钮即可隐藏 Ribbon 界面功能区,使用 Ctrl+F1 组合键也能完成展开或隐藏功能区操作。

2.1.5 菜单

菜单是一种形象化的称呼,它是一张命令列表,是应用程序和用户交互的一种方式。用户可以从菜单中选择所需的命令来指示程序执行相应的操作。

主菜单是程序窗口构成的一部分,一般位于程序窗口的地址栏下,几乎包含了该程序所有的操作命令。常见的主菜单包括 文件(F) 、编辑(E) 、查看(V) 、工具(T) 、帮助(H) 等,单击这些菜单选项,将会弹出下拉菜单,从而可以选择相应命令。例如,在【文档】窗口中单击【查看】菜单选项,即可打开如图 2-12 所示的菜单。

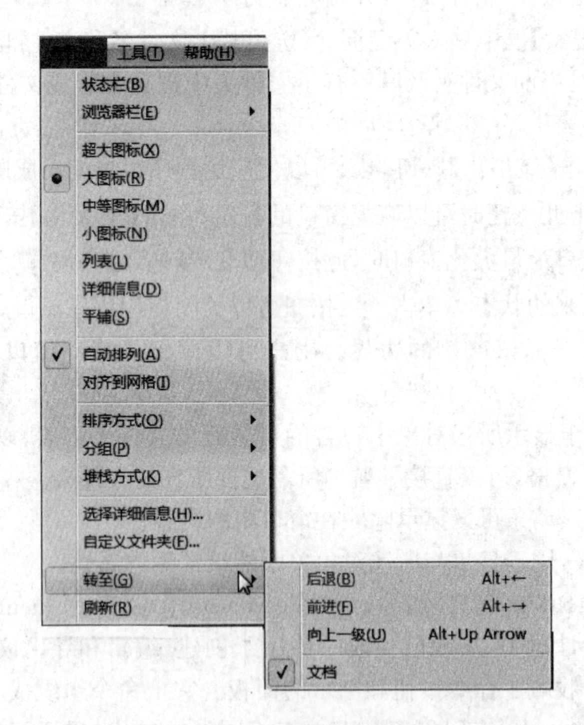

图 2-12 【查看】菜单

下面认识一下【查看】菜单中各项的含义。

• 勾选标记 ✓ :如果某菜单命令前面有勾选标记,则表示该命令处于有效状态,单击此菜单命令将取消该勾选标记。

- 圆点标记 ● ：表示该菜单命令处于有效状态，与勾选标记的作用基本相同。不同的是，● 是一个单选标记，在一组菜单命令中只允许一个菜单命令被选中，而 ✓ 标记无此限制。
- 省略号标记 ⋯ ：选择此类菜单命令，将打开一个对话框。
- 向右箭头标记 ▸ ：选择此类菜单命令，将在右侧弹出一个子菜单，如图 2-12 所示。
- 字母标记：在菜单命令的后面有一个用圆括号括起来的字母，称为“热键”，打开了某个菜单后，可以从键盘键入某字母来选择对应的菜单命令。例如，打开【查看】菜单后，按下 L 键即可执行【列表】命令。
- 快捷键：位于某个菜单命令的后面，如“Alt ＋ →”。使用快捷键可以在不打开菜单的情况下，直接选择对应的菜单命令。

2.1.6　对话框

对话框是用户与计算机系统之间进行信息交流的重要接口，在对话框中用户通过对选项的选择，可对系统进行对象属性的修改或设置。与常规窗口不同的是，对话框不能改变形状大小，但是可以移动。

各种对话框的组成复杂度不同，最简单的对话框只有几个按钮，而复杂的对话框需要用户操作几个控件。一个复杂的对话框除了按钮之外，还有下列的一项或多项组成，如图 2-13、2-14 所示。

1. 文本框

文本框是一个用来输入文字的矩形区域，如图 2-13 所示的【搜索此列表】文本框。

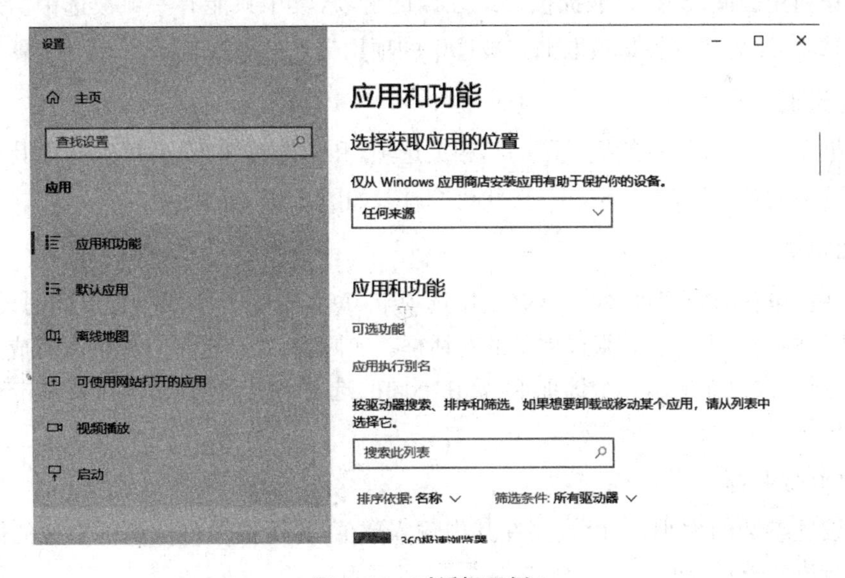

图 2-13　对话框示例 1

2. 列表框

列表框中会显示多个选项，用户可以从中选择一个或多个。被选中的项加亮显示或背景变暗。

3. 下拉列表框

下拉列表框是一种单行列表框，其右侧有一个下三角按钮 ，如图 2-13 所示的【所有驱动器】下拉列表框。单击该按钮将打开下拉列表框，从中选择需要的选项即可。

4. 命令按钮

单击对话框中的命令按钮，将开始执行按钮上显示的命令，如图 2-14 所示的【结束任务】按钮。单击【结束任务】按钮，系统将关闭正在运行的程序。

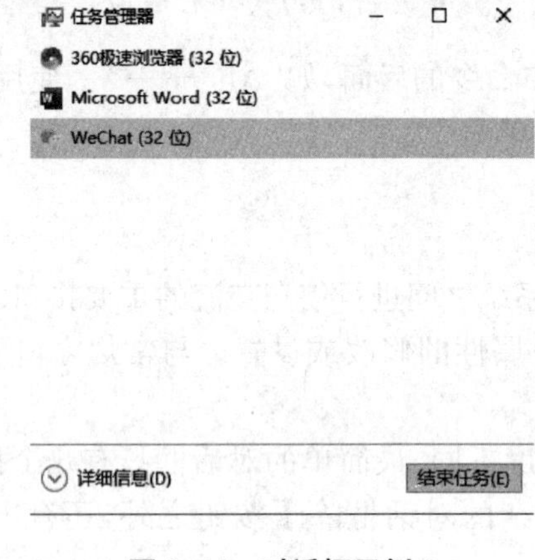

图 2-14　对话框示例 2

5. 单选按钮

单选按钮用圆圈表示，一般提供一组互斥的选项，其中只能有一项被选中。如果选择了另一个选项，原先的选择将被取消。被选中的项用带点的圆圈表示，形状为“ ”。

6. 复选框

复选框用方框表示，一般提供了一组相关选项，和单选按钮不同，可以选中其中任意多个项。被选中的项中出现一个“√”，形状为“ ”，如图 2-15 所示。

7. 选项卡

当对话框包含的内容很多时，常会采用选项卡，每张选项卡中都含有不同的设置选项。图 2-15 所示的是一个含有 3 组选项卡的对话框。实际上，每个选项卡都可以看成一个独立的对话框，但一次只能显示一个选项卡，要在不同的选项卡之间切换时，只要单击选项卡上方的文字标签即可。

8. 数值微调框

用于设置参数的大小，可以直接在其中输入数值，也可以单击微调框右边的微调按钮 来改变数值的大小，如图 2-15 所示。

9. 组合列表框

组合列表框就像是文本框和下拉列表框的组合，可以直接输入文字，也可以单击右侧的下三角按钮 打开下拉列表框，从中选择所需的选项，如图 2-15 所示。

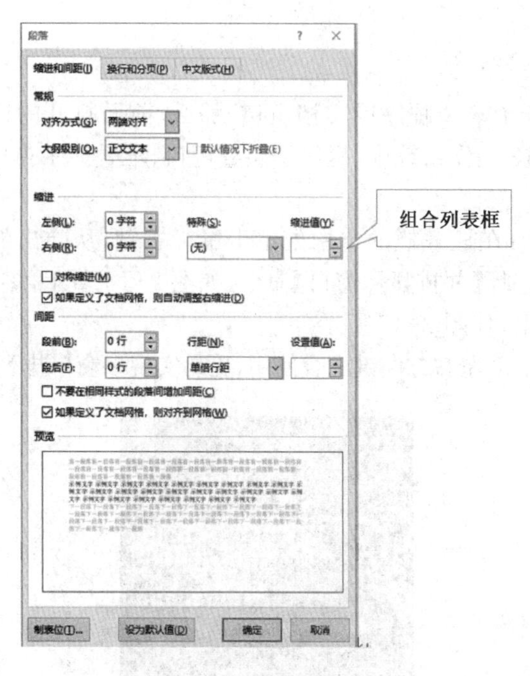

图 2-15　对话框示例 3

2.2　Windows 10 的基本操作

2.2.1　窗口的操作方法

Windows 10 是一个多任务多窗口的操作系统，可以在桌面上同时打开多个窗口，但同一时刻只能对其中的一个窗口进行操作。

1. 窗口的最大化

单击窗口右上角的【最大化】按钮或双击窗口的标题栏，可使窗口充满整个桌面。

2. 关闭窗口

单击窗口右上角的【关闭】按钮即可关闭当前窗口。关闭窗口后，窗口将从桌面和任务栏中删除。

3. 隐藏窗口

隐藏窗口也称为“最小化”窗口。单击窗口右上角的【最小化】按钮后，窗口会从桌面消失，但在任务栏处仍会显示该窗口的任务按钮，单击该按钮，即可将窗口还原。

4. 调整窗口大小

通过简单地拖动窗口的边框来改变窗口的大小，具体操作步骤如下。

(1) 将光标移动到要改变大小的窗口边框上(垂直边框、水平边框或一角)，如移动到右边边框上。

(2) 按住鼠标左键不放，拖动边框到适当位置后松开鼠标左键，此时窗口的大小已经被改变了。

5. 多窗口排列

如果在桌面上打开了多个程序或文档窗口，那么，前面打开的窗口将被后面打开的窗口覆盖。在 Windows 10 操作系统中，提供了层叠窗口、堆叠显示窗口和并排显示窗口 3 种窗口排列方式。

排列窗口的方法为：在任务栏的空白处单击鼠标右键，从弹出的快捷菜单中选择一种窗口的排列方式，例如选择【并排显示窗口】命令，如图 2-16 所示，多个窗口将以【并排显示窗口】顺序显示在桌面上，如图 2-17 所示。

另外，将 Win 键与上下左右方向键配合使用，更易实现多窗口排列，简单、方便、实用。

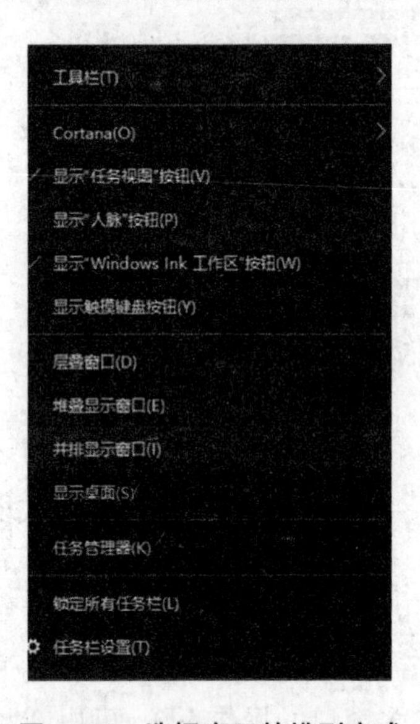

图 2-16　选择窗口的排列方式

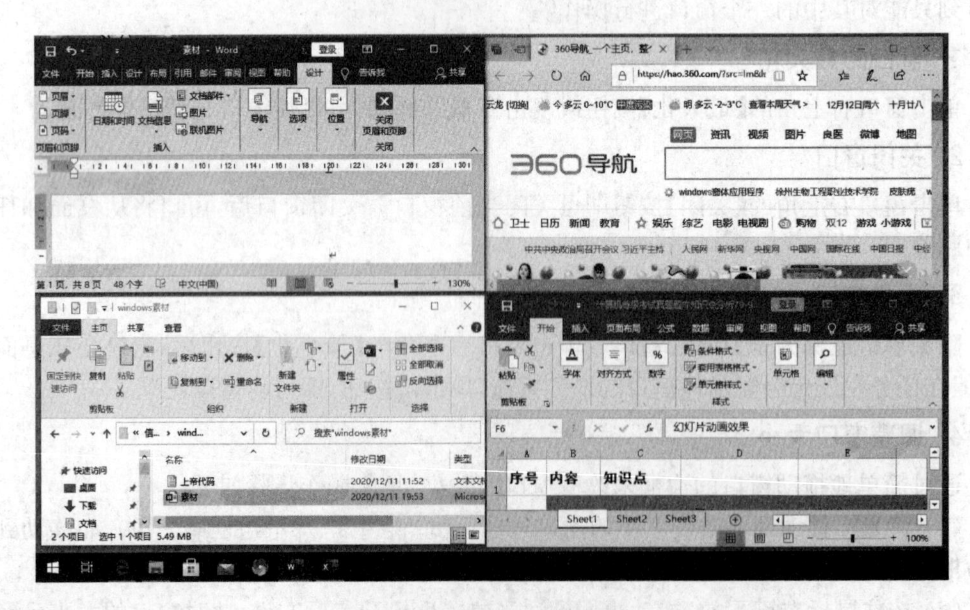

图 2-17　多个窗口并排显示

2.2.2　任务栏的操作方法

任务栏通常是位于屏幕底部的一个水平的长条。它与桌面不同的是:桌面可以被窗口覆盖,而任务栏几乎始终可见。

1. 通过任务栏查看窗口

当一次打开多个程序或文档时,它们所对应的窗口会堆叠在桌面上。这种情况下使用任务栏查看窗口就很方便了。每打开一个程序、文件或文件夹,Windows 都会在任务栏上创建与之对应的任务按钮,并且按钮上会显示该项目的图标和名称,单击不同的任务按钮,该任务所对应的窗口就会显示在所有窗口最上方。

2. 调整与锁定任务栏

有时根据需要还可以调整任务栏的位置以及任务栏中的【快速启动】栏、任务按钮区、通知栏的空间大小。调整任务栏方法如下。

(1) 默认情况下,任务栏是被锁定的,必须取消其锁定才能对其进行调整。解锁任务栏的方法为:在任务栏空白处单击鼠标右键,从弹出的快捷菜单中单击已经被勾选的【锁定任务栏】选项,以便取消对其的勾选,如图 2-18 所示。

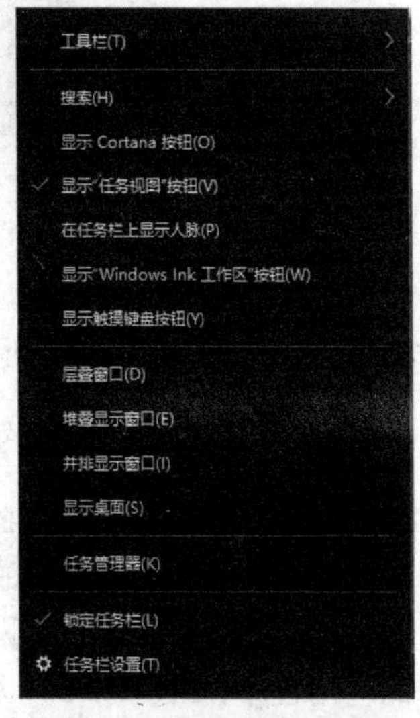

图 2-18　【锁定任务栏】选项

(2) 任务栏解锁后,用户根据自己的需要或者是习惯可以将任务栏任意放置在桌面四周。方法是按住鼠标左键拖动任务栏,放置到桌面四周松开鼠标左键就可以了,如图 2-19 所示。

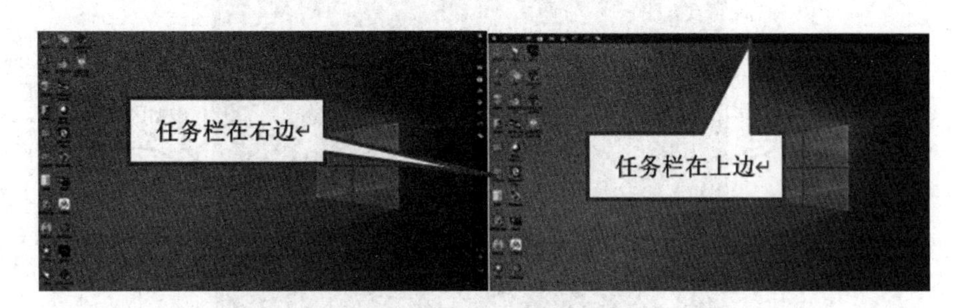

图 2-19　【任务栏】的调整

(3)【任务视图】按钮是 Windows 10 新增的一个任务栏按钮,如图 2-20 所示。

图 2-20　【任务视图】按钮

显示与隐藏【任务视图】按钮操作：在任务栏点击右键，在弹出的菜单中(见图 2-18)把“显示任务视图”的钩去掉，【任务视图】按钮就隐藏起来了，如图 2-21 所示。可做反向操作来显示【任务视图】按钮。

图 2-21　任务视图隐藏后的效果

(4) 调整好任务栏后，再次在任务栏空白处单击鼠标右键，从弹出的快捷菜单中勾选【锁定任务栏】选项，以免不小心改变了调整好的任务栏。

2.2.3　应用程序的启动方法

启动计算机应用程序的方法多种多样，下面介绍两种较为常用的方法。

(1) 单击桌面左下角的【开始】按钮，打开【开始】菜单，在打开的菜单左边区域是应用程序区，显示系统已安装的应用程序，单击应用程序所在的文件夹将其打开，然后选择要启动的应用程序，如图 2-22 所示。

(2) 将鼠标指针移动到桌面上要打开的应用程序图标，双击鼠标左键即可启动该应用程序。

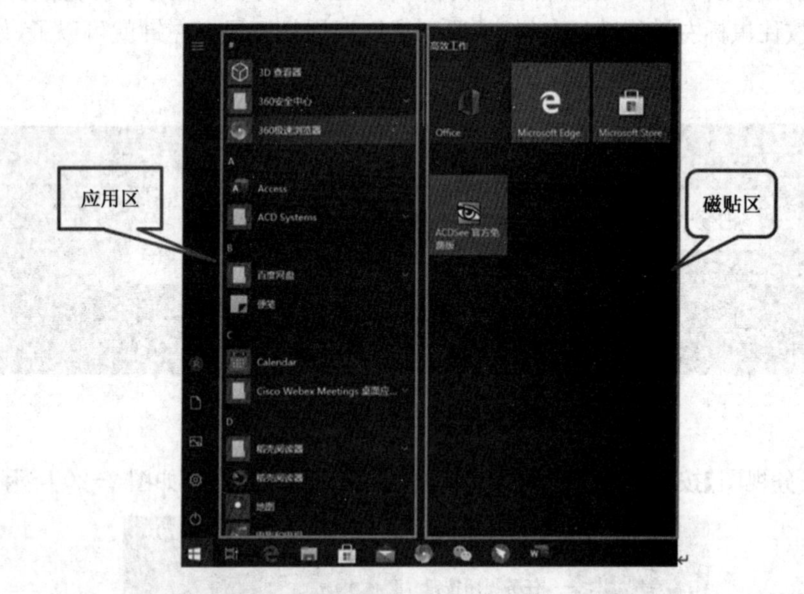

图 2-22　启动应用程序

2.2.4　常用快捷键

Windows 10 系统中常用快捷键如表 2-1 所示。

表 2-1 常用快捷键

快捷键	功能	快捷键	功能
Windows+D	显示桌面	Ctrl+X	剪切
Windows+E	开启“资源管理器”	Ctrl+C	复制
Windows+F	查找文件或文件夹	Ctrl+V	粘贴
Windows+F1	显示 Windows “帮助”	Ctrl+A	全选
Windows+R	开启“运行” 对话框	Ctrl+S	保存
Windows+L	锁定计算机	Alt+F4	关闭当前程序
Windows+M	最小化所有窗口	Alt+Tab	切换程序

2.3 Windows 10 的文件管理

2.3.1 文件系统的基本概念

1. 文件

文件是计算机存储数据、程序或文字资料的基本单位，是一组相关信息的集合。文件在计算机中采用“文件名”来进行识别。

文件名一般由文件名称和扩展名两部分组成，这两部分由一个小圆点隔开。扩展名代表文件的类型，例如，Word 2016 文件的扩展名为. docx，文本文档的扩展名为. txt 等。在 Windows 图形方式的操作系统下，文件名称可以由 1～255 个字符组成，而扩展名一般由 1～4 个字符组成。

在文件名中禁止使用一些特殊字符，否则将会使系统不能正确辨别文件而导致错误。这些禁止使用的特殊字符有：引号（“）、斜线（/）、冒号（:）、反斜杠（\）、垂直线（|）、星号（*）以及问号（?）。

在图形方式的 Windows 操作系统下，扩展名也表示文件类型。

2. 文件夹

Windows 10 使用“文件夹”来有效地管理自己的文件。如果把文件比作书的话，那么文件夹就可以看成是书架，有了这个书架，就可以井然有序地存放文件了，就好比不同种书归放到不同书架上一样。文件夹同文件一样也有自己的名称，用来标识文件夹，但是文件夹没有扩展名。

文件夹里除了可以容纳文件外，还可以容纳文件夹。内部所包含的文件夹称为其外部文件夹的子文件夹；外部文件夹称为其内部包含的文件夹的父文件夹，可以创建任何数量的子文件夹，每个子文件夹中又可以容纳任何数量的文件和其他子文件夹（在磁盘容量范围之内）。如果在结构上加了许多子文件夹，它便成为一个倒过来的树的形状，这种结构称为目录树，也叫作多级文件夹结构。

2.3.2 资源管理器

【资源管理器】是 Windows 10 用来管理文件的窗口，它可以显示计算机中的所有的文件组成的文件系统的树形结构，以及文件夹中的文件。

1. 浏览文件和文件夹

鼠标左键双击桌面上的此电脑图标，打开【资源管理器】窗口，如图 2-23 所示。

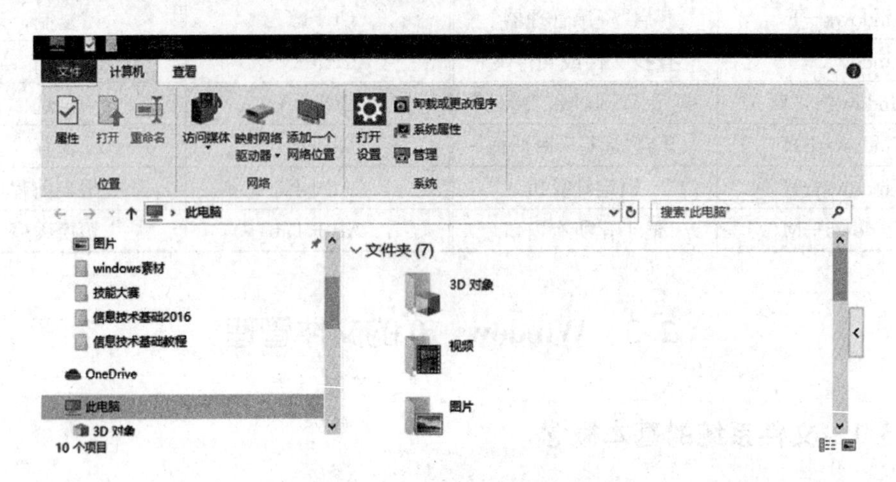

图 2-23　资源管理器中文件夹

在【资源管理器】窗口左侧的窗格中单击显示列表中的任意一项，下面以【图片】文件夹为例，单击【图片】文件夹，就可以打开此文件夹进行查看，在右窗格中会显示其中的内容，如图 2-24 所示。

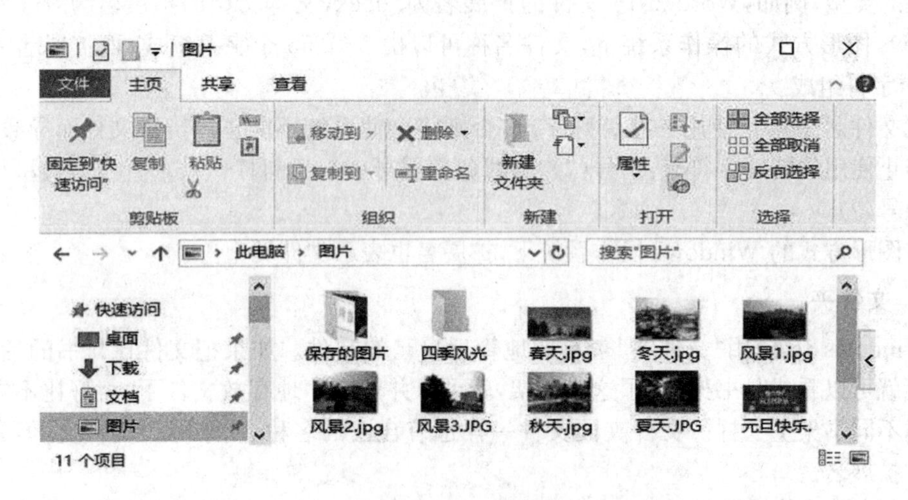

图 2-24　文件浏览

2. 更改文件或文件夹的排列方式

在 Windows 10 中，我们还可以将文件按照【名称】【修改日期】【类型】【大小】等类型来排列。除此之外，还可以为视频、图片、音乐等特殊的文件夹添加与其文件类型相关的排列方式。这样不但能够将各种文件归类排列，还可以加快文件或文件夹的查看速度。

在【图片】中的任意空白处单击鼠标右键，从弹出的快捷菜单中选择【排列方式】命令，然后在其子菜单中单击需要的排列方式，此例选择【日期】排列方式命令，如图 2-25 所示。

文件或文件夹就会按照选择的排列方式进行排列，如图 2-26 所示。

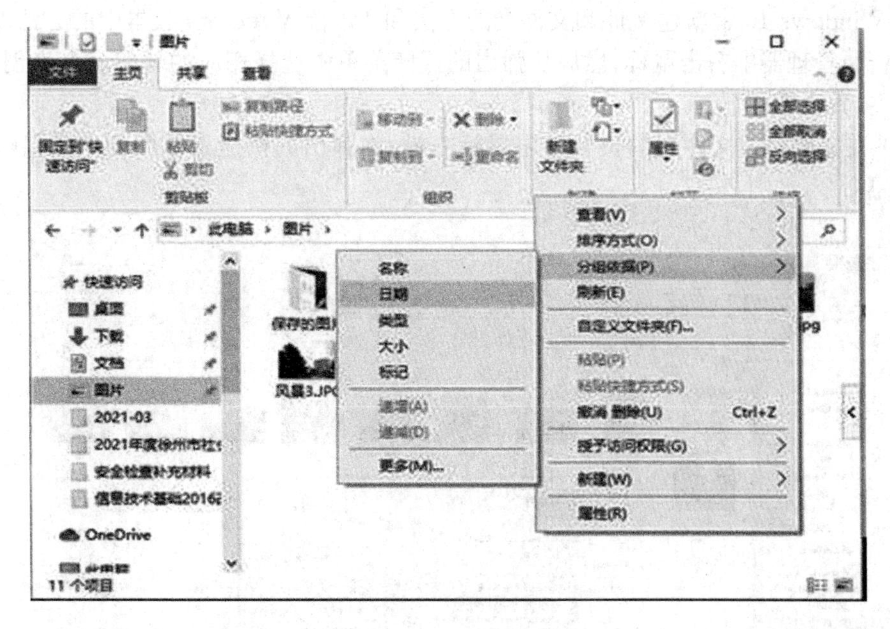

图 2-25　排列方式命令

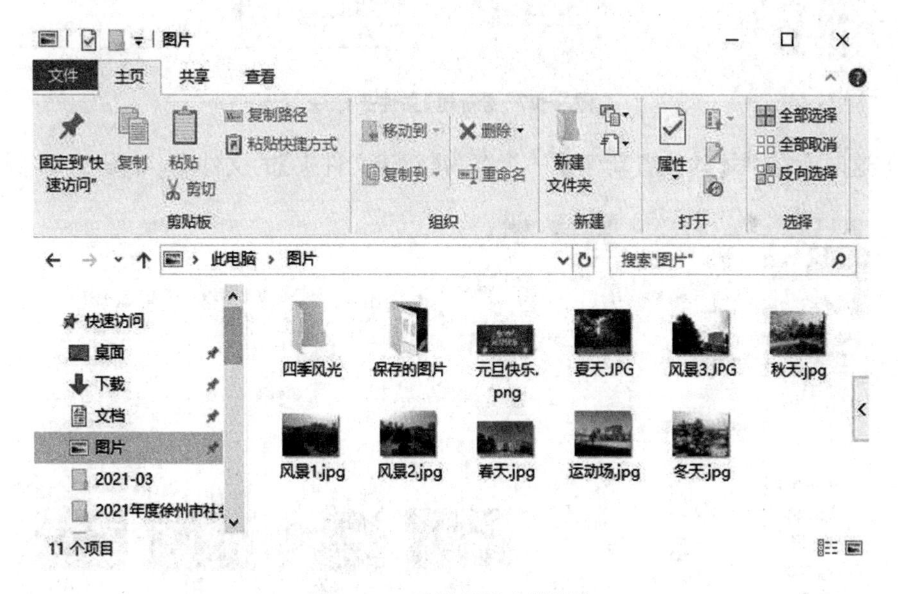

图 2-26　重排后的文件顺序

2.3.3　文件与文件夹的基本操作

1. 新建文件/文件夹

电脑中有一部分文件是现存的，如 Windows 10 系统及其他应用程序中自带了许多文件或文件夹；另一部分文件或文件夹是用户根据需要建立起来的，如用画图工具画一张图画，用 Word 软件写一篇文章等。为了把文件归类放置，还可以新建一个文件夹，把同类型文件放在其中。

在 Windows 10 中新建文件和文件夹的方法和在以前 Windows 版本中的方法差不多，都是在资源管理器中右击鼠标，然后从弹出的快捷菜单中选择相应的新建命令来创建文件和文件夹，其步骤如下。

(1) 在需要建立文件夹的位置单击鼠标右键，在弹出的快捷菜单中依次选择【新建】|【文件夹】命令，如图 2-27 所示。

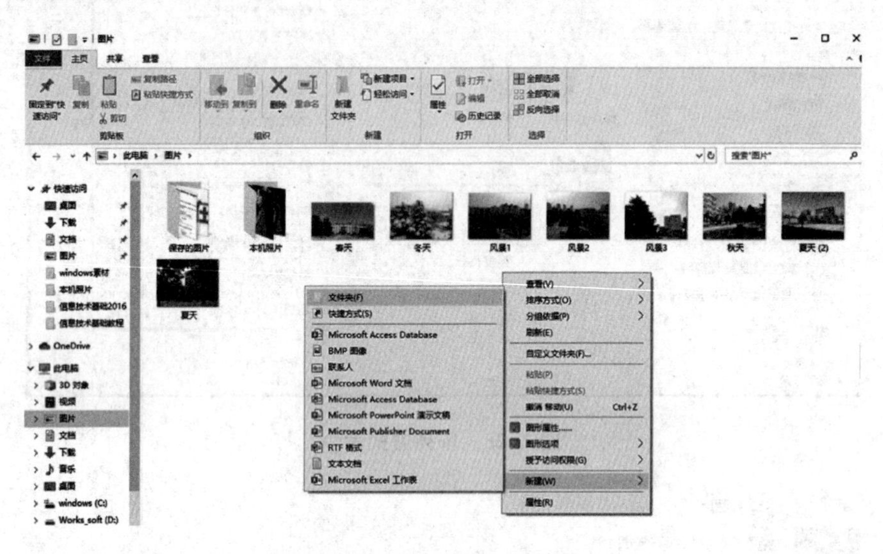

图 2-27 【新建】文件夹命令

(2) 这时就在刚才的位置新建了一个名为【新建文件夹】的文件夹，如图 2-28 所示。

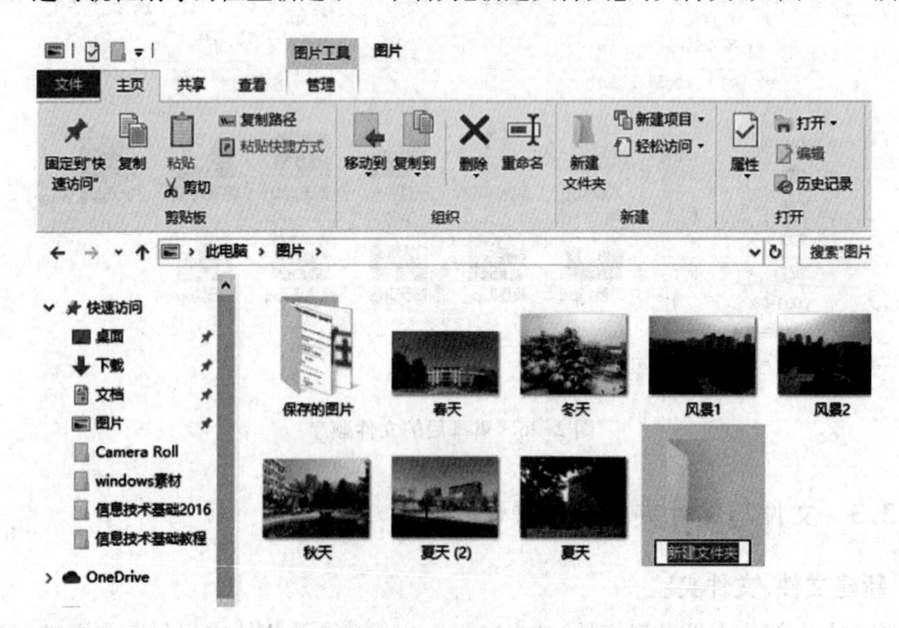

图 2-28 新建的文件夹

(3) 当新建文件名为高亮显示时，可直接在文件夹名文本框中为文件夹输入一个新的名称，输入完毕后直接按 Enter 键完成操作，如图 2-29 所示。

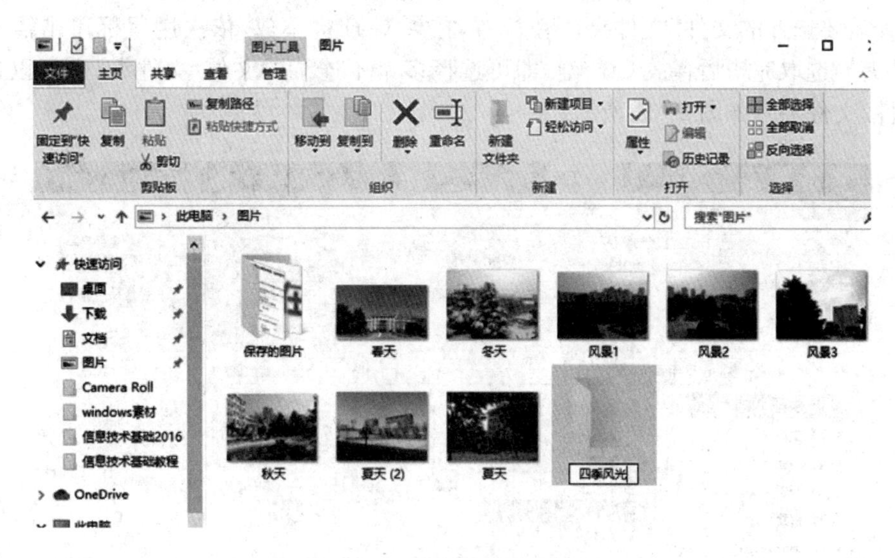

图 2-29　命名新建的文件夹

2. 选择文件/文件夹

选择单个文件/文件夹的方法很简单，操作步骤如下：打开要选择的文件/文件夹所在位置，用鼠标单击要选择的文件/文件夹，这时被选中的文件/文件夹以浅蓝色背景显示；若要取消对文件/文件夹的选择状态，只需用鼠标单击文件或文件夹以外的空白区域。

若需要选择多个文件/文件夹进行相同的操作时，如果逐一选中文件/文件夹就太麻烦了。下面介绍几种选择多个文件/文件夹时较为简单的方法。

方法 1：鼠标拖动法，操作步骤如下。

打开需要选择的文件/文件夹所在位置，若要选择的文件或文件夹排列在一起（或成矩形状），则按住鼠标左键不放，用光标拖出一个蓝色矩形框选中它们，如图 2-30 所示，松开鼠标左键，即可将多个文件/文件夹选中。

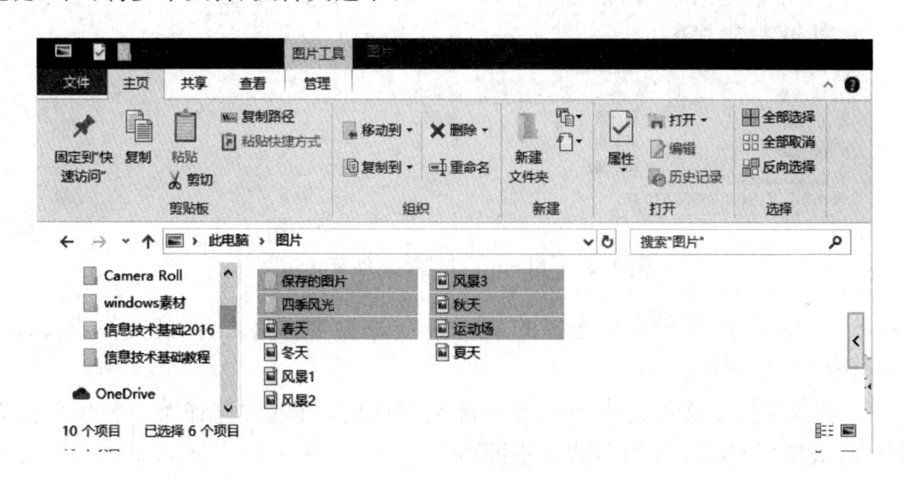

图 2-30　用鼠标选择文件及文件夹

方法 2：利用 Ctrl 键选择多个不连续的文件/文件夹，操作步骤如下。

打开需要选择的文件/文件夹所在位置，按住 Ctrl 键不放，依次用鼠标单击需要的文件/文件夹。选取完毕后释放 Ctrl 键，即可选择多个不连续的文件/文件夹(也可以选择相邻的文件/文件夹)，如图 2-31 所示。

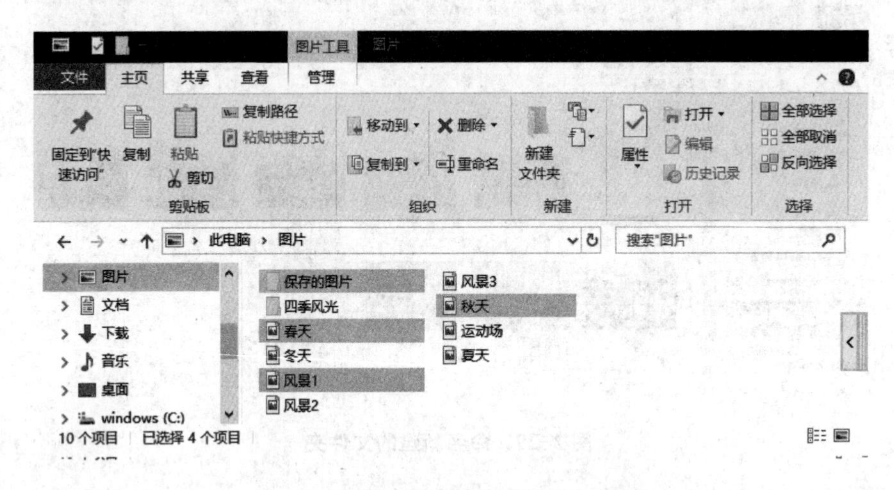

图 2-31　用 Ctrl 键选择文件及文件夹

方法 3：利用 Shift 键选择多个连续的文件/文件夹，操作步骤如下。

打开需要选择的文件/文件夹所在位置，用鼠标单击要选中的第一个文件/文件夹，如图 2-32 所示。

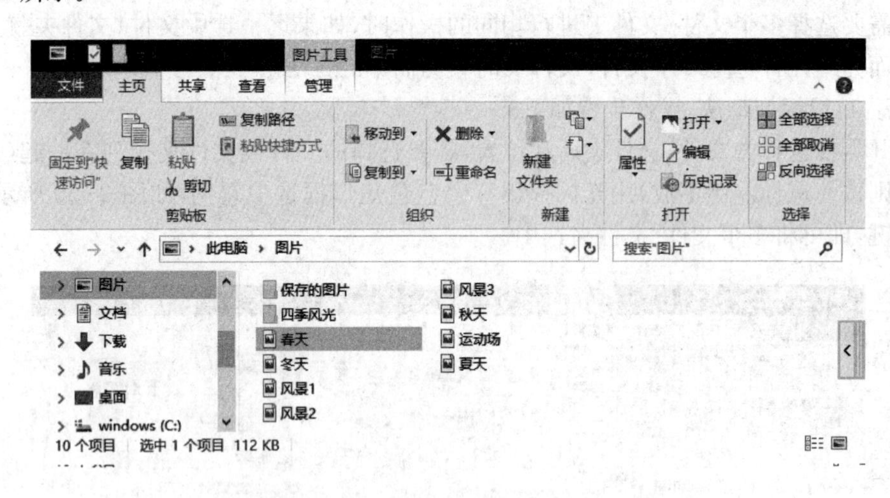

图 2-32　用 Shift 键选择文件及文件夹

按住 Shift 键不放，再单击要选择的最后一个文件/文件夹，其间的文件或文件夹将全部被选中，如图 2-33 所示。

方法 4：若要选择某文件夹窗口中的全部文件(夹)，可依次选择菜单栏中的【编辑】|【全选】命令，或按下 Ctrl＋A 组合快捷键即可。

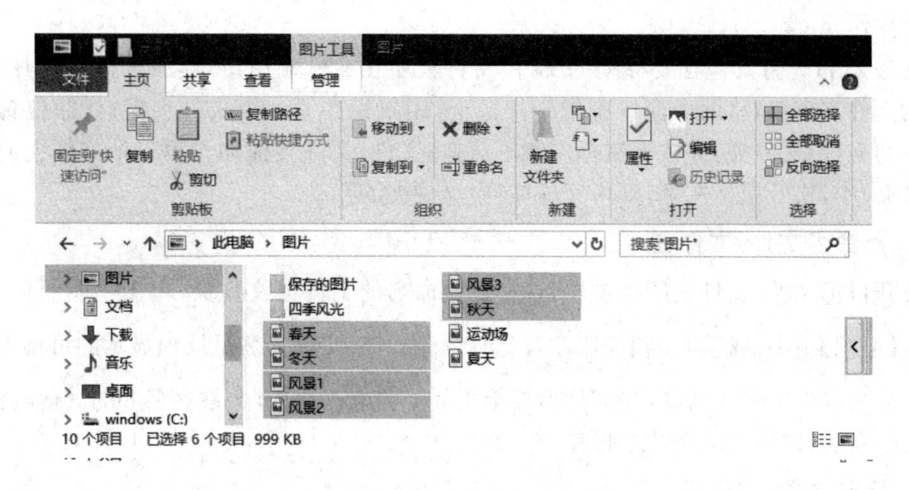

图 2-33　用 Shift 键选中的文件及文件夹

3. 复制文件/文件夹

复制文件或文件夹是指在需要的位置创建它的一个备份，但并不改变原来位置上的文件或文件夹的内容。复制文件或文件夹的具体操作步骤如下。

(1) 打开需要的文件/文件夹所在位置，选择要复制的文件/文件夹(可以选择多个文件/文件夹)，如图 2-34 所示。

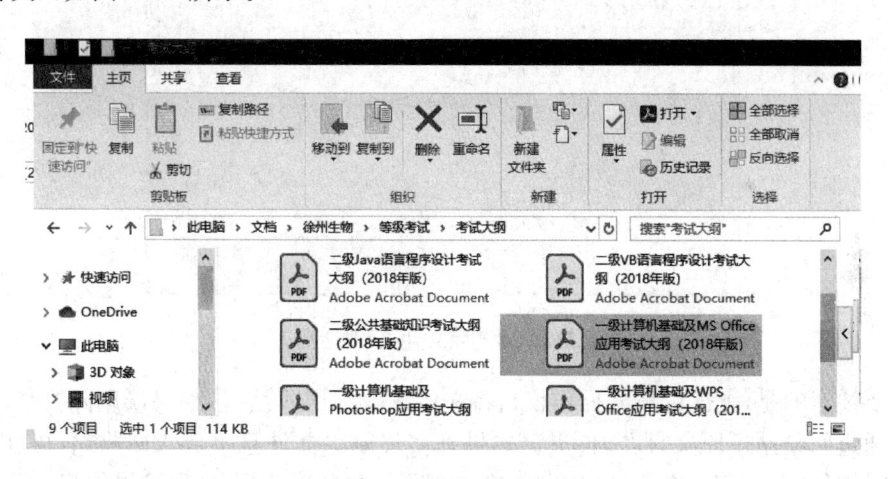

图 2-34　选中要复制的文件

(2) 在选中文件/文件夹的情况下，单击功能面板主页选项卡中的【组织】组中的复制到按钮 ，从其弹出的下拉菜单中选择目标文件夹即可完成文件复制，文件就可以被复制到新的位置。

4. 移动文件/文件夹

如果需要将某个文件或文件夹直接移动到另外一个文件夹中，可以按下面的方法操作。

方法 1：和复制文件/文件夹操作类似，选中目标文件/文件夹，单击功能面板主页选项卡中【组织】组中的 按钮，从其弹出的下拉菜单中选择目标文件夹即可完成文件/文件夹的移动操作。

方法 2：首先打开包含要移动的文件/文件夹所在文件夹窗口，然后再打开将其移动到的目的文件夹窗口，将两个窗口都置于桌面上，用鼠标在第一个文件夹窗口（原位置）选中要移动的文件/文件夹，并按下鼠标左键不放，将文件/文件夹拖动至第二个文件夹窗口（目的文件夹）中，松开鼠标左键，即可完成文件/文件夹的移动。

5. **重命名文件/文件夹**

打开目标文件/文件夹所在位置，选择要重命名的文件或文件夹，单击功能面板主页选项卡中【组织】组中的【重命名】按钮，此时目标文件/文件夹名呈反白显示的可输入状态。在文件名文本框中输入新的名称，然后按下 Enter 键或在文件/文件夹名外的其他空白位置单击鼠标左键，即可完成重命名操作。

6. **删除文件/文件夹**

打开要删除的文件/文件夹所在位置，选取要删除的文件或文件夹，单击功能面板主页选项卡中【组织】组中的【删除】按钮，或直接按下快捷键 Delete 键，或右击鼠标并且从快捷菜单中选择【删除】命令，这时都会出现如图 2-35 所示的【删除文件夹】对话框，在此单击【是】按钮就可以将文件或文件夹删除了。

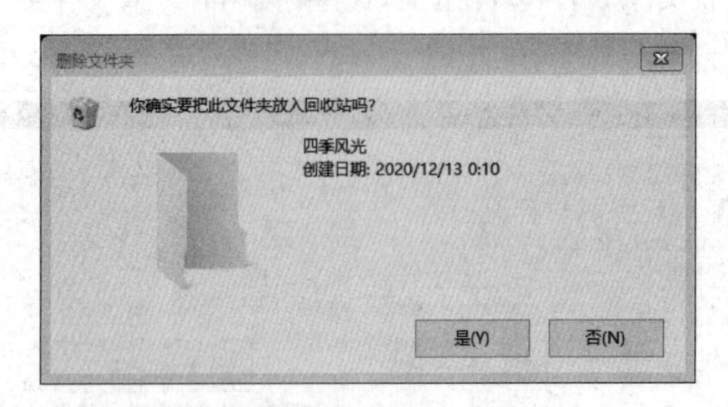

图 2-35 【删除文件夹】对话框 1

需要注意的是，上面的删除操作仅是将文件删除到回收站里，如果误删除文件/文件夹还可以通过回收站还原文件/文件夹。如果确实想删除文件且不放入回收站，可在删除操作的同时按住 Shift 键，如图 2-36 所示，会出现不一样的对话框，此删除操作将不可恢复。

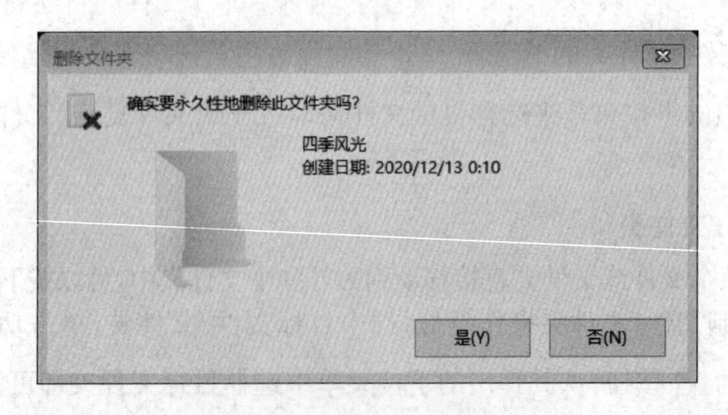

图 2-36 【删除文件夹】对话框 2

2.3.4　隐藏与显示文件/文件夹

Windows 10 操作系统之前的版本默认情况下不会显示系统文件和隐藏属性的文件，Windows 10 利用功能面板把对文件及文件夹属性的操作变得非常简单。例如隐藏文件操作的几种方法如下。

方法 1：

(1) 选中要隐藏的目标文件或文件夹(此处以文件夹为例)，单击功能面板主页选项卡【打开】组中的【属性】按钮 。

(2) 弹出【属性】对话框，切换到【常规】选项卡，选中【属性】栏中的【隐藏】复选框，然后单击【确定】按钮，如图 2-37 所示。

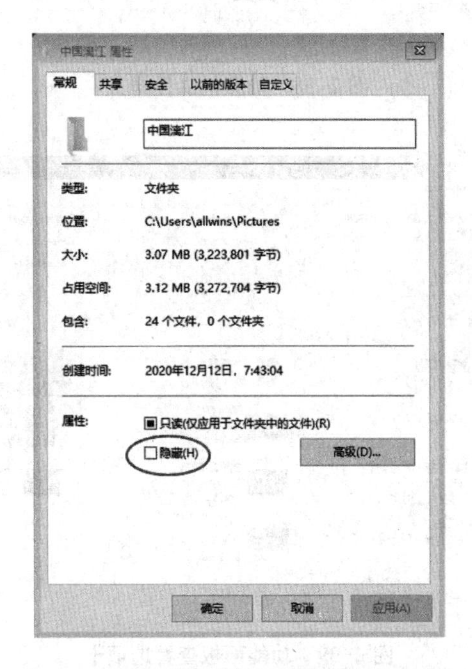

图 2-37　【属性】对话框

(3) 如图 2-38 所示，隐藏的文件夹在当前用户中以半透明方式显示。当其他用户登录计算机时看不到该文件夹，实现了文件夹的隐藏。

方法 2：

(1) 在要隐藏的文件或文件夹上单击鼠标右键(此处以文件夹为例)，从弹出的快捷菜单中选择【属性】命令。

(2) 弹出【属性】对话框，下面的操作同方法 1。

方法 3：

(1) 单击功能面板查看选项卡，选中要隐藏的目标文件或文件夹(此处以文件夹为例)，如图 2-39 所示。

(2) 点击【显示/隐藏】组中的【隐藏所选项目】按钮 ，目标文件或文件夹就隐藏了。

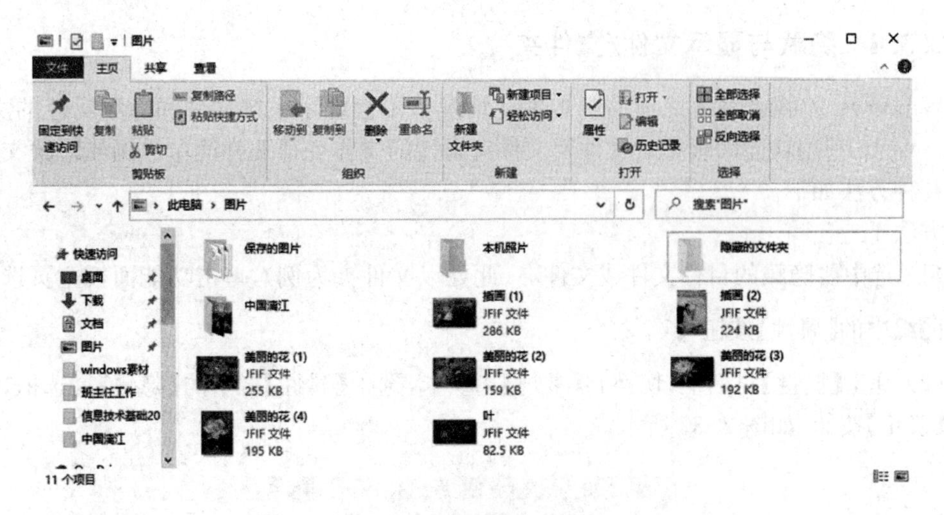

图 2-38　隐藏的文件样式

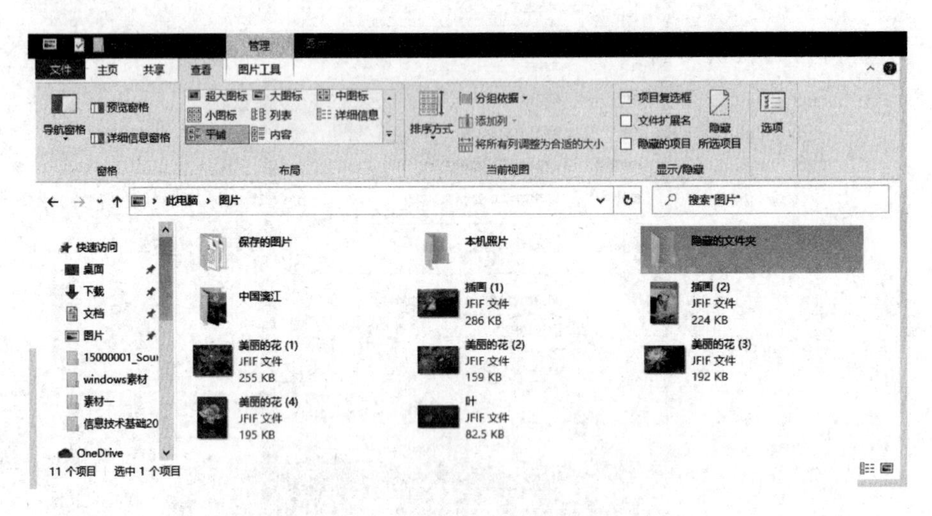

图 2-39　功能面板查看选项卡

那么如何让隐藏之后的文件或文件夹显示出来呢？Windows 10 利用功能面板把这个操作变得非常简单。

(1) 单击功能面板查看选项卡，选中要隐藏的目标文件或文件夹（此处以文件夹为例）。

(2) 勾选【显示/隐藏】组中的【隐藏的项目】，如图 2-40 所示，隐藏的文件夹就显示了。

(3) 再次显示的文件夹是淡色的，说明它的文件夹隐藏属性还没有去掉。选中隐藏的文件夹，单击【显示/隐藏】组中的【隐藏所选项目】按钮，就可以取消文件夹隐藏属性了。

另外，在 Windows 10 操作系统中显示文件的扩展名也非常方便。打开资源管理器，单击功能面板上的查看选项卡，勾选【显示/隐藏】组中的【文件扩展名】复选框，文件的扩展名就显示了，如图 2-41 所示。

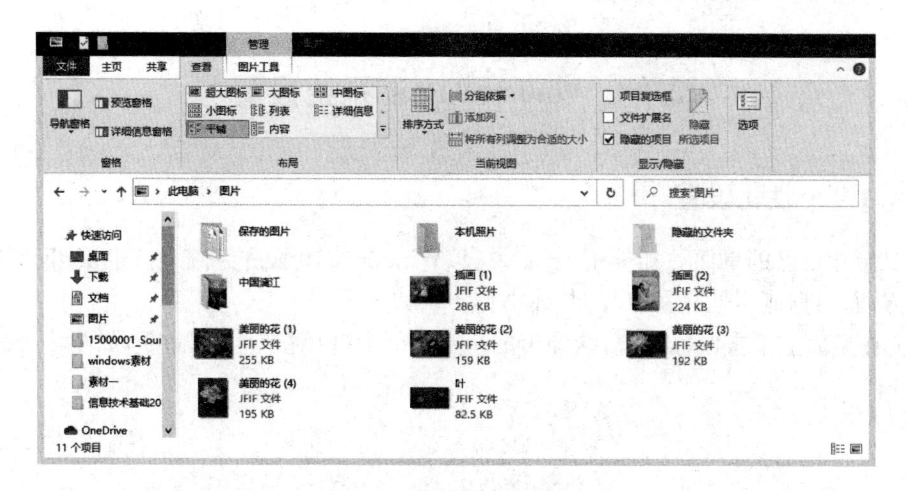

图 2-40　显示隐藏的项目

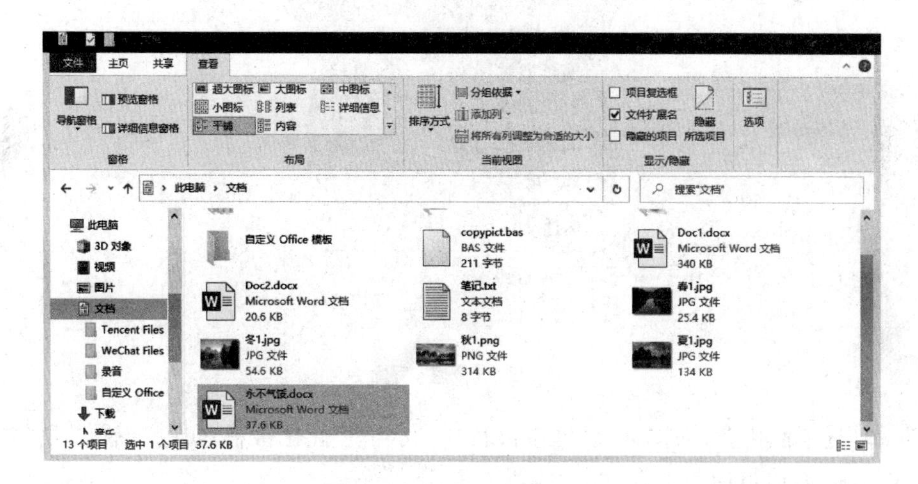

图 2-41　显示文件扩展名

2.3.5　常见文件格式

Windows 10 系统中常见文件格式如表 2-2 所示。

表 2-2　常见的扩展名对应的文件类型

扩展名	文件类型	扩展名	文件类型
COM	命令程序文件	SYS	系统文件
EXE	可执行文件	DBF	数据库文件
TXT	文本文件	BMP	图形文件
BAK	备份文件	INF	安装信息文件
DOC	Word 文档	HLP	帮助文件
PPT	幻灯片文档	MP3	音频文件
XLS	电子表格文件	MP4	视频文件

2.4 Windows 10 的系统设置

2.4.1 个性化设置

如果想让自己的桌面更加美观、赏心悦目，Windows 10 操作系统为个性化桌面设置也提供了方便。打开【个性化】窗口的具体操作步骤如下。

(1) 在桌面上单击鼠标右键，从弹出的快捷菜单中选择【个性化】命令，如图 2-42 所示。

图 2-42 【个性化】命令

(2) 弹出【个性化】对话框，对话框左边区域显示了个性化背景、颜色、主题、任务栏等设置的相关选项，右边是选项卡设置内容，如图 2-43 所示。

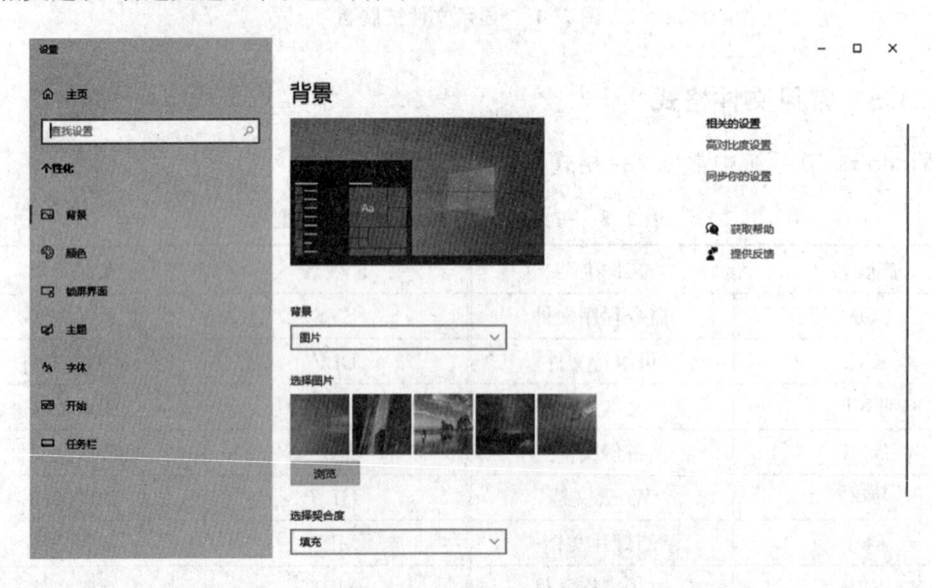

图 2-43 【个性化】对话框

1. 更换桌面背景

Windows 10 桌面背景俗称壁纸。预设的桌面背景样式用的时间太长会让人感到呆板，我们可以根据自己的喜好更换个性化的壁纸。

(1) 在桌面上单击鼠标右键，从弹出的快捷菜单中选择【个性化】命令，打开【个性化】窗口，显示的就是桌面设置选项卡窗口，如图 2-43 所示。

(2) 在窗口右边的设置区域可以进行桌面背景设置。如果想选择计算机中的图片作为背景，选择图片列表中提供了多张图片可供选择。如果想选择自己电脑中保存的个性化图片作为背景，可单击【浏览】按钮从计算机中选择图片。系统默认弹出的是【图片】对话框，如图 2-44 所示，可以在图片文件夹中选择自己想要的背景图片。

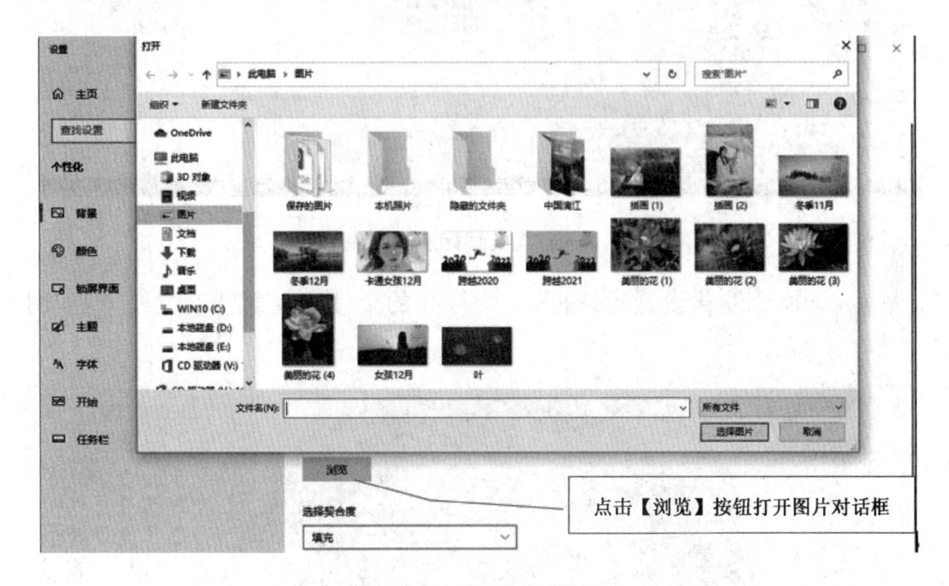

图 2-44　【图片】对话框

(3) 如果自己想要的背景图片不在图片文件夹中，可以在【打开】对话框左边的导航栏中选择目标文件夹，然后选择自己的个性化图片，单击【选择图片】按钮，如图 2-45 所示。

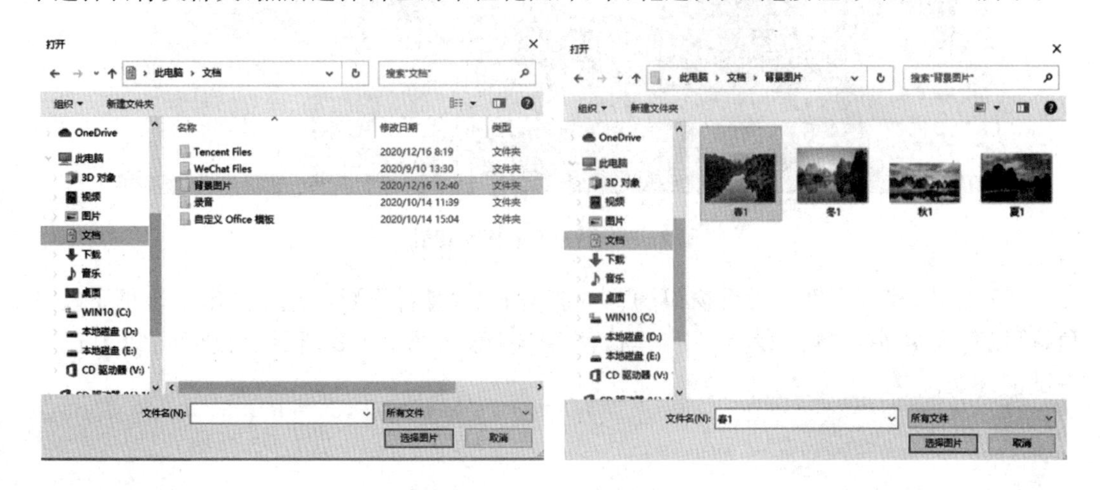

图 2-45　选择个性化图片

(4) 选择好自己的个性化背景图片，桌面背景就换了，如图 2-46 所示。

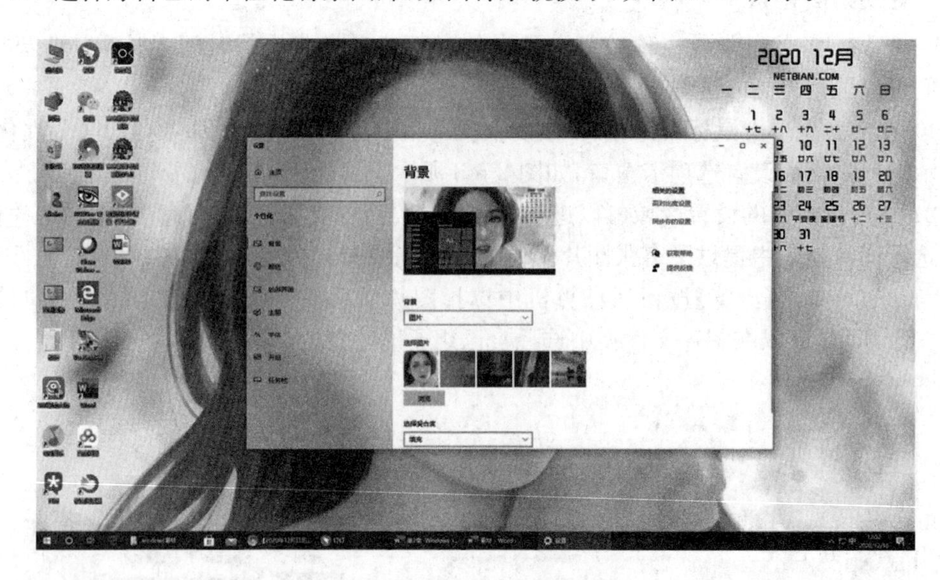

图 2-46 【桌面背景】对话框

(5) 最后，关掉个性化设置对话框，一个漂亮的个性化桌面就设置好了，如图 2-47 所示。

图 2-47 更换后的桌面背景

(6) 另外，找到个性化设置窗口的背景选项卡下的【背景】组合框，点击组合框下拉三角，可以看到桌面背景的设置还有其他两种选择，如图 2-48 所示。读者可以自己试一试。

图 2-48　桌面背景的三种选择

2. Windows 颜色设置

在 Windows 10 中，可以随心所欲地调整【开始】菜单、任务栏及窗口的颜色和外观，具体操作步骤如下。

(1) 在桌面上单击鼠标右键，从弹出的快捷菜单中选择【个性化】命令，打开【个性化】窗口，单击【颜色】选项卡，打开颜色设置对话框，如图 2-49 所示。

(2) 在打开的【颜色】对话框中，可以对 Windows 10 的颜色方案进行设置。例如，单击金色，Windows 的颜色随之变成金色。勾选底部的【标题栏和窗口边框】，窗口和标题栏也马上变成金色。在整个调整的过程中可以随时预览到调整效果，如图 2-50 所示。若满意

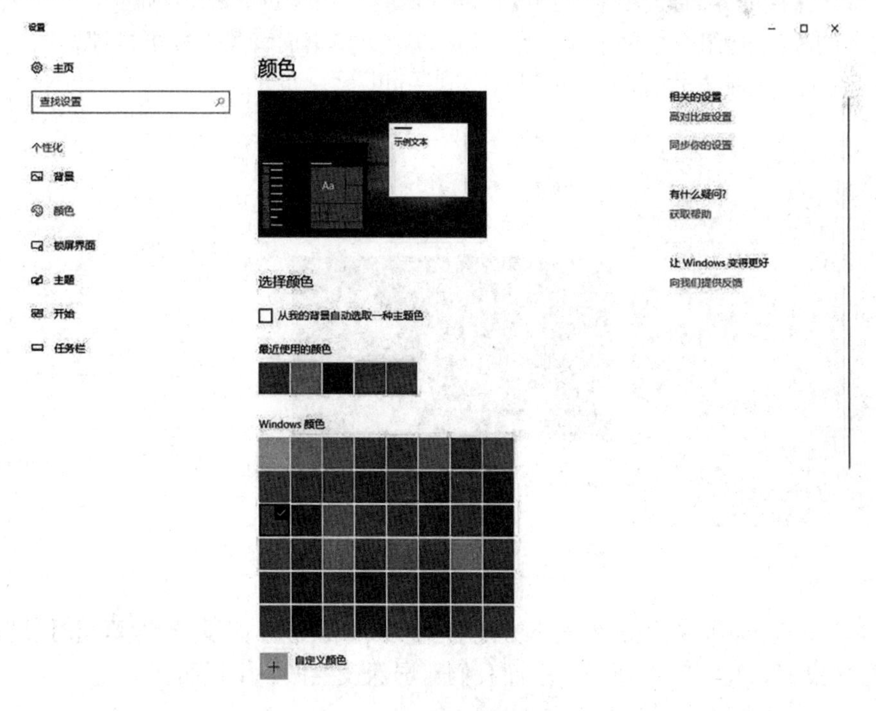

图 2-49　选择 Windows 颜色方案

直接关闭个性化设置窗口即可。

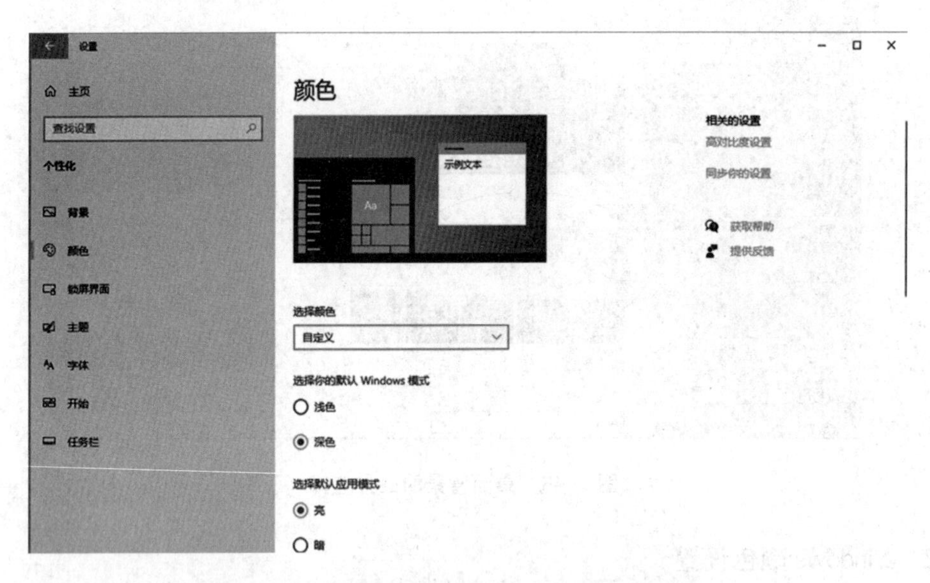

图 2-50　选择 Windows 颜色方案的预览效果

3. 锁屏界面

当我们在使用电脑的时候难免会遇到中途离开的情况，此时我们不想关机，也不想让别人在此期间操作我们的电脑。我们可以使用电脑锁屏功能来实现上面的目的，下面来看一下如何设置锁屏界面。

（1）回到桌面，在空白处单击鼠标右键，点击【个性化】命令打开设置对话框。

（2）单击【锁屏界面】选项卡，打开【锁屏界面】对话框，如图 2-51 所示。

（3）点击【背景】组合框的下拉三角，就可以像更换桌面背景一样更换锁屏图片了，锁屏界面的设置也有三种方式，同学们可以自己试一试。

图 2-51　锁屏界面设置

另外，Windows 10 在锁屏界面下方还有 Cortana 锁屏界面设置、屏幕超时设置以及屏幕保护程序设置，如图 2-52 所示。下面我们对屏保设置做一个说明。

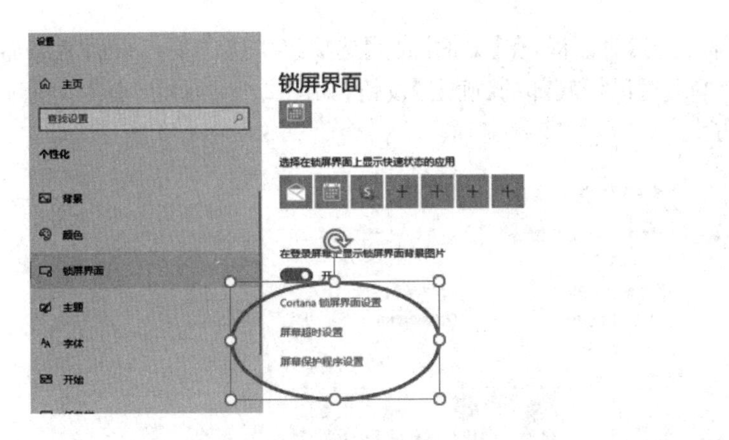

图 2-52　锁屏界面下方的其他设置

当计算机不在使用的情况下，屏幕如长时间显示同一个画面，容易对计算机的屏幕造成伤害，特别是对使用阴极射线管的 CRT 显示器。如果设置了屏保功能，就可以设定时间启动屏幕保护程序，在屏幕上显示动画，减少对屏幕造成的伤害。此外，采用【三维文字】等屏幕保护程序可以通过文字起到提醒等作用。

屏幕保护设置具体操作步骤如下。

(1) 打开【个性化】命令窗口，选择【锁屏界面】选项卡，单击窗口底部的【屏幕保护程序设置】链接。

(2) 弹出【屏幕保护程序设置】对话框，在【屏幕保护程序】栏中单击下拉按钮，从弹出的下拉菜单中选择喜欢的屏保程序。

(3) 选择好屏保程序后，可在对话框中的预览窗口中看到屏保效果；然后在【等待】后的文本框中设置屏保等待时间；设置完毕后单击【确定】按钮即可。

4. 桌面图标设置

为了增加使用的便利性，我们会把一些常用的系统图标放在桌面上，操作步骤如下。

(1) 在桌面上单击鼠标右键，从弹出的快捷菜单中选择【个性化】命令，打开【个性化】窗口。单击窗口左侧【主题】选项卡，点击对话框右边的【桌面图标设置】链接，如图 2-53 所示。

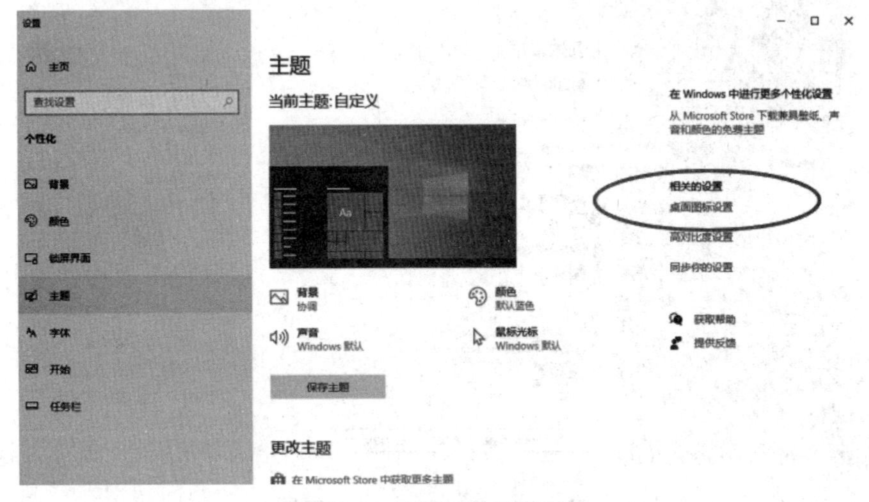

图 2-53　桌面图标设置链接

（2）弹出【桌面图标设置】对话框，在【桌面图标】选项组中选中要在桌面上添加的系统图标前的复选框，然后单击对话框底部的【确定】按钮，如图 2-54 所示。这样，所选的图标就会被添加到桌面上了。

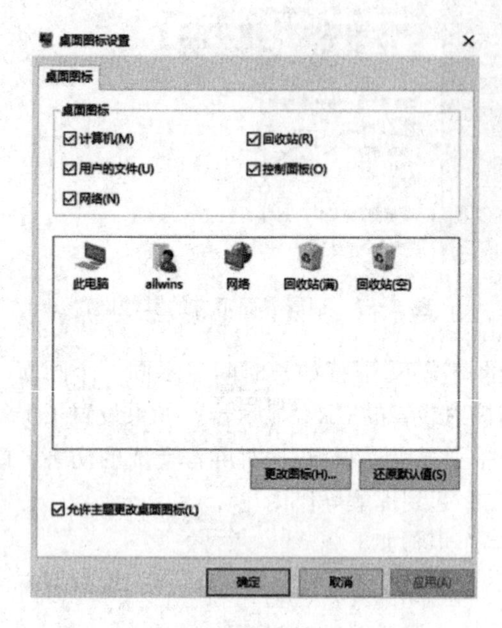

图 2-54 【桌面图标设置】对话框

2.4.2 日期和时间设置

鼠标右击任务栏最右边的时间日期，在弹出的对话框中单击【调整日期/时间】打开设置面板，如图 2-55 所示。默认情况下，自动设置时间按钮是打开状态，如果要手动设置时间需要先把这个按钮关掉，此时灰化的手动设置日期和时间按钮才变成可以点击的状态，如图2-56 所示。点击【更改】按钮，弹出【更改日期和时间】对话框，即可对日期和时间进行调整，如图2-57 所示。调整好之后，点击【更改】按钮，即可完成对日期和时间的调整。

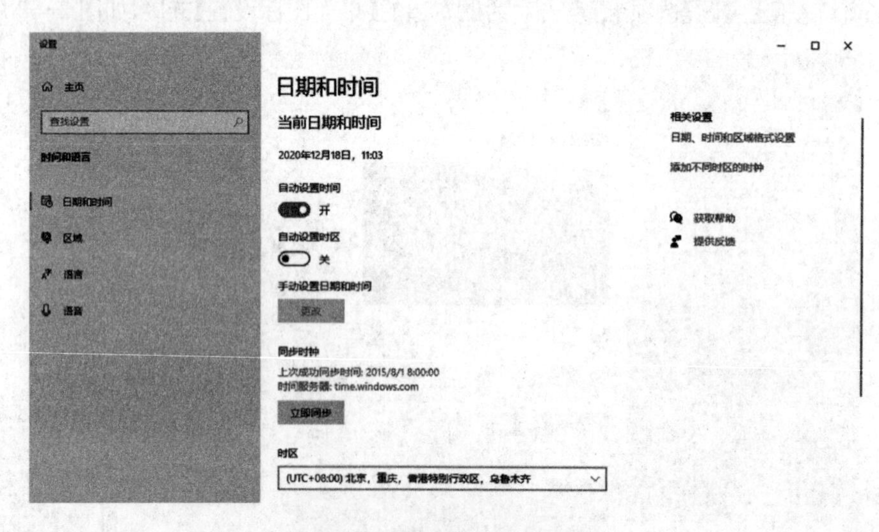

图 2-55 日期和时间设置面板

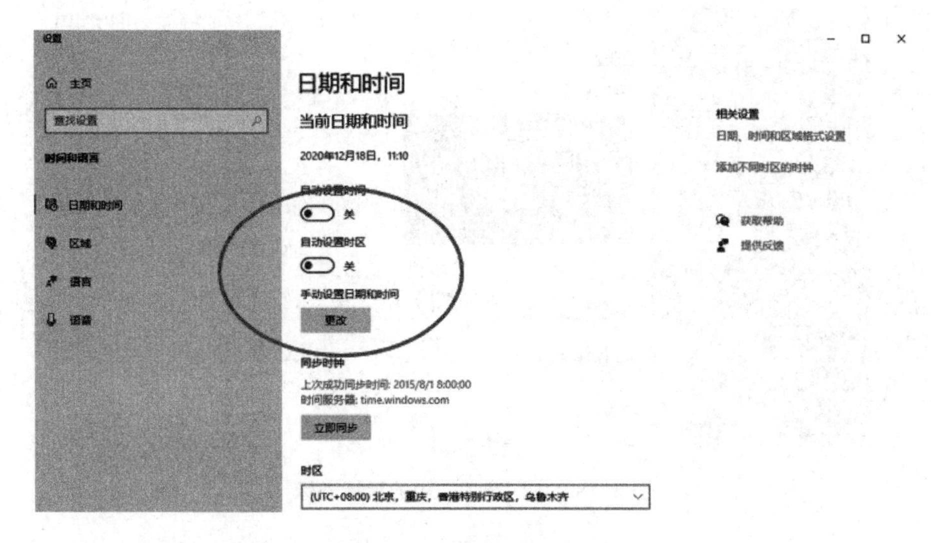

图 2-56　调整日期和时间

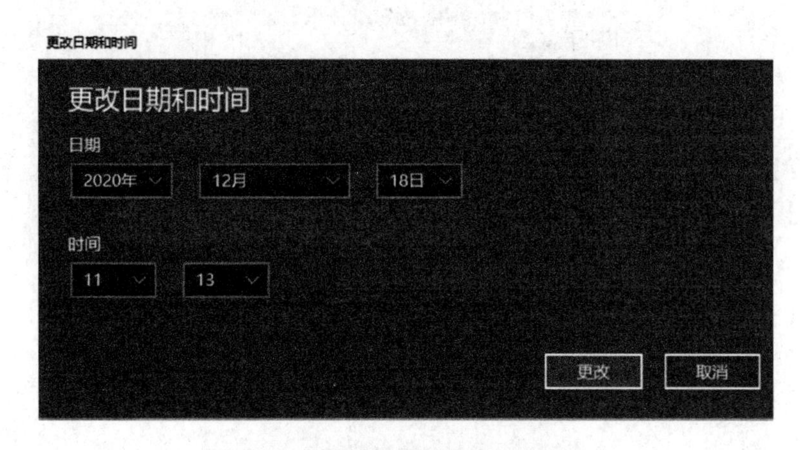

图 2-57　【更改日期和时间】对话框

如果计算机已联网，还可以通过 Internet 时间服务器自动同步时间，在日期和时间设置对话框的日期和时间选项卡右边有一个【立即同步】按钮，如图 2-56 所示。点击此按钮，即可实现日期和时间与 Internet 时间服务器自动同步。

2.4.3　鼠标设置

点击【个性化】对话框中的【主题】选项卡，可以找到【鼠标光标】按钮，如图 2-58 所示。点击【鼠标光标】按钮，打开【鼠标属性】对话框，如图 2-59 所示。可以对鼠标指针样式、双击速度、滑动速度、鼠标滚轮进行设置。

2.4.4　语言与输入法设置

点击【开始】按钮，在打开的菜单中，选择【设置】按钮，可以打开【Windows 设置】对话框，如图 2-60 所示。

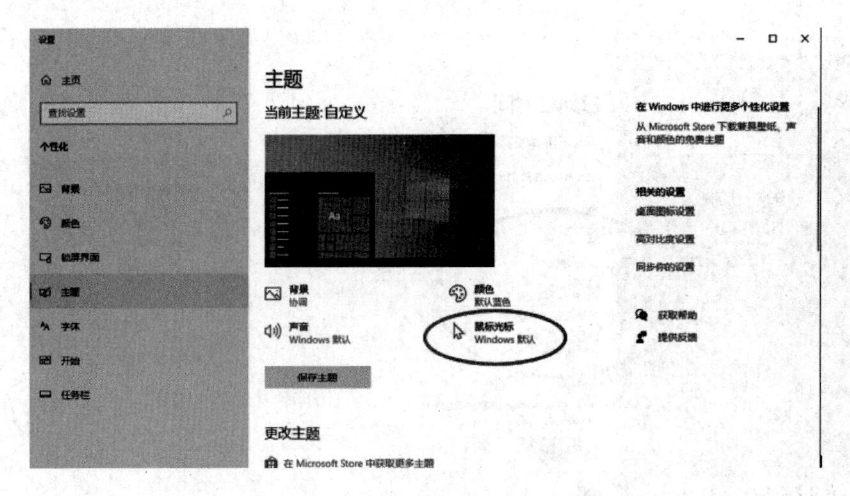

图 2-58　主题选项卡中的鼠标光标

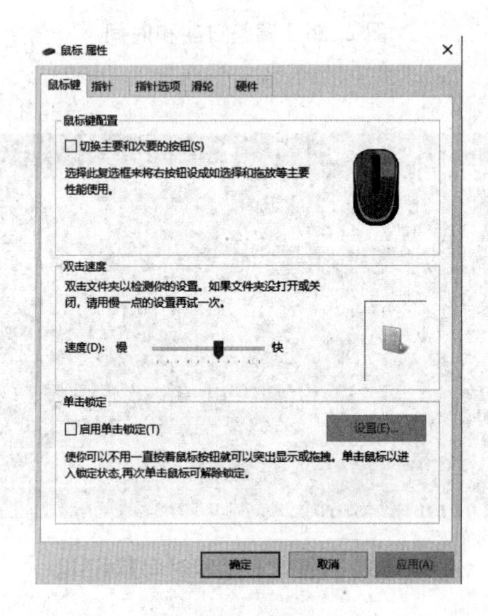

图 2-59　鼠标设置

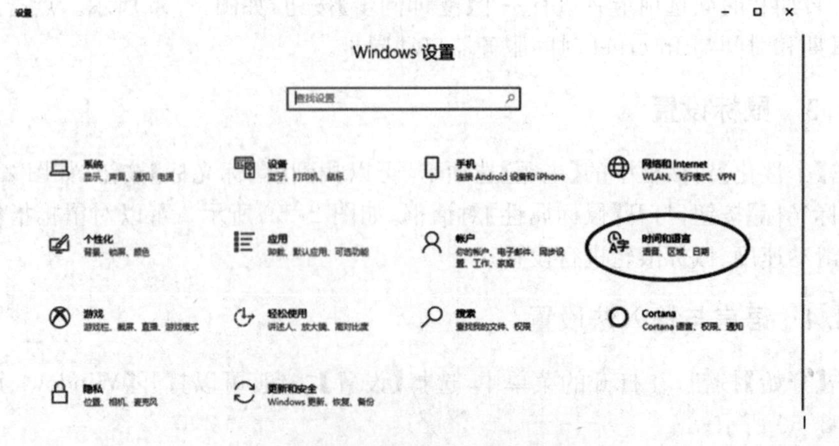

图 2-60　【Windows 设置】对话框

点击【时间和语言】按钮，打开设置对话框，选择【语言】选项卡，点击选项卡对话框中【添加首选的语言】前的＋按钮，如图 2-61 所示。打开【选择要安装的语言】对话框，设置自己要添加的语言，如图 2-62 所示。【语言】选项卡的最下面有【选择始终默认使用的输入法】链接，可以打开【高级键盘设置】对话框，点击【替代默认输入法】组合框的下拉三角，可以切换不同的输入法，如图 2-63 所示。点击【高级键盘设置】对话框下面的【语言栏选项】链接，在打开的对话框中可以管理要使用的输入法，如图 2-64 所示。

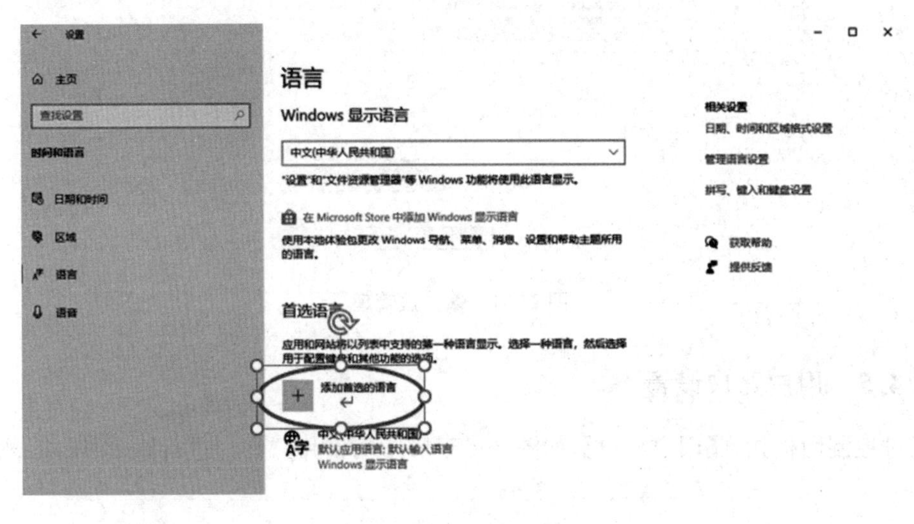

图 2-61　语言设置

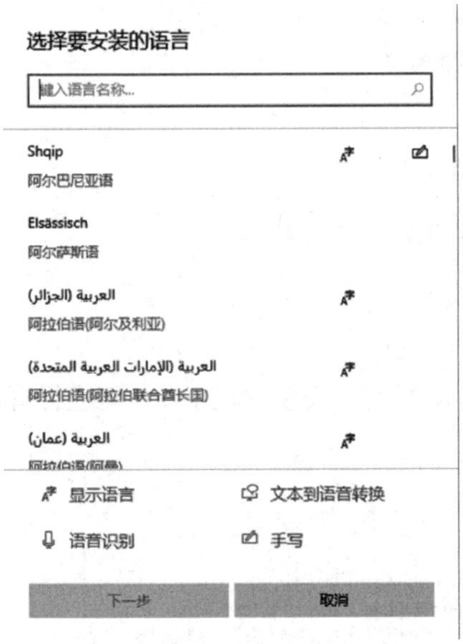

图 2-62　【选择要安装的语言】对话框

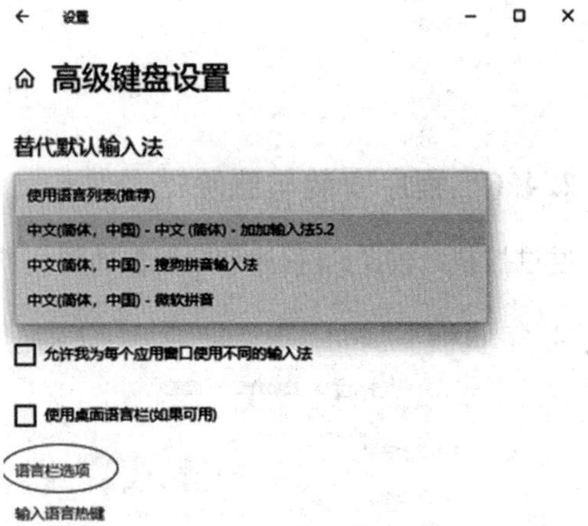

图 2-63　输入法设置

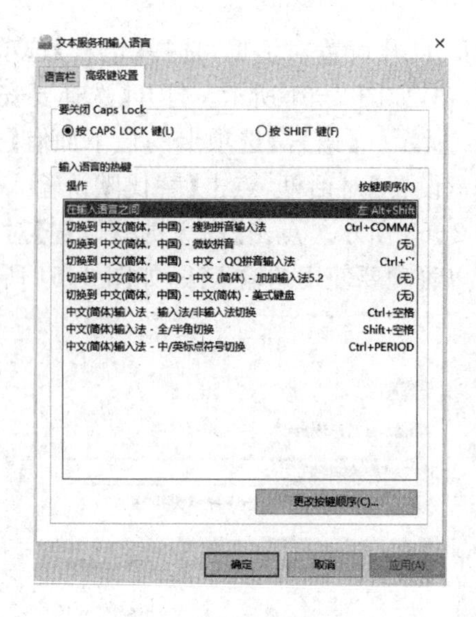

图 2-64　输入法管理

2.4.5　用户账户设置

通过控制面板找到【用户账户】,如图 2-65 所示,可对用户账户进行修改、增加、删除。

图 2-65　用户账户设置

2.4.6　程序安装与删除

通过控制面板找到【程序和功能】,如图 2-66 所示,可对已安装的程序和功能进行管理。

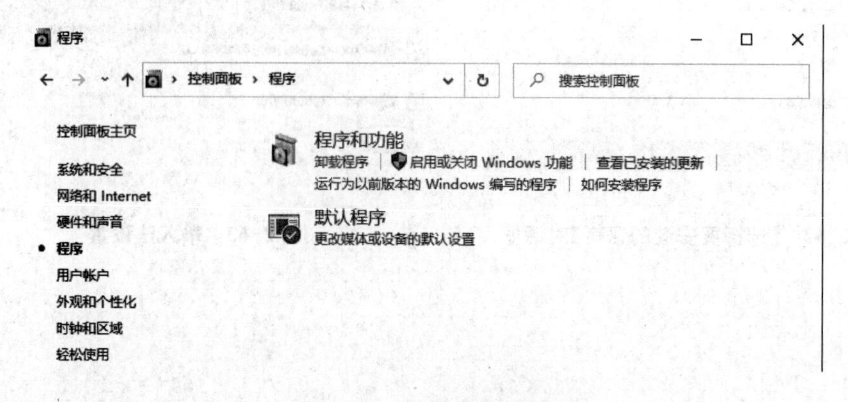

图 2-66　添加或删除程序

2.5　案例学习

2.5.1　创建文件夹和文件

任务：在 C 盘新建一个文件夹，命名为“我的文件”。在此文件夹里新建一个 Word 文档，命名为“文件一”。

操作步骤：

(1) 打开【计算机】，双击【本地磁盘(C:)】，如图 2-67 所示。

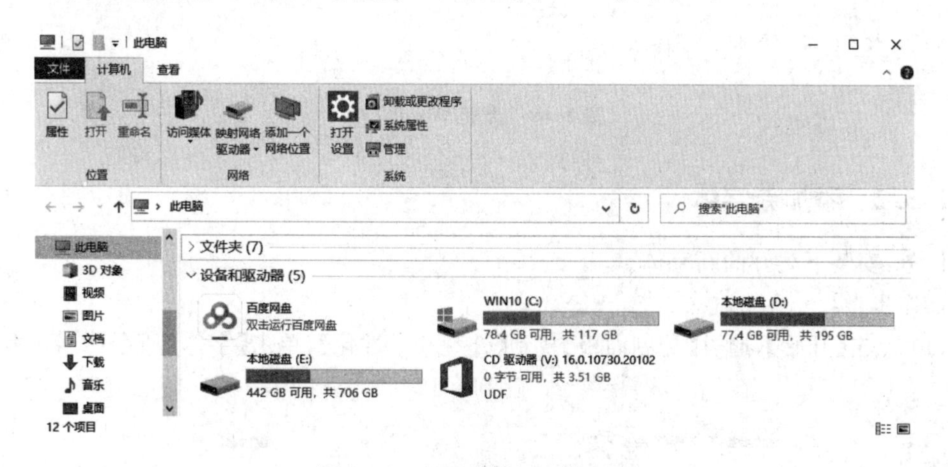

图 2-67　打开计算机中的 C 盘

(2) 在空白处右键单击，选择【新建】，在弹出菜单中选择【文件夹】，并命名为“我的文件”，如图 2-68 所示。

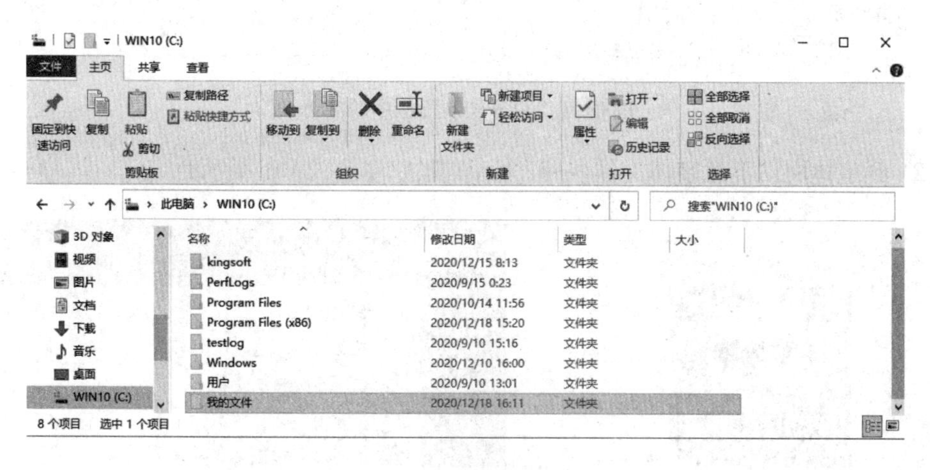

图 2-68　新建文件夹

(3) 双击打开“我的文件”，在空白处右键单击，选择【新建】，在弹出菜单中选择【Microsoft Word 文档】，并命名为“文件一”，如图 2-69 所示。

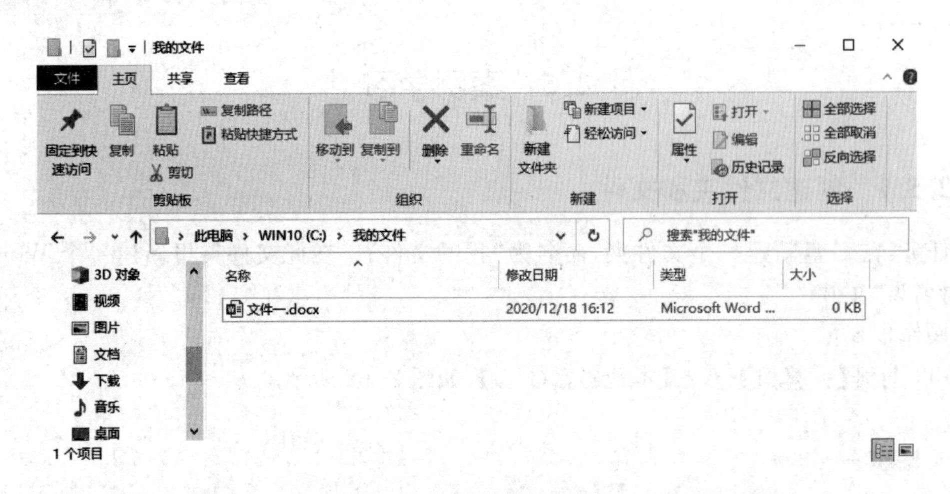

图 2-69　新建 Word 文档

2.5.2　添加新字体

任务：安装下载好的新字体。

操作步骤：

(1) 点击【开始】，通过【控制面板】找到【外观和个性化】，单击【字体】，如图 2-70 所示。

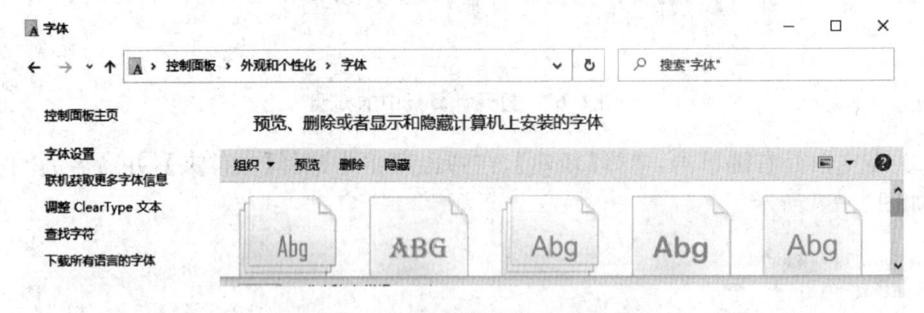

图 2-70　打开控制面板中的字体

(2) 到字体网站下载字体文件，一般为.ttf 格式，如图 2-71 所示。

图 2-71　找到要添加的字体文件

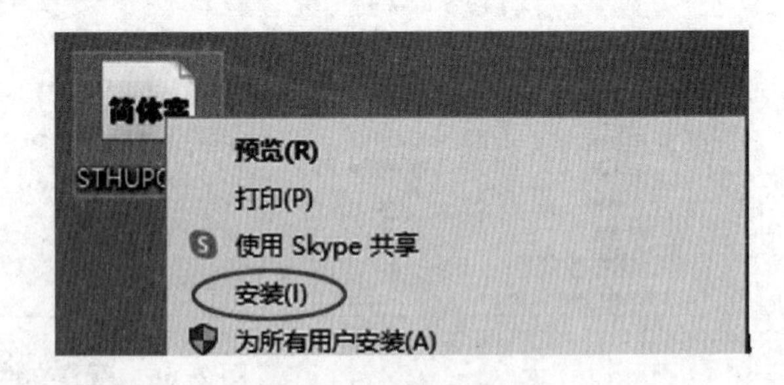

图 2-72　添加新字体

(3) 鼠标右键单击该字体文件，然后在弹出的列表中点击【安装】进行字体安装。如图 2-72 所示。

2.6　综合应用

2.6.1　添加新用户并进行个性化设置

任务:在操作系统中新建一个用户,并登录新用户进行个性化设置:更换壁纸和屏幕保护程序。

操作步骤:

(1) 点击【开始】菜单,选择【设置】,在设置中点击【账户】,在左边的菜单中选择【其他用户】,在右边点击【将其他人添加到这台电脑】,会弹出【为这台电脑创建一个账户】对话框,如图 2-73 所示。在新窗口中创建本地账户,按提示输入登录这台电脑的用户名,密码,添加好之后新用户就会出现在列表中,下次打开电脑或者重启电脑之后就可以用这个新的用户登录电脑。点击用户,可以设置账户的类型为"标准用户"或"管理员"(可以管理其他标准用户)。

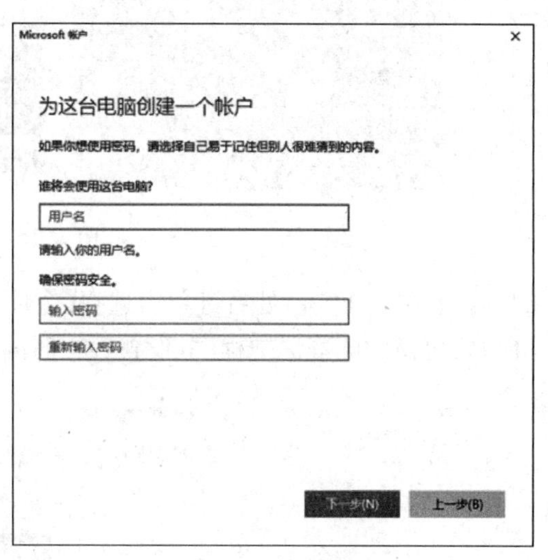

图 2-73　新建账户

(2) 点击【开始】按钮,打开【开始】菜单,找到当前用户名,用鼠标右键单击,在弹出的菜单中可以看到刚刚建好的新的用户名,如图 2-74 所示。单击新建的用户名可以切换到新用户。

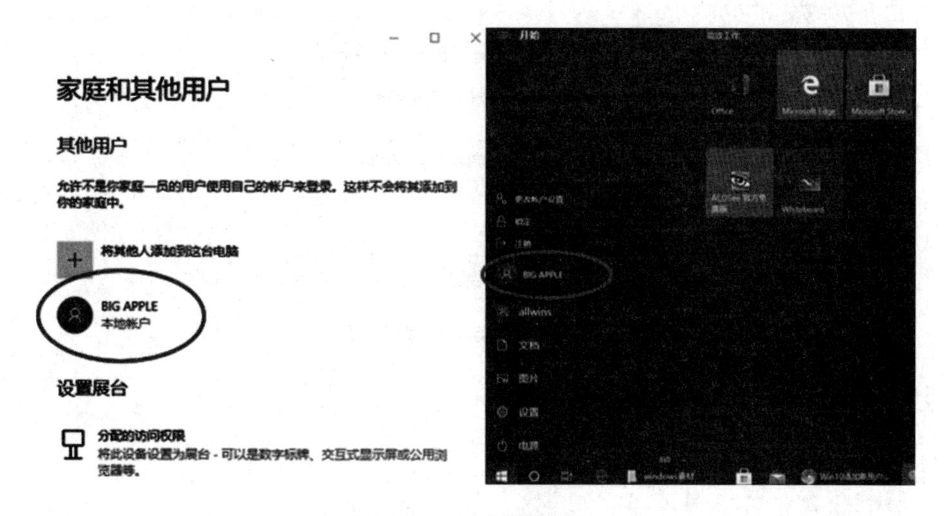

图 2-74　切换到新用户

(3) 在桌面空白处右键单击选择【个性化】,点击【背景】,选择想要更换的背景图片,保存修改,如图 2-75 所示。

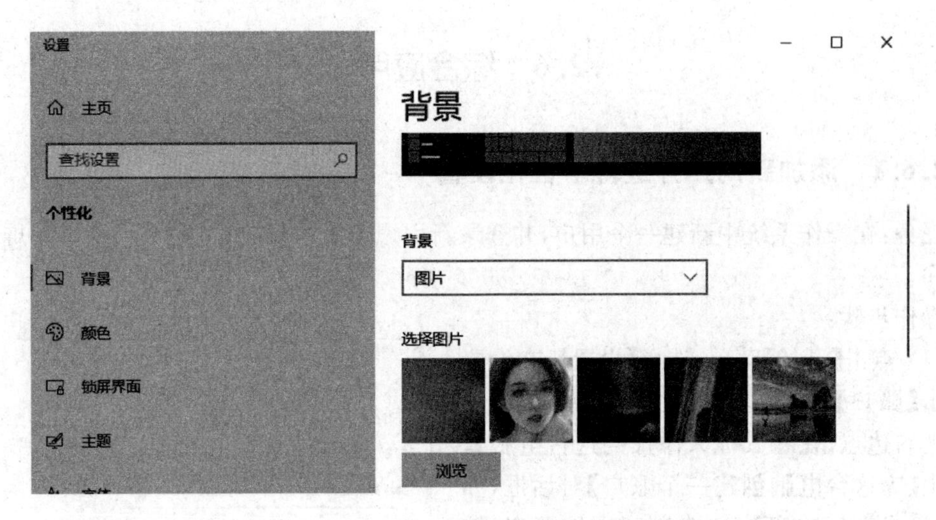

图 2-75　更换桌面背景

(4) 在桌面空白处右键单击选择【个性化】，点击【锁屏界面】，点击【屏幕保护程序】，选择想要更换的屏幕保护程序，设置等待时间，点击【确定】，如图 2-76 所示。

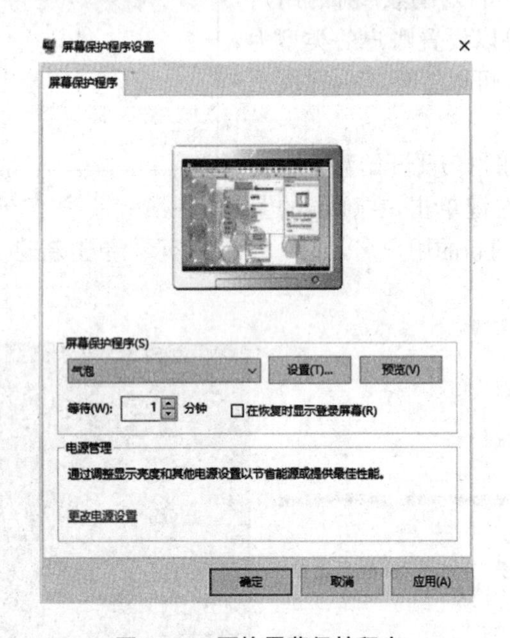

图 2-76　更换屏幕保护程序

(5) 设置完成后的效果如图 2-77 所示。

图 2-77　屏幕保护设置后的效果

2.6.2　拓展练习

任务:将系统音量设置为静音,将【计算机】【网络】和【回收站】等图标显示在桌面上,效果如图 2-78 所示。

图 2-78　设置后的效果

第3章

计算机网络基础

本章要点

- 计算机网络基础知识
- 计算机网络的组成
- Internet 应用
- 电子邮件收发(Outlook)

本章难点

- IE 浏览器使用
- 电子邮件收发(Outlook)

计算机网络最早出现在20世纪60年代,从军用的 ARPANET 到今天 Internet 的普及,计算机网络已成为信息社会的命脉,对社会发展产生着巨大影响。

3.1 计算机网络概述

3.1.1 计算机网络的定义与功能

1. 计算机网络的定义

计算机网络是指通过各种通信设备和线路将地理位置不同且具有独立功能的计算机连接起来,用网络软件实现网络中资源共享和信息传输的系统。计算机网络是计算机技术和通信技术发展结合的产物,它实现了远程通信、远程信息处理和资源共享。

计算机网络是计算机技术与通信技术相结合的产物,它的诞生使计算机的体系结构发生了巨大变化。在当今社会发展中,计算机网络起着非常重要的作用,并对人类社会的进步做出了巨大贡献。

现在,计算机网络的应用遍布全世界及各个领域,并已成为人们社会生活中不可缺少的重要组成部分。从某种意义上讲,计算机网络的发展水平不仅反映了一个国家的计算机科学和通信技术的水平,也是衡量其国力及现代化程度的重要标志之一。

计算机网络从20世纪60年代开始发展至今,经历了从简单到复杂、从单机到多机、由终端与计算机之间的通信演变到计算机与计算机之间的直接通信。

(1) 远程联机阶段

为了共享主机资源和信息采集以及综合处理，用一台计算机与多台用户终端相连，用户通过终端命令以交互方式使用计算机，人们把它称为远程联机系统。

(2) 多机互联网络阶段

计算机网络要完成数据处理与数据通信两大基本功能，因此在逻辑结构上可以将其分成两部分：资源子网和通信子网。

(3) 标准化网络阶段

ISO于1977年成立了专门的机构来研究该问题，并且在1984年正式颁布了“开放系统互联基本参考模型”的国际标准OSI，这就产生了第三代计算机网络。

(4) 网络互联与高速网络阶段

进入20世纪90年代，计算机技术、通信技术以及建立在互联计算机网络技术基础上的计算机网络技术得到了迅猛的发展。特别是1993年美国宣布建立国家信息基础设施(NII)后，全世界许多国家纷纷制订和建立本国的NII，从而极大地推动了计算机网络技术的发展，使计算机网络进入一个崭新的阶段，这就是计算机网络互联与高速网络阶段。

目前，全球以Internet为核心的高速计算机互联网络已经形成，Internet已经成为人类最重要、最大的知识宝库。网络互联和高速计算机网络就成为第四代计算机网络。

2. 计算机网络的功能

计算机网络使计算机的作用范围超越了地理位置的限制，而且也大大加强了计算机本身的能力。计算机网络的主要功能有以下几种。

(1) 数据通信

数据通信即实现计算机与终端、计算机与计算机间的数据传输，是计算机网络的最基本功能，也是实现其他功能的基础。

(2) 资源共享

充分利用计算机网络中提供的资源是组建计算机网络的目标之一。网络中可共享的资源有硬件资源、软件资源、数据资源和信道资源。

硬件资源：包括各种类型的计算机、大容量存储设备、计算机外部设备，如彩色打印机、静电绘图仪等。

软件资源：包括各种应用软件、工具软件、系统开发所用的支撑软件、语言处理程序、数据库管理系统等。

数据资源：包括数据库文件、数据库、办公文档资料、企业生产报表等。

信道资源：通信信道可以理解为电信号的传输介质。通信信道的共享是计算机网络中最重要的共享资源之一。

(3) 分布处理

把要处理的任务分散到各个计算机上运行，而不是集中在一台大型计算机上。这样，不仅可以降低软件设计的复杂性，而且还可以大大提高工作效率和降低成本。

(4) 集中管理

计算机网络技术的发展和应用已经使现代化办公、经营管理等发生巨大变化，通过网络化的系统可以实现工作的集中管理，提高工作效率，增加经济效益。

(5) 负载平衡

当网络中某台计算机的任务负荷太重时，通过网络和应用程序的控制和管理，将作业分散到网络中的其他计算机中，由多台计算机共同完成。

(6) 提高系统的可靠性和可用性

计算机网络系统能实现对差错信息的重发，网络中计算机还可以成为彼此的后备机，从而提高了系统的可靠性。

3.1.2 计算机网络的分类

计算机网络的分类方法很多。下面介绍常见的几种分类方法。

1. 按覆盖的地理范围分类

按覆盖的地理范围大小，可以把计算机网络划分为局域网（Local Area Network，LAN）、城域网（Metropolitan Area Network，MAN）和广域网（World Area Network，WAN）三种类型。

(1) 局域网

局域网是指传输距离有限、覆盖区域在较小的局域范围内的网络，常见于一间房屋、一栋大楼、一个学校或一个单位内。局域网具有数据传输速度快、误码率低、建设成本低、便于管理和维护等优点。

(2) 城域网

城域网是规模介于局域网和广域网间的一种较大范围的网络，一般是由一个城内部计算机连接构成的网络，连接距离一般 10—100 千米。例如，一所学校在城市有多个校区，每个校区有自己的网络，把这些网络连接起来就形成一个城域网。

(3) 广域网

广域网的作用范围很大，一般要跨越城市或国家，可以将分布在不同地区的局域网和城域网连接起来，连接距离一般几十到几千千米。Internet 就是世界最大的广域网。

2. 按网络的拓扑结构分类

拓扑（Topology）是拓扑学中研究由点、线组成几何图形的一种方法。在计算机网络中，网络物理连接的构型便称为拓扑结构。常见的拓扑结构有星型、总线型、环型、树型等，如图 3-1 所示。图中的小圆圈又称为结点，在结点处既可以是一台计算机，也可以是另一个网络。

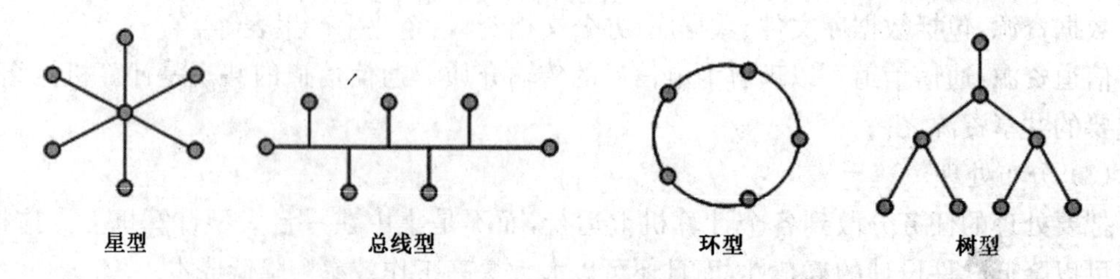

图 3-1 网络的拓扑结构

3. 按传输介质分类

根据传输介质的不同,可以把网络分为有线网和无线网。

4. 按使用目的分类

根据网络组建和管理部门的不同,可将网络分为公共网和专用网两大类。

3.1.3 计算机网络协议

计算机网络中实现通信必须有一些约定,对速率、传输代码、代码结构、传输控制步骤、出错控制等制定标准。计算机网络协议就是为了解决这些问题而事先约定的通信规则的集合。协议通常由三部分构成:一是语义部分,用于决定双方对话的类型;二是语法部分,用于决定双方对话的格式;三是交换规则,用于决定通信双方的应答关系。

常见的计算机网络协议有以下几种。

1. TCP/IP 协议

TCP/IP 协议是 Internet 信息交换、规则、规范的集合,是 Internet 的标准通信协议,主要解决不同计算机网络间的通信问题,为用户提供通用、一致的通信服务。

2. PPP 协议与 SLIP 协议

PPP 是点对点协议,SLIP 是指串行线路 Internet 协议。它们是利用传输质量一般的电话线实现远程入网而设计的协议。

3. 其他协议

其他常见的协议还有文件传输协议(FTP)、邮件传输协议(SMTP)、远程登录协议(Telnet)以及超文本传输协议(HTTP)等。

3.2 计算机网络的组成

计算机网络系统由硬件系统和软件系统两大部分组成。

3.2.1 硬件系统

组成计算机网络的硬件一般包括计算机、网络互联设备、传输介质三部分。

1. 计算机

根据在网络中所承担的任务不同,计算机可分别扮演多种角色。

(1) 主机(Host)主要用于科学计算和数据处理。

(2) 终端(Node)主要作用是承担数据通信、数据处理的控制处理功能。

(3) 服务器(Sever)为网络提供资源、控制管理或专门服务的计算机。

(4) 客户机(Client)是指连入网络的计算机,受服务器控制和管理,能够共享网络上的资源。

2. 网络互联设备

(1) 网络适配器(Network Interface Card,NIC)又称网卡,是目前应用最广泛的网络设备之一。网卡是连接计算机与网络的硬件设备,主要用来处理网络传输介质上的信号,并在网络媒介和计算机间交换数据，其工作速度可以分为 10Mbps、100Mbps、1000Mbps 几种。此外，还有笔记本电脑使用的无线网卡。

（2）路由器(Router)能在复杂的网络中自动进行路径选择和对信息存储及转发，是互联网中重要的连接设备。目前，无线路由器已成为家庭用户网络设备的首选。

（3）交换机(Switch)是计算机网络中用的最多的网络中间设备，它提供许多网络互联功能。计算机网络的数据信号通过网络交换机将数据包从源地址送到目的端口。

（4）中继器(Repeater)是局域网中所有结点的中心，它的作用是放大信号和再生信号以支持远距离的通信。

（5）集线器(Hub)是一种特殊的中继器，用于局域网内部多个工作站和服务器间的连接，是局域网中的星型连接点。

（6）网关(Gateway)又称网间连接器、协议转换器，是一种充当协议转换重任的计算机系统或设备。

3. 传输介质

（1）双绞线简称 TP，由两根绝缘导线互相缠绕而成，将一对或多对双绞线放置在一个保护套内变成了双绞线电缆。双绞线既可以传输模拟信号，又能传输数字信号。

（2）同轴电缆是由绕在同一轴线上的两个导体组成，具有抗干扰能力强、连接简单、传输速度快等优点。家里的有线电视用的就是同轴电缆。

（3）光纤又称为光缆或光导纤维，由光导纤维芯、玻璃网层和能吸收光线的外壳组成，

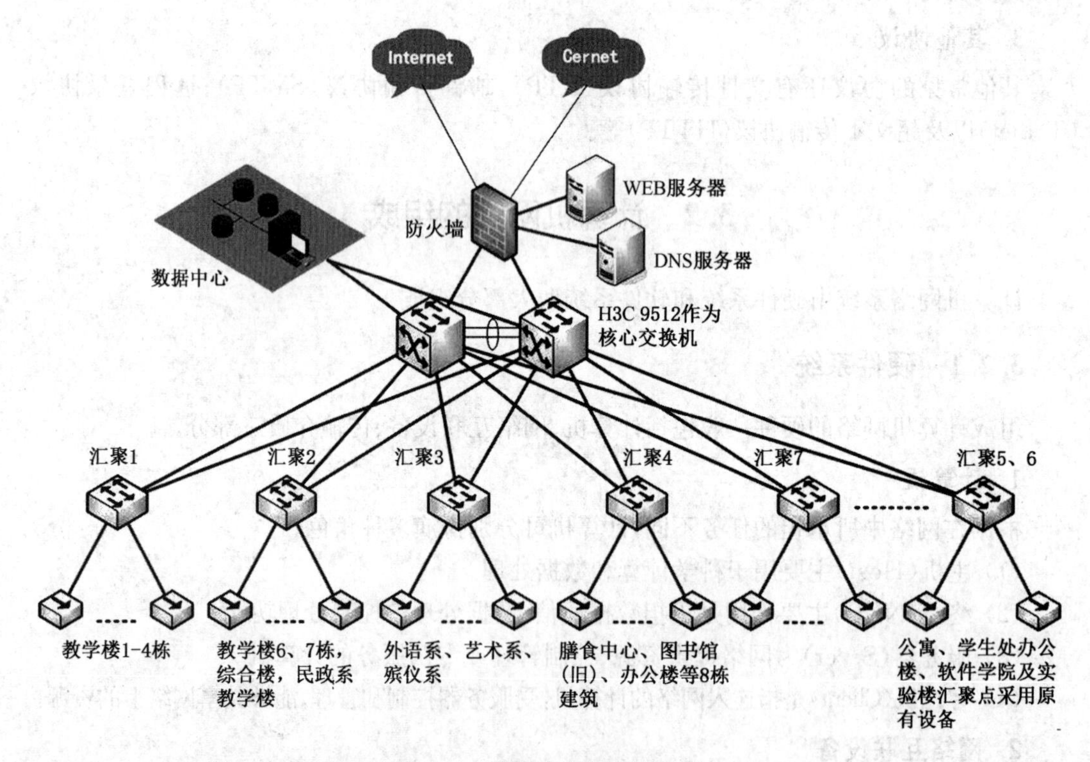

图 3-2　计算机网络硬件组成

具有不受外界电磁场的影响、无限制带宽等特点。光纤可以实现每秒几十兆位的传输速

度，数据可以传送几百千米，但是价格昂贵。

(4) 无线传输媒介，主要包括无线电波、微波和红外线等。

3.2.2　软件系统

1. 网络操作系统

网络操作系统是网络软件中最主要的软件，用于实现不同主机之间的用户通信，以及全网硬件和软件资源的共享，并向用户提供统一的、方便的网络接口，便于用户使用网络。目前网络操作系统有三大阵营：UNIX、NetWare 和 Windows，我国最广泛使用的是 Windows 网络操作系统。

2. 网络协议软件

网络协议是网络通信的数据传输规范，网络协议软件是用于实现网络协议功能的软件。

目前，典型的网络协议软件有 TCP/IP 协议、IPX/SPX 协议、IEEE 802 标准协议系列等。其中，TCP/IP 是当前异种网络互联应用最为广泛的网络协议软件。

3. 网络管理软件

网络管理软件是用来对网络资源进行管理以及对网络进行维护的软件，如性能管理、配置管理、故障管理、计费管理、安全管理、网络运行状态监视与统计等。

4. 网络通信软件

网络通信软件是用于实现网络中各种设备之间进行通信的软件，使用户能够在不必详细了解通信控制规程的情况下，控制应用程序与多个站进行通信，并对大量的通信数据进行加工和管理。

图 3-3　计算机网络软件的组成

5. 网络应用软件

网络应用软件是为网络用户提供服务的软件，最重要的特征是它研究的重点不是网络中各个独立的计算机本身的功能，而是如何实现网络特有的功能。

3.3　Internet 基础

3.3.1　Internet 的产生与发展

1. Internet 的形成

Internet 的起源要追溯到 20 世纪 60 年代后期。当时美国国防部高级计划研究局研制了一个试验性网络 ARPANet，该网络问世时仅 4 个结点，连接几个研究所和大学。1976 年，ARPANet 发展到 60 多个结点，连接了 100 多台计算机主机，跨越整个美国大陆，并通过卫星连接至夏威夷，并延伸至欧洲，形成了覆盖世界范围的通信网络。1980 年，ARPA 开始把 ARPANet 上运行的计算机转向采用新的 TCP/IP。1985 年,美国国家科学基金会(NSF)筹建了 6 个拥有超级计算机的中心。1986 年,NSF 组建了国家科学基金网NSFNet,它采用三级网络结构,分为主干网、地区网、校园网,连接所有的超级计算机中心,覆盖了美国主要的大学和研究所,实现了与 ARPANet 以及美国其他主要网络的互联。1990 年,鉴于 ARPANet 的实验任务已经完成。随后,其他发达国家也相继建立了本国的 TCP/IP 网络,并连接到 Internet 上,一个覆盖全球的国际互联网(Internet)已经形成。

2. Internet 的发展

Internet 的迅猛发展始于 20 世纪 90 年代。1992 年发布了称为 Mosaic 的 WWW 客户程序,从而使得 Internet 从一个由科学家和学生使用的文本工具,转变成为可由数百万人使用的图形工具。

3. Internet 在中国的发展

1986 年 Internet 引入中国,1994 年 5 月 19 日,中国科学院高能物理所正式接入 Internet,称为中国科技网(CSTNet)。从此,Internet 在我国有了突飞猛进的发展。1996 年以后,随着我国信息产业的发展和不断扩大,Internet 在国内得到了迅速的普及。

3.3.2 Internet 技术基础

1. TCP/IP 协议

TCP/IP 协议是 Internet 上使用最为广泛的通信协议。所谓 TCP/IP 协议,实际上是一个协议簇(组),是一组协议,其中 TCP 协议和 IP 协议是其中两个最重要的协议。IP 协议称为网际协议,用来给各种不同的局域网和通信子网提供一个统一的互联平台。TCP 协议称为传输控制协议,用来为应用程序提供端到端的通信和控制功能。它们在数据传输过程中主要完成以下功能。

(1) 首先由 TCP 协议把数据分成若干数据包,给每个数据包写上序号,以便接收端把数据还原成原来的格式。

(2) IP 协议给每个数据包写上发送主机和接收主机的地址。一旦写上源地址和目的地址,数据包就可以在物理网上传送数据。

(3) 这些数据包可以通过不同的传输途径进行传输,由于路径不同,加上其他的原因可能出现顺序颠倒、数据丢失、数据失真甚至重复的现象。这些问题都由 TCP 协议来处理,它具有检查和处理错误的功能,必要时还可以请求发送端重发。

2. IP 地址

在网络中,每台主机为了和其他主机进行通信,必须要有一个地址,这个地址称为 IP 地址。IP 地址可描述以下三个方面的含义。

第一,为了实现 Internet 上不同计算机之间的通信,每台计算机都必须有一个不与其他计算机重复的地址,IP 地址就是可以唯一标识主机的地址。

第二,IP 地址由网络号与主机号两部分组成。网络号用来表示 Internet 中的一个特定网络,主机号表示这个网络中的一个特定连接。

第三,IP 地址是数字型的,32 位(32bit),由 4 个字节、每个字节 8 位的二进制数组成,每8位之间用小数点隔开。由于二进制数不利于记忆，通常转换成十进制数表示，其取值范围为0～255 。

（1）IP地址的组成

IP地址是一个32位的二进制数，由地址类别、网络号和主机号三个部分组成，由于二进制数不便于记忆，为此采用二—十进制转换，将每8位二进制数转换为3位十进制数，并用“.”隔成四组。例如一个IP地址二进制数为11001010 01110001 00011011 00001010，转换为十进制数则为202.113.27.10。由于是按每8位二进制转换，所以IP地址的十进制数不超过255。

（2）IP地址的分类

按照IP协议中对Internet网络地址的约定，将IP地址分成五类：A类、B类、C类、D类和E类，其中A、B、C为基本类地址，D类为组播类地址，E类为备用类地址。详细结构如图3-4所示。

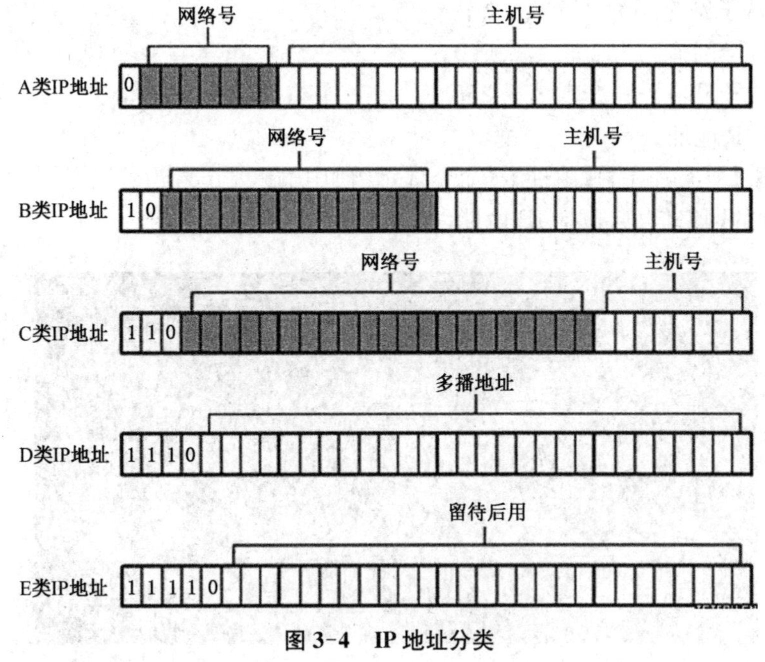

图3-4　IP地址分类

A类地址网络号占一个字节，主机号占三个字节，并且第一个字节的最高位为0，用来表示地址是A类地址，因此，A类地址的网络数为2^7(128)个，每个网络包含的主机数为2^{24}(16 777 216)个。A类地址的范围是0.0.0.0～127.255.255.255。由于网络号全为0和全为1保留用于特殊目的，所以A类地址有效的网络数为126个，其范围是1～126。另外，主机号全为0和全为1也有特殊作用。因此，一台主机能使用的A类地址的有效范围是1.0.0.1～126.255.255.254

B类地址网络号、主机号各占两个字节，并且第一个字节的最高两位为10，用来表示地址是B类地址，因此B类地址网络数为2^{14}个，每个网络号所包含的主机数为2^{16}个。B类地址的范围为128.0.0.0～191.255.255.255。由于网络号和主机号全0和全1有特殊作用而保留，一台主机能使用的B类地址的有效范围是128.1.0.1～191.254.255.254。

C类地址网络号占三个字节，主机号占一个字节，并且第一个字节的最高三位为110，用来表示地址是C类地址，因此C类地址网络数为 2^{21} 个，每个网络号所包含的主机数为256个。C类地址的范围为192.0.0.0～223.255.255.255，同样，一台主机能使用的C类地址的有效范围是192.0.1.1～223.255.254.254。

D类地址用于多播，多播就是同时把数据发送给一组主机，只有那些已经登记可以接收多播地址的主机，才能接收多播数据包。D类地址的范围是224.0.0.0～239.255.255.255。

E类地址为将来保留的，因此不能被分配给主机。E类地址的范围是240.0.0.0～254.255.255.255。

(3) 子网掩码

子网掩码的作用是识别子网和判断主机属于哪一个网络。与IP地址相同，子网掩码长度也是32位，左边是网络地址位，用二进制数“1”表示，右边是主机地址位，用二进制数“0”表示。根据A、B、C类地址可以确定它们的子网掩码分别为：

A类：默认子网掩码为255.0.0.0；

B类：默认子网掩码为255.255.0.0；

C类：默认子网掩码为255.255.255.0。

(4) 本地IP地址查看

在【开始】|【所有程序】|【附件】|【命令提示符】中输入“ipconfig”回车，如图3-5所示。即可查看本地的网络信息，包括IP地址，如图3-6所示。

图3-5 在【命令提示符】窗口中输入“ipconfig”

```
Microsoft Windows [版本 10.0.18363.1256]
(c) 2019 Microsoft Corporation。保留所有权利。

C:\Users\BIG APPLE>ipconfig

Windows IP 配置


以太网适配器 以太网:

   连接特定的 DNS 后缀 . . . . . . . : DHCP HOST
   本地链接 IPv6 地址. . . . . . . . : fe80::39a8:b30c:9bd1:823d%12
   IPv4 地址 . . . . . . . . . . . . : 192.168.0.103
   子网掩码 . . . . . . . . . . . . : 255.255.255.0
   默认网关. . . . . . . . . . . . . : 192.168.0.1

C:\Users\BIG APPLE>
```

图3-6 查看本地IP信息

3. 域名

由于 IP 地址是数字标识，不符合人们的日常使用习惯，在使用时难以记忆和书写。为此在 IP 地址的基础上又发展出一种符号化的地址，即 Internet 的域名(Domain Name)。域名的作用就是为 Internet 提供主机符号名字和 IP 地址之间对应的转换服务。域名和 IP 地址都是表示主机的地址，实际上是同一件事物的不同表示。为了避免重名，主机的域名采用层次结构，各层次的子域名之间用圆点“.”隔开，从右到左分别为第一级域名、第二级域名直至主机名。从域名到 IP 地址或者从 IP 地址到域名的转换由域名服务器 DNS(Domain Name Server)完成。

域名系统的提出为用户提供了极大方便，但主机域名不能直接用于 TCP/IP 协议的路由选择。当用户使用主机域名进行通信时，必须首先将其映射成 IP 地址，这个过程叫域名解析。在 Internet 中，域名服务器中有相应的软件把域名转换成 IP 地址，从而帮助寻找主机域名所对应的 IP 地址。常见的域名代码如表 3-1 和 3-2 所示。

表 3-1　常用一级子域名的标准代码

域名代码	意义
COM	商业组织
EDU	教育机构
GOV	政府机构
MIL	军事部门
NET	主要网络支持中心
ORG	其他组织
INT	国际组织

表 3-2　常见国家和地区代码

国家或地区	代码
中国	cn
英国	uk
法国	fr
德国	de
日本	jp
韩国	kr
香港	hk

3.3.3　Internet 服务与应用

Internet 提供了多种应用服务，常见的有 WWW 服务、E-mail 电子邮件、文件传输(FTP)服务、Telnet 远程登陆、信息检索、BBS 论坛服务等。

1. WWW 服务

WWW(World Wide Web)通常译成环球信息网或万维网,简称 Web 或 3W,是 1989 年设在瑞士日内瓦的欧洲粒子物理研究中心的 Tim Berners Lee 发明的。

WWW 是集文字、图像、声音和影像为一体的超媒体,是基于客户机/服务器方式的信息发现技术和超文本技术的综合。

WWW 服务器通过 HTML 超文本标记语言把信息组织成为图文并茂的超文本;WWW 浏览器则为用户提供基于 HTTP 超文本传输协议的用户界面。用户使用 WWW 浏览器通过 Internet 访问远端 WWW 服务器上的 HTML 超文本。

WWW 的应用已进入电子商务、远程教育、远程医疗、休闲娱乐与信息服务等领域,是 Internet 中的重要组成部分。

2. 文件传输 FTP 服务

文件传输服务是 Internet 上二进制文件的标准传输协议(FTP)应用程序提供的服务,所以又称为 FTP 服务。

FTP 服务器是指提供 FTP 的计算机,负责管理一个大的文件仓库;FTP 客户机是指用户的本地计算机,FTP 使每个联网的计算机都拥有一个容量巨大的备份文件库,这是单个计算机无法比拟的。

3. 电子邮件服务

电子邮件服务又称为 E-mail 服务,它是 Internet 上历史最久、应用最广的服务项目之一,它为 Internet 用户之间发送和接收信息提供了一种快捷、廉价的现代化通信手段,在电子商务及国际交流中发挥着重要的作用。

与传统的邮件相比,电子邮件具有以下几个特点:快捷、廉价、信息类型多样、高效灵活。

使用电子邮件服务的前提是通信双方都要有自己的电子邮箱(E-mail Box),电子邮箱是由提供邮件服务的机构(一般是 ISP)为用户建立的,它包括用户名(User Name)和密码(Password)。

电子邮件收发原理:当用户发送电子邮件时,这封邮件是由邮件发送服务器发出,并根据收信人的地址判断对方的邮件接收服务器而将这封信发送到该服务器上,收信人要收取邮件也只能访问这个服务器才能完成。

电子邮件地址的格式由三部分组成。第一部分"USER"代表用户信箱的账号,对于同一个邮件接收服务器来说,这个账号必须是唯一的;第二部分"@"是分隔符;第三部分是用户信箱的邮件接收服务器域名,用以标志其所在的位置。

4. 远程登录(Telnet)服务

Telnet 远程登录是指将本地计算机与远程的服务器进行连接,并在远程计算机上运行自己的应用程序,从而共享计算机网络系统的软件和硬件资源。

远程登录使登录到远程计算机的用户在自己的计算机上操作,而数据在远程计算机上响应处理,并且将结果返回到自己的计算机上,这时本地计算机的工作情况就像是远程计算机的一个终端,由于在这操作过程中所使用的协议是 Telnet,因此远程登录服务又称为

Telnet服务。

5. 信息检索服务

信息检索服务是Internet所提供的最重要、使用最广的服务功能之一，它提供了一种信息流通的最直接、最方便的快捷方式。现在比较大一点的网站均提供了网络搜索服务，用户只要输入要搜索的关键字，即可查找到所需的资料。

著名的搜索网站有Yahoo!、SOHU、新浪等，还有一些专门用于信息搜索的网站如Google、Baidu等。

6. BBS论坛服务

电子公告板系统BBS(Computer Bulletin Board System)的功能与校园内的公布栏性质相同，但BBS是通过计算机网络来传播或取得消息的。

论坛也是各个网站提供给大家一个讨论某个话题的公共区域，它是BBS的一种动态实时交互的具体体现，它允许参加讨论的用户在网络上公开发表自己的观点、看法和文章，同时也可以浏览别人发表的观点看法。

目前的网络功能越来越多，除了上述服务之外，Internet还提供其他许多服务，如新闻组、网上教育、电子商务、在线欣赏影片和音乐、网络传真、网上购物、网上寻呼ICQ(QQ)等。

3.4　Internet应用

3.4.1　使用浏览器浏览网页

1. 通过地址栏浏览

如图3-7所示，在地址栏中直接输入你所需要浏览的网站的网址，输完后回车即可。

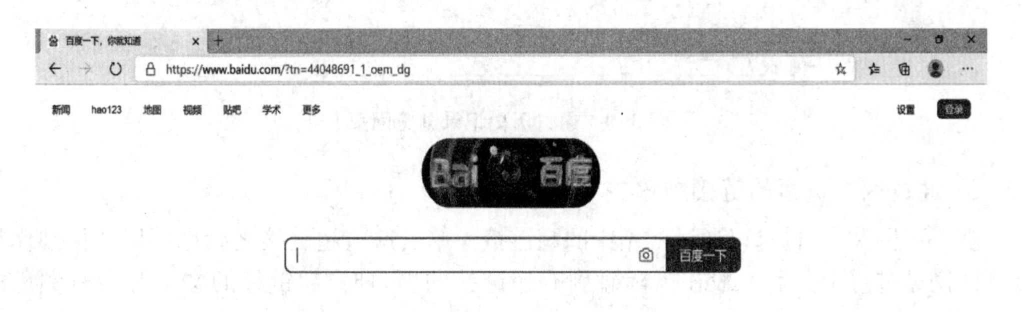

图3-7　通过地址栏浏览网页

2. 通过链接栏浏览

如图3-8所示，输入网页地址时，可以看到经常浏览的网站的地址提示，通过单击这些地址也可链接到相应的网站。

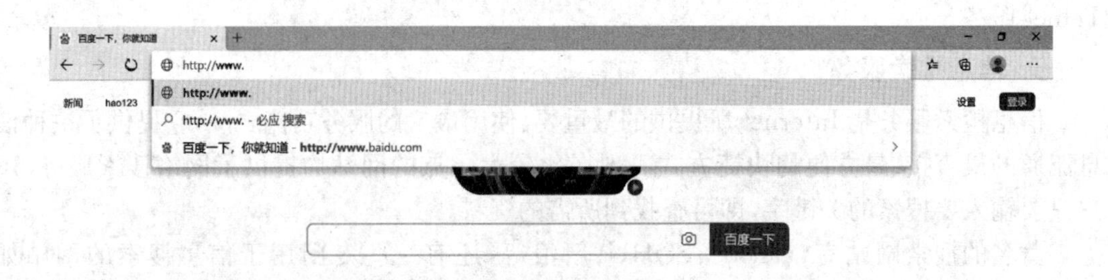

图 3-8　通过链接栏浏览网页

3. 通过历史记录栏浏览

单击工具栏上的历史按钮 ··· ，在浏览器页面的左侧出现如图 3-9 所示的地址框，其中会有一些已经浏览过的网页，通过单击这些地址即可链接到相应的网站。

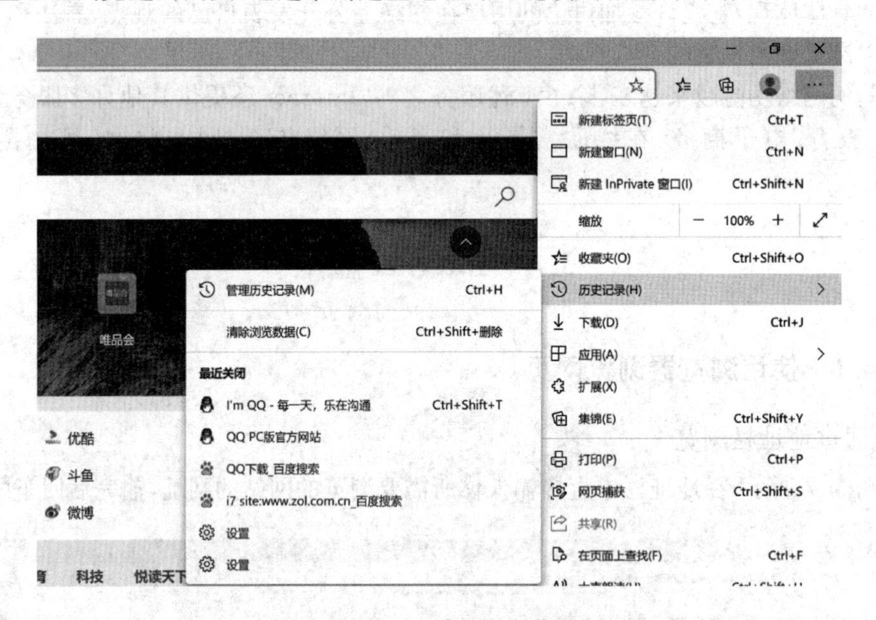

图 3-9　通过历史记录浏览网页

5. 通过网站页面的链接浏览

在一些网站中，也可以通过网站中的超链接。单击这些超链接之后也可以链接到你想要到的网站进行浏览。一般在鼠标碰到有超链接的项目时，超链接的文字等会有颜色的变化。

3.4.2　使用搜索引擎查询信息

搜索引擎指自动从因特网搜集信息，经过一定整理以后，提供给用户进行查询的系统。常见的搜索引擎有谷歌、百度、必应等，其中百度是全球最大的中文搜索引擎，每天处理数以亿计的搜索请求。下面将以百度为例说明搜索引擎的使用，其他的搜索引擎使用方法类似。

(1) 基本使用方法

① 基本搜索

百度搜索使用方便,通过浏览器打开百度搜索页面,仅需输入搜索内容并敲一下回车(Enter)键,或单击 百度一下 按钮即可得到相关资料,如图 3-10 所示。

图 3-10 百度搜索"计算机等级考试"

② 使用"空格"进行搜索

如果想缩小搜索范围,可输入更多的关键词,只要在关键词中间留空格就行了,如图 3-11 所示。

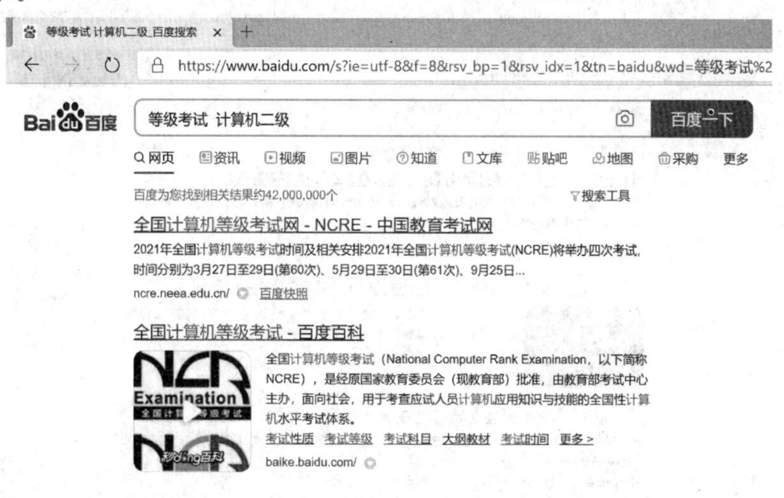

图 3-11 使用"空格"搜索

(2) 利用 intitle 搜索,范围限定在网页标题

网页标题通常是对网页内容提纲挈领式的归纳。把查询内容范围限定在网页标题中,有时能获得良好的效果。例如,想了解计算机二级考试的相关信息可以这样搜索"等级考试 intitle:计算机二级",其中"intitle:"和后面的关键词之间不要有空格,如图 3-12 所示。

图 3-12　使用 intitle 搜索

（3）使用 site 搜索，范围限定在特定站点中

如果知道某个站点中有自己需要找的东西，就可以把搜索范围限定在这个站点中，提高查询效率。例如，想了解中关村在线这个网站中关于 CPU i7 的内容可以这样搜索“i7 site：www. zol. com. cn”。其中“site：”后面跟的站点域名不要带“http：//”。site：和站点名之间不要带空格，如图 3-13 所示。

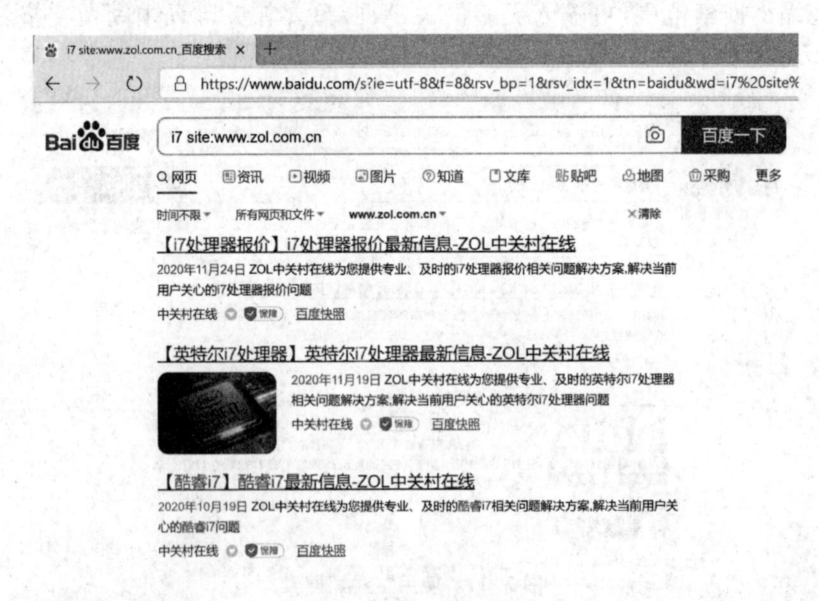

图 3-13　使用 site 搜索

（4）使用双引号“”和书名号《》进行精确匹配

查询词加上双引号“”则表示查询词不能被拆分，在搜索结果中必需完整出现，可以对查询词精确匹配。如果不加双引号“”，经过百度分析后可能会拆分。

查询词加上书名号《》有两层特殊功能，一是书名号会出现在搜索结果中；二是被书名号扩起来的内容不会被拆分。

(5) 用减号－不含特定查询词，加号＋包含特定查询词

查询词用减号－语法可以帮您在搜索结果中排除包含特定的关键词所有网页。查询词用加号＋语法可以帮您在搜索结果中必须包含特定的关键词所有网页。

(6) 使用Filetype搜索，范围限定在指定文档格式中

查询词用Filetype语法可以限定查询词出现在指定的文档中，支持文档格式有pdf、doc、xls、ppt、rtf、all(所有上面的文档格式)。对于找文档资料相当有帮助。

实例3.1　Internet上网操作(全国等级考试样题)

浏览http://localhost/web/index.htm页面，找到“笔记本资讯”的链接，点击进入“IBM T61”子页面，并将该页面以“bjb.htm”名字保存到考生文件夹(C:\WEXAM\15300001)下。

操作步骤如下：

(1) 在“考试系统”中选择【答题】|【上网】|【Internet Explorer】命令，将IE浏览器打开。在地址栏输入网址http://localhost/web/index.htm，回车确认，打开页面。

(2) 找到“笔记本资讯”链接后单击，进入到“IBM T61”页面。

(3) 单击【文件】|【另存为】命令，弹出【保存网页】对话框，在地址栏中找到考生文件夹(C:\WEXAM\15300001)，在“文件名”中输入“bjb.htm”，在“保存类型”中选择*.htm类型，单击【保存】按钮完成操作。

实例3.2　Internet上网操作(全国等级考试样题)

打开http://localhost/web/djks/research.htm页面，浏览“关于2009年度‘高等学校博士学科点专项科研基金’联合资助课题立项的通知”页面，将附件：“2009年度‘高等学校博士学科点专项科研基金’联合资助课题清单”下载保存到考生目录(C:\WEXAM\15300001)，文件名为“课题清单.xls”。

操作步骤如下：

(1) 在“考试系统”中选择【答题】|【上网】|【Internet Explorer】命令，将IE浏览器打开。

(2) 在地址栏中输入“http://localhost/web/djks/research.htm”，按回车键打开页面。单击“关于2009年度‘高等学校博士学科点专项科研基金’联合资助课题立项的通知”打开子网页。

(3) 然后单击“附件：2009年度‘高等学校博士学科点专项科研基金’联合资助课题清单”链接打开下载对话框将该文件下载到考生文件夹中，并保存文件名称为“课题清单.xls”。

3.4.3　免费电子邮箱

1. 写信操作

登录邮箱后，单击页面左侧的【写信】按钮，就可以开始写邮件了，如图3-14所示。

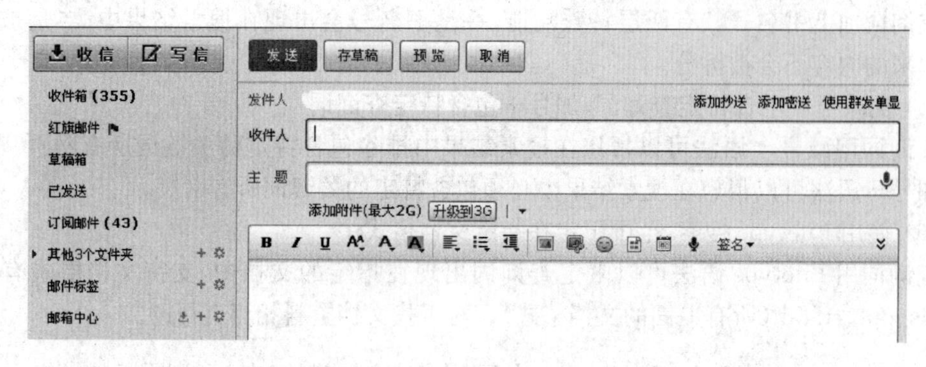

图 3-14　写信操作

2. 收信操作

登录邮箱后，单击页面左侧的【收信】按钮，就可以进入收件箱查看收到的邮件。直接单击邮件发件人或者邮件主题即可。进入读信界面后，出现该信的正文、主题、发件人、收件人地址以及发送时间。如有附件也会在正文上方出现，可以在浏览器中打开附件，也可以下载到本地文件夹中，如图 3-15 所示。

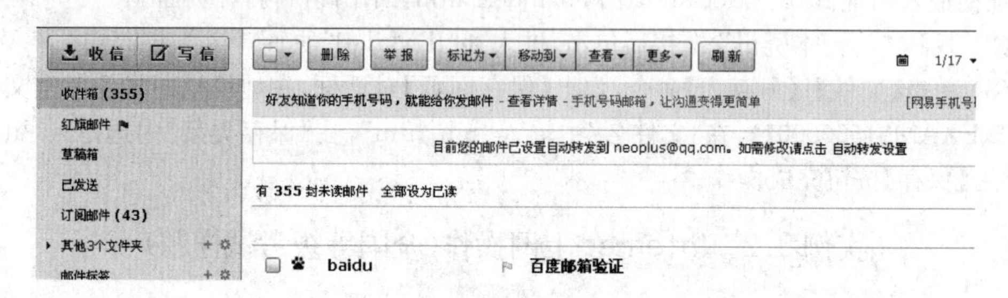

图 3-15　收信操作

3. 删除邮件

选中要删除的邮件，单击页面上方的【删除】按钮，即可将邮件删除到“已删除”文件夹中。若要删除“已删除”文件夹中的邮件，应打开“已删除”文件夹，选择需要彻底删除的邮件，单击【彻底删除】按钮；单击【清空】按钮将彻底删除“已删除”文件夹中的全部邮件。若要将收件箱中的邮件直接删除而不通过删除到“已删除”文件夹的中间过程，则选择需要删除的邮件，直接单击页面上方删除列表中的【直接删除】即可。

实例 3.3　电子邮件操作(全国等级考试样题)

向学校后勤部门发一个 E-mail，对环境卫生提建议，并抄送主管副校长。具体如下：

收件人为：hryspa@163. com；抄送为：wdbb@163. com；主题为：建议；函件内容为：建议在实验室添加黑板。

操作步骤如下：

(1) 在“考试系统”中选择【答题】|【上网】|【Outlook】命令，启动“Outlook Explorer”。

(2) 在 Outlook Explorer【开始】|【新建】分组中单击【新建电子邮件】，弹出【邮件】窗口。

(3) 在“收件人”中输入“hryspa@163. com”；在抄送中输入“wdbb@163. com”；在“主题”中输入“建议”；在窗口中央空白的编辑区域内输入邮件的主体内容“建议在实验室添加黑板。”，如图 3-16 所示。

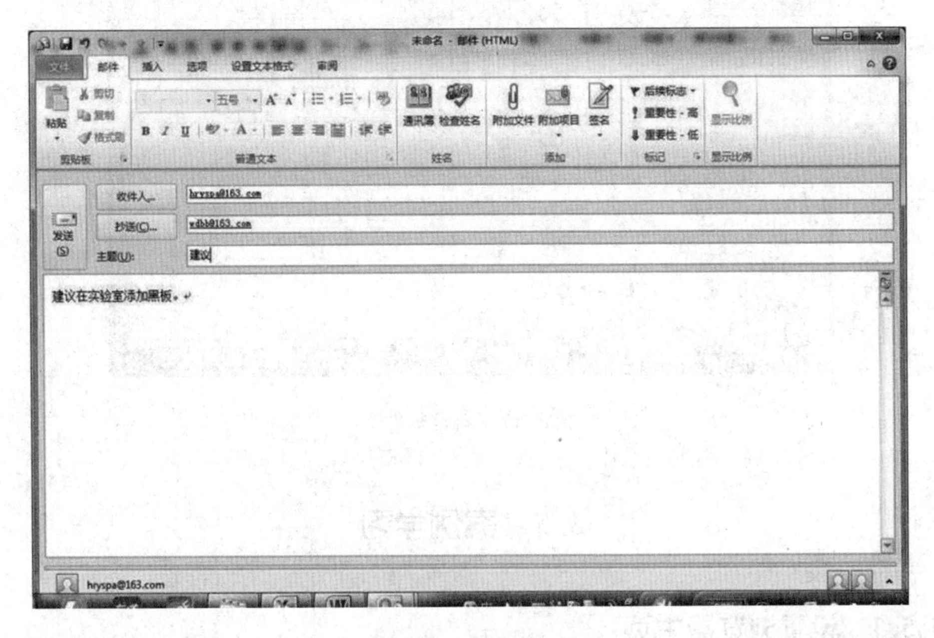

图 3-16　新建邮件 1

(4) 单击【发送】按钮发送邮件，退出 Outlook Explorer。

实例 3.4　电子邮件操作(全国等级考试样题)

发送一封主题为“Happy new year”的电子邮件，邮件内容为“Happy new year，雷震天”，并将贺年卡“Happy New Year. jpg”图片作为附件一同发送。接收邮箱地址：“lizhenyu@163. com”。

操作步骤如下：

(1) 在“考试系统”中选择【答题】|【上网】|【Outlook】命令，启动“Outlook Explorer”。

(2) 在 Outlook Explorer【开始】|【新建】分组中单击【新建电子邮件】，弹出【邮件】窗口。

(3) 在“收件人”中输入“lizhenyu@163. com”；在“主题”中输入“Happy new year”；在窗口中央空白的编辑区域内输入邮件的主体内容“Happy new year，雷震天”。

(4) 单击【附加文件】按钮，将“Happy New Year. jpg”文件插入到附件中，如图 3-17 所示。

(5) 单击【发送】按钮发送邮件，退出 Outlook Explorer。

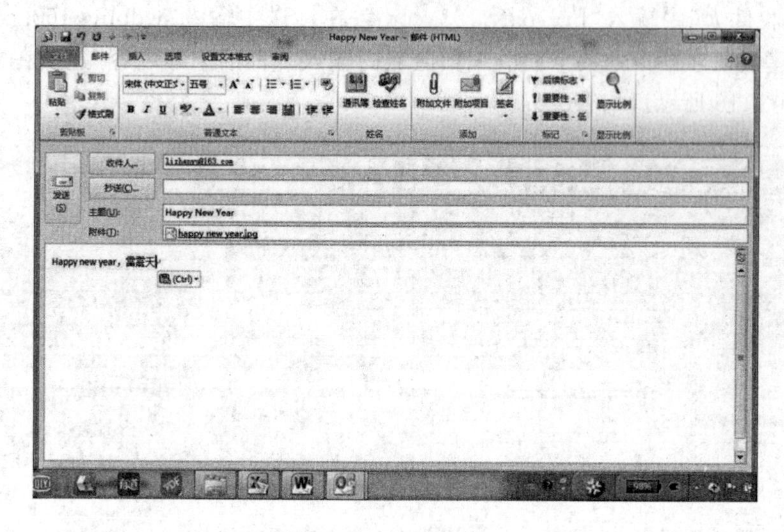

图 3-17　新建邮件 2

3.5　案例学习

3.5.1　设置浏览器主页

任务：以 Microsoft Edge 为例，设置浏览器首页为百度。

操作步骤：

(1) 双击桌面上的浏览器图标，如图 3-18 所示。

(2) 点击按钮 … ，找到【设置选项】，如图 3-19 所示。

图 3-18　打开 IE 浏览器

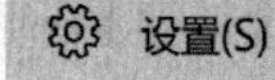

图 3-19　Internet 选项

(3) 在【启动时】选项卡中选中【打开一个或多个特定页面】，点击【添加新页面】，在弹出的对话框中输入“http://www.baidu.com/”，点击【使用当前页】，如图 3-20 所示。

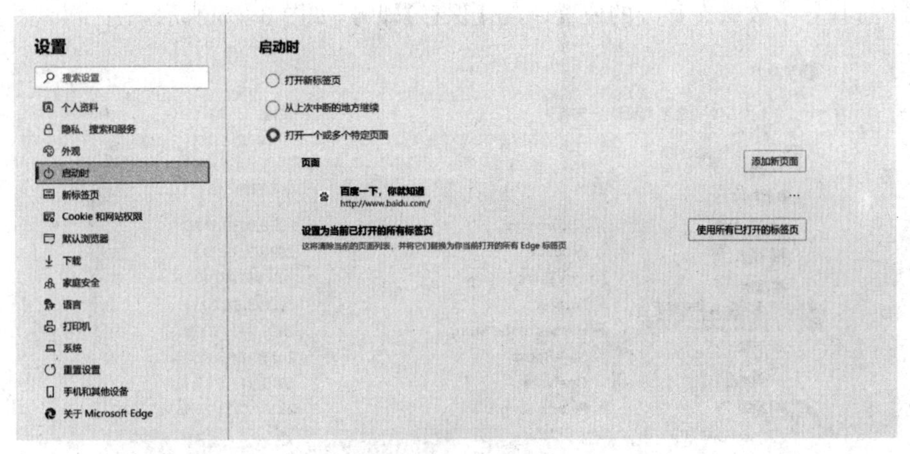

图 3-20　设置主页

3.5.2　收藏夹备份

任务：导出收藏夹进行备份。

操作步骤：

(1) 双击桌面上的浏览器图标，打开浏览器。

(2) 点击按钮 ，如图 3-21 所示。

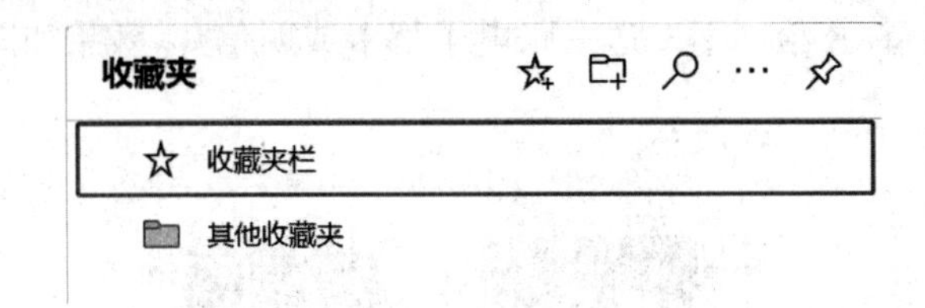

图 3-21　打开收藏夹

(3) 点击 ··· 按钮，出现如图 3-22 所示菜单。

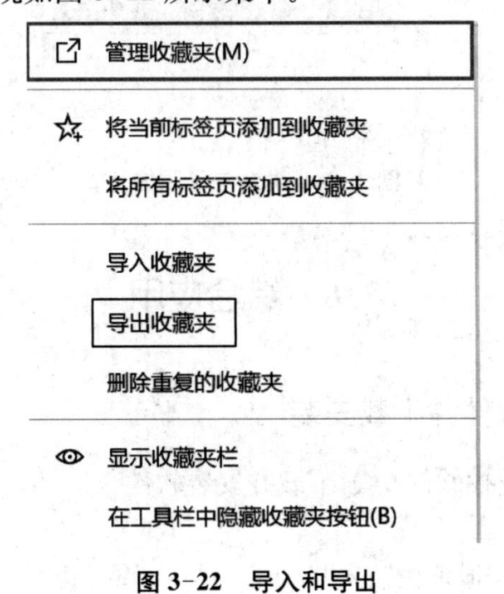

图 3-22　导入和导出

(4) 选择导出收藏夹存放的位置,点击【保存】即可,如图 3-23 所示。

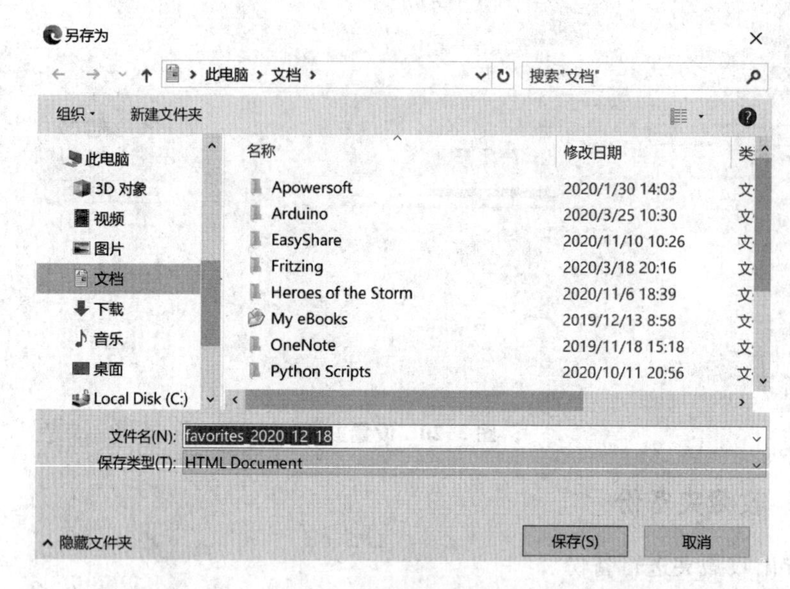

图 3-23　设置导出路径

3.5.3　拓展练习

申请一个免费邮箱,并给同学发送一张电子贺卡或明信片,效果如图 3-24 所示。

图 3-24　发送电子明信片

3.6　综合应用

3.6.1　搜索 QQ 软件并下载安装

任务:使用搜索引擎查找软件 QQ,下载并安装软件。

操作步骤:

(1) 打开 IE 浏览器,在地址栏输入"www. baidu. com"并回车,如图 3-25 所示。

图 3-25　打开网页百度

(2) 在搜索栏中输入“QQ 下载”，点击【百度一下】，搜索结果如图 3-26 所示。

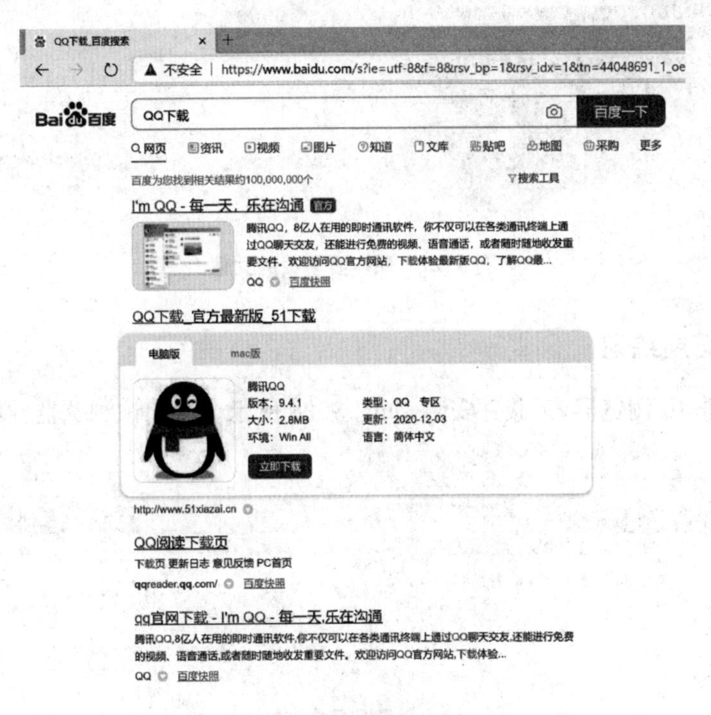

图 3-26　搜索结果

(3) 进入相关页面点击下载按钮，如图 3-27 所示。

(4) 打开下载好的安装包文件，安装完成后就可以使用了。

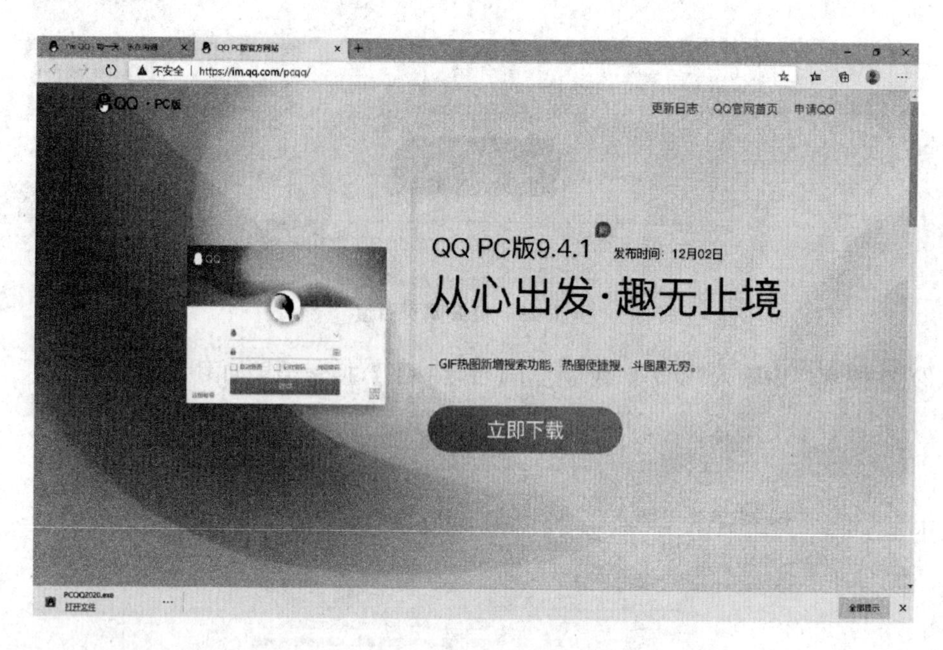

图 3-27　保存要下载的文件

3.6.2　拓展练习

搜索一个非 IE 浏览器，下载并安装，如图 3-28 所示。试用该浏览器并结合 IE 浏览器进行对比。

图 3-28　非 IE 浏览器

第 4 章

文档处理软件 Word 2016

本章要点

- 文本的录入、选定、复制、移动、查找与替换等基本编辑技术
- 文字格式、段落设置、页面设置和分栏等基本排版技术
- 表格的创建及设置
- 图片、剪贴画、形状、图表、屏幕截图等插图的应用
- 邮件合并、宏的录制

本章难点

- 文字格式、段落设置、页面设置和分栏等基本排版技术
- 表格的综合处理
- 根据邮件合并原理制作邀请函、中文信封等

4.1 初识 Word 2016

Word 2016 是 Microsoft 公司开发的办公套件 Office 2016 的重要组成部分，是目前最常用的文档编辑软件，集文字处理、表格处理、图文排版等功能于一身。Word 2016 中带有众多顶尖的文档格式设置工具，可帮助用户更有效地组织和编写文档。

4.1.1 启动 Word 2016

用户可以通过双击桌面上的快捷图标启动 Word 2016，如图 4-1 所示。

图 4-1 Word 2016 的快捷启动图标

如果桌面上没有 Word 2016 的快捷图标，那么需要用户自己创建一个快捷图标。步骤为：点击窗口键，打开开始菜单，在开始菜单应用区找到 Word 2016 应用程序，按下鼠标左

键拖拽 Word 2016 图标到桌面，出现 Word 2016 快捷图标，完成快捷方式的创建。

4.1.2　退出 Word 2016

常用的退出 Word 2016 的方法有两种。

（1）直接单击标题栏右侧的【关闭】按钮。

（2）在标题栏的任意位置处右击，在弹出的快捷菜单中选择【关闭】命令即可退出程序。

4.1.3　Word 2016 的窗口组成

启动 Word 2016 后，出现它的工作窗口，如图 4-2 所示。

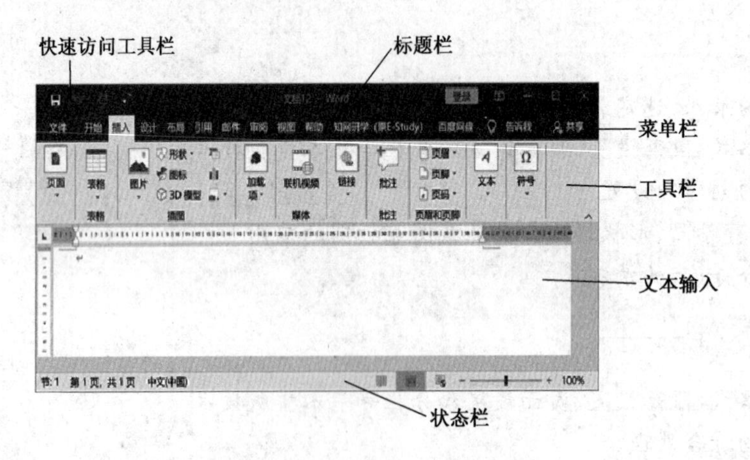

图 4-2　Word 2016 的窗口组成

下面简单介绍 Word 文档窗口中各组成部分及其功能。

1. 标题栏

显示当前文档的名称和程序名，如 word 操作. docx-Microsoft Word。

2. 快速访问工具栏

快速访问工具栏是一个可自定义的工具栏，。单击图标，在其下拉菜单中选择任一命令就可以设置其为快速工具，出现在【快速访问工具栏】中，如图 4-3 所示。

自定义快速访问工具栏

新建
打开
✓ 保存
通过电子邮件发送
快速打印
打印预览和打印
编辑器(F7)
大声朗读
✓ 撤消
✓ 恢复
绘制表格
触摸/鼠标模式
其他命令(M)...
在功能区下方显示(S)

图 4-3　自定义快速访问工具栏

3.【文件】选项卡

【文件】选项卡中包含的命令有【保存】【另存为】【打开】【关闭】【新建】【打印】和【选项】等，如图 4-4 所示。

4. 功能区

在 Word 2016 窗口上方看起来像菜单的名称其实是功能区的名称，当单击这些名称时并不会打开菜单，而是切换到与之相对应的功能区面板。

图 4-4　“文件”选项卡内容

(1)【开始】功能区

【开始】功能区中包括剪贴板、字体、段落、样式和编辑五个组，对应 Word 2003 的【编辑】和【段落】菜单部分命令。该功能区主要用于帮助用户对 Word 2016 文档进行文字编辑和格式设置，是用户最常用的功能区，如图 4-5 所示。

图 4-5　【开始】功能区

(2)【插入】功能区

【插入】功能区包括页、表格、插图、链接、页眉和页脚、文本、符号和特殊符号几个组，对应 Word 2003 中【插入】菜单的部分命令，主要用于在 Word 2016 文档中插入各种元素。

(3)【页面布局】功能区

【页面布局】功能区包括主题、页面设置、稿纸、页面背景、段落、排列几个组，对应 Word 2003 的【页面设置】菜单命令和【段落】菜单中的部分命令，用于帮助用户设置 Word 2016 文档页面样式。

(4)【引用】功能区

【引用】功能区包括目录、脚注、引文与书目、题注、索引和引文目录几个组，用于实现在 Word 2016 文档中插入目录等比较高级的功能。

(5)【邮件】功能区

【邮件】功能区包括创建、开始邮件合并、编写和插入域、预览结果和完成几个组，该功能区的作用比较专一，专门用于在 Word 2016 文档中进行邮件合并方面的操作。

(6)【审阅】功能区

【审阅】功能区包括校对、语言、中文简繁转换、批注、修订、更改、比较和保护几个组，主要用于对 Word 2016 文档进行校对和修订等操作，适用于多人协作处理 Word 2016 长文档。

(7)【视图】功能区

【视图】功能区包括文档视图、显示、显示比例、窗口和宏几个组，主要用于帮助用户设置 Word 2016 操作窗口的视图类型，以方便操作。

(8)【开发工具】功能区

【开发工具】功能区包括代码、加载项、控件、XML、保护、模板几个组，主要用于深层次应用的开发。

5. 标尺

标尺包括水平标尺和垂直标尺，用于显示 Word 2016 文档的页边距、段落缩进、制表符等。选中或取消“标尺”的方法：选中【视图】功能区，选择【显示】中的【标尺】选项，如图 4-6 所示。

图 4-6 “标尺”的选择

6. 文本编辑区

文本编辑区又称为文档窗口，Word 文档中进行文本输入和排版的地方，利用各个命令编辑文本的区域。

7. 状态栏

在窗口的最下部是状态栏，其左边是光标位置显示区，它表明当前光标所在页面，Word 2016 下一步准备要做的工作和反映当前的工作状态等，如图 4-7 所示。

节: 1　第 5 页，共 78 页　中文(中国)

图 4-7 状态栏

8. 滚动条

滚动条分为垂直滚动条和水平滚动条两种，分别位于页面的右端及下端。滚动条中的方形滑块指示出插入点在整个文档中的相对位置。拖动滚动块可以快速移动文档内容，同时滚动条附近会显示当前移到内容的页码。

9. 显示比例

状态栏右侧有一组显示比例按钮和滑块 - ——▮—— + 100%，单击【缩放级别】(如 200%)可以打开【显示比例】对话框，也可以直接拖动滑块调整页面的缩放比例。

10. 浏览对象

单击【浏览对象】按钮 ◦ 可以打开浏览对象框，如图 4-8 所示。包括按页浏览、按节浏览、按表格浏览、按图形浏览、按标题浏览、按编辑位置浏览、定位、查找等。

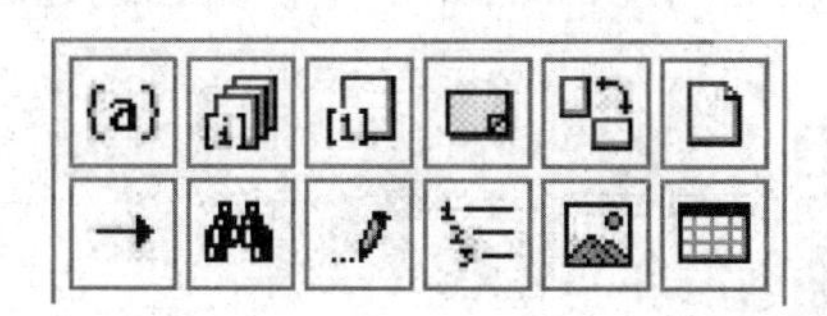

图 4-8　浏览对象框

实例 4.1　分别用 Word 的不同文档视图显示文档

任务：打开示例文档，分别用 Word 提供的 5 种视图方式显示文档。

操作步骤：

(1) 打开“谁是真正的计算机发明者.docx”文档。

(2) 分别用【视图】功能区下面的“文档视图”中的 5 种视图方式显示文档。其中阅读视图和页面视图如图 4-9、4-10 所示。

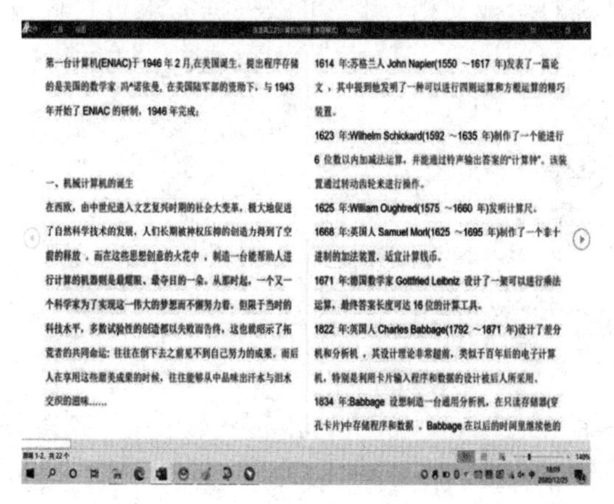

第一台计算机(ENIAC)于 1946 年 2 月,在美国诞生。提出程序存储的是美国的数学家 冯^诺依曼，在美国陆军部的资助下，与 1943 年开始了 ENIAC 的研制，1946 年完成；

一、机械计算机的诞生

在西欧，由中世纪进入文艺复兴时期的社会大变革，极大地促进了自然科学技术的发展，人们长期被神权压抑的创造力得到了空前的释放，而在这些思想创意的火花中，制造一台能帮助人进行计算的机器则是最耀眼、最夺目的一朵。从那时起，一个又一个科学家为了实现这一伟大的梦想而不懈努力着，但限于当时的科技水平，多数试验性的创造都以失败而告终，这也就昭示了拓荒者的共同命运：往往在倒下去之前见不到自己努力的成果，而后人在享用这些甜美成果的时候，往往能够从中品味出汗水与泪水交织的滋味......

1614 年:苏格兰人 John Napier(1550 ~1617 年)发表了一篇论文，其中提到他发明了一种可以进行四则运算和方根运算的精巧装置。

1623 年:Wilhelm Schickard(1592 ~1635 年)制作了一个能进行 6 位数以内加减法运算，并能通过铃声输出答案的“计算钟”。该装置通过转动齿轮来进行操作。

1625 年:William Oughtred(1575 ~1660 年)发明计算尺。

1668 年:英国人 Samuel Morl(1625 ~1695 年)制作了一个非十进制的加法装置，适宜计算钱币。

1671 年:德国数学家 Gottfried Leibniz 设计了一架可以进行乘法运算，最终答案长度可达 16 位的计算工具。

1822 年:英国人 Charles Babbage(1792 ~1871 年)设计了差分机和分析机，其设计理论非常超前，类似于百年后的电子计算机，特别是利用卡片输入程序和数据的设计被后人所采用。

1834 年:Babbage 设想制造一台通用分析机，在只读存储器(穿孔卡片)中存储程序和数据，Babbage 在以后的时间里继续他的

图 4-9　使用“阅读视图”显示文档

图 4-10　使用“页面视图”显示文档

4.2　Word 2016 基本操作

本节主要介绍在 Word 2016 环境下进行文字编辑的一些基本操作，主要包括文档的创建与保存、文本的录入与选取、文本的复制与粘贴、文本的移动与删除、文本的查找与替换等。

4.2.1 文档的创建与保存

1. 文档的创建

Word 2016 提供了以下几种文档的创建方式。

(1) 通过可用模板创建

在 Word 2016 中，用户可以通过单击【文件】菜单中的【新建】命令，在出现的“可用模板”中，双击图标即可完成文档的创建，如常用的空白文档创建、书法字帖等文档的创建，如图 4-11 所示。

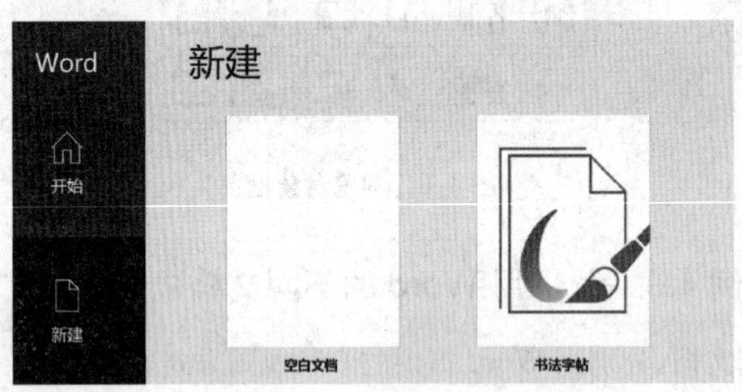

图 4-11 可用模板文档创建

(2) office.com 模板的创建

单击【文件】菜单中的【新建】命令，在出现的 office.com 模板中选择自己需要的模板，如双击【新式时序性求职信】图标，则建立一个新的模板文档，用户可以根据需求自行修改其中的内容，如图 4-12 所示。

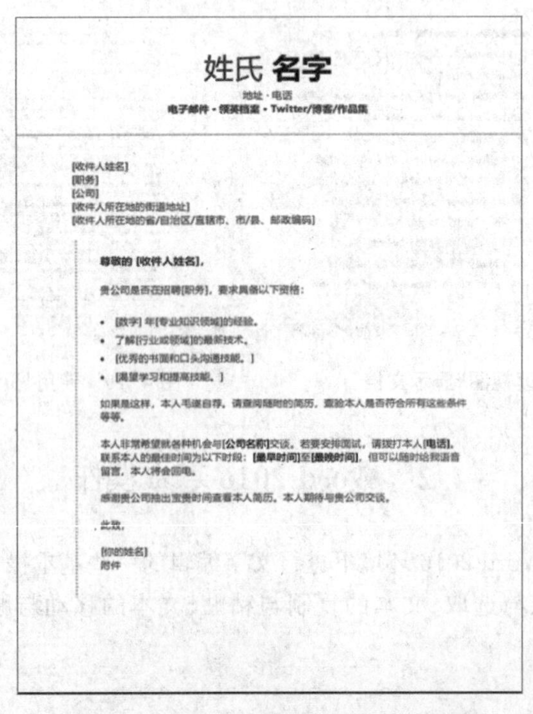

姓氏 **名字**

地址 · 电话

电子邮件 · 领英档案 · Twitter/博客/作品集

[收件人姓名]
[职务]
[公司]
[收件人所在地的街道地址]
[收件人所在地的省/自治区/直辖市、市/县、邮政编码]

尊敬的 [收件人姓名]，

贵公司是否在招聘[职务]，要求具备以下资格：

- [数字] 年[专业知识领域]的经验。
- 了解[行业或领域]的最新技术。
- [优秀的书面和口头沟通技能。]
- [渴望学习和提高技能。]

如果是这样，本人毛遂自荐，请查阅随附的简历，查验本人是否符合所有这些条件等等。

本人非常希望就各种机会与**[公司名称]**交谈。若要安排面试，请拨打本人**[电话]**。联系本人的最佳时间为以下时段：**[最早时间]**至**[最晚时间]**，但可以随时给我语音留言，本人将会回电。

感谢贵公司抽出宝贵时间查看本人简历。本人期待与贵公司交谈。

此致，

[你的姓名]
附件

图 4-12 新式时序性求职信文档的创建

2. **文档的保存**

对于用户来说,文档的保存是非常重要的操作。对于新文档的保存可以使用以下三种方法。

方法 1:单击【文件】→【保存】命令,在出现的对话框中选择文档的保存类型、录入文件名及选择文件保存的位置,如图 4-13 所示。

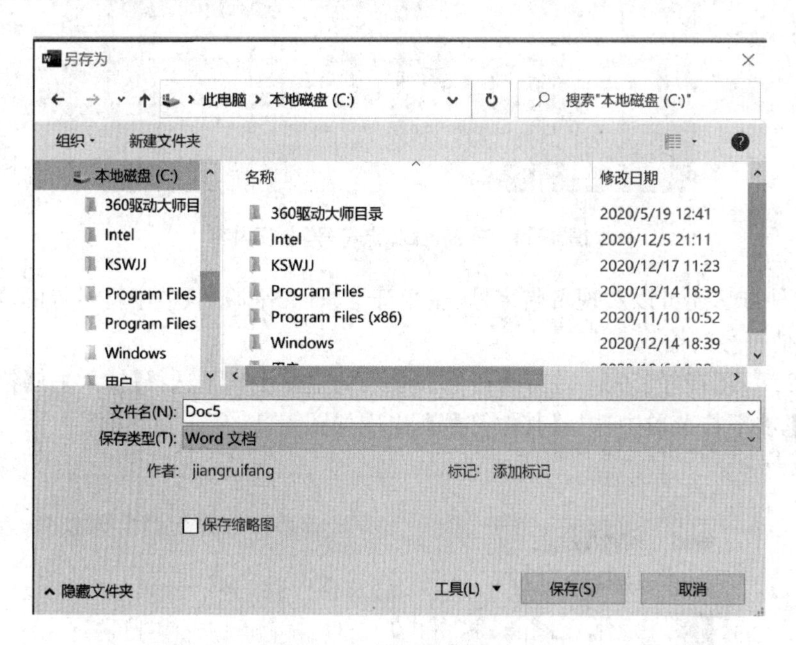

图 4-13　文件保存对话框

Word 2016 默认的文件类型为.docx,考虑到 Word 版本的兼容问题,尤其是方便低版本的用户访问,可以选择保存类型为 Word 97-2003 文档(*.doc)。

方法 2:直接在标题栏中单击【保存】按钮 。

方法 3:按下 Ctrl+S 组合键。

提示:对于已经保存过的文件,使用上述方法则文件仍然保存在原来的位置上,如果点击【另存为】下拉菜单,则重新选择保存的位置。

4.2.2　文本的录入与选取

1. **文本的录入**

新建好一个空白文档后,接下来就可以在空白文档中输入文本,常用的文本输入内容包括:中文字符的输入、英文字符的输入、标点符号的输入和其他符号的输入。

(1) 中文字符的输入

切换到中文输入法状态下录入中文字符,如录入文本内容“计算机应用基础”。

(2) 英文字符的输入

切换到英文输入法状态下录入英文字符,如 word、excel、PowerPoint 等。

提示:中英文输入法之间的切换快捷键为 Ctrl+空格。

(3) 标点符号的输入

常用的标点符号可以通过键盘来输入，不过，有些特殊的标点符号需要通过软键盘来实现。右击输入法图标上的【软键盘】按钮，在出现的菜单中选择【标点符号】选项，如图 4-14 所示。

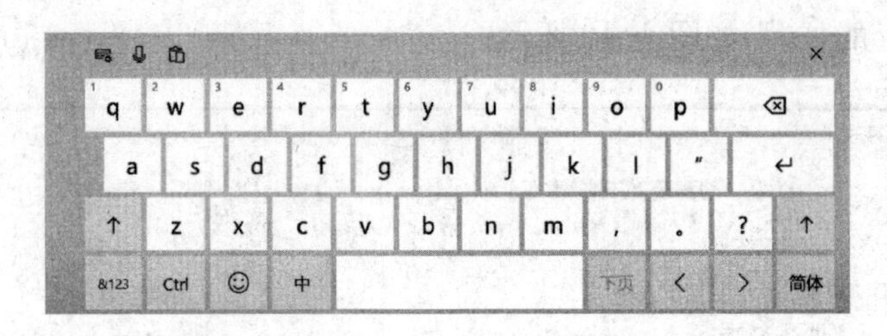

图 4-14　软键盘【标点符号】选项内容

使用这种方法还可以实现希腊字母、注音符号、日文平假名、数学符号等的输入。

(4) 其他符号的输入

Word 2016 还有自带的一些特殊符号。录入的主要步骤是选择【插入】→【符号】工具组中的【符号】，在下拉菜单中选择【其他符号】，出现如图 4-15 所示对话框。

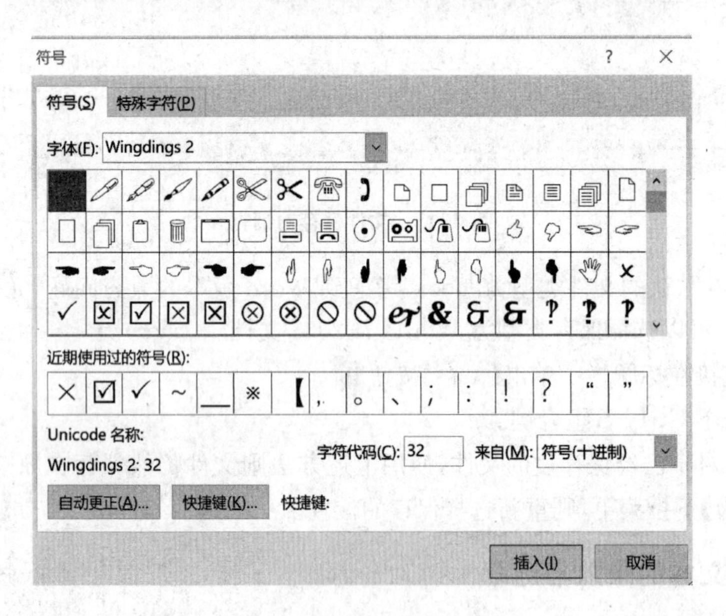

图 4-15　【符号】对话框

在这个对话框中通过选择不同的字体类型可以显示相应不同的符号，选择需要的符号，点击【插入】按钮，完成符号的插入。选择【特殊字符】选项卡，还可以插入一些长划线、短划线、商标、版权等符号。

2. 文档的选取

文档的选取是进行各种操作的基础，主要有以下几种常用的选取文本的方法。

(1) 用鼠标选取

小范围文本的选取：将光标定位到要选定文字的开始位置，然后按住鼠标左键并拖动到要选定文字的结束位置后松开。

大范围文本的选取：用鼠标左键在文本开始的位置点击一下，按下 Shift 键，在文本结束的地方点击一下。

不连续段落的选取：选中开始的段落后，按住 Ctrl 键，接着选中其他段落。

(2) 在选定栏区选取

选取一行：把鼠标移到行的左边，当鼠标变成一个斜向右上方的箭头时，单击即可选中当前行。

选取一段：使用跟选取一行同样的操作方法，双击即可选中一段。或是将鼠标停在段落中的任意位置，单击左键三下，即可选中所属段落。

(3) 全文的选择

方法 1：单击【开始】→【编辑】工具组中的【选择】按钮，并在其下拉菜单中选择【全选】命令，如图 4-16 所示。

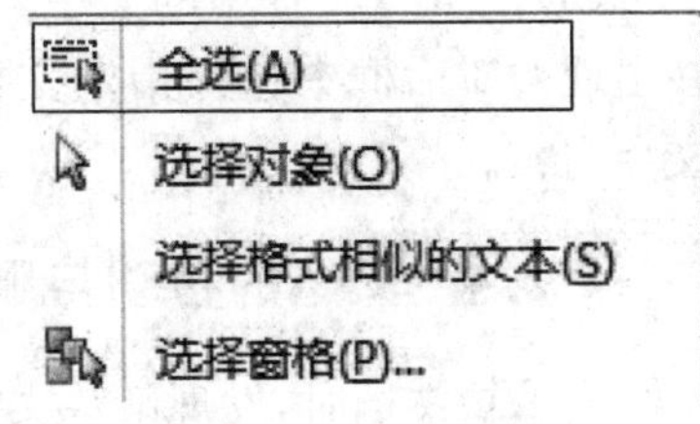

图 4-16　选择菜单

方法 2：使用 Ctrl＋A 快捷键。

4.2.3　文本的复制与粘贴

复制的方法多种多样，下面介绍一些常用的方法。

1. 文本的复制

选定要复制的文本，然后单击【开始】功能区下【剪贴板】工具组中的【复制】按钮；或在选定区域上右击并在弹出的快捷菜单中选择【复制】命令；或是选定要复制的文本，直接使用 Ctrl＋C 快捷键。

2. 文本的粘贴

在要复制文本的地方插入光标，单击【开始】功能区下【剪贴板】工具组下的【粘贴】按钮，或右击菜单中的【粘贴】命令，或使用 Ctrl＋V 组合键都可以实现粘贴。复制后的文本效果如图 4-17 所示。

计算机的发展以主要元器件来划分

1. 第一代电子计算机

电子管计算机（1946～1957）

2. 第二代电子计算机

晶体管计算机（1958～1964）

3. 第三代电子计算机

中、小规模集成电路计算机（1965～1971）

计算机的发展以主要元器件来划分

1. 第一代电子计算机

电子管计算机（1946～1957）

2. 第二代电子计算机

晶体管计算机（1958～1964）

3. 第三代电子计算机

中、小规模集成电路计算机（1965～1971）

图 4-17　复制后的文本效果

3. 使用插入对象方法实现文本的复制

当我们需要将一个文档中的内容直接插入到另一个文档中时，可以使用【插入】菜单下的【对象】工具实现对整个文档的插入。现要将文档 A 中的所有文本插入到文档 B 中指定位置，具体操作步骤如下。

(1) 打开文档 B，将光标停在需要插入文本的位置。

(2) 点击【插入】菜单，选择【对象】工具。

(3) 点击【文件中的文字】命令，如图 4-18 所示。然后在出现的对话框中选择指定文档，即可插入整个文档 A 的文字内容。

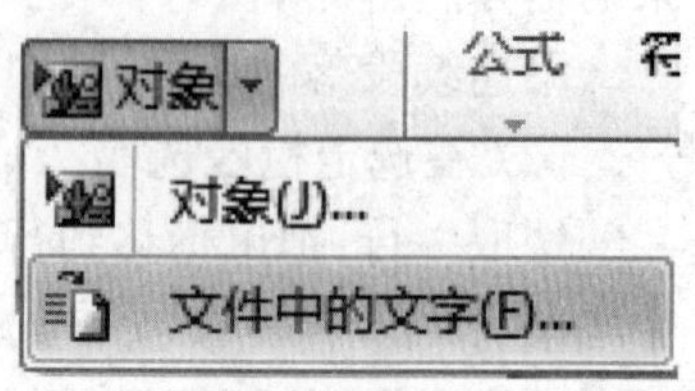

图 4-18　插入文件中的文字

4.2.4　文本的移动与删除

当编辑文档时，发现某些文字的位置发生错误时，就可能要用到文字的移动，其操作步骤如下。

1. 文本的移动

(1) 选中要移动的文本，如图 4-19 所示。

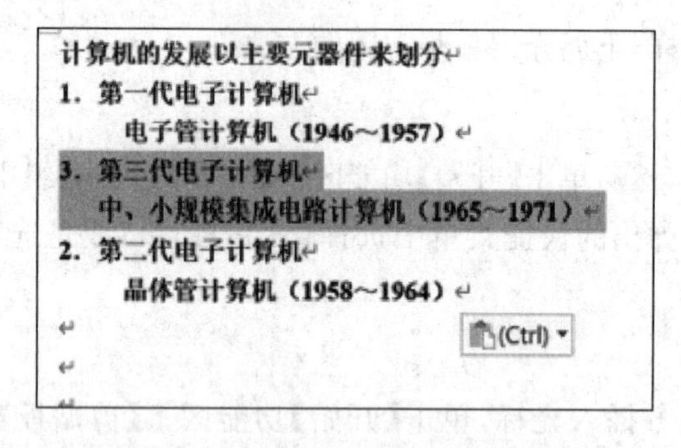

图 4-19　选择需要移动的文本内容

(2) 按住鼠标左键不放，拖动到要插入的地方松开，即可以实现文本的移动，如图 4-20 所示。

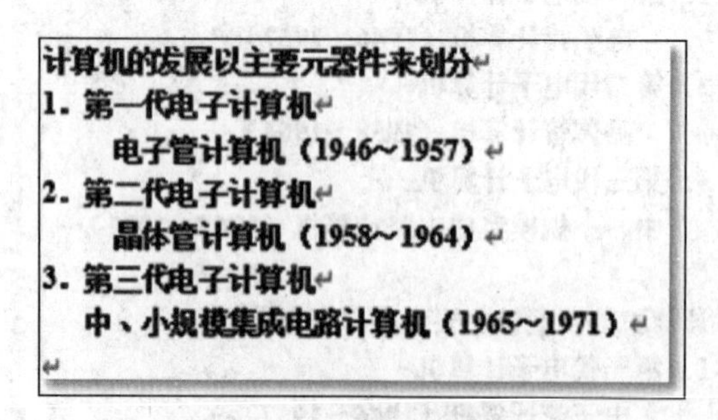

图 4-20　移动后的文本

2. 通过“剪切”和“粘贴”实现文本的移动

首先选中要移动的文本，单击【开始】功能区下【剪贴板】工具组中的【剪切】按钮，把鼠标指针移到目标位置，再单击【粘贴】按钮，实现文本的移动。

另外，Ctrl+X 组合键可以实现剪切，Ctrl+V 组合键可以实现粘贴。

3. 文本的删除

当编辑文档时需要删除文本，先选择文本，然后点击 Delete 键即可。

4.2.5　文本的查找与替换

在编辑文档的过程中，特别是在长文档中，我们经常遇到要查找某个文本或者要更正文档中多次出现的某个文本，此时可以使用查找和替换功能快速达到目的。

1. 文本的查找

要在一份长篇的文章中查找某一串文字，利用 Word 提供的查找功能将会事半功倍，快速完成。比如我们要在"航空站的历史"文档中查找"超级计算机"这个词，可以通过以下操作步骤来实现。

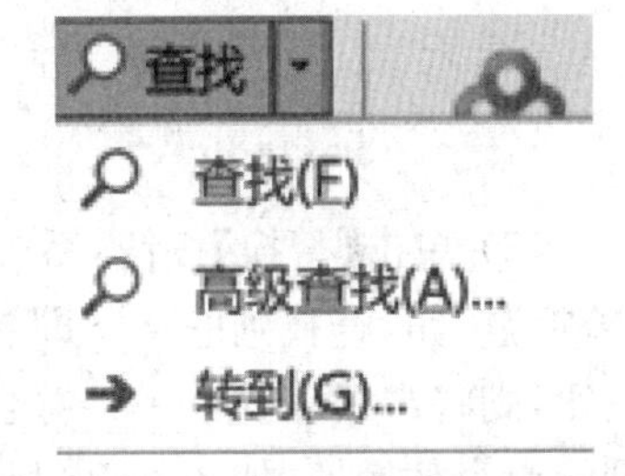

图 4-21　"查找和替换"对话框

(1) 把光标定位在文档中任意一个位置，单击【开始】功能区中【编辑】工具组中的【查找】按钮，弹出如图 4-21 所示对话框。

(2) 在【导航】中输入"超级计算机"，如图 4-22 所示，即可得到查找结果。

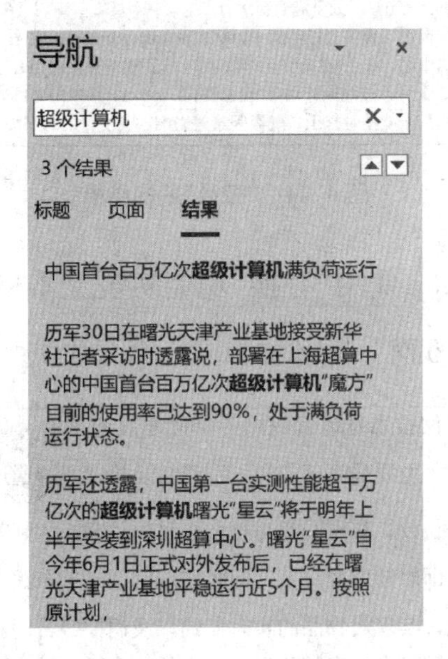

图 4-22　查找内容输入

2. 文本的替换

如果想把"航空站的历史"文档中所有出现的"超级计算机"字样替换成"supercomputer"字样时，可以采用替换功能一次性完成任务，其操作步骤如下。

(1) 单击【开始】功能区中的【替换】按钮，弹出【查找和替换】对话框。

(2) 在"查找内容"文本框中输入"超级计算机"，在"替换为"文本框中输入"supercom-

puter”，如图 4-23 所示。

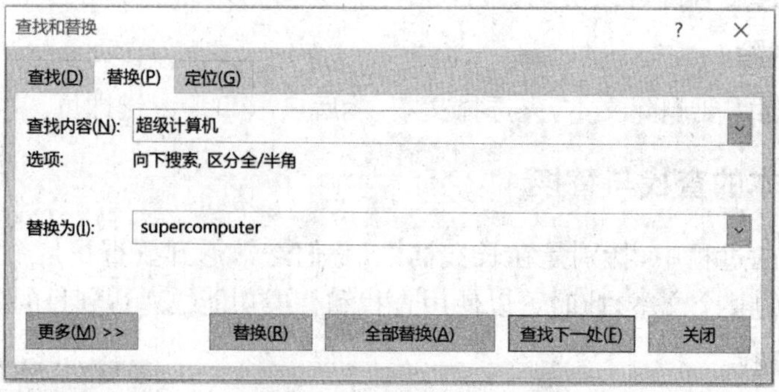

查找和替换

查找(D) 替换(P) 定位(G)

查找内容(N): 超级计算机

选项: 向下搜索, 区分全/半角

替换为(I): supercomputer

更多(M) >> 替换(R) 全部替换(A) 查找下一处(F) 关闭

图 4-23 【替换】选项卡

(3) 单击【替换】按钮，系统将会查找到第一个符合条件的文本，如果想替换，再次单击【替换】按钮，查找到的文本即被替换，便会继续往下找；如果不想替换，单击【查找下一处】按钮，则将继续查找下一处符合条件的文本。点击【全部替换】按钮即可将文档中所有查找到的内容替换掉，如图 4-24 所示。

新华网天津 10 月 31 日电（记者周润健）曙光公司总裁历军 30 日在曙光天津产业基地接受新华社记者采访时透露说，部署在上海超算中心的中国首台百万亿次 supercomputer“魔方”目前的使用率已达到 90%，处于满负荷运行状态。↵

历军还透露，中国第一台实测性能超千万亿次的 supercomputer 曙光“星云”将于明年上半年安装到深圳超算中心。曙光“星云”自今年 6 月 1 日正式对外发布后，已经在曙光天津产业基地平稳运行近 5 个月。按照原计划，“星云”将在今年 11 月中旬交付深圳超算中心投入商业应用，但由于机房未能按时交工、气候因素等影响，其交付的时间被推迟。↵

图 4-24 “替换”后的结果

实例 4.2 使用“替换”功能实现文本格式变化

任务：为文档中所有“物联网”一词添加着重号，效果如图 4-25 所示。

物联网技术是以互联网为基础发展起来的一种网络技术，物联网主要是将感应和识别设备及传感器等通过特定的网络通信协议，实现网络与物品信息的关联，达到对物品资源信息的即时通信及交换，同时实现对物品的在线追踪、定位、识别，实现对物品的实时监控以及调控等目的。↵

物联网具有较强的信息管理功能，它通过感应设备即时获取物品的信息，并将获取的物品信息实时传送至管理中心的机器中，同时利用云计算、大数据等技术进行分析，根据分析结果为使用者提供判断决策 ，同时会对决策判断进行优化，实现对连入网络的物体实现有效控制。↵

图 4-25 “物联网”添加着重号效果图

操作步骤：

（1）单击【开始】功能区中的【替换】按钮，弹出【查找和替换】对话框。

（2）在“查找内容”文本框中输入“物联网”，如图 4-26 所示。

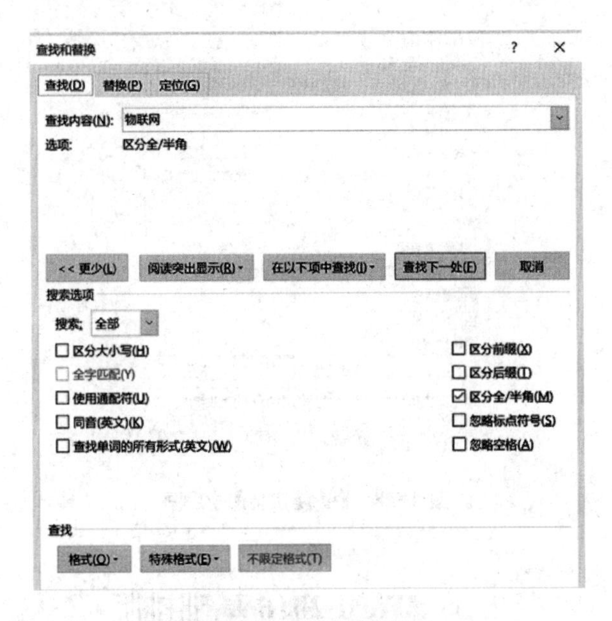

图 4-26　输入查找内容

（3）点击【替换】按钮，出现如图 4-27 所示对话框，在“替换为”文本框中输入“物联网”。

图 4-27　输入替换内容

（4）点击【格式】按钮，选择【字体】选项，出现如图 4-28 所示对话框。然后点击着重号旁边的下拉按钮，选择“点”着重号，即可得到所需结果。

图 4-28 【替换字体】对话框

4.3 Word 2016 基础排版

本节详细介绍了文字段落设置，其中包括设置字体格式、段落格式、文本格式、页面布局、页眉页脚、插图应用等内容。

4.3.1 字体设置

通过字体设置可以改变文本的字体、字形、字号、颜色等。

1. 字体

Word 2016 文档中默认输入的文本为宋体五号，根据需要可以修改成其他格式。主要操作步骤如下。

(1) 选取需要更改的文本。

(2) 单击【开始】功能区，在【字体】工具栏组中可以看到【字体】【字形】及【字号】等设置工具。首先单击【字号】按钮旁边的下拉列表按钮，选择“三号”，选择字体类型为“楷体”，如图 4-29 所示。

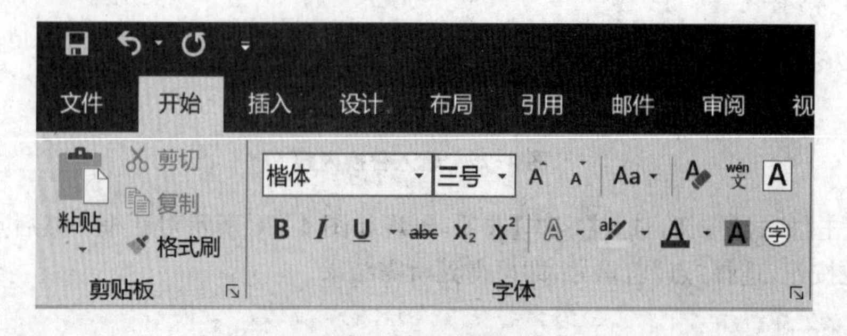

图 4-29 字体字号设置

（3）可以对文本继续进行加粗、倾斜、加下划线、加删除线设置，依次单击【加粗】按钮 **B**、【倾斜】按钮 *I*、【下划线】按钮 U、【删除线】按钮 abc 即可。

（4）点击【上标】按钮 x^2 和【下标】按钮 X_2，可以分别实现对文本的上标和下标效果设置。

（5）文本颜色的设置可以通过【字体颜色】按钮 A 实现，选中需要设置的文本后，直接点击图标可以将文本设置为现有的颜色；如果点击 A 旁边的下拉箭头，可以出现如图 4-30 所示对话框。

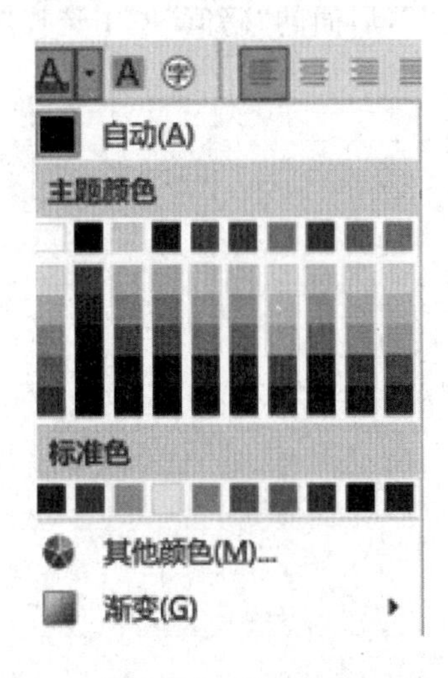

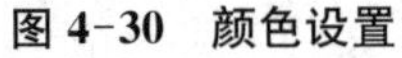

图 4-30　颜色设置

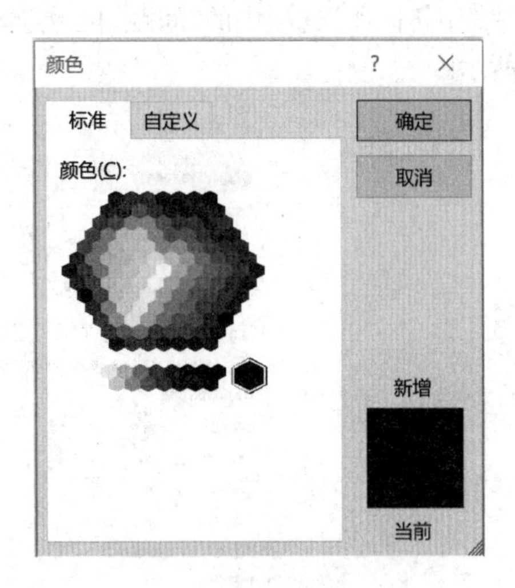

图 4-31　标准选项颜色设置

根据需要在颜色列表中选择，如果列表中没有需要的颜色，则可以点击【其他颜色】按钮，出现如图 4-31 所示对话框，在【标准】选项卡下选择需要的颜色。

若需要满足指定要求的字体颜色为(RGB：100，200，20)，则选择【自定义】选项卡，在出现的对话框中输入指定的值，如图 4-32 所示。

提示：打开【字体】也可以在选中的文字上单击鼠标右键，在其下拉菜单中选择【字体】命令，这时将弹出【字体】对话框，如图 4-33 所示。

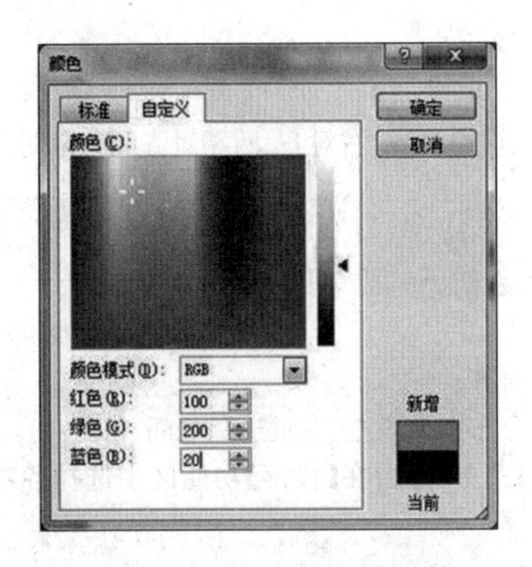

图 4-32　自定义选项颜色设置

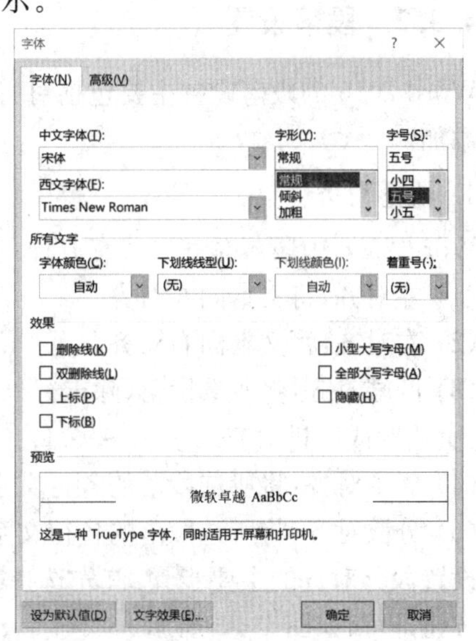

图 4-33　【字体】对话框

2. 设置字符间距

设置文档的字体、字号和字形后，发现标题字符间有点紧挨在一起。这时可以对标题的字符间距进行调整，同时还可为标题添加一些文字效果使之更醒目，其操作步骤如下。

（1）选取要设置格式的字符。

（2）点击鼠标右键，选择【字体】菜单，在弹出的对话框中选择【高级】选项卡，如图 4-34 所示。

（3）在“字符间距”选项中的“间距”栏中选择“加宽”，后面的“磅值”栏中选择“2 磅”，如图 4-34 所示。

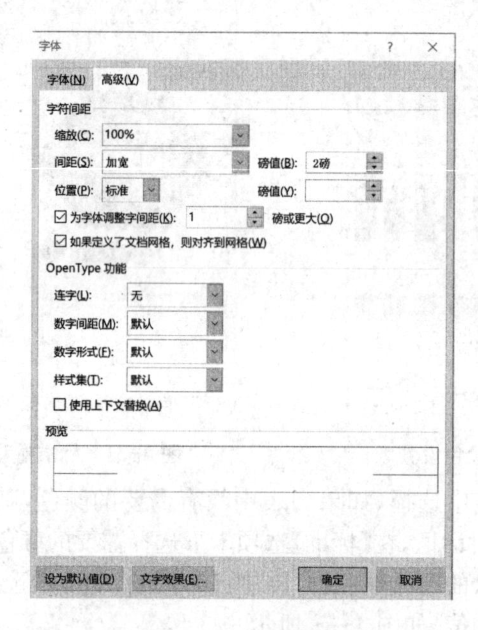

图 4-34 “字符间距”设置

4.3.2 段落设置

Word 2016 的段落设置主要包括对齐方式的设置、边框与底纹的添加及项目符号和编号的添加。

1. 段落对齐

Word 2016 中段落对齐方式有五种：左对齐、居中对齐、右对齐、两端对齐和分散对齐。

（1）左对齐：将文本向左对齐。

（2）右对齐：将文本向右对齐。

（3）两端对齐：将所选段落(除末行外)的左、右两边同时与左、右页边距或缩进对齐。

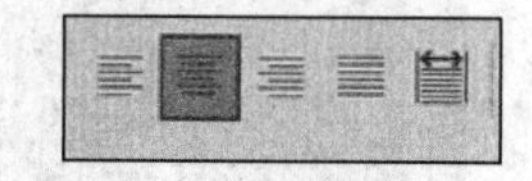

图 4-35 对齐功能按钮

（4）居中对齐：将所选段落的各行文字居中对齐。

（5）分散对齐：将所选段落的各行文字均匀分布在该段左、右页边距之间。

设置段落对齐的主要步骤：首先选择【开始】菜单，然后在【段落】功能区中选择各对齐功能按钮即可，如图 4-35 所示。

2. 段落缩进

段落缩进包括 4 种方式:左缩进、右缩进、首行缩进和悬挂缩进。

(1) 左缩进:设置段落与左页边距之间的距离左缩进时,首行缩进标记和悬挂缩进标记会同时移动。左缩进可以设置整个段落左边的起始位置。

(2) 右缩进:拖动该标记,可以设置段落右边的缩进位置。

(3) 首行缩进:可以设置段落首行第一个字的位置,在中文段落中一般采用这种缩进方式,默认缩进两个字符。

(4) 悬挂缩进:可以设置段落中除第一行以外的其他行左边的开始位置。

设置段落缩进的方法有两种。

(1) 利用水平标尺:水平标尺上有多种标记,通过调整标记的位置可设置光标所在段落的各种缩进。在设置的同时按着键盘上的 Alt 键不放,可以更精确地在水平标尺上设置段落缩进,如图 4-36 所示。

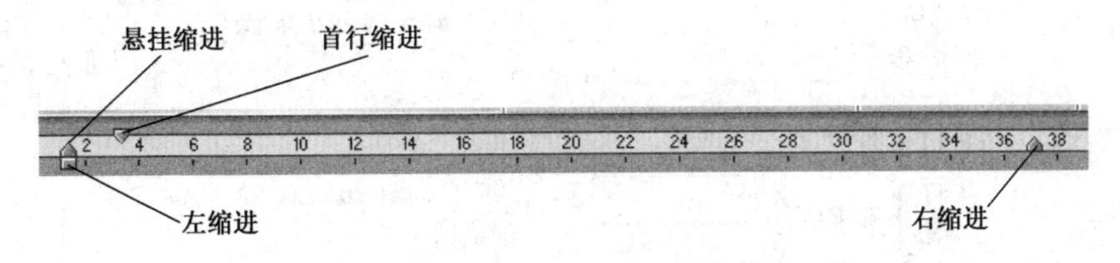

图 4-36　利用水平标尺设置段落缩进

(2) 利用【段落】对话框进行段落缩进的设置:选取要设置缩进的段落,然后在【开始】菜单的【段落】工具栏中单击按钮,弹出【段落】对话框;在【缩进和间距】选项卡的“缩进”栏中选择,可以根据需要设置左缩进、右缩进、悬挂缩进和首行缩进。如图 4-37 所示。

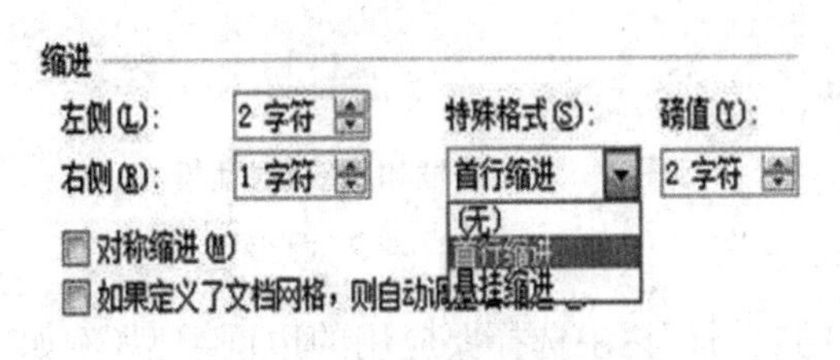

图 4-37　段落缩进方式设置

3. 段落间距和行间距

行距就是行和行之间的距离,而段间距是段落与段落之间的距离。行距一般系统默认是 1.0,也可以根据需求对行距进行调整,如图 4-38 所示。

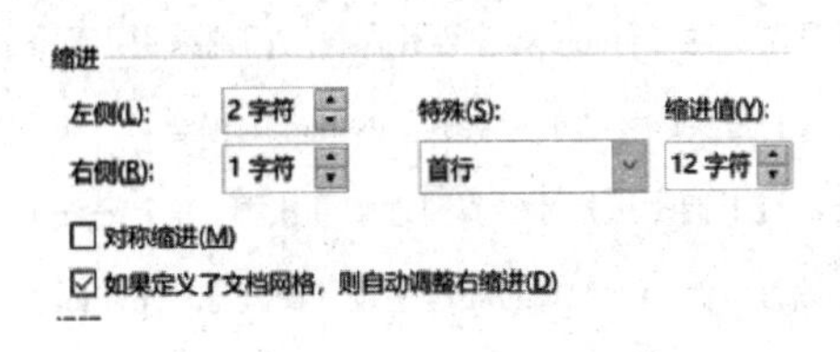

图 4-38　段落间距和行间距设置

其中，单倍行距、1.5 倍行距及 2 倍行距直接选中，点击【确定】按钮即可。如果要设置成其他倍数的行距（如 3、4、5 等），可以选择多倍行距，然后在设置值中输入相应的值，点击【确定】按钮，完成设置。最小值及固定值的设置方法与多倍行距类似。

4. 边框

在 Word 中可以为选中的文本、段落或整个页面进行边框和底纹的设置，以突出显示某个部分。

（1）添加边框

选取要添加边框的段落，单击【边框】按钮 ，在弹出的下拉菜单中选择【边框和底纹】，弹出的对话框如图 4-39 所示。

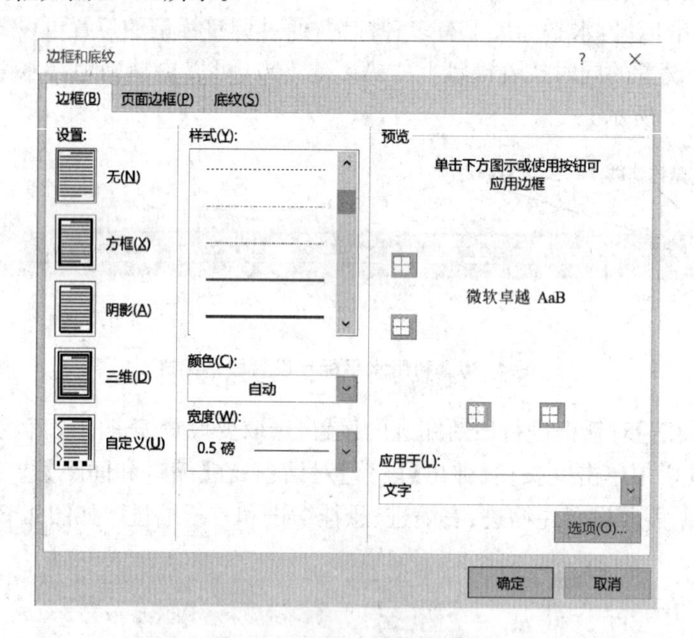

图 4-39 【边框和底纹】对话框

（2）添加边框效果

在【边框】选项卡下的“设置”栏中选择要应用的边框类型（例如“方框”），然后在“样式”列表中选择边框线的样式，接着在“颜色”栏中选择边框线的颜色，再在“宽度”栏中选择边框线的粗细，最后在“应用于”栏中选择应用边框的范围，并单击【确定】按钮，添加边框后的效果如图 4-40 所示。

借助在线编程平台完成教学实践环节。实践是程序设计类课程不可或缺的教学环节。对 Python 程序设计课程这门课来说，理论部分学习并不难，难的是实践环节如何实施。Python 编程学习，编写的程序必须要在计算机上调试运行才能真正理解并掌握。线上编程平台可以很好地完成编程实践。我院 python 程序设计课程选用 python123 教学平台作为在线编程实训平台，教师在平台发布程序设计任务，学生在平台上进行编程实践。支持学生 PC 端和移动端编程和程序调试。↵

图 4-40 添加边框效果

5. 底纹

添加底纹的方法与添加边框的方法基本一样，都是先选取对象，然后在【边框和底纹】对话框中设置，设置时要注意切换到【底纹】选项卡，如图 4-41 所示。选择需要的颜色即可完成底纹的设置。

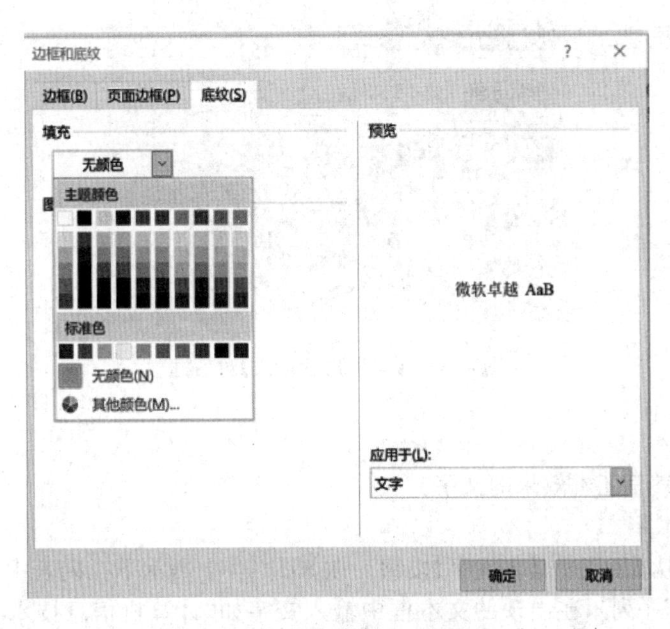

图 4-41　【底纹】设置对话框

4.3.3　文本应用

Word 2016 中常用文本应用包括三个内容：文本框、艺术字及首字下沉。

1. 文本框

在文档中使用文本框可以将文字或其他图形、图片、表格等对象在页面中独立于正文放置，并方便地定位。文本框中的内容可以在框中进行任意调整。Word 2016 内置了一系列具有特定样式的文本框。单击【插入】功能区中的【文本框】按钮，选择相应的内置样式。

(1) 绘制文本框

单击【插入】功能区中的【文本框】按钮，在弹出的菜单中选择【绘制文本框】，在 Word 中就可以自行绘制文本框，然后在文本框中输入文字内容，如图 4-42 所示。

计算机等级考试一级 MS Office

图 4-42　插入文本框效果

如果选择【绘制竖排文本框】，则在文本框中输入的文字方向为竖排的。

(2) 设置文本框格式

选中文本框,点击右键,点击设置形状格式,即可对文本框的格式进行设置,如图 4-43 所示。

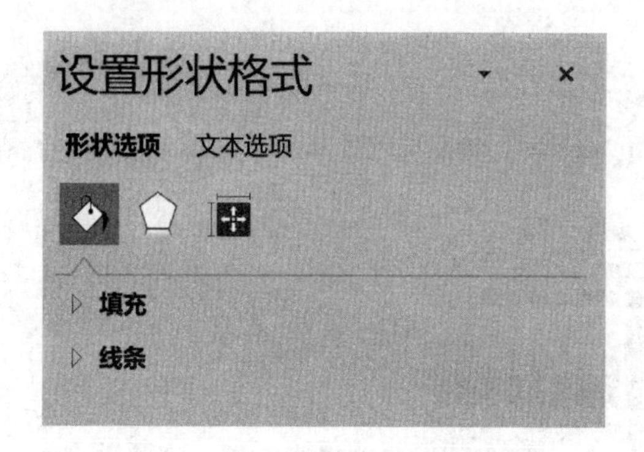

图 4-43 【设置形状格式】对话框

2. 艺术字

艺术字是指具有艺术效果的文字。

(1) 插入艺术字

单击【插入】功能区中的【艺术字】按钮。在如图 4-44 所示下拉列表中选择一种艺术字样式(如第三排第一列),在出现的文本框中输入文字如“计算机信息技术基础”,则得艺术字效果如图 4-45 所示。

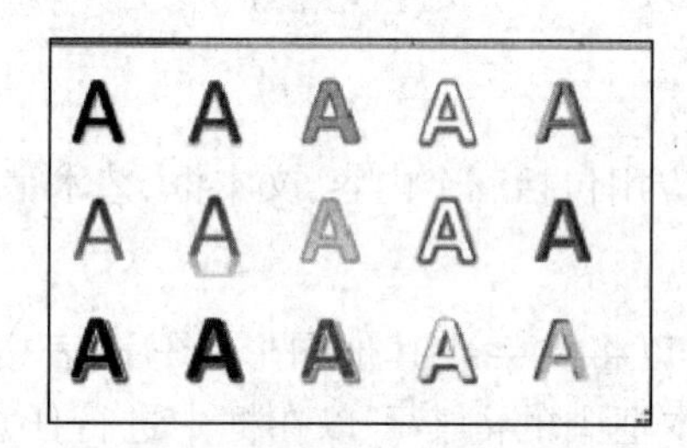

图 4-44 “艺术字”样式列表

计算机信息技术基础

图 4-45 “填充-黑色,边框-白色,清晰阴影-白色”艺术字效果

(2) 设置艺术字格式

艺术字插入到文档中后,可以对其格式进行修改和设置。主要步骤如下:双击需要调整格式的艺术字,在【格式】选项中对艺术字进行如形状样式(形状填充、形状轮廓、形状效果)和艺术字样式(文本填充、文本轮廓、文本效果)方面的效果设置。如将如图 4-45 所示艺术字进行“艺术字样式”→“文本效果”→“转换”→“弯曲-倒三角”效果设置,得如图 4-46 所示效果。

计算机信息技术基础

图 4-46　艺术字“弯曲-倒三角”效果

3. 首字下沉

首字下沉:设置段落的第一行第一个字字体变大,并且向下一定的距离,段落的其他部分保持原样。Word 2016 中的首字下沉效果设置的步骤如下。

(1) 把光标移到需要设置首字下沉的段落中,单击【插入】功能区中【文本】工具栏组中的【首字下沉】工具。

(2) 首字正常的位置有三个选项,分别是无、下沉和悬挂,根据需要进行选择。如果要进行详细的设置可以“选项”栏中输入具有的要求,如图 4-47 所示。

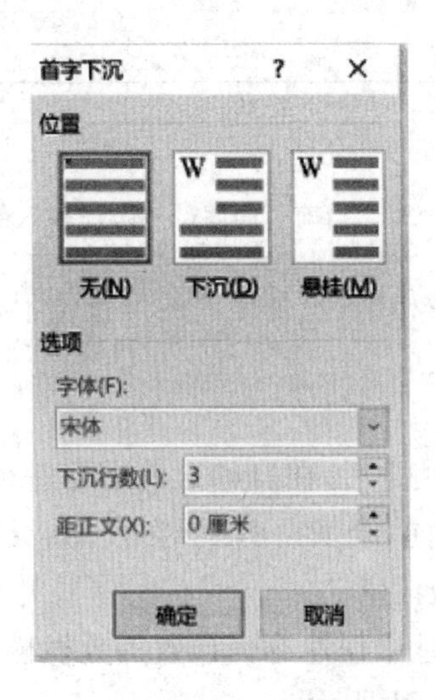

图 4-47　【首字下沉】对话框

如设置某段落的格式:首字下沉,下沉行数为两行,距正文 0.2 厘米,字体为隶书,其效果如图 4-48 所示。

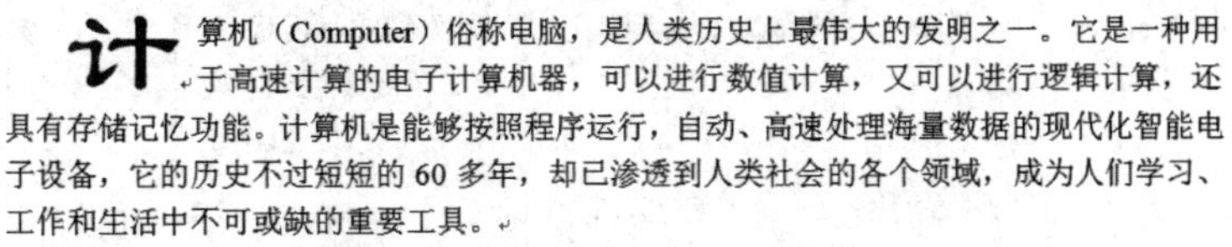

计算机(Computer)俗称电脑,是人类历史上最伟大的发明之一。它是一种用于高速计算的电子计算机器,可以进行数值计算,又可以进行逻辑计算,还具有存储记忆功能。计算机是能够按照程序运行,自动、高速处理海量数据的现代化智能电子设备,它的历史不过短短的 60 多年,却已渗透到人类社会的各个领域,成为人们学习、工作和生活中不可或缺的重要工具。

图 4-48　“首字下沉”效果

4.3.4　脚注尾注

脚注和尾注是对文本的补充说明。脚注一般位于页面的底部,可以作为文档某处内容的注释;尾注一般位于文档的末尾,列出引文的出处等。

如为某部分文本添加脚注，主要的操作步骤如下。

(1) 选中需要添加脚注的文本。

(2) 选择【引用】→【脚注】工具栏，如图 4-49 所示。

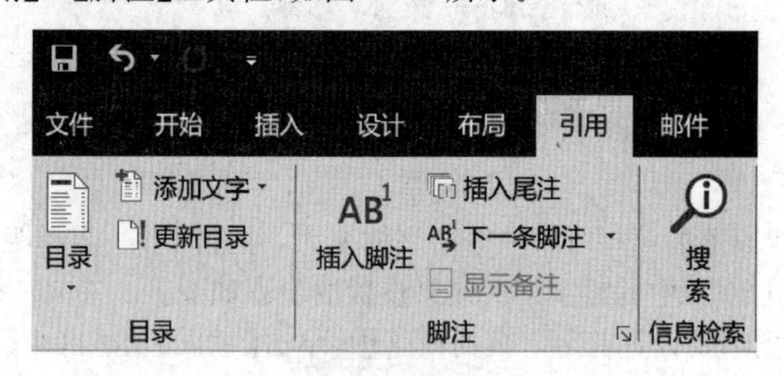

图 4-49 【脚注】工具栏

(3) 点击【插入脚注】，则可以在当前页面的下方插入脚注，输入相应的内容即可。如图 4-50 所示。

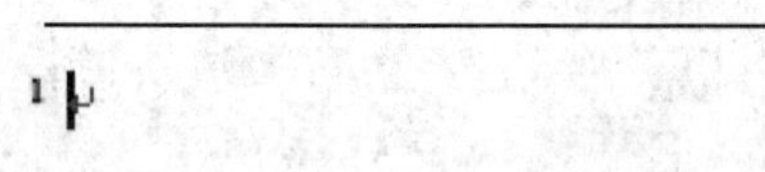

图 4-50 当前页面底部的脚注输入部分

(4) 插入尾注的方法和脚注相似，只是尾注的位置位于整个文档的末尾。

4.3.5 页面设置

使用 Word 2016 编辑好文档之后，在打印之前需要进行页面设置，确保打印效果。页面设置主要包括页边距、纸张方向、纸张大小、分栏、页眉、页脚和页码等内容。

(1) 选中需要分栏的文字或段落。

(2) 在下拉菜单中，你可以从中快速选择预置的分栏样式，如果单击【更多分栏】命令，则会弹出【分栏】对话框，如图 4-51 所示。

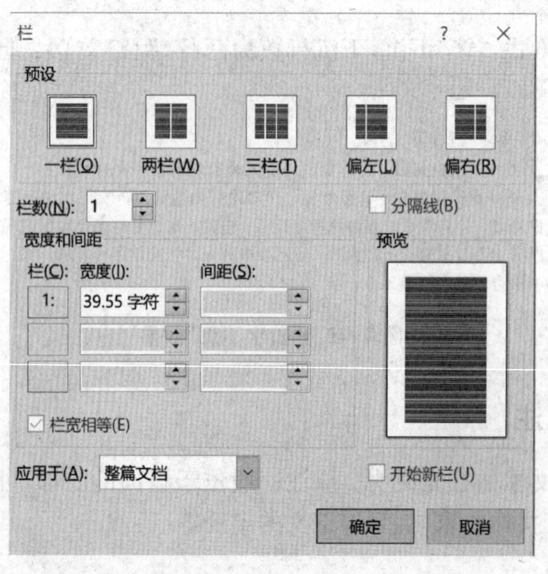

图 4-51 【分栏】对话框

(3) 如对所选段落进行如下设置：分为两栏，栏宽相等，间距 2 字符，加分割线，应用于所选文本，单击【确定】按钮，其效果如图 4-52 所示。

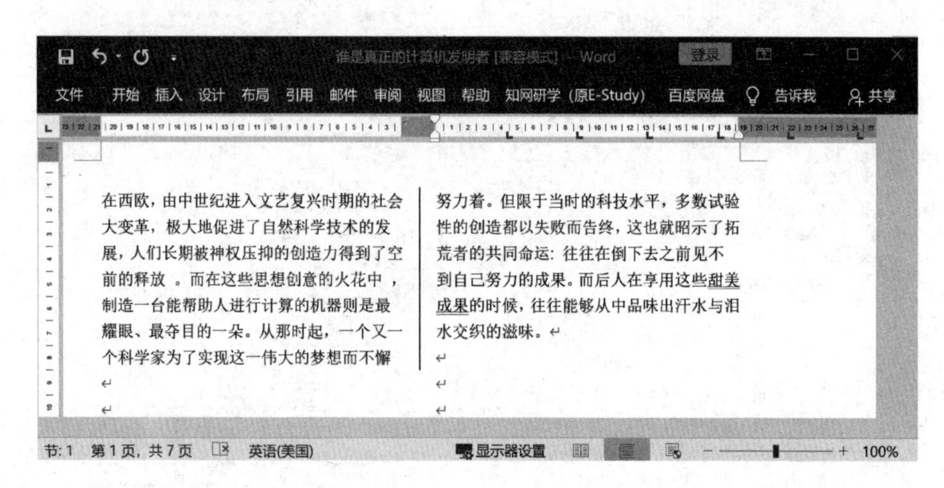

图 4-52　分栏效果

提示：设置分栏后，为了使页面更加美观，一般需要设置通栏标题，主要步骤包括选定要设置成通栏标题的文本，单击【分栏】按钮，在下拉菜单中选择一栏；然后将标题的对齐方式设置为居中对齐，就可以完成通栏效果设置，如图 4-53 所示。

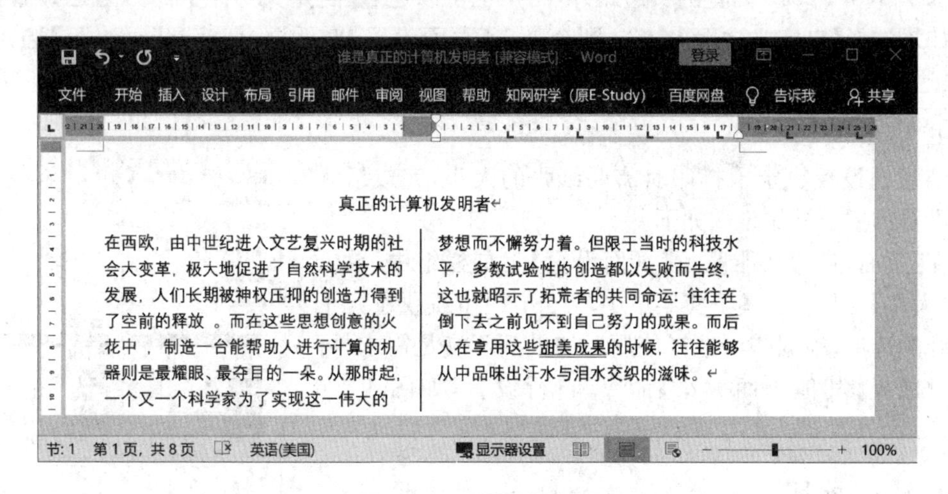

图 4-53　设置通栏标题

2. 页边距设置

页边距就是页面上打印区域之外的空白空间。页边距有两个作用：一是出于装订和美观的需要留下一部分空白，如果页边距设置得太窄，打印机将无法打印到纸张边缘的文档内容，导致打印不全；二是可以把页眉和页脚放到空白区域中，形成更加美观的文档。

(1) 使用 Word 2016 内置页边距

单击【页面布局】功能区，在【页面设置】工具栏组中单击【页边距】按钮，在下拉列表中即可选择 Word 2016 内置的页边距。Word 2016 内置的页边距有普通、窄、适中、宽几种，可根据需要选择，如图 4-54 所示。

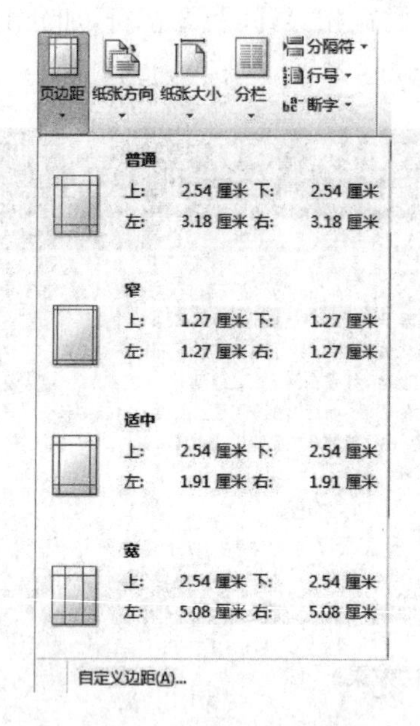

图 4-54 Word 2016 内置页边距

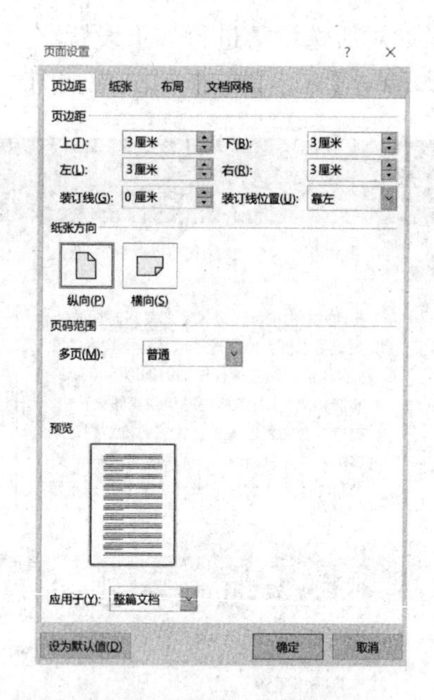

图 4-55 自定义页边距

（2）自定义页边距

除了 Word 2016 内置的页边距外，用户也可以通过【自定义边距】命令，自己设置页边距。如果选择【自定义边距】命令，则会弹出【页面设置】对话框，切换到【页边距】选项卡。在【页边距】栏中的“上”“下”“左”“右”文本框中都输入“3 厘米”，如图 4-55 所示。

3. 纸张大小设置

纸张的设置决定了打印时需要纸张的大小，完成纸张大小设置的主要操作步骤如下。

在【页面布局】功能区下【页面设置】工具栏组中，单击【纸张大小】工具。在其下拉菜单中，Word 2016 提供了几个预定好的选项，根据需要选择使用。如果都不满足需求，可以通过选择【其他页面大小】命令，自行设置，如图 4-56 所示。

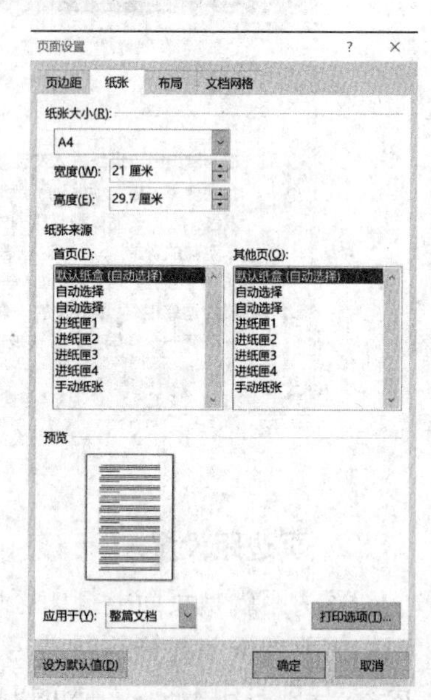

图 4-56 自定义纸张大小

4.3.6 水印

在进行 Word 编辑时，经常会使用到水印。水印通常包括两种形式：图片水印和文字水印。

1. 添加水印

选择【设计】选项卡的【页面背景】组下的【水印】，如图4-57 所示。

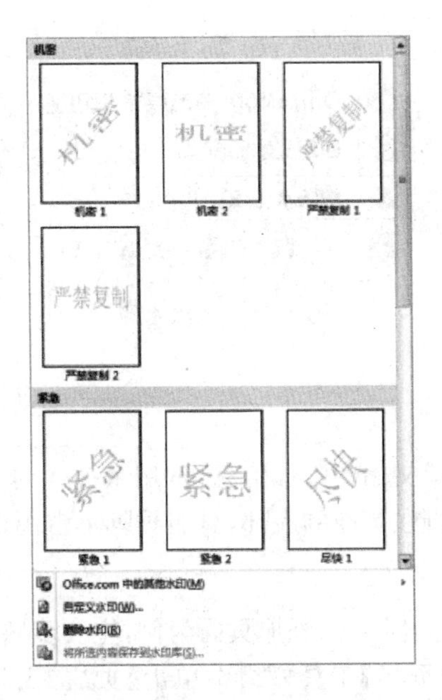

图 4-57　水印

我们可以直接选择 Word 中内置的三种水印：机密、紧急、免责声明。

我们也可以自定义水印，包括两种常用形式：图片水印和文字水印，如图 4-58 所示。

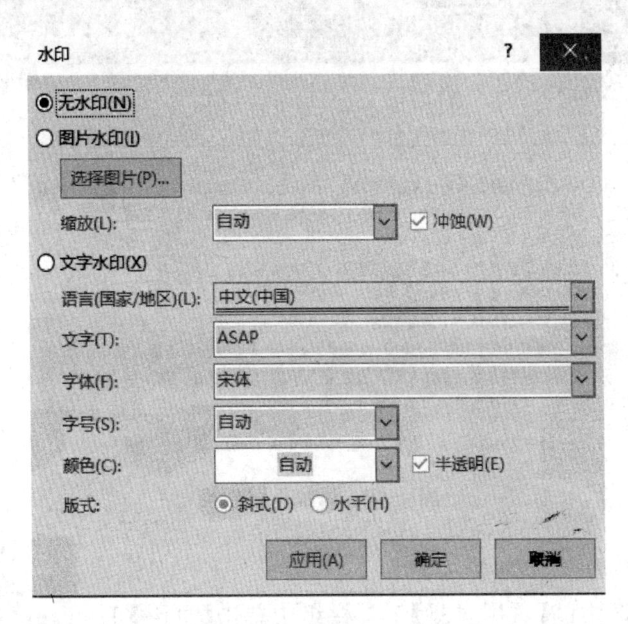

图 4-58　自定义水印

添加图片水印很简单，选择如图 4-58 中的【图片水印】，然后点击【选择图片】，找到需要的图片即可为文档添加图片水印。

2. **删除水印**

如果想删除水印，选择【页面布局】|【水印】，出现如图 4-59 所示菜单，点击【删除水印】

按钮即可。

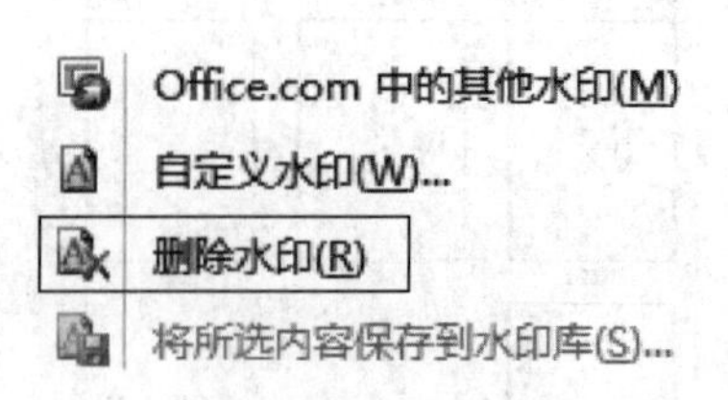

图 4-59 删除水印

4.3.7 页眉页脚

页眉和页脚通常用来显示文档的附加信息，常用来插入时间、日期、页码、单位名称等。其中，页眉在页面的顶部，页脚在页面的底部，页眉页脚不占用正文的显示位置。

1. 添加页眉页脚

页眉页脚的添加方法大致相同，以添加页眉为例，主要步骤如下。

在【插入】功能区的【页眉页脚】工具栏组中单击【页眉】工具，选择所需的页眉类型，页眉即被插入到文档的每一页中。如选择 Word 2016 内置的“空白型”页眉，在指定位置输入文本“真正的计算机发明者”，退出页眉页脚的编辑状态，其效果如图 4-60 所示。

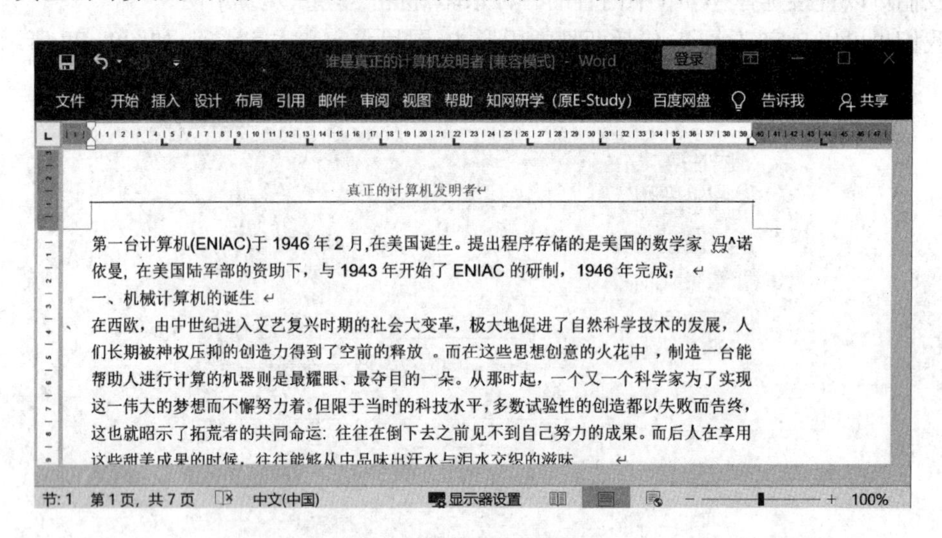

图 4-60 添加页眉效果

2. 添加页码

在【插入】功能区中的【页眉页脚】工具栏组中单击【页码】工具，如图 4-61 所示，根据您希望页码在文档中显示的位置，在其下拉菜单中选择【页面顶端】【页面底端】【页边距】【当前位置】等。

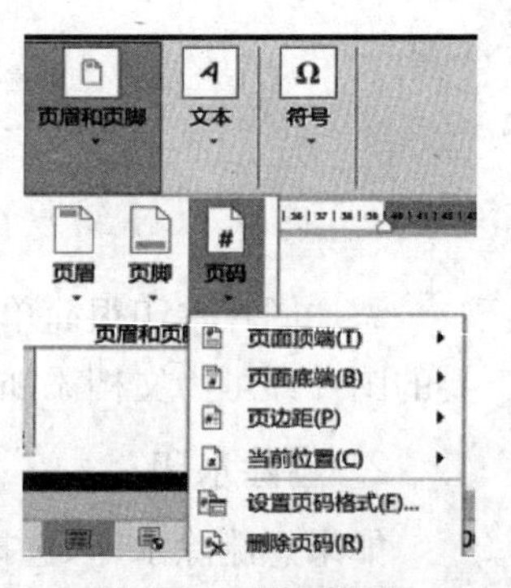

图 4-61 添加页码

提示：默认的页码从 1 开始计数，根据需要也可以设置不同的页码格式。点击图 4-61 中【设置页码格式】，在出现的对话框中进行相关设置，如图 4-62 所示。

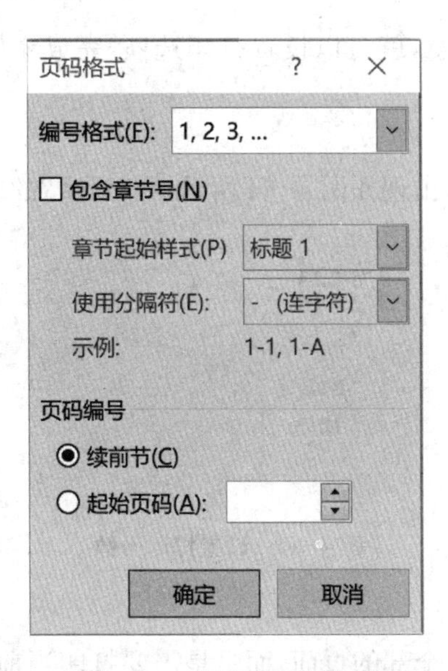

图 4-62　自定义页码格式

4.3.8　打印预览和打印文档

在文档编辑和页面设置完成后，可以进行打印。打印之前，可以先预览打印效果。

1. 打印预览

设置打印预览的主要步骤如下。

(1) 单击【文件】→【打印】，可以看到如图 4-63 所示效果。

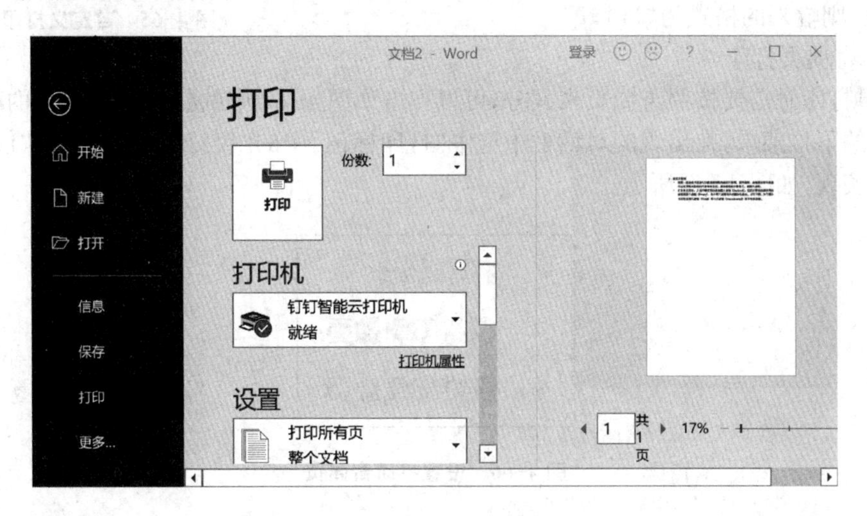

图 4-63　打印预览效果

(2) 如果预览文档后发现右边窗口显示的打印效果不是自己想要的，可以退出预览状态，返回页面视图重新调整。

2. 打印选项设置

如果对打印预览效果满意，就可以设置打印选项，完成文档的打印。常用的打印选项设置包括以下几个方面。

(1) 打印份数的设置

点击【打印预览】选项后，出现如图 4-64 所示，在“份数”的后面填上相应的数值即可。

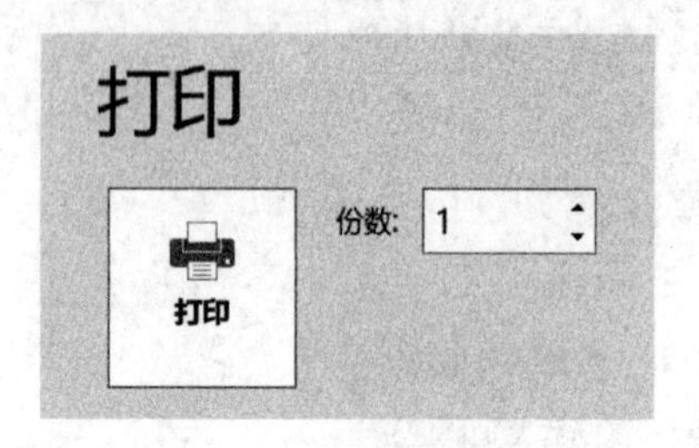

图 4-64　设置打印份数

(2) 打印部分页面的设置

如果打印时，不需要打印全部的页面，而只是需要打印当前页或是部分页面，可以点击如图 4-63 所示的【设置】选项中的【打印所有页】后的下拉菜单，在出现的对话框中选中【打印当前页】则可以实现对当前页面的打印。

如果需要打印的是文档中的某部分页面，则点击【自定义打印范围】，出现如图 4-65 所示对话框。在“页数”后面输入想打印的页面范围。

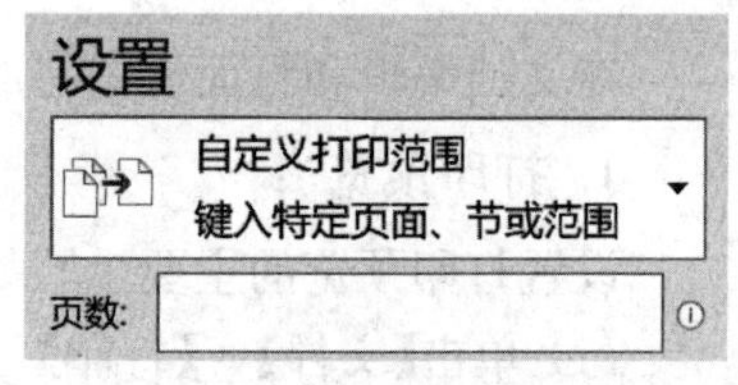

图 4-65　自定义打印范围

如果是连续的页面，如要打印第 1 页到第 15 页，这时其输入的格式是“1—15”；如果是不连续的，如需要打印第 1,4,7 页，则输入的格式为“1,4,7”。

(3) 奇偶页打印

如果打印时需要按照奇偶页来区分，可以点击如图 4-63 中的【设置】选项中的【打印所有页】后的下拉菜单，在出现的对话框中选中“打印标记”中的“仅打印奇数页”或“仅打印偶数页”来实现，如图 4-66 所示。

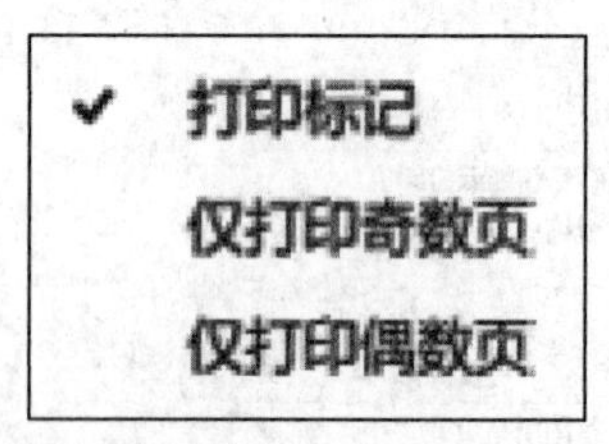

图 4-66　设置打印奇偶页

实例 4.3　文档基础排版

描述：对给定的文档“Word1. docx”按要求进行排版，样张效果如图 4-67 所示。

(1) 将文中所有错词“电脑”替换为“计算机”；为页面添加内容为“等级考试”的文字水

计算机的发展历史

计算机(Camputer)俗称电脑，是人类历史上最伟大的发明之一。它是一种用于计高速计算的电子计算机器，可以进行数值计算，又可以进行逻辑计算，还具有存储记忆功能。计算机是能够按照程序运行，自动、高速处理海量数据的现代化智能电子设备，它的历史不过短短的 60 多年，却已渗透到人类社会的各个领域，成为人们学习、工作和生活中不可或缺的重要工具。

(1)第一代电子管计算机(1946~ 1955 年)

1946 年 2 月 15 日,标志现代计算机诞生的 ENIAC(Electronic Numenical Integator and Computer, 电子数字积分计算机) 在美国宾夕法尼亚大学投入运行。ENIAC 代表了计算机发展史上的里程碑。其占地面积 150 平方米，总重量 30 吨，用了 18000 只电子管,6000 个开关,7000 只电阻，10000 只电容，50 万条线，耗电量 140 千瓦，可进行 5000 次加法/秒运算，主要用于军事和科学研究领域的计算。

(2)第二代晶体管计算机(1956~ 1964 年)

第二代计算机采用的主要逻辑元件是晶体管，并开始使用磁带、磁盘和操作系统。

在这一时期出现了更高级的 COBOL 和 FORIRAN 等语言，使计算机编程更容易。第二代计算机体积小、速度快、功耗低、性能更稳定。

图 4-67　实例 4.3 样张效果

印;设置页面上下边距各为 4 厘米。

（2）将标题文字(“计算机的发展历史”)设置为小二号、红色(标准色)、黑体、居中,并为标题文字添加蓝色(标准色)、1.5 磅方框。

（3）将正文各段文字设置为:中文宋体、英文 Times New Roman,五号;设置正文各段落左、右各缩进 1.5 字符,段后间距 0.5 行;设置正文第一段首字下沉两行、距正文 0.2 厘米,其余各段落行缩进 2 字符;将正文第三段分为等宽两栏,栏间添加分隔线。

操作步骤:

（1）查找替换和页面布局

步骤 1:打开【开始】选项卡,在【编辑】分组上单击【替换】,打开【查找和替换】对话框的【替换】选项卡。

步骤 2:在“查找内容”中输入“电脑”,在“替换为”中输入“计算机”,如图 4-68 所示。

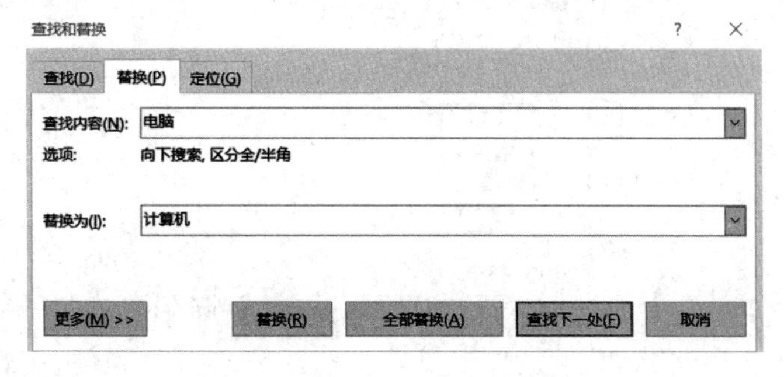

图 4-68　实例 4.3 替换内容设置

步骤 3:单击【全部替换】按钮,此时会弹出提示对话框,在该对话框中直接单击【确定】按钮即可完成对错词的替换工作,然后关闭对话框。

步骤 4:打开【页面布局】选项卡,在【页面背景】分组上单击【水印】,在弹出的选项框中选择【自定义水印】,打开【水印】对话框,选中【文字水印】单选按钮,在"文字"文本框中输入"等级考试",如图 4-69 所示。单击【应用】按钮实现水印效果,然后单击【关闭】按钮。

水印 ? ×
无水印(N)
图片水印(I)
选择图片(P)...
缩放(L): 自动 冲蚀(W)
文字水印(X)
语言(国家/地区)(L): 中文(中国)
文字(T): ASAP
字体(F): 等级考试
字号(S): 自动
颜色(C): 半透明(E)
版式: 斜式(D) 水平(H)
应用(A) 确定 取消

图 4-69 实例 4.3"等级考试"文字水印设置

步骤 5:打开【页面布局】选项卡,在【页面设置】分组上单击【页边距】,在弹出的选项框中选择【自定义边距】,打开【页面设置】对话框,打开【页边距】选项卡,在"页边距"选项组的"上""下"数值框中设置上、下边距各为 4 厘米,如图 4-70 所示。

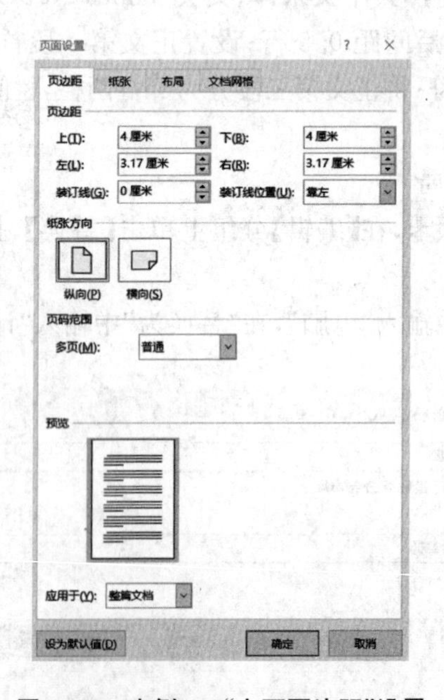

图 4-70 实例 4.3"上下页边距"设置

步骤 6：单击【保存】按钮保存文件，并退出 Word。

(2) 标题格式设置

选中标题段（“计算机的发展历史”），打开【开始】选项卡，在【字体】分组上设置字体为“小二号”“黑体”，颜色为“红色（标准色）”，如图 4-71 所示。

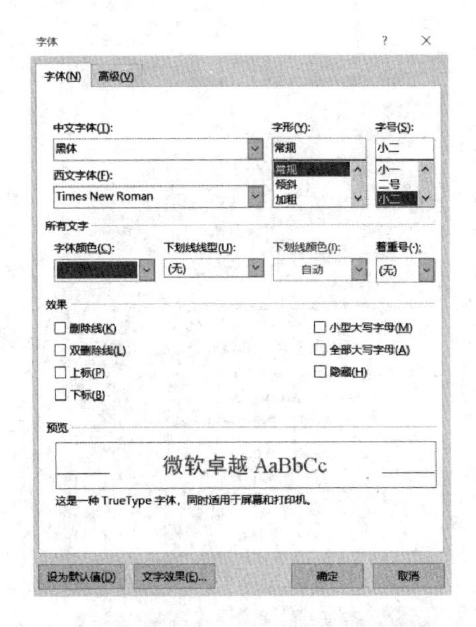

图 4-71　实例 4.3“标题段”字体设置

选中标题段，在【开始】选项卡上【段落】分组中单击【边框和底纹】的下拉按钮选择【边框和底纹】，打开【边框和底纹】对话框，在“设置”列表里选择“方框”，“样式”为“单实线”，“颜色”为“标准蓝色”，“宽度”设置为“1.5 磅”，“应用于”中选择“文字”，如图 4-72 所示。

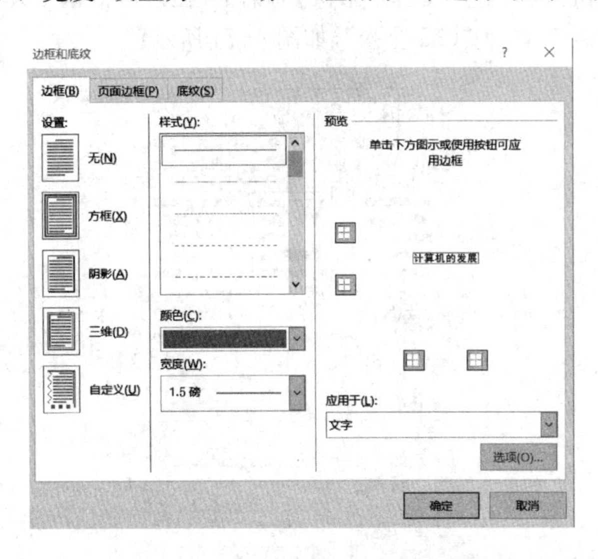

图 4-72　实例 4.3“标题段”蓝色边框设置

(3) 正文格式设置

步骤 1：选中正文各段文字，打开【开始】|【字体】分组，将字体设置为五号、仿宋，仿照如

图 4-71 所示。

步骤 2:选中正文各段文字,在【段落】分组上,单击选项卡右下角的【段落】按钮,打开【段落】对话框,在该对话框中将段落格式设置为左缩进 1.5 字符、右缩进 1.5 字符,段后间距 0.5 行,如图 4-73 所示。

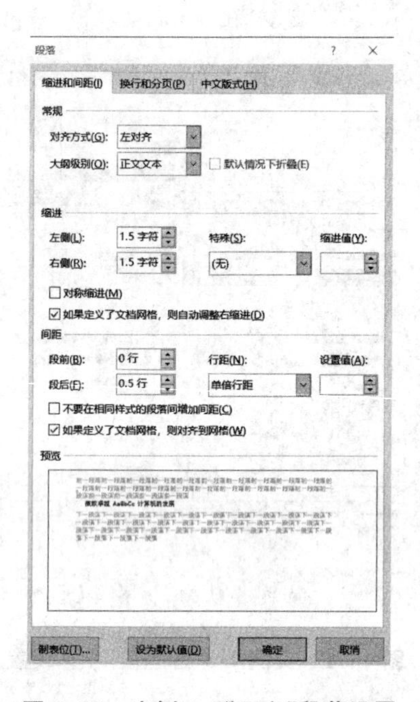

图 4-73　实例 4.3"正文"段落设置

步骤 3:选中正文第一段文字,单击【插入】|【文本】分组下的【首字下沉】按钮,在弹出的菜单中选择【首字下沉】选项,打开【首字下沉】对话框,在该对话框中设置"位置"为"下沉","下沉行数"为"2","距正文"为"0.2 厘米",如图 4-74 所示。

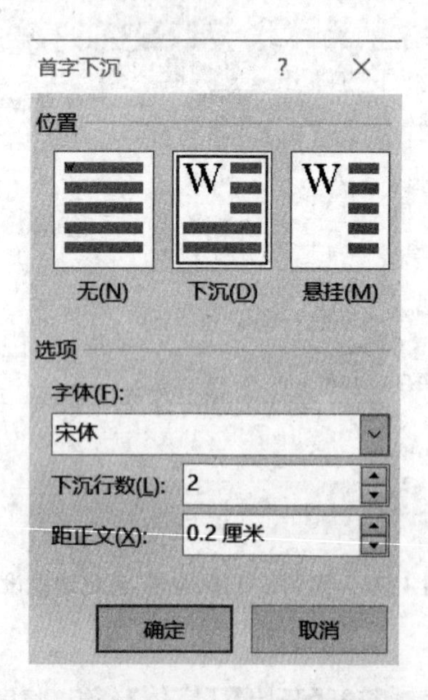

图 4-74　实例 4.3"首字下沉"效果设置

步骤 4:选中正文其余各段文字,在【段落】分组上,单击选项卡右下角的【段落】按钮,打开【段落】对话框,在【特殊格式】下拉列表框中选择【首行缩进】,“磅值”为“2 字符”,单击【确定】按钮,仿照图 4-73 所示设置。

步骤 5:选择正文第四段,在【布局】|【页面设置】分组中单击【栏】按钮,在弹出的选项卡中选择【更多栏】,打开【栏】对话框,在“预设”选项组中选择“两栏”,选中“分隔线”和“栏宽相等”复选框,如图 4-75 所示。

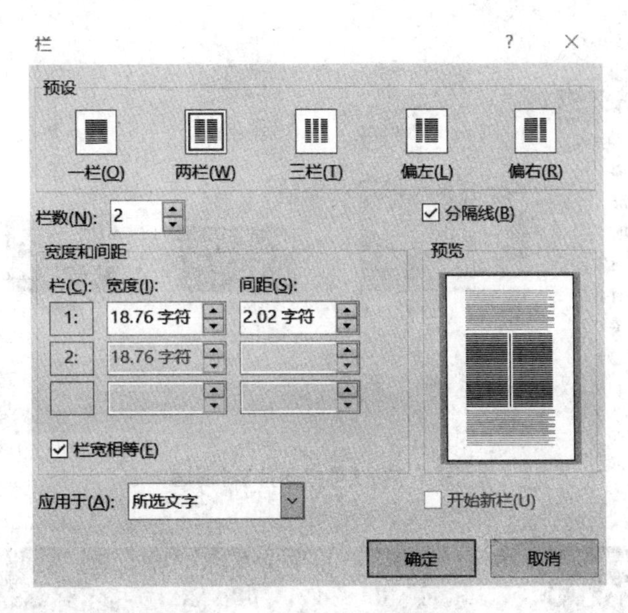

图 4-75　实例 4.3“分栏”效果设置

4.4　图形应用

为了在 Word 中插入各种各样的图形,达到美化文档的效果,Word 2016 提供的插图包括六个内容:图片、剪贴画、形状、SmartArt、图表及屏幕截图。

4.4.1　图片

图片是插入来自其他文件的图片,包括位图、扫描的图片和照片。在 Word 2016 中可以插入多种格式的图片,如 *.bmp、*.tif、*.pic、*.pcx 等。

插入图片文件的方法是:单击【插入】功能区中的【图片】按钮,如图 4-76 所示。

图 4-76　【图片】工具

然后在弹出的对话框中选择合适的图片，如图 4-77 所示。最后，点击【插入】按钮即可将图片插入到 Word 文档中，如图 4-78 所示。

图 4-77 【选择图片】对话框

图 4-78 插入的图片

对于插入的图片，Word 2016 提供了很多工具可以对其格式进行设置，获得不同的效果。主要包括调整、图片样式、排列、大小。对于 Word 2016 中的图片右击出现快捷菜单，选设置图片格式即可进行相关的格式设置

1. 图片样式

Word 2016 为图片样式的修改提供了图片边框、图片效果、图片版式等效果设置。右击相应的图片，在出现的图片样式中，根据预览效果选择需要的即可，如选择"柔化边缘椭圆"效果，如图 4-79 所示。

2. 大小

大小用于指定图片的高度、宽度及裁剪图片。其中裁剪图片功能在实际工作和学习中

图 4-79　“柔化边缘椭圆”效果

十分常用,主要操作步骤如下。

首先,右击需要裁剪的图片,在出现的快捷菜单中选择【设置图片格式】即可对图片进行裁剪,效果如图 4-80 所示。

图 4-80　裁剪效果

4.4.2　形状

在 Word 2016 中可以使用【插入】选项卡的【插图】组中的【形状】按钮来绘制各种图形。单击【形状】按钮可弹出一个下拉菜单,其中列出了可绘制的各种形状,共分线条、矩形、基本形状、箭头总汇、公式形状、流程图、标注和星与旗帜 8 类。在【形状】菜单中单击与所需形状相对应的图标按钮,然后在页面中拖动鼠标,即可绘出所需的图形;双击所绘形状或调整形状上的控制柄即可对其做相应的修改。六角星效果如图 4-81 所示。

图 4-81　六角星效果图

4.4.3 SmartArt 图形

SmartArt 图形用于在文档中演示列表、流程、循环、层次结构、关系、矩阵、棱锥图、图片等。

以插入一个组织结构图的图形来说明 SmartArt 的基本用法。

(1) 依次选择【插入】→【插图】→【SmartArt】命令。

(2) 单击选项组中的【层次结构】按钮,中间选项组显示相应的结构,选择“基本列表”,如图 4-82 所示,然后单击【确定】按钮。

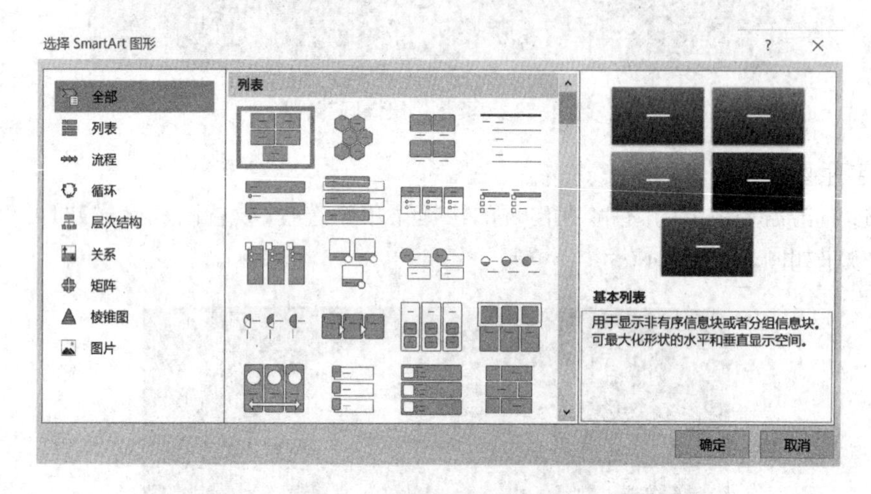

图 4-82 选择“基本列表”

(3) 输入内容即可,如图 4-83 所示。

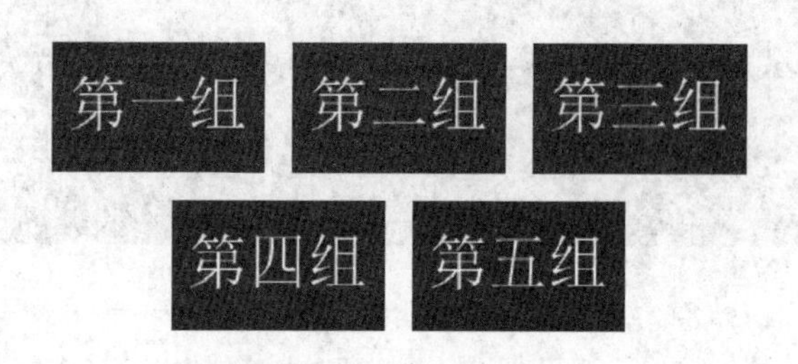

图 4-83 基本列表效果

(4) 双击所完成的 SmartArt 图形,在出现的菜单中可以对图形的布局、颜色进行相应的修改。

4.4.4 图表

Word 2016 在数据图表方面做了很大改进,可以在数据图表的装饰和美观方面进行专业级的处理。Word 2016 图表制作的步骤为如下。

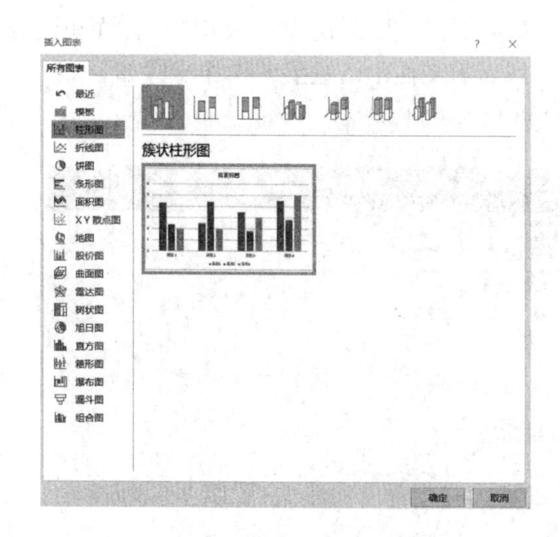

图 4-84　【插入图表】对话框

图 4-85　选子母饼图

（1）选择图表类型。依次选择【插入】→【插图】→【图表】命令，打开如图 4-84 所示的对话框；选择【饼图】选项组下的子母饼图，如图 4-85 所示。单击【确定】按钮，屏幕右侧会出现根据你选择的图表类型而内置的示例数据，如图 4-86 所示。

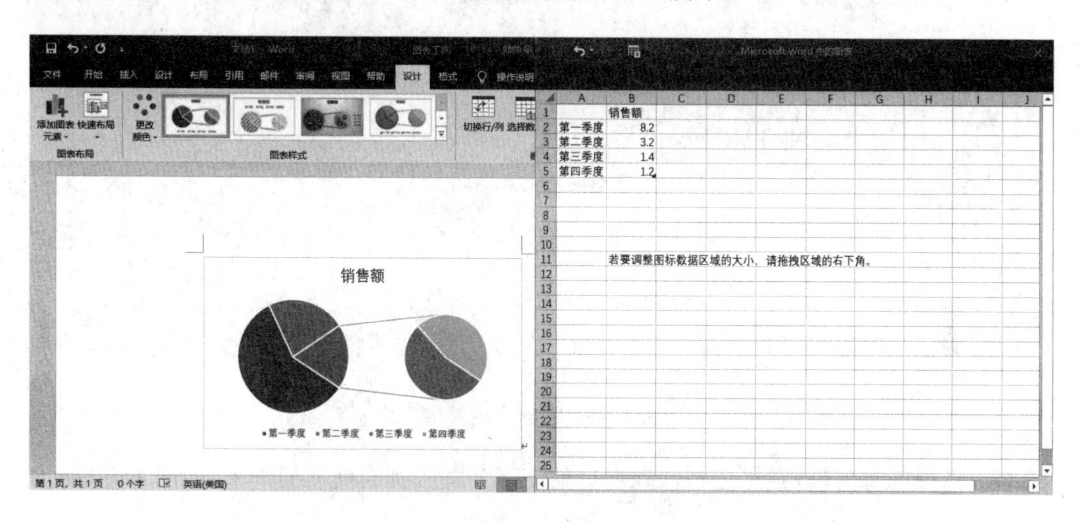

图 4-86　内置示例数据和对应的图表

（2）修改数据。根据需要修改右侧的Excel表格中的数据，系统自动绘制出相应的饼图。

（3）图表布局。根据图表类型的不同，各个图表的布局及选项也不一样。双击 Word 中的图表对数据源、图表类型、布局、颜色做修改，如选择布局 1，则可以得到如图 4-87 所示效果。

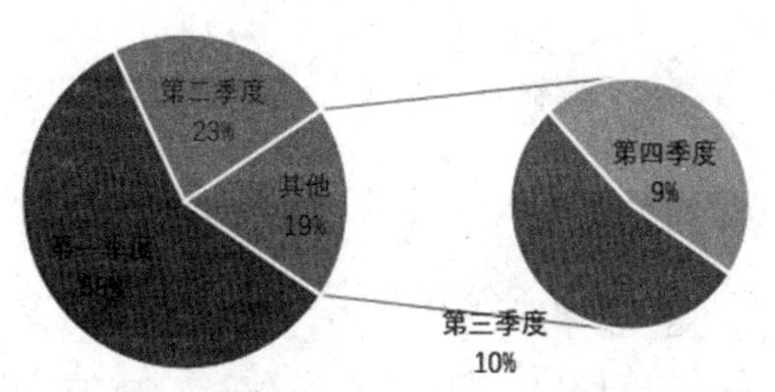

图 4-87　子母饼图中“布局 1”效果

4.4.5　屏幕截图

借助 Word 2016 的“屏幕截图”功能，用户可以方便地将已经打开且未处于最小化状态的窗口截图插入到当前 Word 文档中。而单击【屏幕剪辑】则可以将屏幕的一部分作为图片插入到当前文档中。主要的操作步骤如下。

(1) 点击【插入】→【屏幕截图】,出现如图 4-88 所示效果。

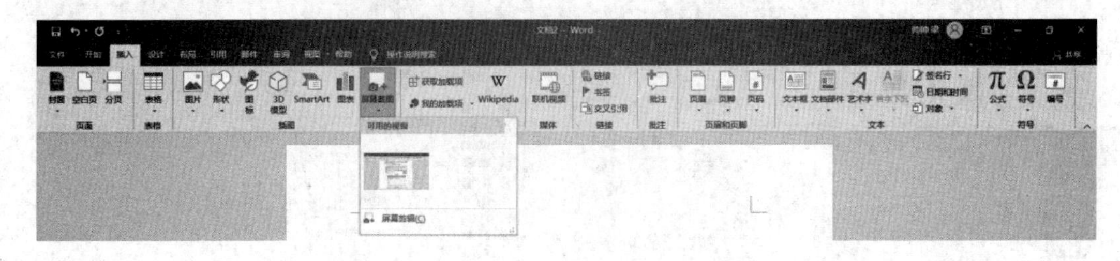

图 4-88　屏幕截图

(2) 选中可用视窗中的任何一个,即可将窗口插入到当前文档中来,如图 4-89 所示。

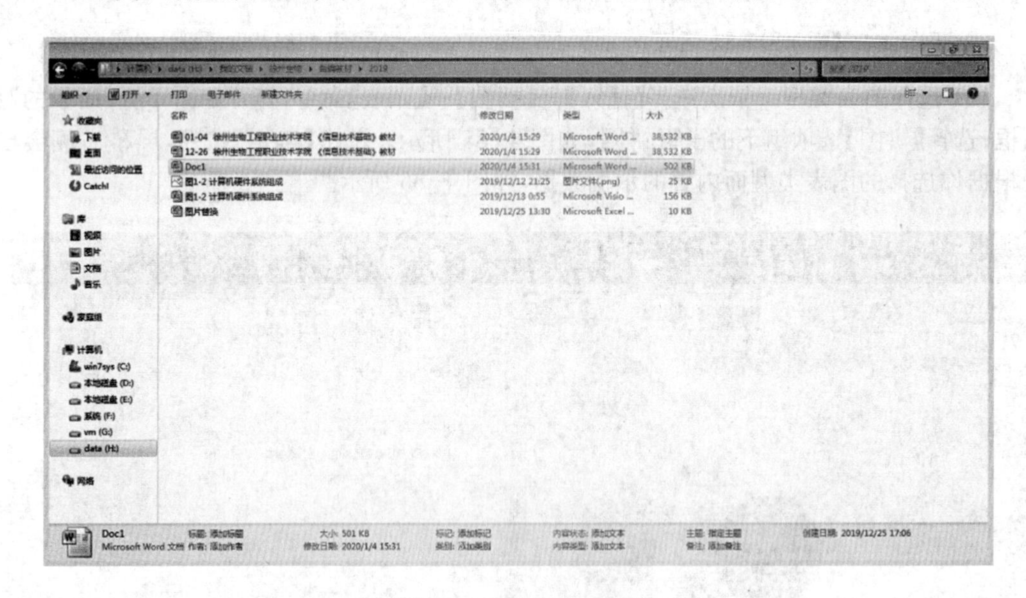

图 4-89　视窗截图效果

(3) 选择屏幕剪辑,则可以将活动窗口的一部分截图到当前文档中来,如图 4-90 所示。

图 4-90　屏幕剪辑效果

4.4.6　公式

公式编辑器是插入和编辑公式必不可少的工具,认识和了解它有助于用户能够顺利地把公式插入到文档中，操作步骤如下。

（1）在【插入】功能区上的【符号】组中，单击【公式】按钮上的 π 符号，如图 4-91 所示。

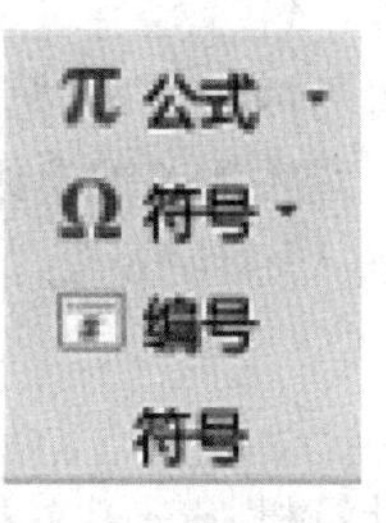

图 4-91　【插入】功能区上【符号】组的【公式】按钮

（2）这样可以激活公式编辑器，用户就可以在标题栏里看到“公式工具”字样，如图 4-92 所示。

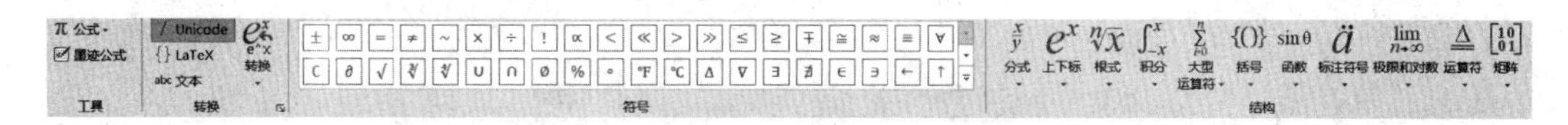

图 4-92　“公式工具”

实例 4.4　文档图文综合排版

任务：对给定的文档“世界第一台人脑输入计算机”按要求进行排版，样张效果如图 4-93 所示。

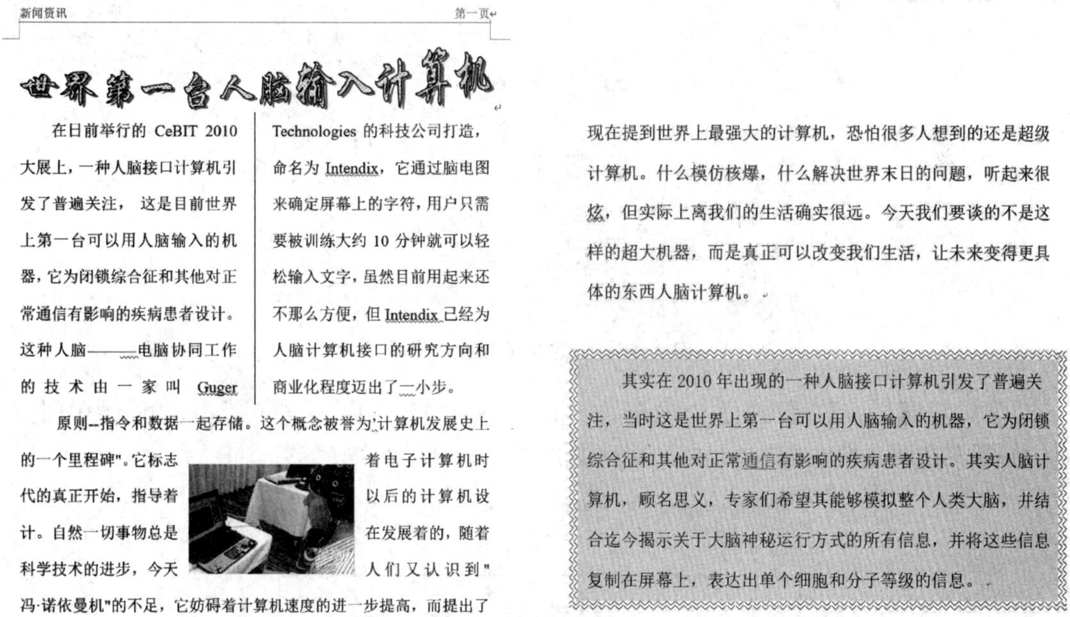

新闻资讯　　　　第一页

世界第一台人脑输入计算机

在日前举行的 CeBIT 2010 大展上，一种人脑接口计算机引发了普遍关注，这是目前世界上第一台可以用人脑输入的机器，它为闭锁综合征和其他对正常通信有影响的疾病患者设计。这种人脑——电脑协同工作的技术由一家叫 Guger Technologies 的科技公司打造，命名为 Intendix，它通过脑电图来确定屏幕上的字符，用户只需要被训练大约 10 分钟就可以轻松输入文字，虽然目前用起来还不那么方便，但 Intendix 已经为人脑计算机接口的研究方向和商业化程度迈出了一小步。

原则--指令和数据一起存储。这个概念被誉为"计算机发展史上的一个里程碑"。它标志着电子计算机时代的真正开始，指导着以后的计算机设计。自然一切事物总是在发展着的，随着科学技术的进步，今天人们又认识到"冯·诺依曼机"的不足，它妨碍着计算机速度的进一步提高，而提出了

现在提到世界上最强大的计算机，恐怕很多人想到的还是超级计算机。什么模仿核爆，什么解决世界末日的问题，听起来很炫，但实际上离我们的生活确实很远。今天我们要谈的不是这样的超大机器，而是真正可以改变我们生活，让未来变得更具体的东西人脑计算机。

其实在 2010 年出现的一种人脑接口计算机引发了普遍关注，当时这是世界上第一台可以用人脑输入的机器，它为闭锁综合征和其他对正常通信有影响的疾病患者设计。其实人脑计算机，顾名思义，专家们希望其能够模拟整个人类大脑，并结合迄今揭示关于大脑神秘运行方式的所有信息，并将这些信息复制在屏幕上，表达出单个细胞和分子等级的信息。

图 4-93　“世界第一台人脑输入计算机”样张效果

（1）自定义纸张大小为宽 20 厘米、高 25 厘米，设置页边距为上、下各 1.8 厘米，左、右各 2 厘米。

(2) 按样张所示，为文档添加页眉文字和页码，并设置相应的格式。

(3) 将标题“世界第一台人脑输入计算机”设置艺术字样式 23，字体为华文行楷，字号为 36 磅。

(4) 分栏设置：将正文第一段设置为两栏格式，栏间距为 3 字符，显示分隔线。

(5) 边框和底纹：为正文的最后一段添加双波浪线边框，并填充底纹为图案样式 10%。

(6) 插入图片：在样张所示位置插入图片“pic2. jpg”，设置图片的缩放比例为 45%，环绕方式为紧密型。

操作步骤：

(1) 打开“世界第一台人脑输入计算机. docx”文档，选择【页面布局】→【页边距】→【自定义边距】，在对话框中对页边距进行如图 4-94 所示设置。

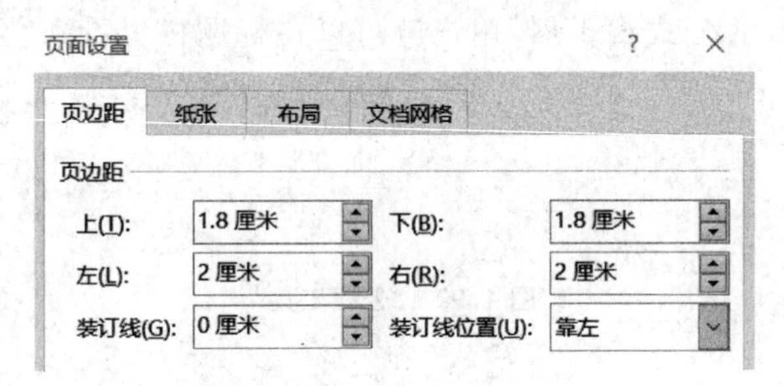

图 4-94　指定页边距设置

在同一个对话框下选择【纸张】选项，进行自定义纸张大小设置，如图 4-95 所示。点击【确定】按钮完成设置。

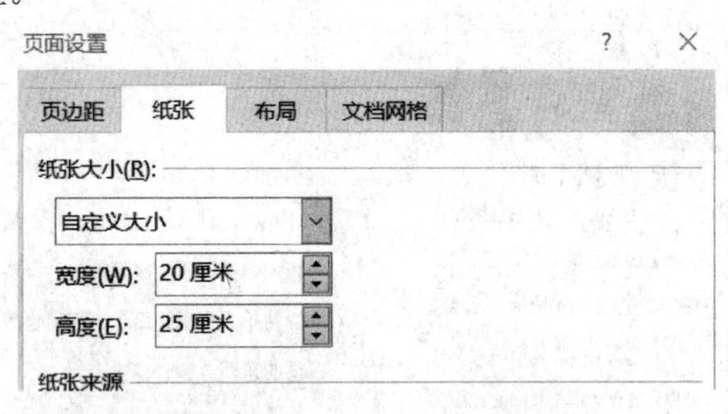

图 4-95　自定义纸张大小设置

(2) 点击【插入】→【页眉】，在出现的下拉列表中选择“空白(三栏)”类型，删除掉中间控件，保留左右两个控件，按样张输入文字内容，如图 4-96 所示。

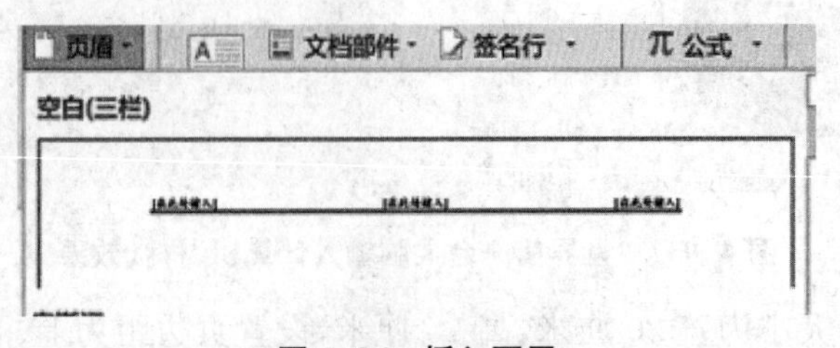

图 4-96　插入页眉

(3) 选中标题“世界第一台人脑输入计算机”，点击【插入】→【艺术字】，选择艺术字样式 23，字体为华文行楷，字号为 36。如图 4-97 所示。

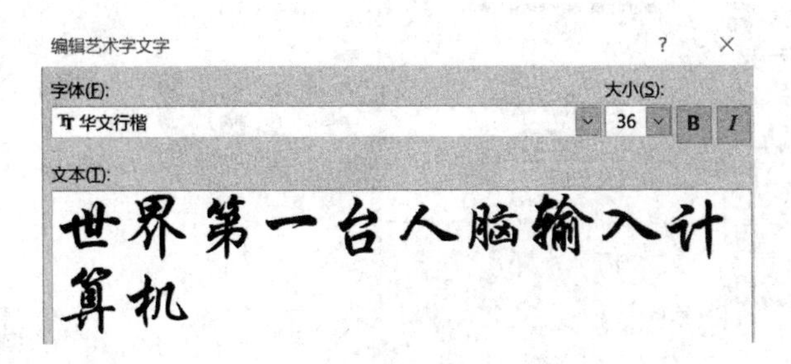

图 4-97　插入艺术字

(4) 选中除第一段以外的其余各段落，选择【布局】→【分栏】→【更多分栏】，在出现的对话框中进行如下设置，如图 4-98 所示。

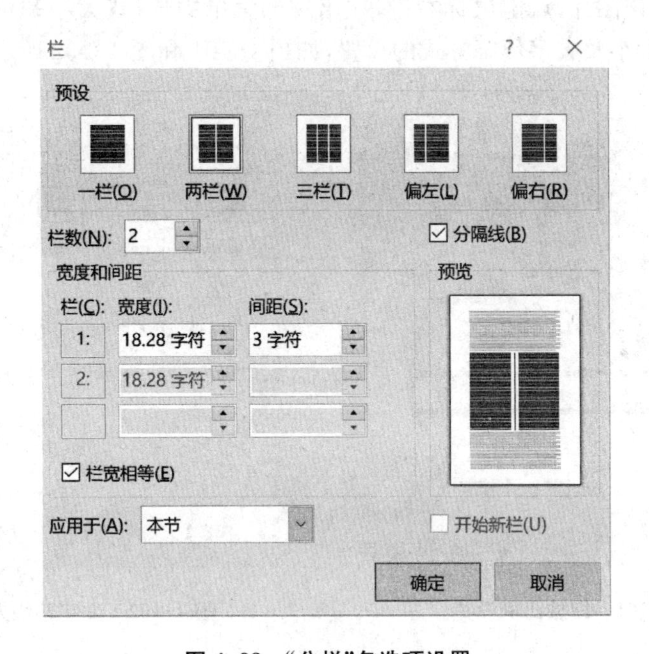

图 4-98　“分栏”各选项设置

(5) 选中最后一段，选择【开始】→【段落】→【边框和底纹】，分别如图 4-99 和图 4-100 所示进行边框和底纹设置。

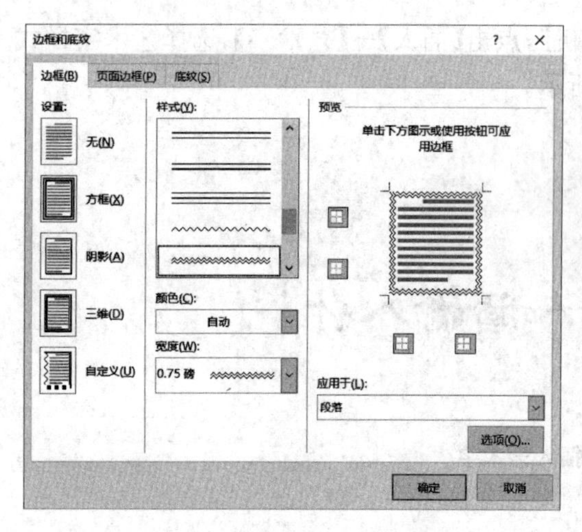

图 4-99 “双波浪线”边框设置

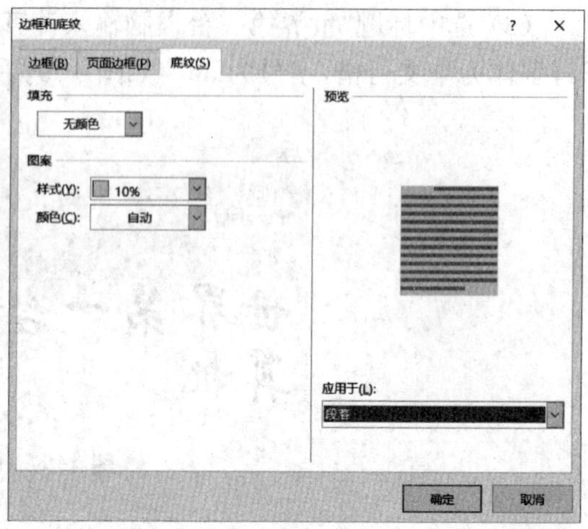

图 4-100 “图案样式 10%”底纹设置

(6) 将光标定位在文档的第二段,选择【插入】→【图片】,选择“pic2. jpg”文件。图片插入到文档后,选择该图片,点击鼠标右键,在出现的菜单中选择【大小和位置】,在出现的对话框中分别进行大小及文字环绕方式的设置,如图 4-101 和图 4-102 所示。

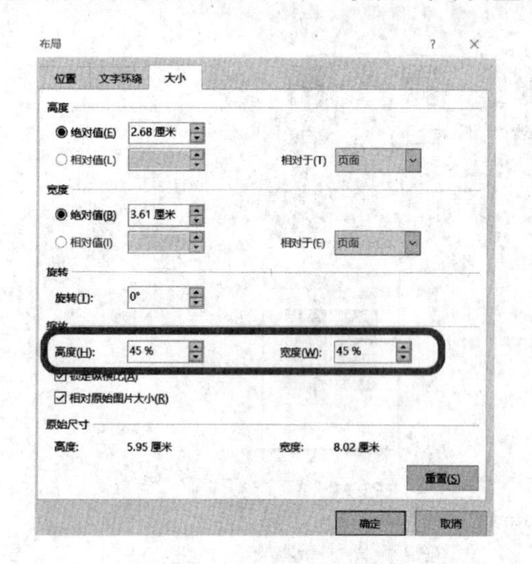

图 4-101 缩放比例设置

图 4-102 文字环绕方式设置

4.5 Word 2016 表格处理

本节详细介绍 Word 2016 中的表格处理,主要包括创建表格、编辑表格、设置表格格式及其文本和表格的转换等内容。

4.5.1 新建表格及套用表格样式

1. 用插入表格创建表格

利用【插入表格】工具可以快速插入一个表格,以创建一个 5 行 5 列的表格为例,操作步骤如下。

(1) 在【插入】功能区中的【表格】工具栏组中单击【表格】工具，然后在弹出的下拉菜单中，将鼠标移到“制表选择框”中，这时鼠标拖动过的区域变为橘红色，如图 4-103 所示。

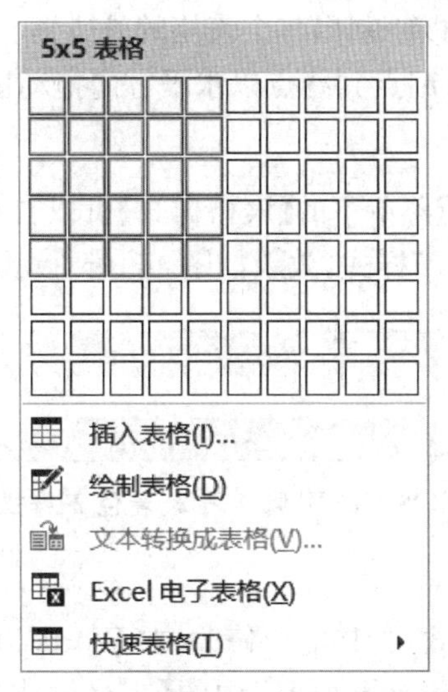

图 4-103　利用【插入表格】命令新建表格

(2) 当“制表选择框”顶部显示 5×5 表格时，单击鼠标左键，这时在光标位置插入一个 5 行 5 列的表格。

注意：通过【插入表格】工具创建表格一次最多只能插入 8 行 10 列的表格。

2. 通过【插入表格】对话框创建表格

单击【插入】功能区下【表格】工具栏组中下拉菜单按钮，选择【插入表格】工具，弹出如图 4-104 所示对话框，在此对话框中输入相应的表格行数和列数，在“‘自动调整’操作”栏中选择“固定列宽”，即可以创建相应列数和行数的表格。

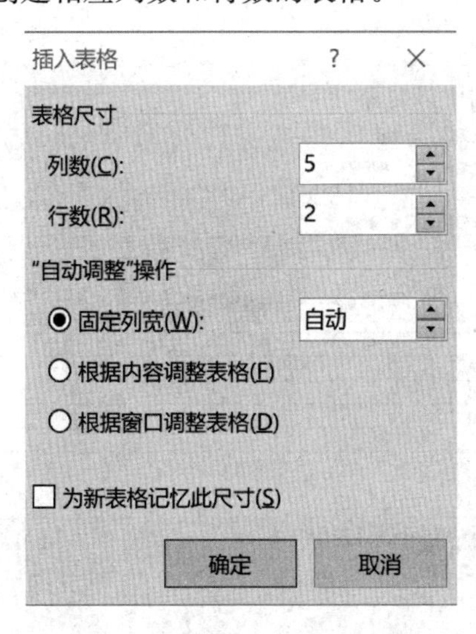

图 4-104　【插入表格】对话框

3. 通过绘制表格新建表格

(1) 单击【插入】功能区中的【表格】工具组中的下拉菜单,从中选择【绘制表格】命令。

(2) 这时把鼠标移至编辑区,鼠标指针将会变成铅笔的形状即,按住鼠标左键不放,在文档的空白处进行拖动就可以绘制出整个表格的外边框。

(3) 按住鼠标左键不放,从起点到终点以水平方向拖动鼠标,在表格中绘制出横线。

4. 套用表格样式

选择完成的表格,在【设计】菜单下的【表格样式】可以自动套用 Word 2016 内置的表格样式。如套用"网格表 2 -着色 2"样式,效果如图 4-105 所示。

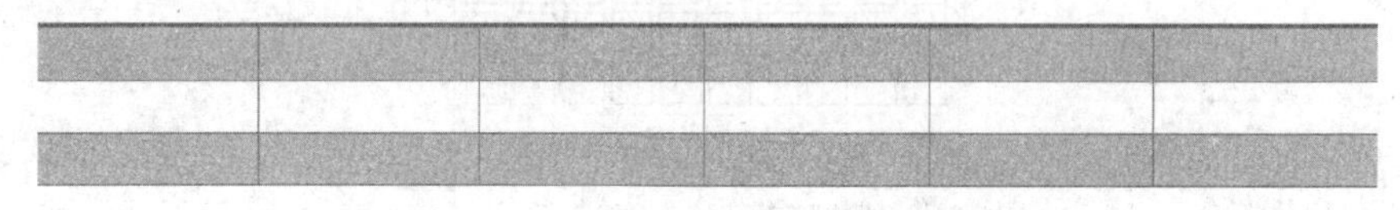

图 4-105 套用"网格表 2 -着色 2"样式效果

5. 修改表样式

对于已经创建好的表格样式,如果需要修改,在 Word 2016 中的主要步骤如下。

(1) 先选择表格,然后在【设计】功能区中的【表格样式】下选择如图 4-106 所示下拉菜单。

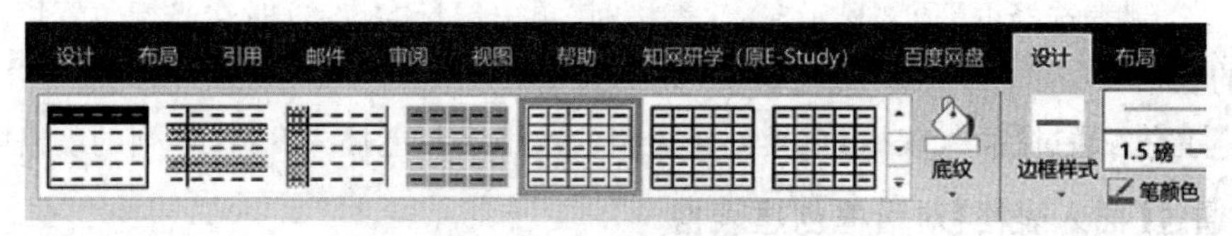

图 4-106 表格样式

(2) 在出现的窗口中选择【修改样式】,出现如图 4-107 所示对话框。可以在"样式基准"选择表格的类型,也可以在下面的列表框中修改字体、字号等信息。

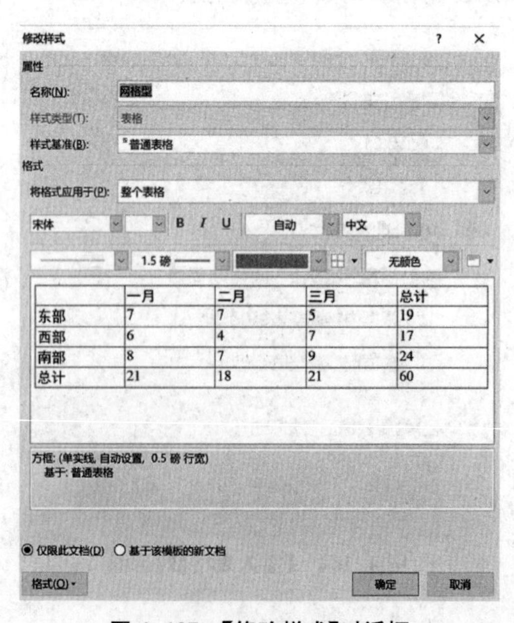

图 4-107 【修改样式】对话框

4.5.2　编辑表格

1. 数据录入

表格中行和列交叉处的方格称为单元格。将光标定位在单元格中，就可以在此单元格输入内容。

2. 行、列、单元格和表格的选择

(1) 通过鼠标实现

选定一行：将光标移到一行的最左边，鼠标变成指向右上角的箭头时，单击鼠标左键。

选定一列：将光标移到一列的最上边，鼠标变成向下的黑色小箭头时，单击鼠标左键。

选定单元格：将光标移到一个单元格的最左边，鼠标变成指向右上角的黑色小箭头时，单击鼠标左键。

选定整个表格：鼠标指向表格，单击表格左上角的标记。

(2) 通过菜单实现

把光标停在表格的一个单元格内，选择【布局】功能区下【工具】组下的【选择】工具，在出现的下拉菜单中进行相应的选择单元格、选择列、选择行、选择表格等操作，如图 4-108 所示。

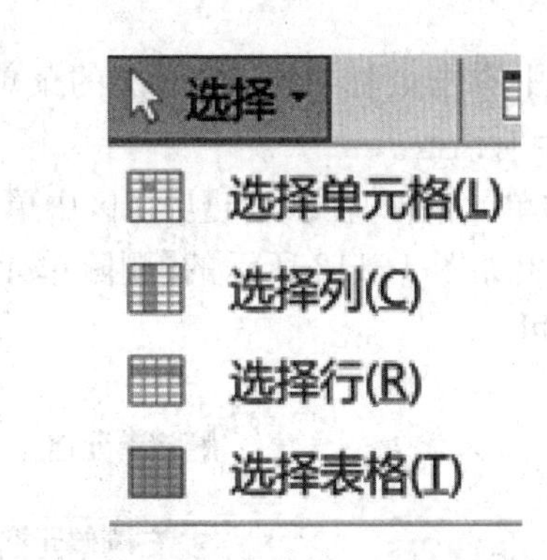

图 4-108　表格的【选择】菜单操作

3. 插入和删除行/列

(1) 将光标定位在某一行的任意单元格中，然后选择【布局】功能区下的【行和列】工具组，然后单击【在上方插入】或【在左侧插入】或【在右侧插入】工具，即可在相应的位置插入一新的行/列，如图 4-109 所示。

图 4-109　插入表格行/列菜单

(2) 将光标定位在要删除的行的任一单元格中,在【布局】功能区中单击【删除】工具,在其下拉菜单中选择【删除行/删除列】命令,即可将指定的行/列删除,如图 4-110 所示。

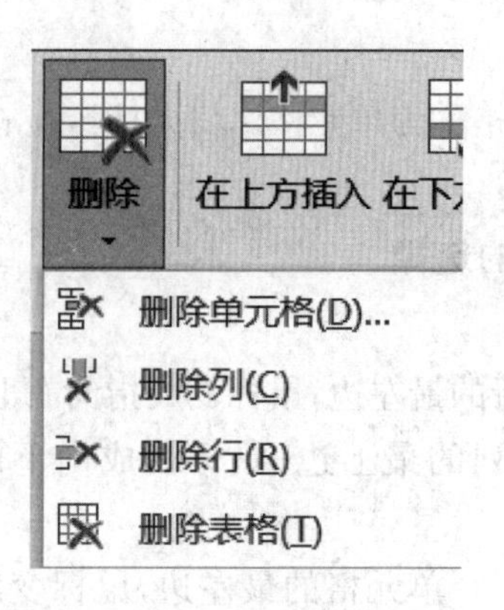

图 4-110　删除表格行/列菜单

4. 插入和删除单元格

通过工具实现单元格的插入和删除,主要步骤如下。

(1) 将光标定位在要插入的单元格中,选择【布局】功能区下的【行和列】工具组的下拉菜单,弹出如图 4-111 所示的【插入单元格】对话框,在其中选择某种插入方式,单击【确定】按钮即可。

将光标定位在某个单元格中点击鼠标右键,在弹出的菜单中选择【插入】→【插入表格】,同样可以弹出图 4-111 所示对话框。

(2) 将光标定位在要删除的单元格中,在【布局】功能区中单击【删除】工具,在其下拉菜单中选择【删除单元格】命令,弹出如图 4-112 所示的【删除单元格】对话框,在其中选择某种删除方式,单击【确定】按钮即可。

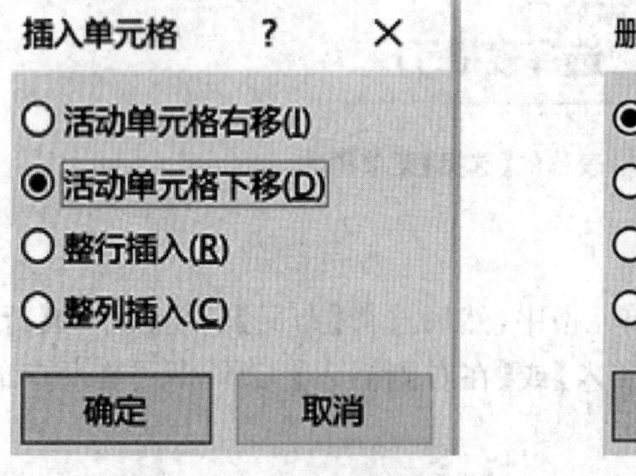

图 4-111　"插入单元格"对话框

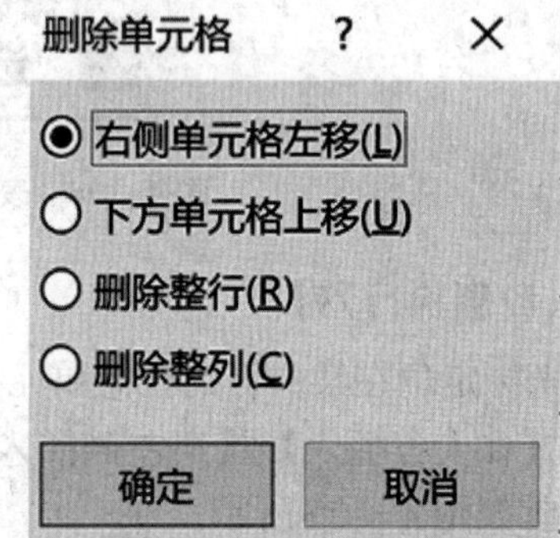

图 4-112　【删除单元格】对话框

同样,将光标定位在某个单元格中点击鼠标右键也可以打开【删除单元格】对话框。

5. 合并和拆分单元格

(1) 合并单元格

方法 1:选中需要合并的单元格,点击鼠标右键,在弹出的菜单中选择【合并单元格】。

方法 2：选中需要合并的单元格，在【布局】功能区中单击【合并单元格】按钮，如图 4-113 示。

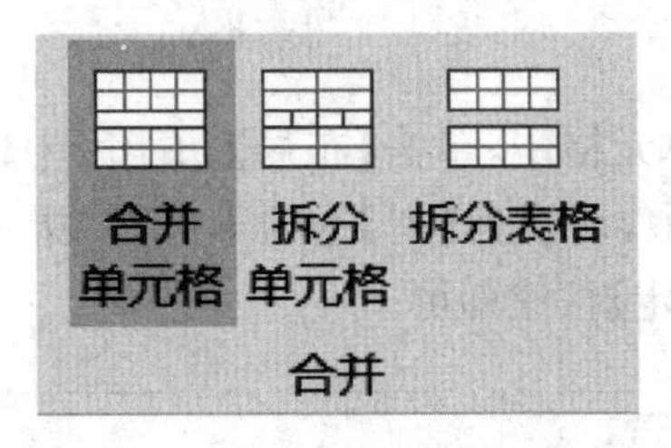

图 4-113　【合并单元格】选项

(2) 拆分单元格

选择要拆分的单元格，点击鼠标右键，在出现的菜单中选择【拆分单元格】，或是直接点击【布局】→【合并】→【拆分单元格】，在出现如图 4-114 的对话框中输入需要拆分的列数和行数。

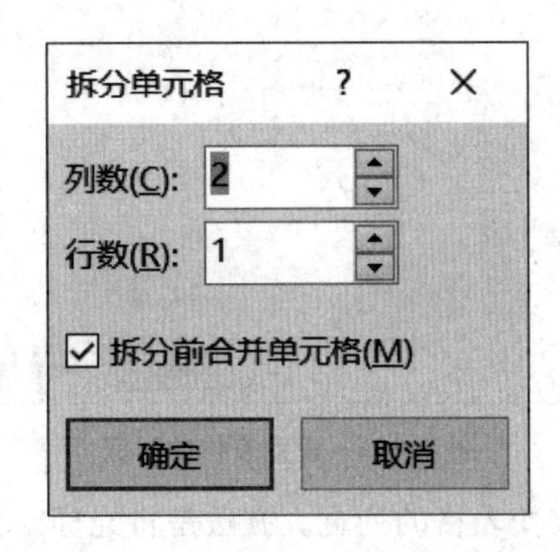

图 4-114　【拆分单元格】对话框

(3) 拆分表格

将鼠标停在表格中需要拆分的行中，点击【布局】→【合并】→【拆分表格】则可以将一个表格拆分成两个表格。效果如图 4-115 所示。

图 4-115　拆分表格效果

4.5.3 设置表格格式

1. 调整表格的列宽

把光标定位在要调整的单元格中，单击【布局】功能区中【表】工具组中的【属性】工具，在弹出的【表格属性】对话框中，切换到【列】选项卡。在“指定宽度”栏中输入要调整的尺寸，如图 4-116 所示，单击【确定】按钮即可。

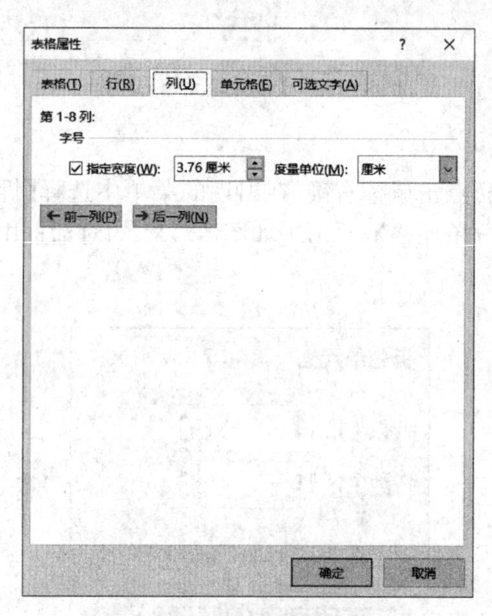

图 4-116 设置表格的列宽

另外，通过鼠标也可以改变表格的列宽。方法是将光标定位到要调整列的边线，使指针变成形状，拖动鼠标就可以调整列宽。

2. 调整表格的行高

将光标定位在要调整的单元格中，用同样的方法打开【表格属性】对话框，切换到【行】选项卡。在“指定高度”栏中输入要调整的尺寸，单击【确定】按钮即可。

和调整列宽的方法相似，使用鼠标调整行高的方法：把光标定位在要调整行的边线，使指针变成形状，拖动鼠标就可以自由地调整行高。

3. 调整表格的大小、位置

(1) 调整表格的大小

首先鼠标放在表格右下角的一个小正方形上，按下鼠标左键，拖动鼠标，就可以改变整个表格的大小，如图 4-117 所示。

↵	↵	↵	↵	↵	↵
↵	↵	↵	↵	↵	↵
↵	↵	↵	↵	↵	↵
↵	↵	↵	↵	↵	↵

图 4-117 调整表格大小

（2）调整表格的位置

单击表格左上角的“⊞”图标，拖动到需要的放置位置，松开鼠标即可。

4. 设置表格的边框和底纹

除了使用 Word 2016 内置的表格样式外，用户还可以自己进行边框和底纹的设置。如将一个 4 行 4 列的表格的外框线设置为“1.5 磅蓝色双实线”、内框线设置为“0.75 磅红色单实线”，主要操作步骤如下。

（1）选中整个表格。

（2）选择【开始】→【段落】→【边框和底纹】，在出现的对话框中选择“自定义”选项，如图 4-118 所示。

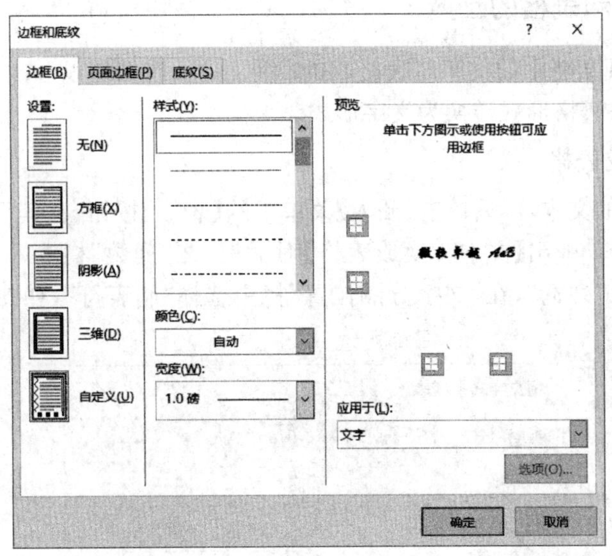

图 4-118　“自定义”边框

（3）根据要求分别设置外框线样式（双实线）、颜色（蓝色）、宽度（1.5 磅），设置完成之后在右边的预览中点击外边框的四条线，得到如图 4-119 所示效果。

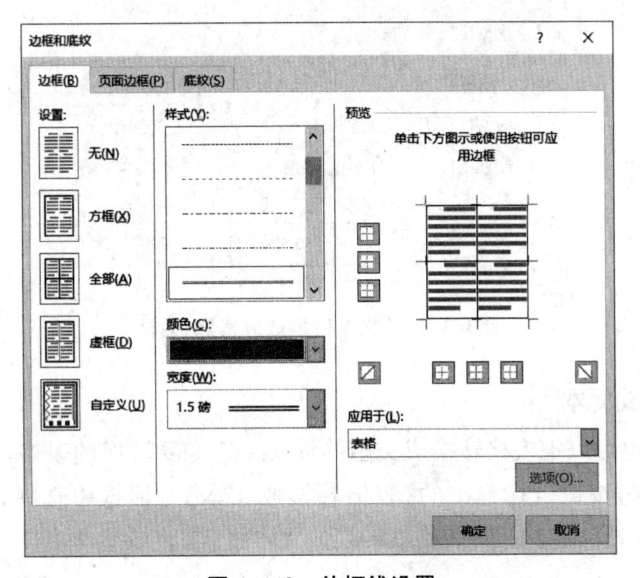

图 4-119　外框线设置

(4) 内框线按照同样的方式设置,设置好线型后,点击预览中中间垂直相交的两条线。最后得到如图 4-120 所示效果。

↵	↵	↵	↵
↵	↵	↵	↵
↵	↵	↵	↵
↵	↵	↵	↵

图 4-120　表格内外边框设置效果

4.5.4　文本和表格的互换

Word 可以实现文档中的文字与表格间的相互转换,比如可以一次性将多行文字转换为表格的形式,或将表格形式转换为文字形式。

1. 文本转换成表格

选中所需转换的文本,然后单击【插入】菜单中的【表格】按钮,在其下拉菜单中选择【文本转换成表格】命令。弹出【文本转换成表格】对话框,在“列数”栏输入所需列数,在“自动调整”栏中选择“固定列宽”,在“文字分隔位置”栏中选择“制表符”,如图 4-121 所示,单击【确定】按钮即可。

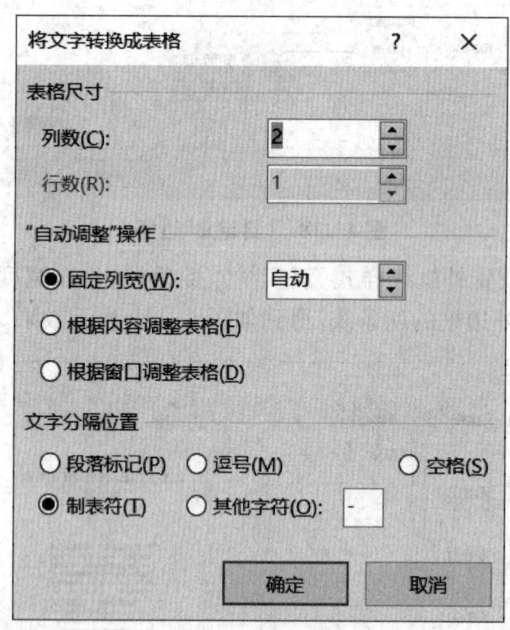

图 4-121　【文本转换成表格】对话框

2. 表格转换成文本

反过来,我们也可以把表格转换成文本的形式。选定要转换的表格,单击【布局】→【数据】→【转换为文本】按钮。在弹出的【表格转换成文本】对话框中选择【制表符】命令,如图 4-122 所示,单击【确定】按钮,表格就转换成文本格式。

图 4-122　【表格转换成文本】对话框

4.5.5　公式与排序

Word 2016 在数据分析与计算方面虽然和 Excel 2016 比起来有很大差距，但是也可以完成简单的数据计算和分析。

Word 2016 中的表格由行和列组成，列使用 A、B、C、D……来表示，行使用 1、2、3、4……来表示。以一个 4 行 5 列的表格来说，其中浅蓝底纹的单元格表示为 C2，如表 4-1 所示。

表 4-1　Word 表格单元格表示方法

A1	B1	C1	D1	E1
A2	B2	C2	D2	E2
A3	B3	C3	D3	E3
A4	B4	C4	D4	E4

(1) 公式

以一个案例来讲解 Word 2016 中公式的应用。

表 4-2　期中成绩表

姓名	数学	语文	英语	总分
张莉	90	87	95	
李明	85	98	89	
王红	94	76	85	
平均分				

如要计算表 4-2 期中成绩表中张莉同学的总分，则先把鼠标停留在 E2 单元格内，然后选择【布局】|【公式】，出现如图 4-123 所示对话框。

在进行公式录入时，Word 2016 会先进行判断，给出一个公式，此题中的“=SUM(LEFT)”即为自动生成的公式。由于确实是求所在单元格左边数字的和，则单击【确定】按钮即可，另外两行执行一样的操作。

如果求张莉、李明、王红的数学平均分，则需要先把鼠标停在 B5 单元格内，然后选择【布局】|【公式】，出现如图 4-124 所示对话框。

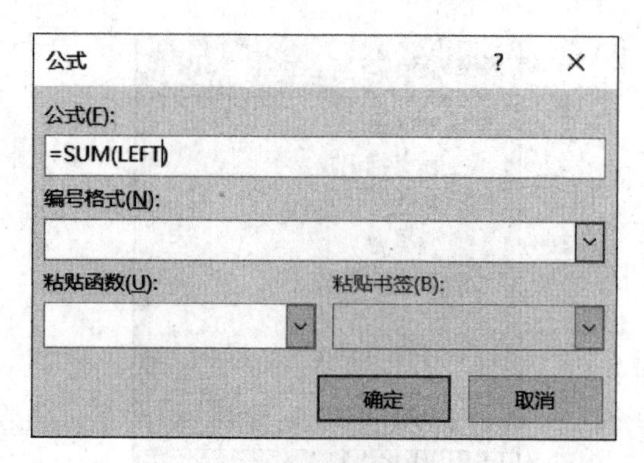

图 4-123 张莉总分计算公式

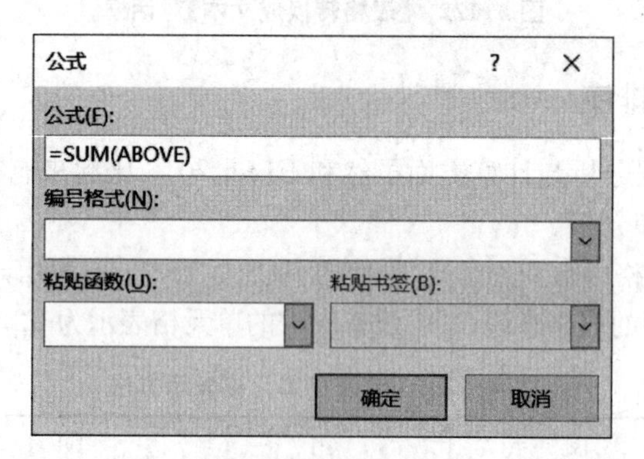

图 4-124 "数学平均分"单元格自动生成公式

经过观察不难发现，数学平均分根本不等于 SUM(ABOVE)，"=SUM(ABOVE)"所求为所在单元格上边所有数字的和，因此我们需要修改公式。

在图 4-124 所示对话框中，在"粘贴函数"下选择"AVERAGE"，如图 4-125 所示。

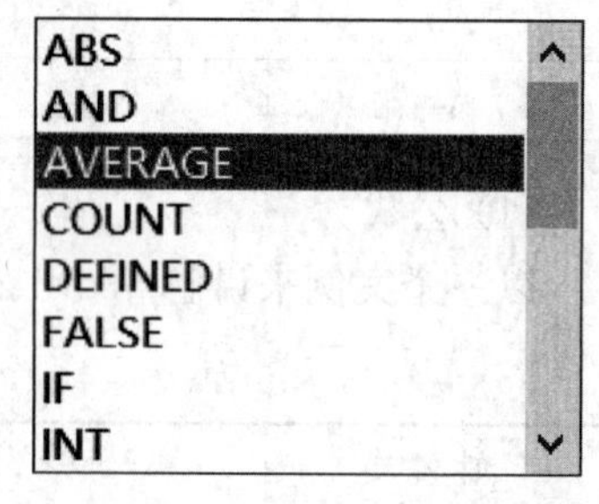

图 4-125 选择"AVERAGE"函数

然后修改公式为"=AVERAGE(ABOVE)"，完成数学平均分的计算，也可以不使用"粘贴函数"直接进行修改。参照上述方法完成其他科目的平均分计算。

(2) 排序

现在需要对计算好总分和平均分的期中成绩表(如表 4-3 所示)按总分进行降序排序，操作步骤如下。

表 4-3 期中成绩表(计算后)

姓名	数学	语文	英语	总分
张莉	90	87	90	267
李明	85	98	89	272
王红	94	76	85	255
平均分	81.33	87	88.67	

(1) 将鼠标停在表格中的任一单元格

(2) 选择【布局】|【数据】|【排序】,如图 4-126 所示。

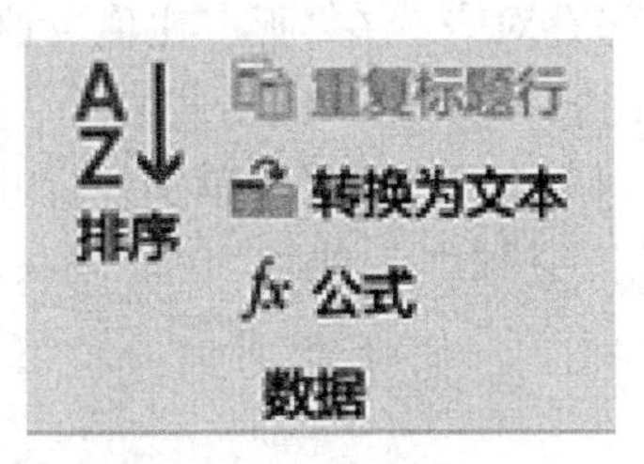

图 4-126　【排序】选项

(3) 在如图 4-127 所示对话框中,选择主要关键字为“总分”,选择排序次序为“降序”,完成排序。如果确有需要还可以添加次要关键字和第三关键字进行排序。

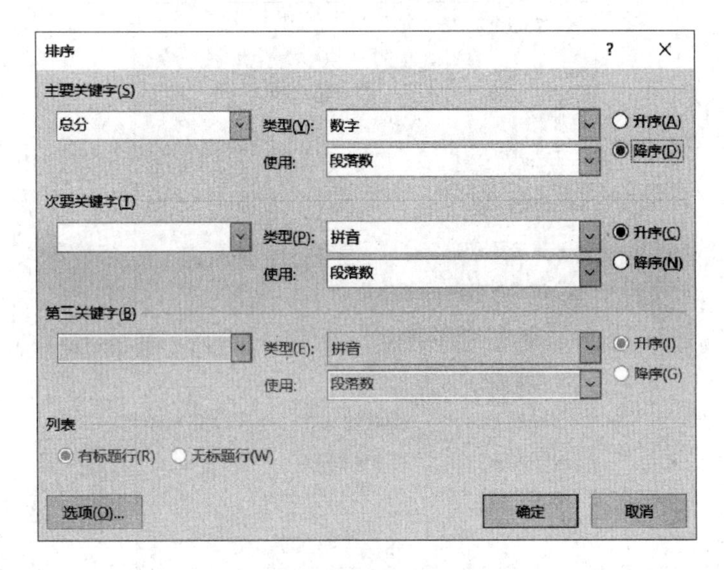

图 4-127　“排序”设置

实例 4.5　表格综合处理

任务:对给定的文档“ Word2. docx”,按要求进行处理,最终效果如图 4-128 所示。

华北地区长虹电视市场销售额

季度	销售额（万元）	所占比值
第一季度	350	28.2%
第二季度	280	22.6%
第三季度	190	15.3%
第四季度	420	33.9%

图 4-128　实例 4.5 样张效果图

(1) 将文本后 5 行文字转换为一个 5 行 3 列的表格;设置表格各列列宽为 3.5 厘米、各行行高为 0.7 厘米,表格居中;设置表格中第一行文字水平居中,其余各行第一列文字中部两端对齐,第二、第三列文字中部右对齐。在“所占比值”列中的相应单元格中,按公式“所占比值=产值/总值”计算所占比值,计算结果的格式为默认格式。

(2) 设置表格外框线为 1.5 磅红色(标准色)单实线、内框线为 0.5 磅蓝色(标准色)单实线;为表格添加“橄榄色,强调文字颜色 3,淡色 60%”底纹。

操作步骤:

(1) 插入表格和表格计算

步骤 1:选中文中后 5 行文字,单击【插入】|【表格】,在弹出的选项框中选择【文本转换成表格】,在弹出的【将文字转换成表格】对话框中选好行数和列数,单击【确定】按钮关闭对话框,如图 4-129 所示。

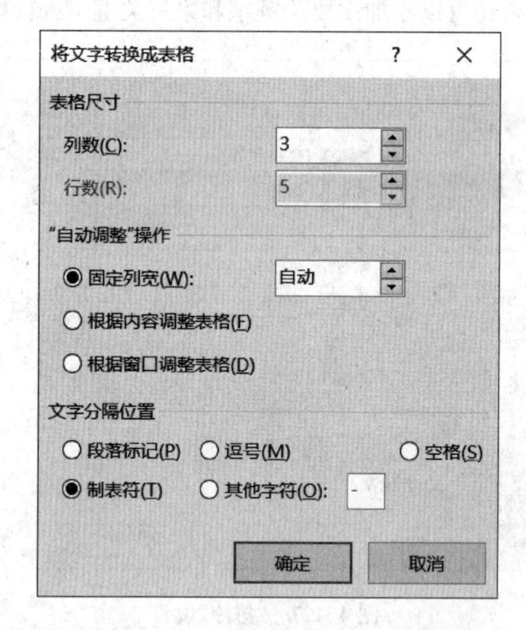

图 4-129　实例 4.5【文字转换成表格】对话框

步骤 2:选中整个表格,点击右键,选择【表格属性】,在弹出的对话框中分别设置列宽 3.5 厘米、行高 0.7 厘米,如图 4-130 所示,然后在【开始】|【段落】选项组中单击【居中】按钮。

步骤 3:选中表格第一行文字,点击鼠标右键,选择【单元格对齐方式】,然后单击【水平居中】按钮;然后按要求选择各行文字,选择【中部两端对齐】按钮和【中部右对齐】按钮,各个按钮如图 4-131 所示。

步骤 4:分别在“所占比值”列下面的第一行到第四行单元格中,单击【布局】|【数据】分组中的【公式】按钮,在弹出的【公式】对话框中依次输入函数“=B2/SUM(B2:B5)”,如图 4-132 所示。然后在其余单元格依次输入“=B3/SUM(B2:B5)”“=B4/SUM(B2:B5)”“=B5/SUM(B2:B5)”,单击【确定】按钮,完成计算。

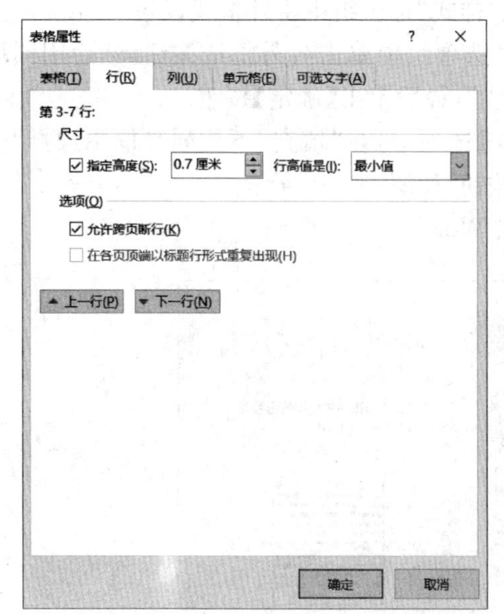

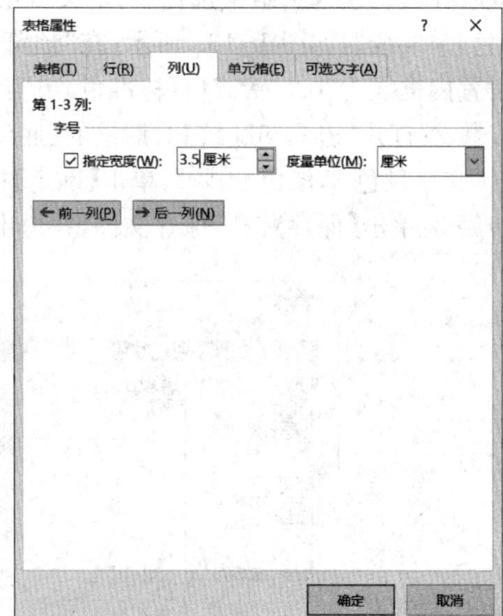

图 4-130　实例 4.5“表格属性”设置

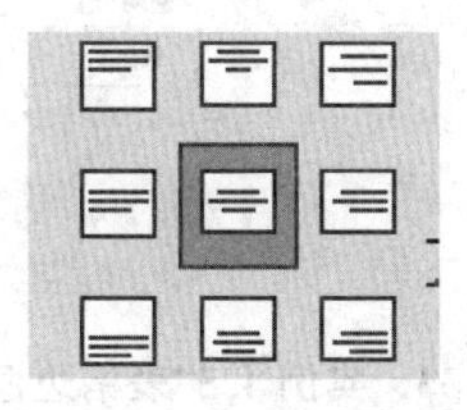

图 4-131　实例 4.5“单元格对齐方式”选项

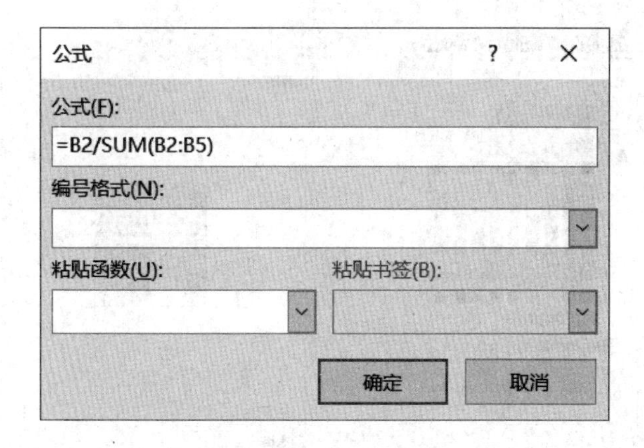

图 4-132　实例 4.2“B2 单元格”公式录入

因此，如图 4-132 所示，所求第二季度所占比值＝B2/SUM(B2：B5)，也可以写为＝B2/(B2＋B3＋B4＋B5)。

(2) 表格边框和底纹

步骤 1：选中整个表格，点击鼠标右键，选择【边框和底纹】，在出现的对话框中选择【边框】选项，在“设置”选项组中选择“自定义”，在“样式”选项组中将外框线设置为“1.5 磅红色(标准色)单实线”，如图 1-133 所示；在“预览”选项组中单击各外框线按钮，然后用同样的方法设置内框线为“0.5 磅蓝色(标准色)单实线”，最后单击【确定】按钮。

步骤 2：打开【边框和底纹】对话框的【底纹】选项卡，在“填充”下拉列表框中选择“橄榄色，强调文字颜色 3，淡色 60%”，单击【确定】按钮，如图 4-134 所示。

步骤 3：单击【保存】按钮保存文件，并退出 Word。

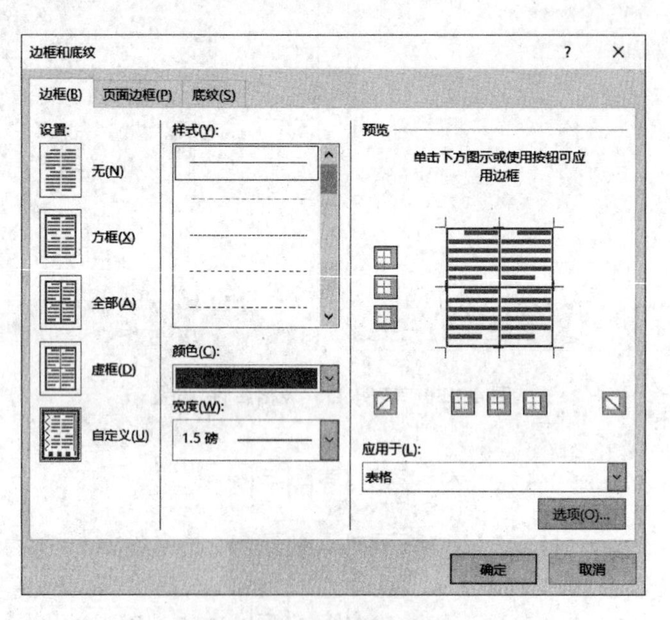

图 4-133　实例 4.5“表格边框”设置

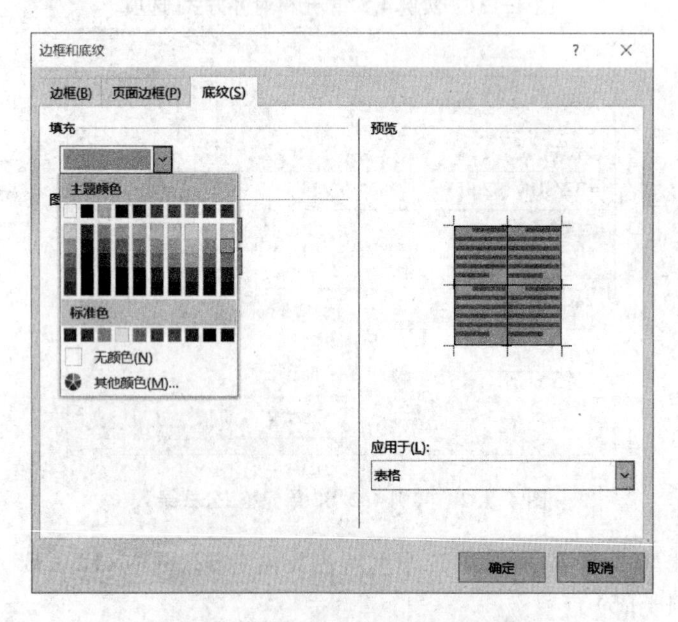

图 4-134　实例 4.5“表格底纹”设置

4.6　综合应用

4.6.1　学校组织结构图制作

学习内容:完成如图 4-135 所示的某学校组织结构图制作。主要步骤如下。

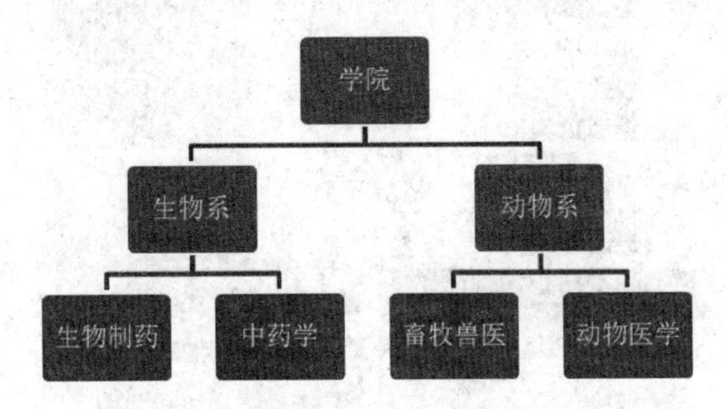

图 4-135　某学校组织结构图

(1) 新建一个 Word 2016 文档,在文档中点击【插入】→【插图】→【SmartArt】,选择“层次结构”列表中的“标记的层次结构图”,点击【确定】按钮,得到如图 4-136 所示效果。

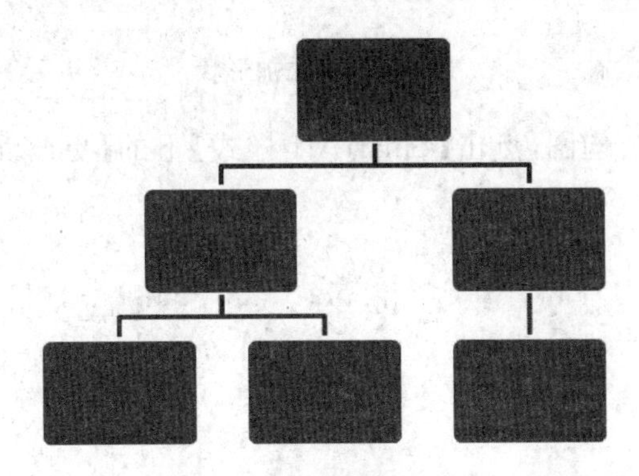

图 4-136　组织结构图

(2) 选中第三层中的三个形状点击右键,选择【编辑文字】,然后在形状中依次输入“生物制药”“中药学”“畜牧兽医”,如图 4-137 所示。

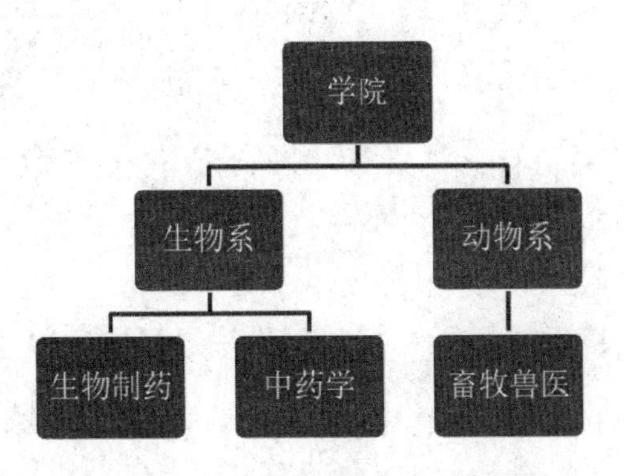

图 4-137　第一层、第二层、第三层结构

(3) 选中“畜牧兽医”形状，点击右键，在出现的菜单中选择【添加形状】→【在后面添加形状】，如图 4-138 所示。在新添加的形状中输入文字“动物医学”，得到效果如图 4-135 所示。

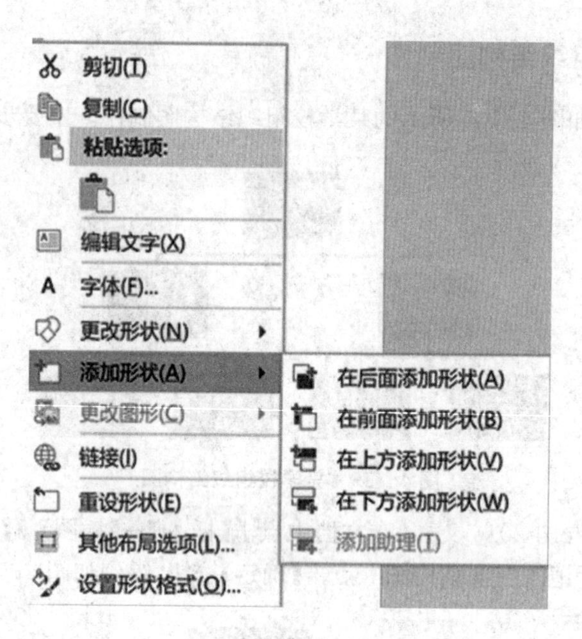

图 4-138　添加形状

(4) 选择整个组织结构图，点击【SmartArt 样式】下的【更改颜色】按钮，选择需要的颜色。

第 5 章

数据处理软件 Excel 2016

本章要点

- Excel 2016 的基本功能、启动与退出及 Excel 2016 窗口介绍
- 工作薄的创建、编辑和保存等基本操作
- 工作表的基本操作
- 工作表格式化
- 数据处理与分析
- 图表的建立、编辑与打印
- 宏

本章难点

- 工作表格式化
- 数据处理与分析
- 图表的建立、编辑、打印
- 宏
- 与其他软件联合应用

5.1 Excel 2016 概述

本节主要对 Excel 2016 有初步的认识，包括 Excel 2016 的优势，启动与退出及窗口的组成。

5.1.1 Excel 2016 优势

1. 迷你图

Excel 2016 新增了迷你图功能，可以帮助用户在一个单元格中创建某行或某列数据变化趋势的小型图表，从而快速找出数据关系，如图 5-1 所示。

2. 切片器

在 Excel 2003 和 Excel 2007 的数据透视表中，当对多个项目进行筛选后，如果要查看是对哪些字段进行了筛选，是怎样进行筛选的，需要打开筛选下拉列表来查看，很不直观。在 Excel 2016 中新增了切片器工具，不仅能轻松地对数据透视表进行筛选操作，还可以非

姓名	性别	计算机基础	大学英语	高等数学	
李裕军	男	79	78	98	
林伟伟	女	75	75	95	
陈红艳	女	92	70	73	
董婷	女	86	60	66	
王怀志	男	85	96	31	
尹彩元	女	98	36	71	
高研	女	82	35	84	
王慧	女	73	46	79	
曹燕祥	男	81	93	20	
裴迎迎	女	91	0	35	

图 5-1　迷你图示例

常直观地查看筛选信息。假如有如图 5-2 所示的人员情况表,借助切片器(如图 5-3 所示)功能可视化查阅各部分的汇总数据,如图 5-4 所示。

职工号	部门	组别	年龄	性别	学历	职称	基本工资
W001	工程部	E1	28	男	硕士	工程师	4000
W002	开发部	D1	26	女	硕士	工程师	3500
W003	培训部	T1	35	女	本科	高工	4500
W004	销售部	S1	32	男	硕士	工程师	3500
W005	培训部	T2	33	男	本科	工程师	3500
W006	工程部	E1	23	男	本科	助工	2500
W007	工程部	E2	26	男	本科	工程师	3500
W008	开发部	D2	31	男	博士	工程师	4500
W009	销售部	S2	37	女	本科	高工	5500
W010	开发部	D3	36	男	硕士	工程师	3500
W011	工程部	E3	41	男	本科	高工	4000
W012	工程部	E2	35	女	硕士	高工	5000

图 5-2　人员情况表

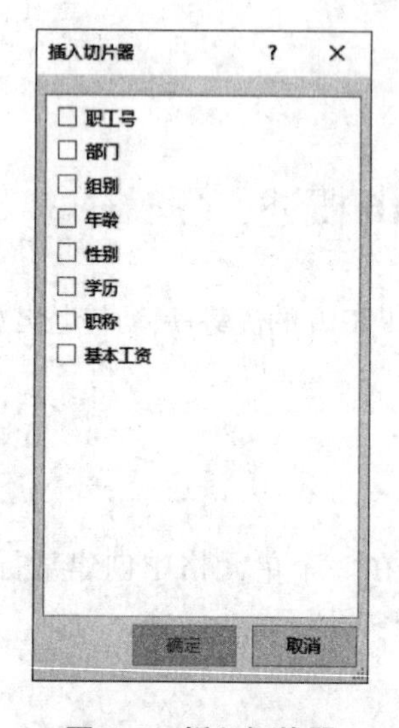

图 5-3　插入切片器

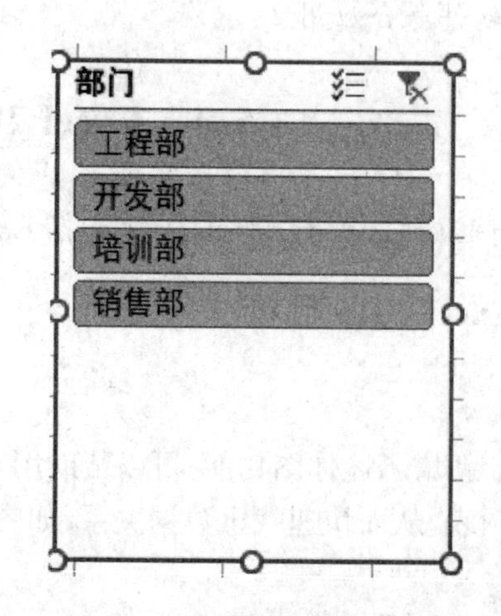

图 5-4　切片器(按部门汇总)

3. 简单易用的粘贴工具

Excel 2016 为用户提供了粘贴预览功能,用户可以在粘贴数据之前,预览数据粘贴后的格式及效果。在使用“粘贴”下拉列表或使用右键快捷菜单进行数据粘贴时，均显示粘贴选项图标 ，用户指向要选择的粘贴选项即可预览粘贴效果。

4. 其他改进

Excel 2016 提供的网络功能也允许 Excel 可以和其他人同时分享数据，包括多人同时处理一个文档等。另外，对于商业用户而言，Microsoft 推荐为 Excel 2016 安装 Project Gemini 加载宏，可以处理极大量数据，甚至包括亿万行的工作表。

5.1.2　Excel 2016 启动与退出

安装了 Excel 2016 程序后，用户可以使用以下方法启动 Excel 2016 程序。

(1) 依次选择【开始】|Excel 2016 命令，启动 Excel 2016，启动同时会自动创建一个名为“Book1”的空白工作簿。

(2) 可以创建一个 Excel 桌面快捷方式，然后双击快捷方式来启动 Excel 2016 程序。

(3) 双击已经保存过的 Excel 2016 文档来启动 Excel 2016 程序，并打开相应的文档。

当完成 Excel 2016 文档编辑后，要关闭文档，退出程序，可以通过以下方法来实现。

(1) 单击【文件】菜单，然后单击【退出】按钮。

(2) 单击标题栏右端的【关闭】按钮 。

(3) 将鼠标放置在标题栏上右击，从弹出的菜单中选择【关闭】按钮。

(4) 通过快捷键 Alt+F4 关闭。

提示：在通过方法(2)退出 Excel 2016 程序时，在 Excel 2016 窗口中有两个控制关闭的按钮，如果单击工作表【关闭】按钮，则表示把已经打开的工作表关闭，但不关闭 Excel 工作簿；如果单击 Excel 工作簿【关闭】按钮，则表示关闭整个工作簿，退出 Excel。

5.1.3　Excel 2016 窗口介绍

全新的 Excel 2016 操作界面由快速访问工具栏、菜单栏、功能区、工作表编辑区等部分组成，如图 5-5 所示。各组成部分功能与 Excel 2010 相同，此处不再赘述。

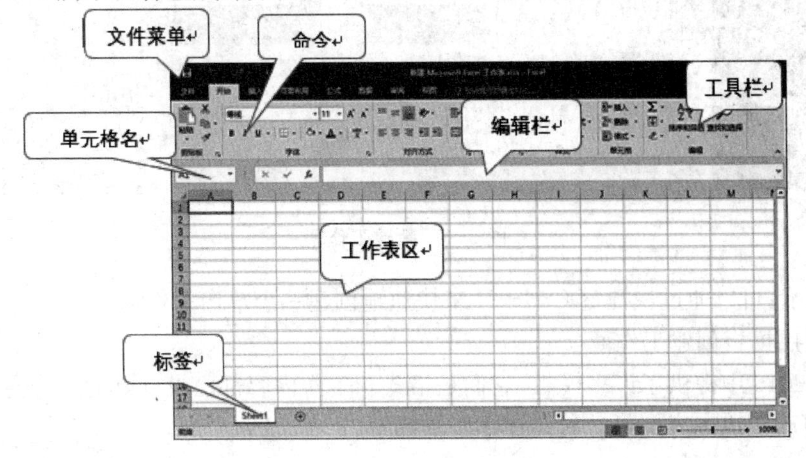

图 5-5　Excel 2016 窗口界面

5.2 Excel 2016 基本操作

本节主要介绍 Excel 2016 的基本操作及如何进行数据的输入,包括工作簿和工作表的基本操作及各种类型的数据输入。

5.2.1 工作簿基本操作

Excel 中的文件即为工作簿,一个工作簿可由一个或多个工作表组成,最多可以包含 255 张工作表,其扩展名为“. xlsx”。当启动 Excel 时,自动产生一个新的工作簿 Book1。在默认情况下,Excel 为每个新建工作簿创建三张工作表,标签名称分别是 Sheet1、Sheet2 及 Sheet3。工作表是用来存储和处理数据的一个二维的电子表格,它由若干个按行和列排列的单元格组成。行号自上而下从 1~1 048 576 进行编号,共 1 048 576 行;列标用英文字母 A~Z、AA~ZZ、……XFD 进行编号,共 16 384 列。

1. 新建工作簿

在 Excel 中,可以新建空白工作簿和根据模板创建工作簿,具体操作方法如下。

(1) 新建空白工作簿

新建空白工作簿方法很简单,启动 Excel 2016 程序后,自动新建一个空白工作簿。用户也可以在打开 Excel 2016 后,在【文件】选项中选择【新建】选项,在右侧选择“空白工作簿”后点击界面右下角的【创建】按钮就可以新建一个空白工作簿,如图 5-6 所示。

图 5-6 新建工作簿

提示:可以通过快捷键 Ctrl+N 来快速地创建一个空白工作簿。

(2) 使用模板创建工作簿

Excel 2016 中提供了许多模板,它们是格式和工作内容都已设计好的工作簿,用户只需根据需要更改相应内容即可。具体操作步骤如下。

首先打开 Excel,在【文件】菜单选项中选择【新建】选项,然后在“可用模板”选项区域中单击“样本模板”图标。进入“样本模板”列表,选择需要的模板样式后,单击【创建】按钮即可创建一个带有数据内容的工作簿,如图 5-7 所示。

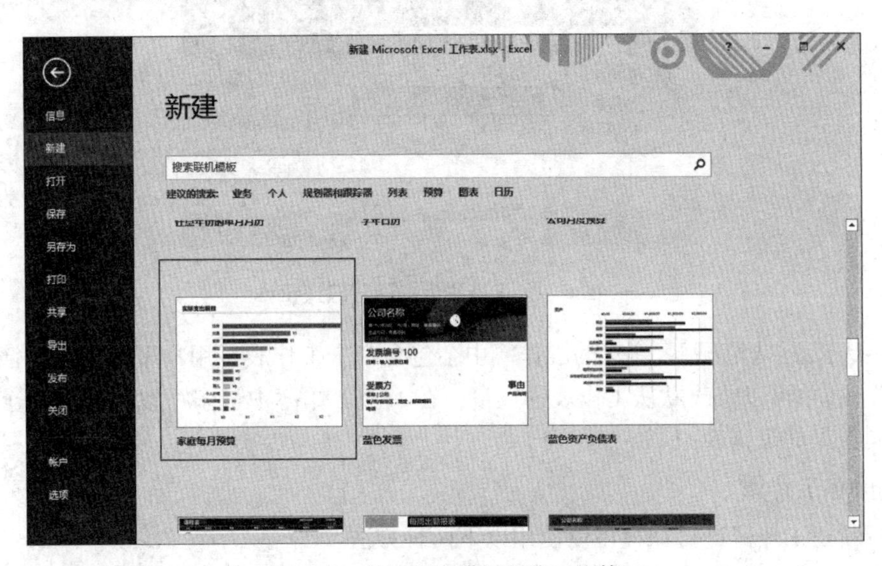

图 5-7　使用样本模板新建工作簿

2. 打开已有的工作簿

(1) 通过【文件】菜单打开

单击【文件】菜单,在弹出的下拉菜单中选择【打开】命令,在【打开】对话框中对应的下拉列表中选择要打开的文件的具体位置,然后选中要打开的文件,再单击【打开】按钮即可,如图 5-8 所示。

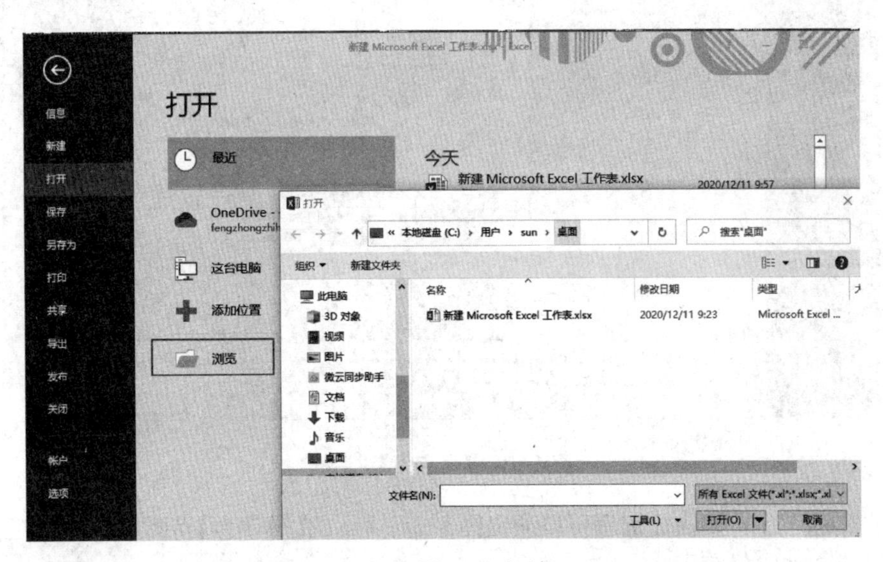

图 5-8　【打开】对话框

(2) 使用快捷方式打开

单击快速访问工具栏上的【打开】按钮,如图 5-9 所示,将会弹出【打开】对话框,在【打开】对应的下拉列表中选择要打开的文件的具体位置，然后选中要打开的文件，最后单击【打开】按钮即可。

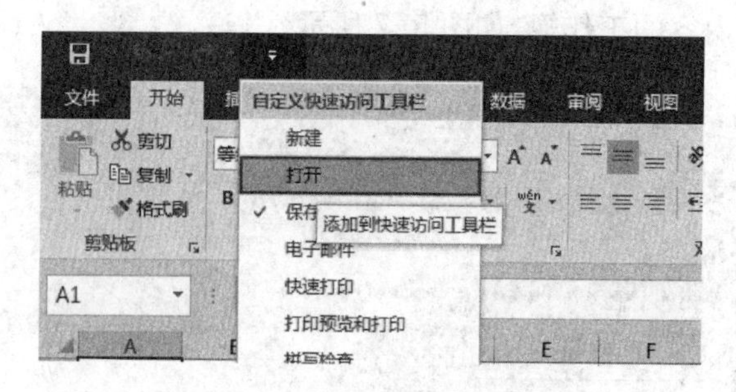

图 5-9　工具栏上的【打开】按钮

提示：默认情况下，新建的工作簿中会包含 3 个工作表。用户可以在工作簿中添加新的工作表，也可以修改默认工作表的数量。在一个工作簿中最多可以包含 255 个具有相同或不同类型的工作表。

3. 保存工作簿

对于新建工作簿进行保存可以使用以下两种方法。

方法 1：在【文件】菜单下点击【保存】按钮，在弹出的【另存为】对话框中，我们可以选择文件的保存位置及更改文件名后，点击【保存】按钮，就可以对文件进行保存了，如图 5-10 所示。

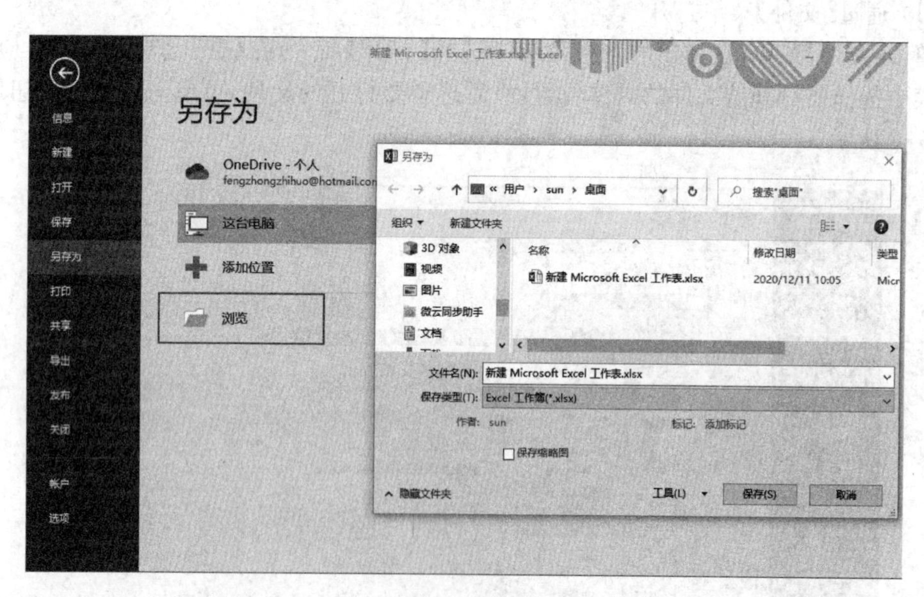

图 5-10　【另存为】对话框

方法 2：按 Ctrl＋S 快捷键后可以调出图 5-10 所示的【另存为】界面，然后按照上述步骤就可以进行文件的保存了。

4. 关闭工作簿

对编辑的工作簿进行保存后，如不需要继续使用就应将其关闭。用户可以根据自己的习惯选择其中任何一种方法来关闭工作簿。

方法 1:用户可以单击窗口右上角的【关闭窗口】按钮来关闭当前工作簿。

方法 2:用户可以使用【文件】菜单中的【关闭】命令来快速关闭当前工作簿。

5.2.2　数据输入

工作簿建立后,可在工作簿的每个工作表中进行数据输入。在 Excel 工作表的单元格中可以输入文本、数字、日期等。

1. 文本输入

单击要输入文本的单元格,输入文本,且输入的字符不受单元格大小的限制。输入数据后按 Enter 键,黑色边框自动跳到下一行的同列单元格。

提示:单元格中的文本包括任何字母数字和键盘符号的组合。每个单元格最多可包含 32 000 个字符,如果单元格列宽容不下文本字符串,就要占用相邻的单元格。如果相邻单元格中已有数据,就会截断显示。

2. 数字输入

Excel 有自己认为的有效数字,基本上包括了我们平时用到的数字及数字符号,只要正常输入就可以了。

在 Excel 中,数字可用逗号、科学计数法或某种格式表示。输入数字时,只要选中需要输入数字的单元格,按键盘上的数字键即可。

3. 日期输入

输入日期时可以使用斜线(/)、半字线(-)、文字或者它们的混合来表示。输入日期有很多方法,如果您输入的日期格式与默认的格式不一致,就会把它转换成默认的日期格式。如输入"2019 年 4 月 23 日"这个日期,可以输入如下形式:

19/4/23　　19-4-23　　19-4/23　　19/4-23

2019/4/23　　2019-4-23　　2019-4/23　　2019/4-23

4. 输入逻辑值

Excel 中可以直接在单元格中输入逻辑值"TRUE"或"FALSE",也可以通过输入公式得到计算的结果为逻辑值。例如,在单元格中输入公式:=7<8,结果为"FALSE"。

5. 智能填充数据

对于相邻单元格中要输入相同数据或按某种规律变化的数据时,可以用 Excel 的智能填充功能实现快速输入。在当前单元格的右下角有一小黑块,称为填充句柄。Excel 内置的序列数据有日期序列、时间序列和数值序列,用户还可以根据需要自定义序列。自动填充日期、时间和数值序列有以下两种方法。

方法 1:利用填充柄填充数据序列。

(1) 直接拖动填充柄

- 选定待填充区域的起始单元格,然后输入序列的初始值并确认。
- 移动鼠标指针到初始值的单元格的右下角的填充柄。
- 按住鼠标左键拖动填充柄经过需填充的区域。

• 松开鼠标左键，则序列内容按内定的规律被填充到鼠标拖动所经过的各单元格，如图 5-11 所示。

	A	B	C	D	E	F	G
1							
2		1	1月2日	8:00	星期四	例1	
3		1	1月3日	9:00	星期五	例2	
4		1	1月4日	10:00	星期六	例3	
5		1	1月5日	11:00	星期日	例4	
6		1	1月6日	12:00	星期一	例5	
7		1	1月7日	13:00	星期二	例6	
8		1	1月8日	14:00	星期三	例7	
9		1	1月9日	15:00	星期四	例8	
10		1	1月10日	16:00	星期五	例9	
11		1	1月11日	17:00	星期六	例10	
12		1	1月12日	18:00	星期日	例11	
13		1	1月13日	19:00	星期一	例12	
14							

图 5-11　直接拖动填充柄

(2) 按住 Ctrl 键拖动填充柄

• 选定待填充区域的起始单元格，然后输入序列的初始值并确认。

• 移动鼠标指针到初始值的单元格的右下角的填充柄。

• 按住 Ctrl 键，然后按下鼠标左键拖动填充柄经过需填充的区域。

• 松开鼠标左键和 Ctrl 键，则按与上例相反的规律填充到鼠标拖动所经过的各单元格，如图 5-12 所示。

	A	B	C	D	E	F
1						
2		1	1月2日	8:00	星期四	例1
3		2	1月2日	8:00	星期四	例1
4		3	1月2日	8:00	星期四	例1
5		4	1月2日	8:00	星期四	例1
6		5	1月2日	8:00	星期四	例1
7		6	1月2日	8:00	星期四	例1
8		7	1月2日	8:00	星期四	例1
9		8	1月2日	8:00	星期四	例1
10						

图 5-12　填充相同的数据序列，不同的日期、时间和星期序列

方法 2：利用对话框填充数据序列。

• 选定待填充区域的起始单元格，然后输入序列的初始值并确认。

• 选定填充范围(必须包含有初始值的单元格区域)。

• 选择【填充】工具按钮下拉列表中的【序列】子菜单。

• 在【序列】窗口中，根据填充数据类型的不同选择不同的操作，如图 5-13 所示。

5.2.3　工作表基本操作

工作表的基本操作包括插入工作表、重命名工作表、移动和复制工作表、删除工作表、显示和隐藏工作表等内容。

1. 插入工作表

插入工作表有以下几种方法。

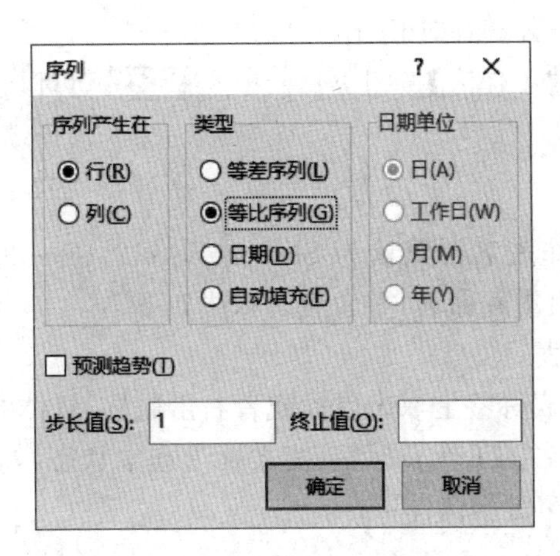

图 5-13 【序列】对话框

(1) 通过【插入工作表】命令完成

如果需要在 Sheet1 前面插入一个新工作表，可以使用【插入工作表】命令来实现，具体操作如下。

打开 Excel 文档，选中 Sheet1 工作表，单击【开始】菜单，在【单元格】工具栏中单击【插入】按钮，从下拉列表中选择【插入工作表】命令，如图 5-14 所示。可以看到在工作表 Sheet1 之前插入了一个新的工作表 Sheet4。

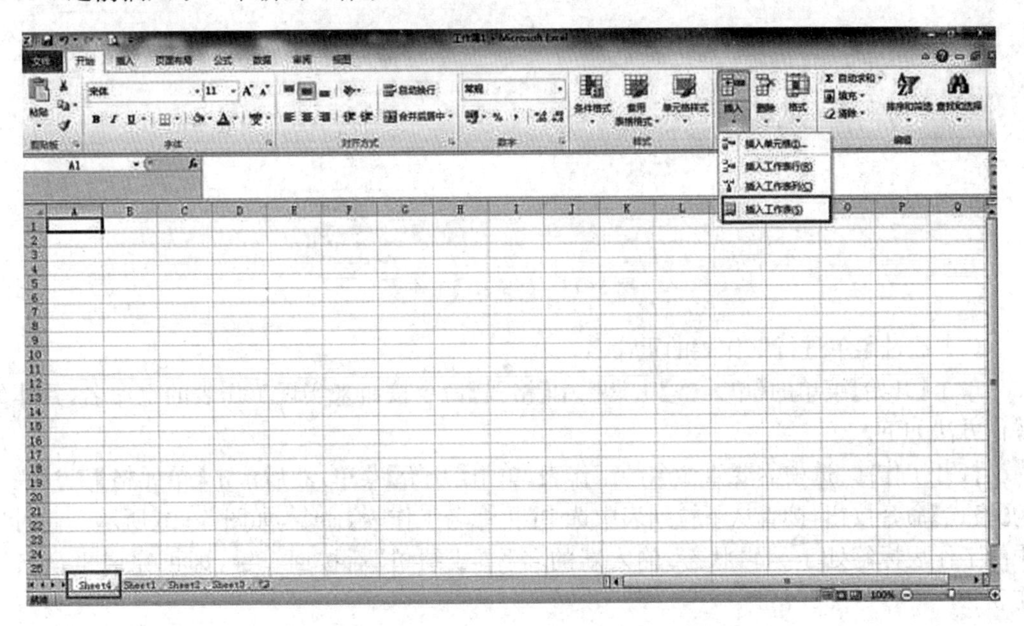

图 5-14 【插入工作表】命令

(2) 通过快捷菜单插入工作表命令

打开 Excel 文档，在 Sheet1 工作表标签上右击，然后选择【插入】命令，打开【插入】对话框。在【插入】对话框中点击【常用】选项卡，然后单击【工作表】图标，再单击【确定】按钮，这时就在 Sheet1 工作表前插入一个新的工作表了。

(3) 通过【新建工作表】按钮添加工作表

点击表格下方的【新建工作表】按钮 Sheet1 Sheet3 ⊕ ,可以在工作表 Sheet3 之后添加一个新工作表 Sheet4。

2. 重命名工作表

Excel 工作簿中的工作表名称默认为 Sheet1、Sheet2、Sheet3……,为了方便记忆与管理,我们往往需要对工作表重新命名,重命名的方法如下。

(1) 直接重命名工作表

在需要重命名的工作表标签上双击鼠标或者右击鼠标,具体的操作步骤如下。

直接双击需要重新命名的工作表标签,使之处于选中状态,如图 5-15 所示。输入新的工作表名“成绩单”,按回车键确认即可。

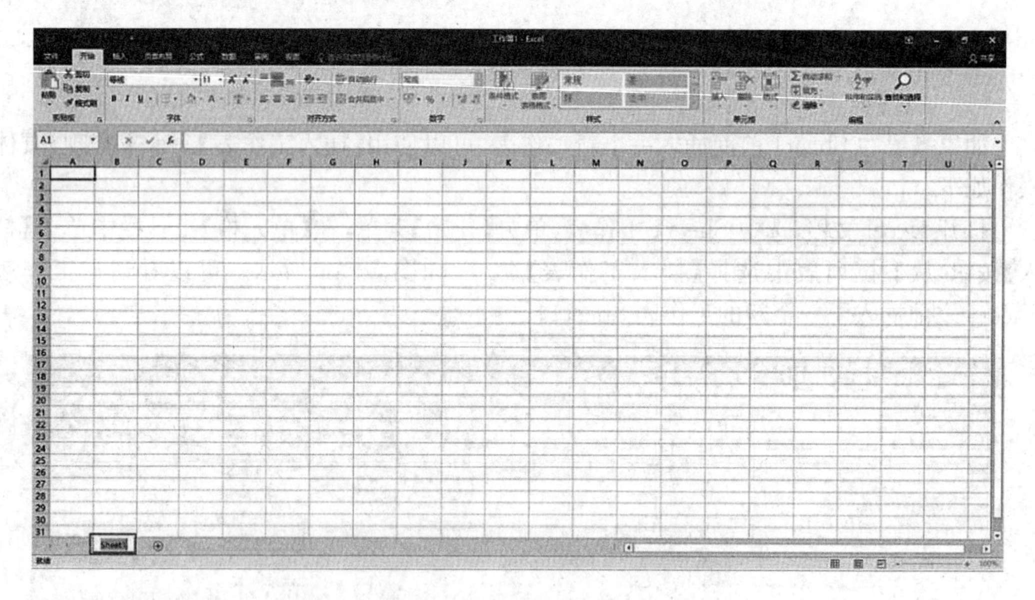

图 5-15 【Sheet1】工作表

(2) 通过菜单进行工作表的重命名

单击【开始】菜单的【单元格】工具栏中【格式】命令按钮来实现工作表的重命名,具体的操作方法如下。

打开工作簿,选中需要重命名的工作表,单击【开始】菜单,然后单击【单元格】工具栏中的【格式】命令按钮,接着从下拉列表中选中【重命名工作表】命令,如图 5-16 所示。此时选中的工作表标签处于编辑状态,输入新的名称“成绩单”后按回车键,即可完成重命名工作表。

3. 移动、复制工作表

在实际工作中,有时会遇到相似的两张表格,若已经制作好其中一张表格,另一张表格用“复制表格,适当编辑个别不同点”的方法比较好,可以提高工作效率。工作表可以在工作簿内部或工作簿之间进行复制和移动。

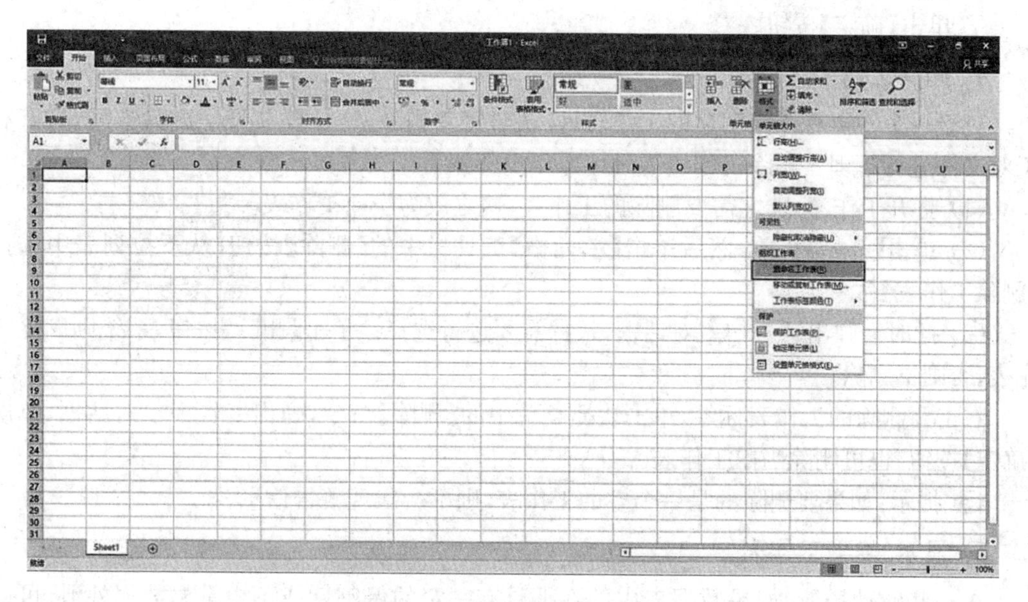

图 5-16　【重命名工作表】命令

(1) 在同一工作簿中移动(或复制)工作表

在同一工作簿中复制和移动工作表可使用拖放的快捷方法。

首先单击要复制或移动的工作表标签,并按下鼠标左键向左或向右拖动工作表标签,同时会出现黑色小箭头,当黑色小箭头指到要移动到的目标位置时,放开鼠标左键,完成移动工作表操作。

复制与移动工作表的不同之处仅在于在拖动标签的同时按住 Ctrl 键,松开鼠标则可将选中的工作表复制到目的地。

(2) 在不同工作簿中移动(或复制)工作表

利用【移动或复制工作表】对话框,可以实现一个工作簿内工作表的移动或复制,也可以实现不同工作簿之间工作表的移动或复制。具体操作如下。

① 首先在 Excel 应用程序窗口下,分别打开两个工作簿(源工作簿和目标工作簿)。

② 使源工作簿成为当前工作簿,单击要移动或复制的工作表标签。

③ 右击选定的工作表标签,选择【移动或复制工作表】命令,弹出【移动或复制工作表】对话框,如图 5-17 所示。

④ 在“工作簿(T)”下拉列表框中选择要“复制或移动”到的目标工作簿。

⑤ 在“下列选定工作表之前(B)”的下拉式列表框中选择要插入的位置。

⑥ 如果要复制,只要选中“建立副本”复选框。

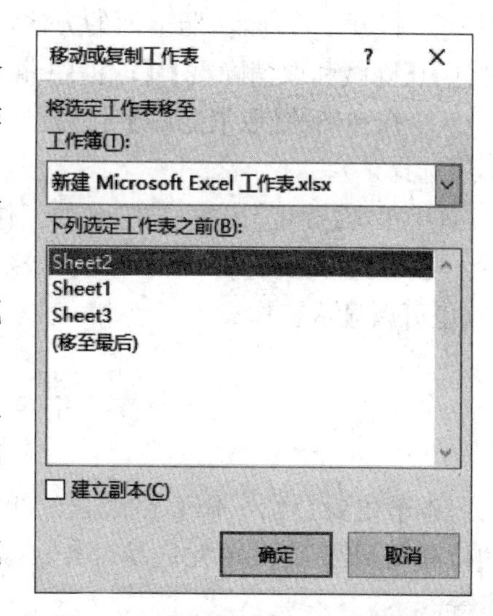

图 5-17　【移动或复制工作表】对话框

⑦ 单击【确定】按钮。

4. 删除工作表

对于一个不再有任何用途的工作表，应及时将其删除，这样即节省了磁盘空间，又有利于对文件进行管理。删除工作表的具体操作步骤如下。

(1) 打开工作簿，选定需要删除的工作表，使之成为当前工作表。

(2) 单击【开始】菜单，然后单击【单元格】工具栏中的【删除】按钮，从下拉列表中选择【删除工作表】命令。

(3) 此时会弹出警告信息对话框，根据需要进行选择。单击【删除】按钮，系统则删除工作表，否则不删除。

右击要删除的工作表标签，单击快捷菜单中的【删除】命令，弹出警告提示对话框，单击【确定】按钮，也可删除当前工作表。

提示：如果要删除的是一个空的工作表，则不会出现警告信息。

5. 显示、隐藏工作表

在一些活动场所，如果数据表中的数据具有一定的保密性或不想重要数据外泄，可以通过隐藏工作表来实现，等到需要数据显示时再取消隐藏。

(1) 隐藏工作表

隐藏工作表的具体操作步骤如下。

① 打开工作簿，选定需要隐藏的工作表，使之成为当前工作表。

② 单击【开始】菜单，然后单击【单元格】工具栏中的【格式】命令按钮，在弹出的下拉列表中依次选择【可见性】|【隐藏和取消隐藏】|【隐藏工作表】命令，当前工作表就被隐藏了。

(2) 显示隐藏工作表

隐藏和显示是相对的，操作方法一样。

① 打开工作簿，仿照上面的方法，单击【格式】按钮，在弹出的下拉列表中依次选择【可见性】|【隐藏和取消隐藏】|【取消隐藏工作表】命令。

② 在弹出的【取消隐藏】对话框中选择需要显示的工作表(如果只隐藏过一个工作表就不用选择了)。

③ 单击【确定】按钮，被隐藏的工作表就会显示出来了。

提示：在任何一个工作表标签上右击鼠标，然后在弹出的菜单上选择【取消隐藏】命令，也可以显示工作表。

5.3 工作表格式化

本节主要介绍工作表格式化的相关内容，包括行、列、单元格的插入与删除，调整表格的行高与列宽，合并单元格及对齐数据项，设置边框和底纹的图案与颜色，格式化表格的文本等。

5.3.1　行、列、单元格的插入与删除

1. 行的插入与删除

选择某行或该行中某个单元格，单击【开始】菜单，然后单击【单元格】工具栏中【插入】命令中的【插入工作表行】命令，即在该行上方插入一空行。

选择需要删除的行或行中某个单元格，单击【开始】菜单，然后单击【单元格】工具栏中【删除】命令中的【删除工作表行】命令，即可删除该行。

2. 列的插入与删除

列的插入删除操作方法和步骤与行类似，可仿照行的操作来完成。

3. 单元格的插入与删除

选择单元格，单击【开始】菜单，然后单击【单元格】工具栏中【插入】命令中的【插入单元格】命令，弹出如图 5-18 所示插入单元格对话框，选择插入选项完成单元格的插入。

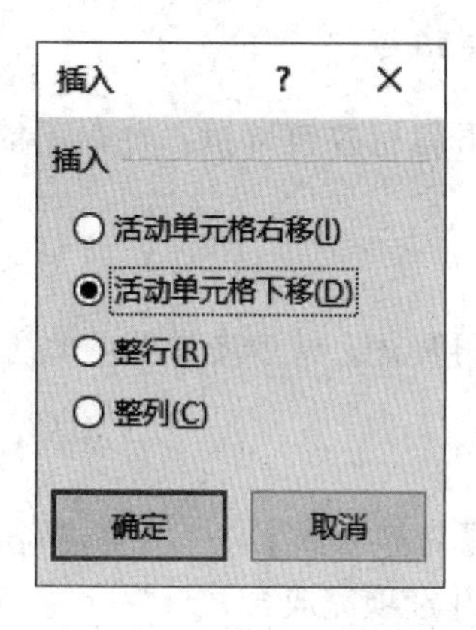

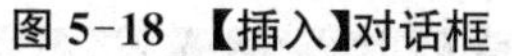
图 5-18　【插入】对话框

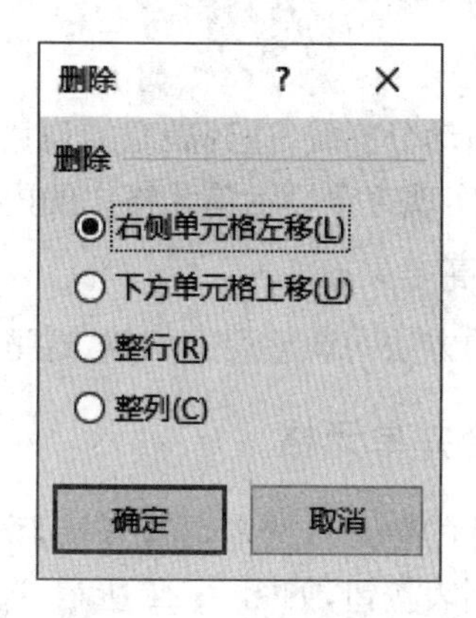

图 5-19　【删除】对话框

选择需要删除的单元格，单击【开始】菜单，然后单击【单元格】工具栏中【删除】命令中的【删除单元格】命令，弹出如图 5-19 所示删除单元格对话框，选择删除选项完成单元格的删除。

5.3.2　调整行高与列宽

1. 调整列宽

当输入的数据的长度大于列宽时，需要对单元格的列宽进行调整以满足数据长度的需要，具体操作方法如下。

(1) 通过【列宽】命令来调整

打开工作表，选择需要调整的列，单击【开始】菜单，在【单元格】工具栏中单击【格式】按钮旁的下拉列表按钮，选择【列宽】命令，如图 5-20 所示，在弹出的【列宽】对话框中输入适当的列宽值，单击【确定】完成列宽的设置。

(2) 通过拖动鼠标来调整

将鼠标光标放在需调列宽的列标的分割线上，鼠标光标会变成双向的十字箭头形状，

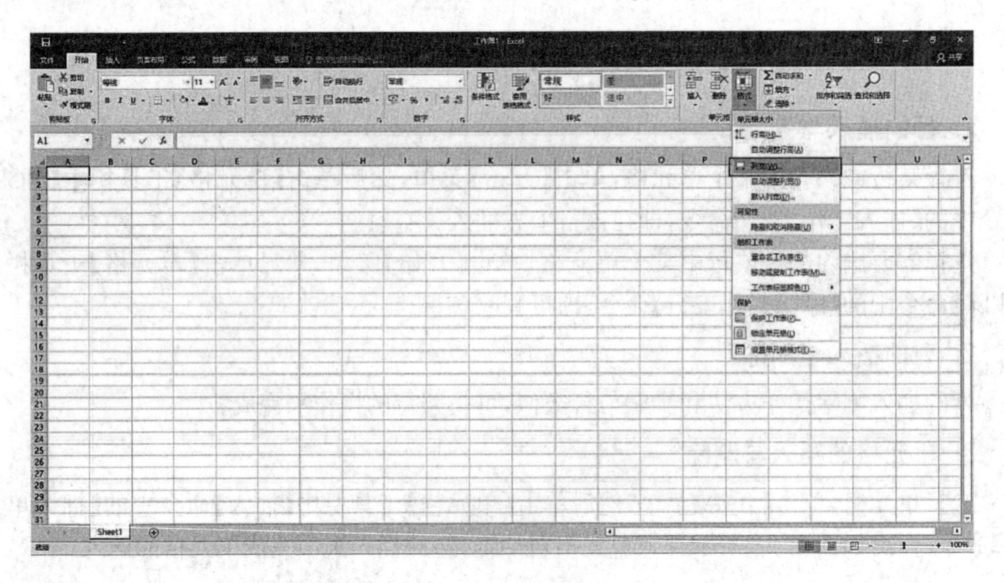

图 5-20 【列宽】命令

按住鼠标左键拖动分割线,达到满意的列宽时松开鼠标左键即可。此时不能精确实现列宽的调整,但可以实现完全显示单元格中的内容。

2. 调整行高

调整行高的方法同调整列宽相似,这里就不再赘述。请读者参照前面所述自行完成。

5.3.3 合并单元格

将需要合并的单元格选中,在【开始】菜单的【对齐方式】工具栏中,单击【合并后居中】按钮旁的下拉列表按钮,如图 5-21 所示,选择合并选项完成合并。

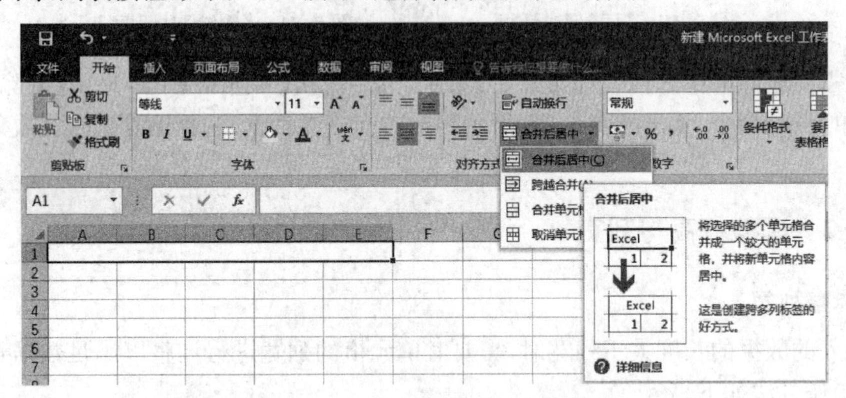

图 5-21 【单元格合并】命令

5.3.4 设置单元格格式

1. 设置单元格格式

通过【设置单元格格式】对话框可以实现对单元格字体、对齐方式、数字格式、边框、底纹等设置。具体操作步骤如下。

(1) 打开工作表,选择需设置的单元格或单元格区域,在【开始】菜单的【字体】工具栏上单击【字体】旁的 按钮。

(2) 打开【设置单元格格式】对话框,在【字体】选项卡下,对“字体”栏、“字形”栏、“字号”栏进行设定,单击“颜色”栏下的下拉菜单按钮从中选择一种颜色,在“特殊效果”中选择相应效果,如图 5-22 所示。

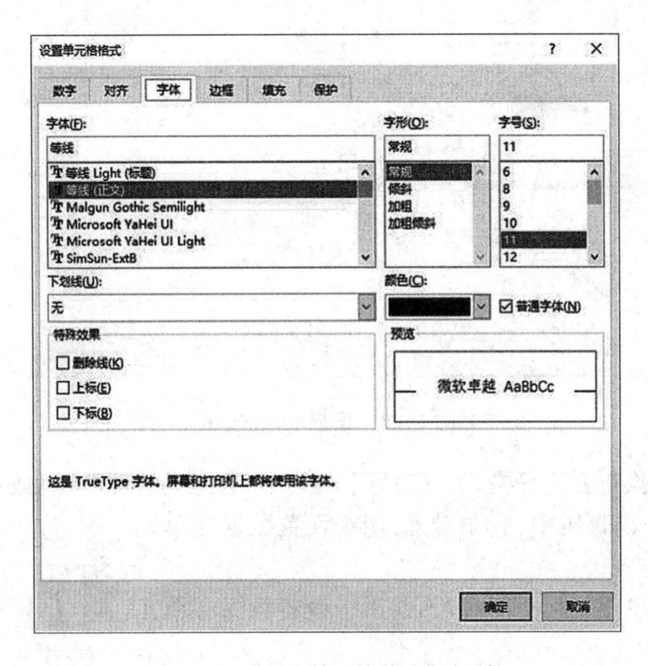

图 5-22 【设置单元格格式】对话框

(3) 单击【数字】选项卡,在“分类”列表框中选择格式类型,进行相应设置即可完成数字格式设置。

(4) 单击【对齐】选项卡,分别在“水平对齐”和“垂直对齐”下拉列表中选择对齐方式,即可完成对齐方式的设置。

(5) 单击【边框】选项卡,分别设置线条样式和颜色,然后单击预览选项或边框按钮实现边框的设置,如图 5-23 所示。

(6) 单击【填充】选项卡,选择某一背景色或填充效果可完成单元格底纹的设置。

(7) 单击【确定】按钮,单元格的格式设置即可完成。

提示:在【字体】选项卡中还有“下划线”栏,可以选择为数据添加下划线的样式,比如单下划线、双下划线等;“特殊效果”栏可以选择是否添加“删除线”“上标”“下标”等,这些具体效果读者可以通过自己找些文字应用这些功能去查看。

2. 设置对齐方式

默认情况下,在单元格中,数字是右对齐,而文字是左对齐。在制表时,往往要改变这一默认格式,如设置其为居中、跨列居中等。

使用【开始】菜单下的【对齐】工具栏中的工具可以设置数据在单元格中的对齐方式、文

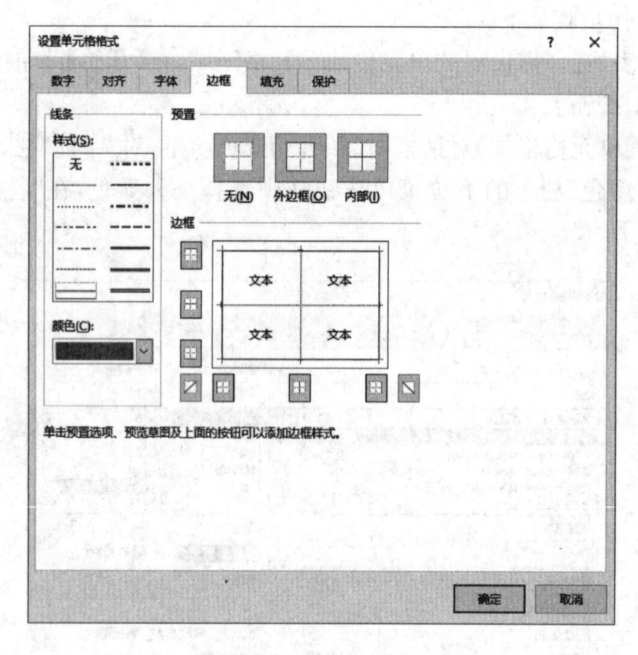

图 5-23　设置单元格边框

本方向、缩进量和换行方式等格式。【对齐】工具栏中各工具的功能说明如下。

• 顶端对齐、垂直居中、底端对齐：用于设置数据在单元格中的垂直对齐方式。

• 文本左对齐、居中、文本右对齐：用于设置数据在单元格中的水平对齐方式。

• 方向：用于沿对角线或垂直方向旋转文字。通常用于标记较窄的列。

• 自动换行：可通过多行显示使单元格中的所有内容都可见。

• 合并后居中：用于将所选的单元格合并成一个较大的单元格，并将单元格的内容居中。通常用于创建跨行标签。

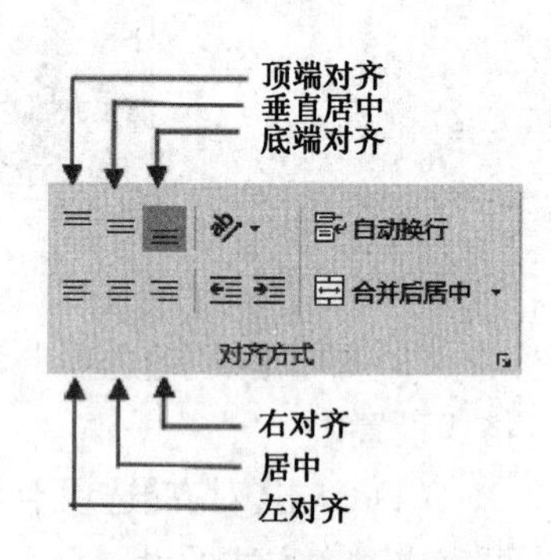

图 5-24　【对齐方式】按钮

各图标的样式，如图 5-24 所示。

3. 自动套用格式

Excel 2016 提供了多种现成的表格格式模板供用户自动套用，用户还可从中选择一种合适的样式来快速设置工作表格式。自动套用格式的操作步骤如下。

要套用预置的表格样式，选择了所有包含所需数据的单元格区域后，在【开始】菜单的样式工具栏中单击【套用表格样式】按钮，在弹出的菜单中单击所需样式的图表，打开如图 5-25 所示的【套用表格样式】对话框，单击【确定】按钮即可。如果没有事先选择单元格区域，则用户可单击“表数据的来源”文本框右侧的【折叠】按钮，将对话框折叠起来，然后在工作表中选择要套用表格样式的区域，此区域即显示在“表数据的来源”文本框中，再次单击【折叠】按钮展开对话框，单击【确定】按钮即可。

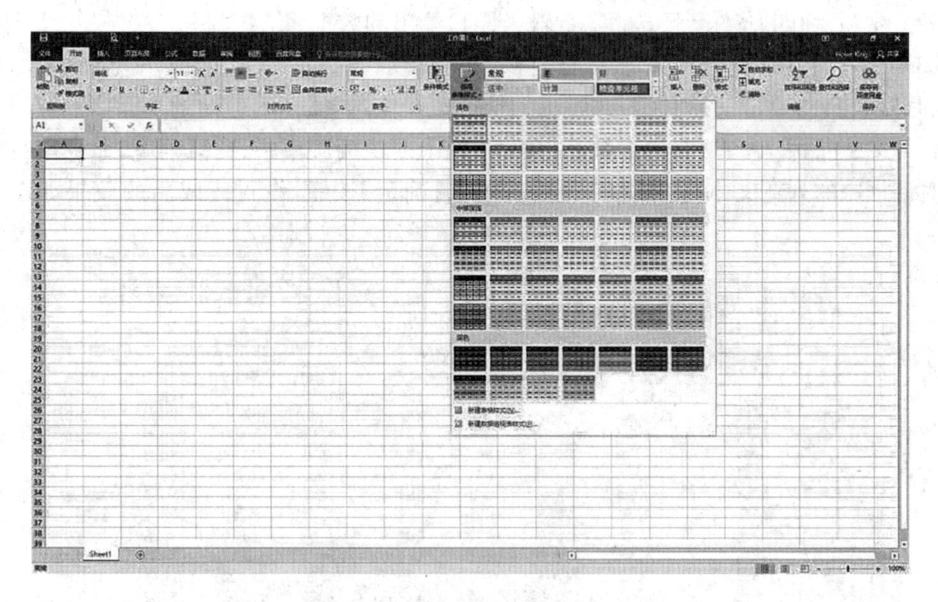

图 5-25　【套用表格样式】对话框

实例 5.1　制作某公司销售情况表(全国高新考试样题)

制作如图 5-26 所示的"某公司 2019 年下半年各地区销售情况表"。

	A	B	C	D	E	F	G	H	I	J
1	某公司2019下半年各地区销售情况表(单位:元)									
2	品种	销售地区	单价	八月	七月	八月	九月	十月	十一月	十二月
3	品种三	华东	2.30	19458	12282	16025	13133	24669	13081	18134
4	品种四	华东	3.90	17852	15327	11874	21899	16142	11961	21010
5	品种二	华东	4.40	24217	9267	5618	7718	18455	21030	20156
6	品种三	华南	2.30	16234	18470	19632	19593	23185	13523	6804
7	品种一	华南	4.00	24199	9734	9820	11592	19351	16467	14682
8	品种四	华南	3.90	16832	18491	7424	19576	16238	11159	23713
9	品种三	华北	2.50	7745	11674	16526	18392	9210	22961	20521
10	品种四	华北	3.60	21516	19729	14300	24663	6130	9596	15599
11	品种一	华北	3.90	13813	17428	21956	13445	16501	17224	6025
12	品种四	华北	3.60	7697	21700	24134	24628	18181	11569	6749
13	品种三	华西	2.10	24704	18816	17093	10681	21022	11371	22716
14	品种四	华西	3.80	12070	12222	15259	8323	5662	18752	6517

图 5-26　销售情况表

1. 设置工作表行、列

- 在标题行下方插入一行,设置行高为 9。
- 在"品种四、华东"下方的空行输入"品种一、华东、2.80、55000、43000、39000、40000、35000、37900"数据。
- 将"七月"一列与"八月"一列位置互换。
- 调整"品种"所在列的宽度为 13.50。

操作步骤如下。

(1) 选中数据表的第二行单击鼠标右键,在弹出的快捷菜单中选择【插入】命令,则在第二行的上方即标题行的下方插入一行;在此行上右击鼠标,在弹出的快捷菜单中选择【行高】,在行高对话框的行高文本框中输入 9,单击【确定】按钮。

(2) 在“品种四、华东”下方的空行输入题目给出的数据。

(3) 选中“七月”所在列,单击鼠标右键,在弹出的快捷菜单中选择【剪切】命令,然后选中“八月”所在列,单击鼠标右键,在弹出的快捷菜单中选择【插入剪切的单元格】命令。

(4) 选中“品种”所在列,单击鼠标右键,在弹出的快捷菜单中选择【列宽】命令,在弹出的列宽对话框中的列宽文本框中输入 13.50,单击【确定】按钮,设置完成后的效果如图 5-27 所示。

	A	B	C	D	E	F	G	H	I	J
1	某公司2019下半年各地区销售情况表(单位:元)									
2										
3	品种	销售地区	单价	六月	八月	七月	九月	十月	十一月	十二月
4	品种三	华东	2.30	19458	16025	12282	13133	24669	13081	18134
5	品种四	华东	3.90	17852	11874	15327	21899	16142	11961	21010
6	品种一	华东	2.80	55000	39000	43000	40000	35000	37900	45300
7	品种二	华东	4.40	24217	5618	9267	7718	18455	21030	20156
8	品种三	华南	2.30	16234	19632	18470	19593	23185	13523	6804
9	品种一	华南	4.00	24199	9820	9734	11592	19351	16467	14682
10	品种四	华南	3.90	16832	7424	18491	19576	16238	11159	23713
11	品种三	华北	2.50	7745	16526	11674	18392	9210	22961	20521
12	品种四	华北	3.60	21516	14300	19729	24663	6130	9596	15599
13	品种一	华北	3.90	13813	21956	17428	13445	16501	17224	6025
14	品种三	华西	2.10	24704	17093	18816	10681	21022	11371	22716
15	品种四	华西	3.80	12070	15259	12222	8323	5662	18752	6517

图 5-27　设置行、列效果图

2. 设置单元格格式

- 将单元格区域 A1:I1 合并及居中;设置字体为方正姚体,字号为 20,加粗;设置橙色底纹。
- 将其余单元格字体设置为华文行楷,字体颜色为深红色,设置绿色底纹,对齐方式为水平居中。

操作步骤如下:

(1) 选中单元格区域 A1:I1,单击【开始】菜单下【对齐方式】工具栏上的【合并后居中】命令按钮;然后在【字体】工具栏上的“字体”下拉列表中选择“方正姚体”,“字号”下拉列表中选择“20”,单击【加粗】命令按钮;在【填充颜色】中选择“标准色”中的“橙色”。

(2) 选中其余单元格区域 A2:I16,单击【开始】菜单,在【字体】工具栏上的“字体”下拉列表中选择“华文行楷”,在【字体颜色】中选择“标准色”中的“深红”,在【填充颜色】中选择“标准色”中的“绿色”,单击【对齐方式】工具栏上的【居中】命令按钮。设置完成后的效果如图 5-28 所示。

	A	B	C	D	E	F	G	H	I	J
1	某公司2019下半年各地区销售情况表(单位:元)									
2										
3	品种	销售地区	单价	六月	八月	七月	九月	十月	十一月	十二月
4	品种三	华东	2.30	19458	16025	12282	13133	24669	18134	12282
5	品种四	华东	3.90	17852	11874	15327	21899	16142	21010	15327
6	品种一	华东	2.80	55000	39000	43000	40000	35000	45300	43000
7	品种二	华东	4.40	24217	5618	9267	7718	18455	20156	9267
8	品种三	华南	2.30	16234	19632	18470	19593	23185	6804	18470
9	品种一	华南	4.00	24199	9820	9734	11592	19351	14682	9734
10	品种四	华南	3.90	16832	7424	18941	19576	16238	23713	18941
11	品种三	华北	2.50	7745	16526	11674	18392	9210	20521	11674
12	品种四	华北	3.60	21516	14300	19729	24663	6130	15599	19729
13	品种一	华北	3.90	13813	21956	17428	13445	16501	6025	17428
14	品种三	华西	2.10	24704	17093	18816	10681	21022	22716	18816
15	品种四	华西	3.80	12070	15259	1 2222	8323	5662	6517	1 2222

图 5-28　单元格格式设置完成后效果图

3. 设置表格边框线

将单元格区域 A3:I16 外框线设置为红色粗实线，内边框线设置为黑色的细实线。

操作步骤如下。

选中单元格区域 A3:I16，单击【开始】菜单，在【字体】工具栏上的【边框】命令按钮的下拉边框类型中选择“其他边框”，在打开的对话框中点击“边框选项卡”，在“线条”和“颜色”中依次选择所需的样式和颜色，然后在“预置”组中选择边框类型，如“粗实线”“红色”“外边框”，再依次选择“细实线”“黑色”“内部”，单击【确定】按钮完成设置。设置完成后效果如图 5-29 所示。

	A	B	C	D	E	F	G	H	I	J
1	某公司2019下半年各地区销售情况表(单位：元)									
2										
3	品种	销售地区	单价	六月	八月	七月	九月	十月	十一月	十二月
4	品种三	华东	2.30	19458	16025	12282	13133	24669	18134	12282
5	品种四	华东	3.90	17852	11874	15327	21899	16142	21010	15327
6	品种一	华东	2.80	55000	39000	43000	40000	35000	45300	43000
7	品种二	华东	4.40	24217	5618	9267	7718	18455	20156	9267
8	品种三	华南	2.30	16234	19632	18470	19593	23185	6804	18470
9	品种一	华南	4.00	24199	9820	9734	11592	19351	14682	9734
10	品种四	华南	3.90	16832	7424	18941	19576	16238	23713	18941
11	品种三	华北	2.50	7745	16526	11674	18392	9210	20521	11674
12	品种四	华北	3.60	21516	14300	19729	24663	6130	15599	19729
13	品种一	华北	3.90	13813	21956	17428	13445	16501	6025	17428
14	品种三	华西	2.10	24704	17093	18816	10681	21022	22716	18816
15	品种四	华西	3.80	12070	15259	1 2222	8323	5662	6517	1 2222

图 5-29　表格边框设置完成后效果图

4. 插入批注

为“4.40”(C6)所在的单元格插入批注“单价最高”。

操作步骤如下。

选中单元格 C6，单击【审阅】菜单，在【批注】工具栏上单击【新建批注】按钮，首先将默认的批注内容删除，然后再将批注内容“单价最高”输入后单击批注外任意单元格完成设置。

实例 5.2　完成工作表的格式化（全国等级考试样题）

1. 将如图 5-30 所示的工作表 A1:D1 单元格合并为一个单元格，内容水平居中。

	A	B	C	D
1	某产品2018年数量统计表（单位：个）			
2	月份	销售量	所占百分比	备注
3	1月	330		
4	2月	180		
5	3月	190		
6	4月	426		
7	5月	680		
8	6月	942		
9	7月	520		
10	8月	408		
11	9月	468		
12	10月	278		
13	11月	266		
14	12月	167		
15	全年总量			

图 5-30　工作表

操作步骤：选中单元格 A1:D1，单击【开始】下的【对齐方式】组中的【合并后居中】按钮。完成设置后的效果如图 5-31 所示。

	A	B	C	D
1	某产品2018年数量统计表（单位：个）			
2	月份	销售量	所占百分比	备注
3	1月	330		
4	2月	180		
5	3月	190		
6	4月	426		
7	5月	680		
8	6月	942		
9	7月	520		
10	8月	408		
11	9月	468		
12	10月	278		
13	11月	266		
14	12月	167		
15	全年总量			

图 5-31　合并单元格后效果图

2. 计算“所占百分比”列的内容，并利用条件格式的“图标集”“三向箭头（彩色）”修饰 C3:C14 单元格区域。（详见实例 5.4 操作）

5.4　公式与函数的使用

本节主要介绍 Excel 中数据管理，包括公式与函数的使用、合并计算、数据排序、数据分类汇总、数据筛选、数据透视表及切片器。

5.4.1　公式与函数

公式是对工作表中的数值进行计算的等式，函数则是公式的一个组成部分，它与引用运算符和常量一起构成一个完整的公式。

1. 公式

Excel 2016 具有非常强大的计算功能，为用户分析和处理工作表中的数据提供了极大的方便。在公式中，可以对工作表数值进行加减乘除等运算。只要输入正确的计算公式，即会在单元格中显示计算结果。

在 Excel 公式中，运算符可以分为以下四种类型。

算术运算符：＋(加)、－(减)、*(乘)、/(除)、%(百分比)、^(指数)。

比较运算符：＝(等于)、＞(大于)、＜(小于)、＞＝(大于等于)、＜＝(小于等于)。

文本运算符：&(连接)。

引用运算符：:(冒号)、,(逗号)、空格。

表 5-1 列出了各个引用运算符的含义。

表 5-1　引用运算符

引用运算符	含义
:(冒号)	区域运算符,表示区域引用,对包括两个单元格在内的所有单元格进行引用
,(逗号)	联合运算符,将多个引用合并为一个引用
空格	交叉运算符,对同时隶属两个区域的单元格进行引用

要创建一个公式,首先需要选定一个单元格,输入一个等于号"=",然后在其后输入公式的内容,按 Enter 键或单击 ✔ 按钮就可以按公式计算得出结果。

下面通过计算《销售数量统计表》来学习如何使用公式,其操作步骤如下。

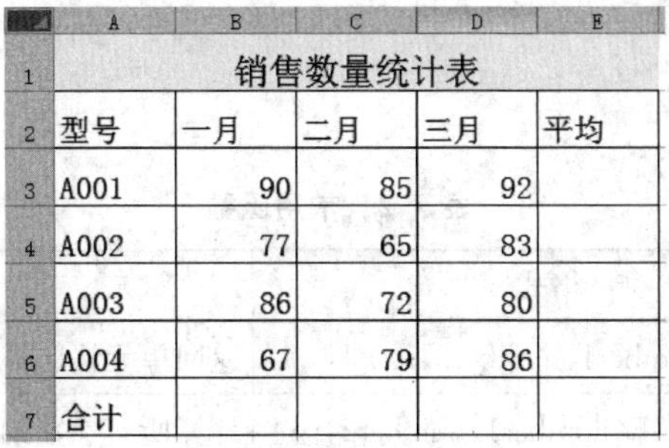

	A	B	C	D	E
1	销售数量统计表				
2	型号	一月	二月	三月	平均
3	A001	90	85	92	
4	A002	77	65	83	
5	A003	86	72	80	
6	A004	67	79	86	
7	合计				

图 5-32　工作表

打开如图 5-32 所示工作表,计算一月—三月各种产品销售数量合计,在 B7 单元格内输入"=B3+B4+B5+B6",如图 5-33 所示。按 Enter 键或单击编辑栏 ✔ 按钮,结果是 320;或者在 B8 单元格内输入"+B3+B4+B5+B6",确认后编辑栏内自动变为"=+B3+B4+B5+B6",也可以达到同样的效果。计算二月、三月销售数量时可以参照前面的内容,采用自动填充的方法将 B8 单元格内的公式复制到 C8:D8 单元格区域,则其他月份销售合计也自动计算出结果,如图 5-34 所示。

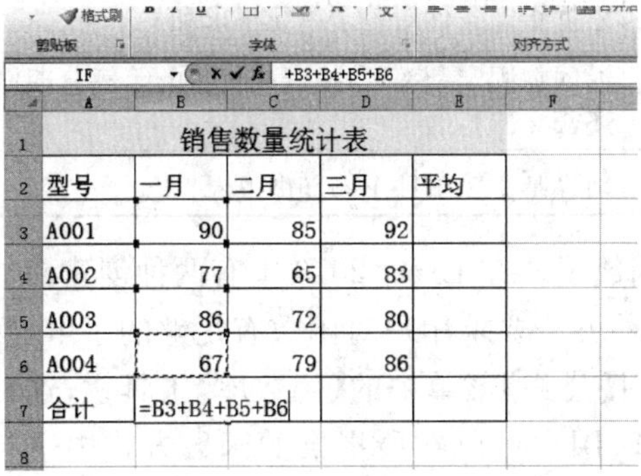

	A	B	C	D	E	F
1	销售数量统计表					
2	型号	一月	二月	三月	平均	
3	A001	90	85	92		
4	A002	77	65	83		
5	A003	86	72	80		
6	A004	67	79	86		
7	合计	=B3+B4+B5+B6				
8						

图 5-33　公式计算

	A	B	C	D	E
1	销售数量统计表				
2	型号	一月	二月	三月	平均
3	A001	90	85	92	
4	A002	77	65	83	
5	A003	86	72	80	
6	A004	67	79	86	
7	合计	320	301	341	

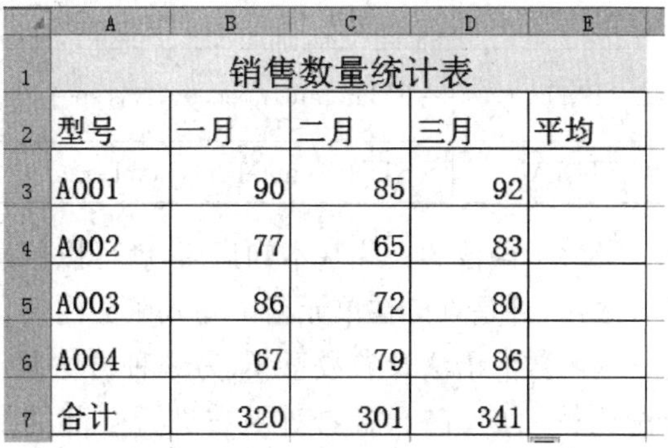

图 5-34　显示计算结果

2. 函数

Excel 2016 提供了大量的函数,这些函数就其功能来看可分为以下几种类型。

- 数据库函数:主要用于分析数据清单中的数值是否符合特定的条件。

- 日期和时间函数:用于在公式中分析和处理日期与时间值。
- 工程函数:用于工程分析。
- 财务函数:用于进行一般的财务计算。
- 信息函数:用于确定存储在单元格中的数据类型。
- 逻辑函数:用于进行真假值判断,或者进行符号检验。
- 查找和引用函数:可以在数据清单或者表格中查找特定数据,或者查找某一单元格的引用。
- 数学和三角函数:用于处理简单和复杂的数学计算。
- 统计函数:用于对选择区域的数据进行统计分析。
- 文本函数:用于在公式中处理字符串。
- 多维数据及函数。

常用函数见表 5-2。

表 5-2 常用函数

函数	格式	功能
SUM	=SUM(number1,number2,…)	返回单元格区域中所有数字的和
AVERAGE	=AVERAGE(number1,number2,…)	计算所有参数的算术平均值
IF	=IF(logical_test,value_if_true,value_if_false)	执行真假值判断,根据对指定条件进行逻辑评价的真假,而返回不同的结果
HYPERLINK	= HYPERLINK (link _ location,friendly_name)	创建快捷方式,以便打开文档或网络驱动器,或连接 Internet
COUNT	=COUNT(value1,value2,…)	计算参数表中的数字参数和包含数字的单元格的个数
MAX	=MAX(number1,number2,…)	返回一组参数的最大值,忽略逻辑值及文本字符
SIN	=SIN(number)	返回给定角度的正弦值
SUMIF	=SUMIF (range,criteria,sum_range)	根据指定条件对若干单元格求和
PMT	=PMT(rate,nper,pv,fv,type)	返回在固定利率下,投资或贷款的等额分期偿还额
STDEV	=STDEV(number1,number2,…)	估算基于给定样本的标准方差

了解了函数的一些基本知识后,就可以创建函数了。在 Excel 2016 中有两种创建函数的方法:一种是直接在单元格中输入函数内容,这种方法要求用户对函数有足够的了解,熟悉掌握函数的语法及参数意义;另一种方法是利用【公式】菜单中的【函数库】工具栏,这种方法比较简单,它不需要对函数进行全部的了解,用户可以在所提供的函数方式中进行选择。

下面以 SUM()函数为例讲述如何插入函数。

(1) 打开工作表,选择单元格,然后选择【公式】菜单栏下的【插入函数】命令,弹出【插入函数】对话框,如图 5-35 所示。

(2) 在【插入函数】对话框中选择需要的函数,当在【选择函数】栏内选择某个函数时,

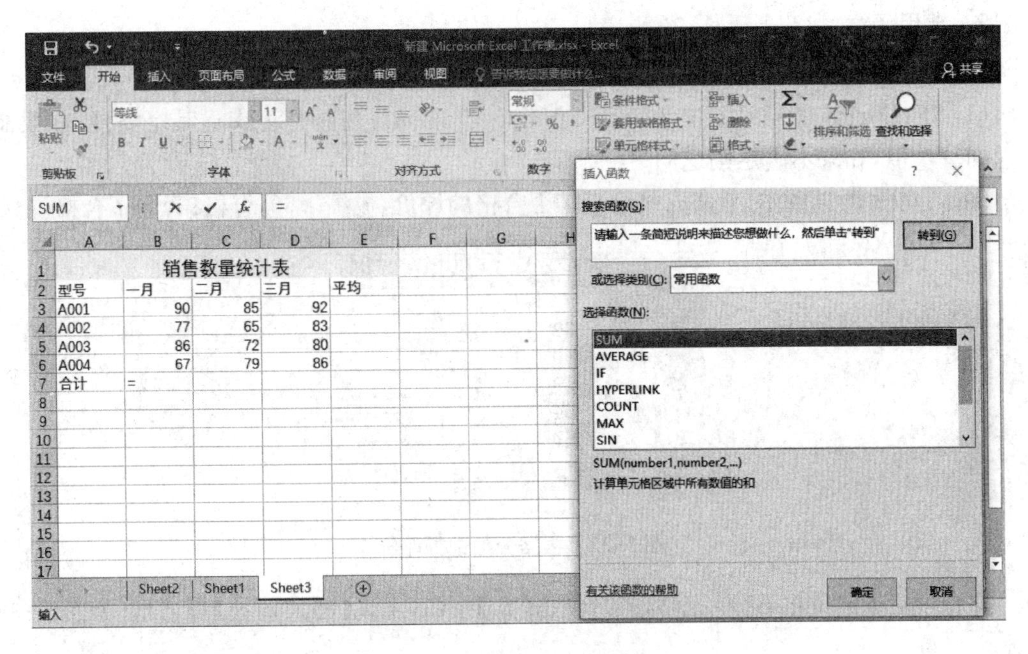

图 5-35　在单元格插入函数

在下拉对话框的下部会出现该函数的参数格式和对该函数的简单介绍，选择“SUM”，单击【确定】按钮。

(3) 在如图 5-36 所示的【函数参数】对话框里，在 Number1 文本框中，Excel 默认为“B3:B6”，也就是 B3:B6 单元格区域。若默认单元格区域有误，单击按钮 ，弹出对话框后，在需要计算的起始单元格按下鼠标左键并拖动到终止单元格，单击 Enter 键。

(4) 在弹出的【函数参数】对话框中单击【确定】键后，结果就会自动计算出来，B8 单元格内的公式为“SUM(B3:B6)”。

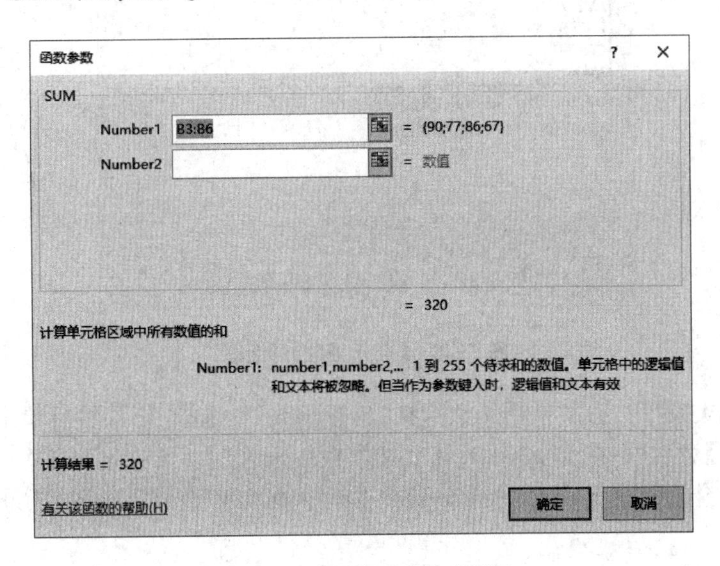

图 5-36　【函数参数】对话框

3. 常用函数

在提供的众多函数中有些是经常使用的，下面介绍几个常用函数。

(1) IF(Logical_test,Value_if_true, Value_if_false)：判断是否满足某个条件，如果满足返回一个值，如果不满足则返回另一个值。

例如：对图 5-37 中的考试成绩给出是否合格的评价，成绩≥60，合格；否则不合格。

	A	B	C
1	成绩	评价	
2	89		
3	90		
4	59		
5	34		
6	87		
7			
8			

图 5-37　根据分数进行评价

首先将鼠标定位在 B2 单元格，然后点击【f_x】按钮，出现【插入函数】对话框，如图 5-38 所示。

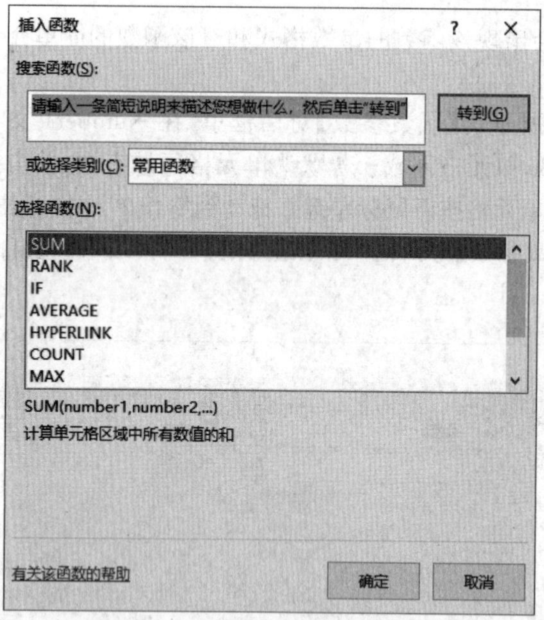

插入函数　?　×
搜索函数(S):
请输入一条简短说明来描述您想做什么，然后单击"转到"　转到(G)
或选择类别(C): 常用函数
选择函数(N):
SUM
RANK
IF
AVERAGE
HYPERLINK
COUNT
MAX
SUM(number1,number2,...)
计算单元格区域中所有数值的和
有关该函数的帮助　确定　取消

图 5-38　【插入函数】对话框

在"或选择类别"中选择"常用函数"，在"选择函数"下选择"IF"，然后单击【确定】按钮，出现【函数参数】对话框；在 Logical_test 后文本框中输入"A2>=60"，在 Value_if_true 后文本框中输入"合格"，在 Value_if_false 后文本框中输入"不合格"，如图 5-39 所示。

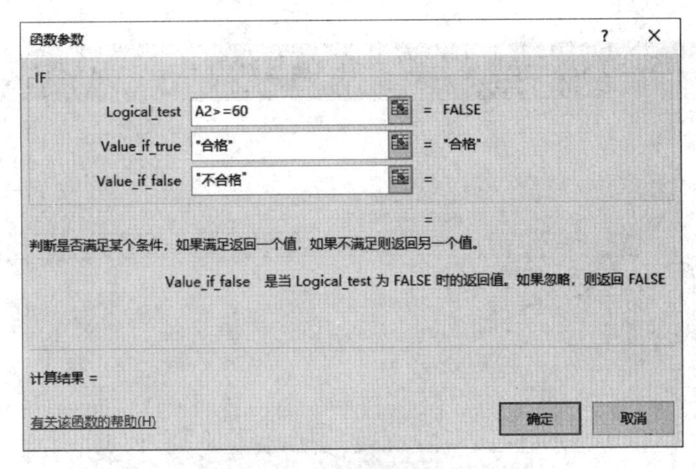

图 5-39　函数参数设置

单击【确定】按钮后，B2 单元格填入合格，然后拖动鼠标完成公式复制，如图 5-40 所示。

图 5-40　公式填充后效果图

在应用中，往往需要用到 IF 函数的嵌套形式才能完成题目的要求。如仍然使用图 5-37 中的数据，要求评价结果分别为：成绩≥90 为优秀，80≤成绩<90 为良好，70≤成绩<80 为中等，60≤成绩<70 为合格，成绩<60 为不合格。操作如下。

将鼠标定位在 B2 单元格，点击【f_x】按钮，出现图 5-38 所示的【插入函数】对话框，在"选择函数"下选择"IF"，点击【确定】按钮出现函数参数对话框，在 Logical_test 后文本框中输入 A2>=90，在 Value_if_true 后文本框中输入优秀，然后将鼠标定位在 Value_if_false 后文本框中，单击名称框中的 IF 函数，如图 5-41 所示。

再次出现函数参数对话框，在 Logical_test 后文本框中输入 A2>=80，在 Value_if_true 后文本框中输入良好，将鼠标定位在 Value_if_false 后文本框中，再次单击名称框中的 IF 函数，如图 5-42 所示。

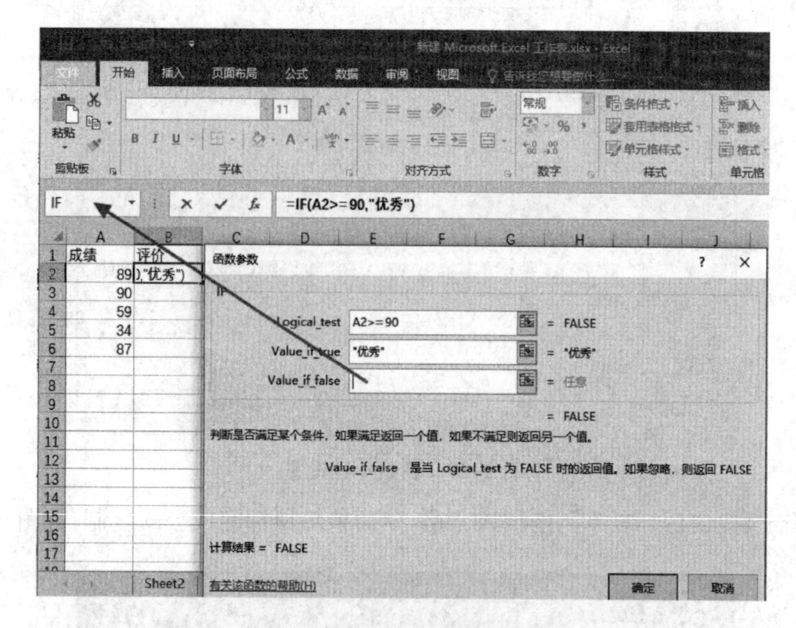

图 5-41 嵌套 IF 函数参数设置(优秀评价设置)

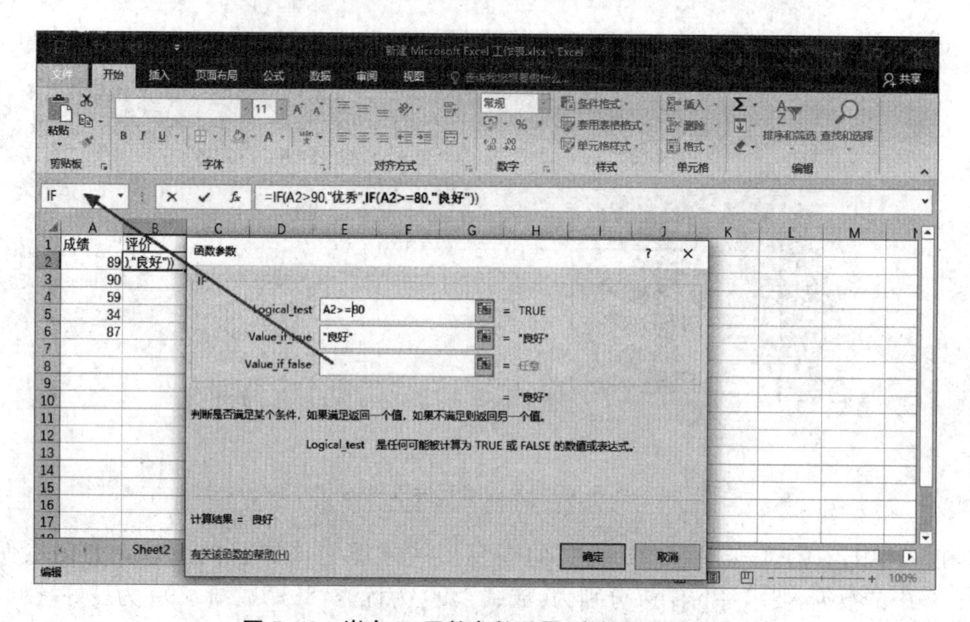

图 5-42 嵌套 IF 函数参数设置(良好评价设置)

再次出现【函数参数】对话框，在 Logical_test 后文本框中输入 A2>=70，在 Value_if_true 后文本框中输入中等，将鼠标定位在 Value_if_false 后文本框中，再次单击名称框中的 IF 函数，如图 5-43 所示。

再次出现函数参数对话框，在 Logical_test 后文本框中输入 A2>=60，在 Value_if_true 后文本框中输入合格，在 Value_if_false 后文本框中输入不合格，单击【确定】按钮，如图 5-44 所示。在 B2 单元格填上了良好，然后拖动鼠标完成公式填充，至此完成了多种评价等级的设置，如图 5-45 所示。

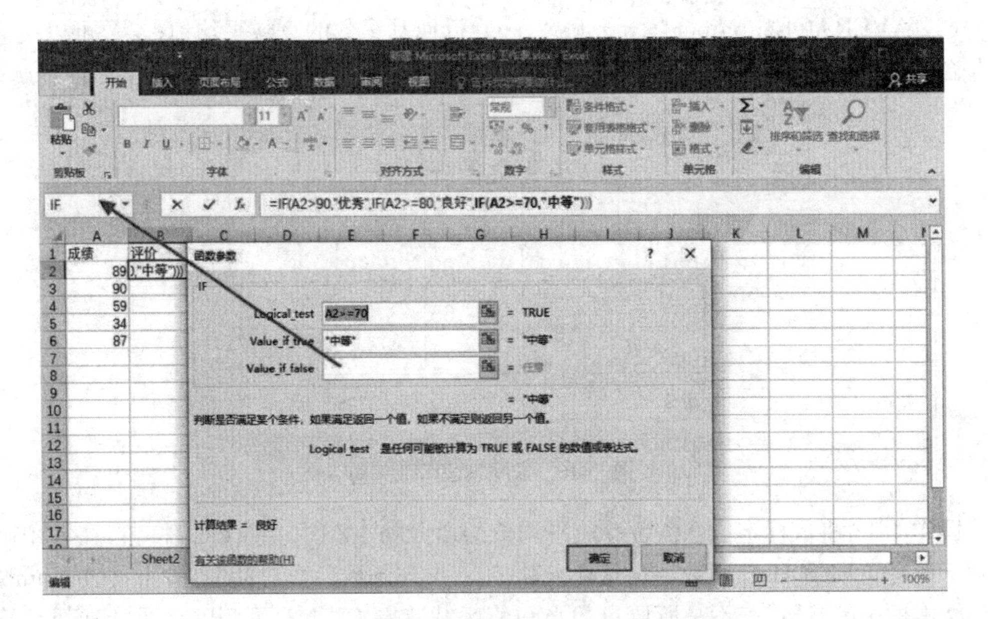

图 5-43　嵌套 IF 函数参数设置(中等评价设置)

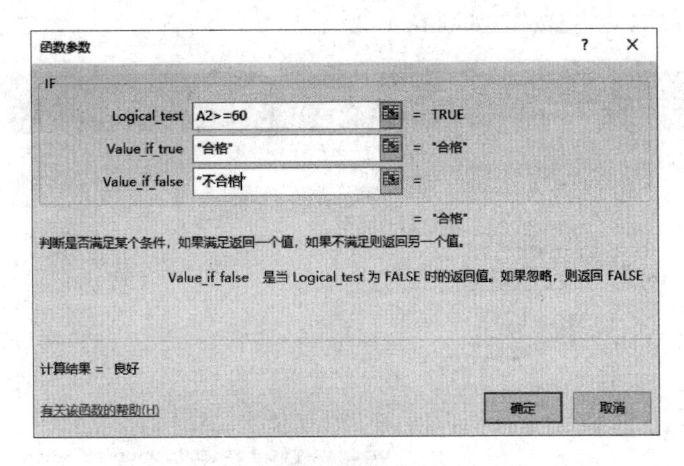

图 5-44　嵌套 IF 函数参数设置(是否合格评价设置)

	A	B	C
1	成绩	评价	
2	89	良好	
3	90	优秀	
4	59	不合格	
5	34	不合格	
6	87	良好	
7			
8			

图 5-45　公式填充效果图

提示：在输入“<=”等符号时，一定要在英文输入状态下输入，汉字两边的双引号可以不输入，系统会自动添加双引号。

(2) AVERAGE(number1, number2,…):返回其参数的算数平均值;参数可以是数值或包含数值的名称、数组或引用。如,求图 5-46 中销售量的平均值。

	A	B	C	D	E
1	销售数量统计表				
2	型号	一月	二月	三月	平均
3	A001	90	85	92	
4	A002	77	65	83	
5	A003	86	72	80	
6	A004	67	79	86	

图 5-46　求平均值函数使用

操作如下:将鼠标定位在需要存放平均值的单元格 E2 中,单击【f_x】按钮,在常用函数类别下选择 AVERAGE 函数,单击【确定】按钮。出现函数参数对话框,检查参数 Number1 后的文本框中的参数,若不是所要求的平均值区域范围 B2:D2,可删除后重新选择计算区域;若有不连续的区域需要参与计算平均值,可在参数 Number2 后的文本框中设置第二个计算区域,然后单击【确定】按钮,如图 5-47 所示。

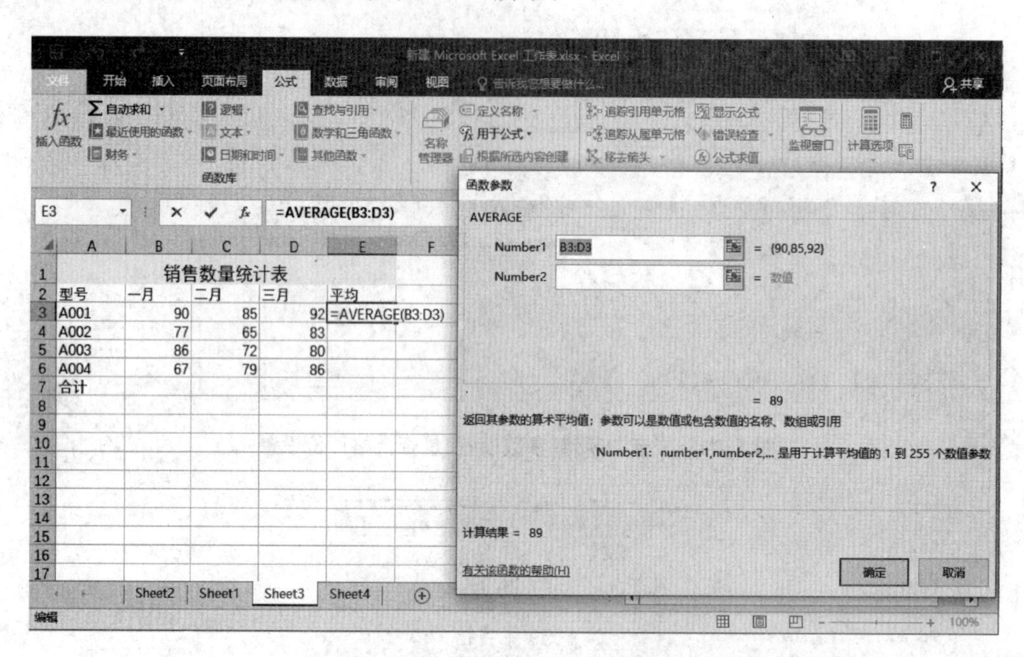

图 5-47　AVERAGE 函数使用

(3) RANK(number,ref,order):返回某数字在一列数字中相对于其他数值的大小排名。

Number:是要查找排名的数字。

Ref:是一组数或对一个数据列表的引用。非数字值将被忽略。

Order:是在列表中排名的数字。如果为 0 或忽略,降序;非零值,升序。

在图 5-47 所示的数据表的平均列的右侧添加一列"排名",要求在不改变记录顺序的情况下根据销售额(降序)进行排序。操作如下。

首先在 F2 单元格中输入“排名”,然后将鼠标定位在 F3 单元格中,点击【f_x】按钮,

在“或选择类别”后下拉列表中选择“全部”,在“选择函数”列表中找到 RANK 函数并选中,单击【确定】按钮,如图 5-48 所示。

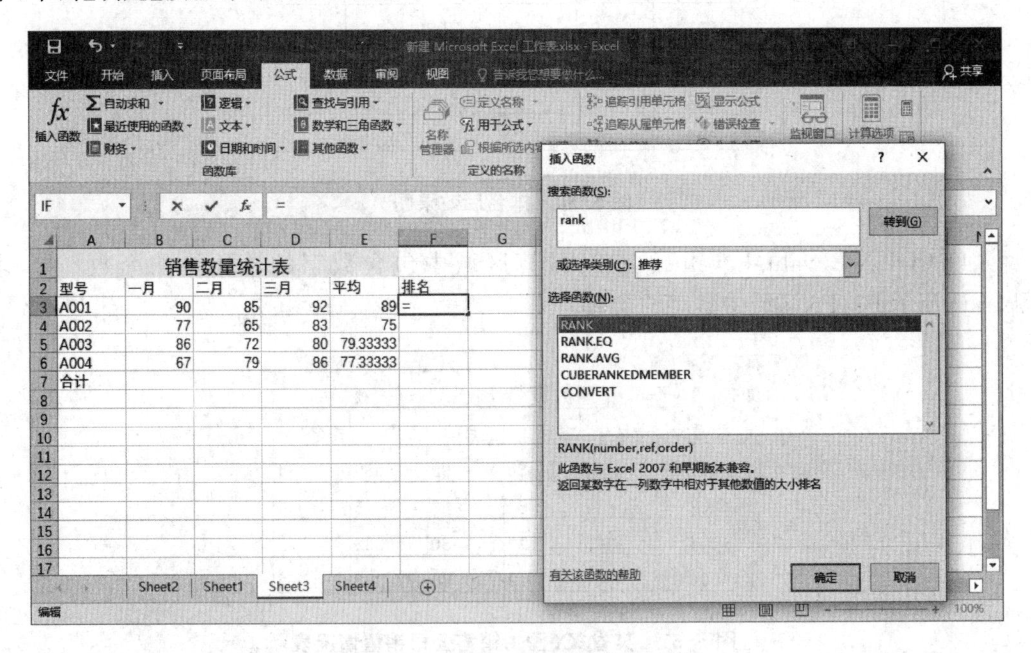

图 5-48　“插入 RANK 函数”对话框

在出现的函数参数对话框中,完成参数设置。在 Number 参数后的文本框中通过鼠标选择要进行排名的数值单元格 E3,在 Ref 参数后的文本框中通过鼠标选择要进行排名的数值区域范围 E3:E6。因为在后续拖动鼠标完成公式复制时,要保证此区域范围不变,该区域应使用绝对引用 $E$3:$E$6(或混合引用 E$3:E$6)。题目要求是降序排名,因此 Order 参数后文本框中参数可以省略或填 0,如图 5-49 所示。

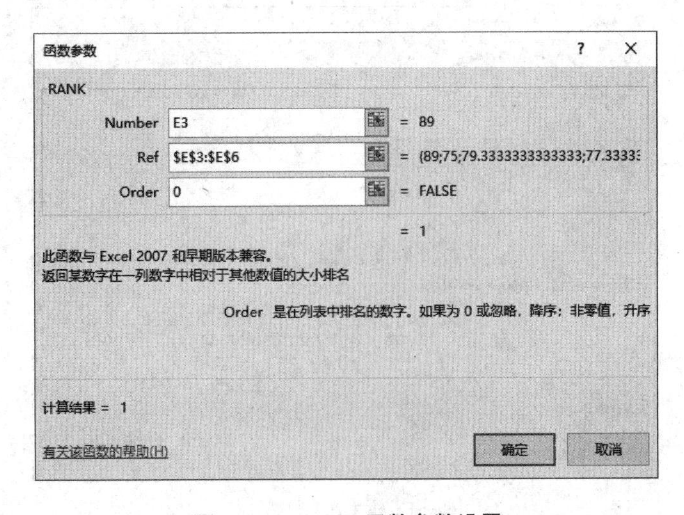

图 5-49　RANK 函数参数设置

单击【确定】按钮，通过鼠标拖动完成公式填充，完成排名后如图 5-50 所示。

	A	B	C	D	E	F
1	销售数量统计表					
2	型号	一月	二月	三月	平均	排名
3	A001	90	85	92	89	1
4	A002	77	65	83	75	4
5	A003	86	72	80	79.333	2
6	A004	67	79	86	77.333	3

图 5-50　排名后效果图

(4) COUNT(value1, value2, …)：计算区域中包含数字的单元格的个数。如，求图 5-51 所示 B3:F6 区域中数字的个数。

	A	B	C	D	E	F
1	销售数量统计表					
2	型号	一月	二月	三月	平均	排名
3	A001	90	85	92	89	1
4	A002	77	65	83	75	4
5	A003	86	72	80	79.333	2
6	A004	67	79	86	77.333	3

图 5-51　某省 XX 图书销售公司销售情况表

操作如下：将鼠标定位于需要存放结果的单元格 G3 中，然后单击【f_x】按钮出现【插入函数】对话框，在常用函数下选择 COUNT 函数，单击【确定】按钮，出现【函数参数】对话框，在参数 Value1 后的文本框中用鼠标选择需要统计的区域 B3:F6，如图 5-52 所示。如果还有其他不连续的区域需要统计，可依次在 Value2，Value3，…参数后的文本框中通过鼠标拖动选择区域，然后单击【确定】按钮。G3 单元格统计结果为 20。

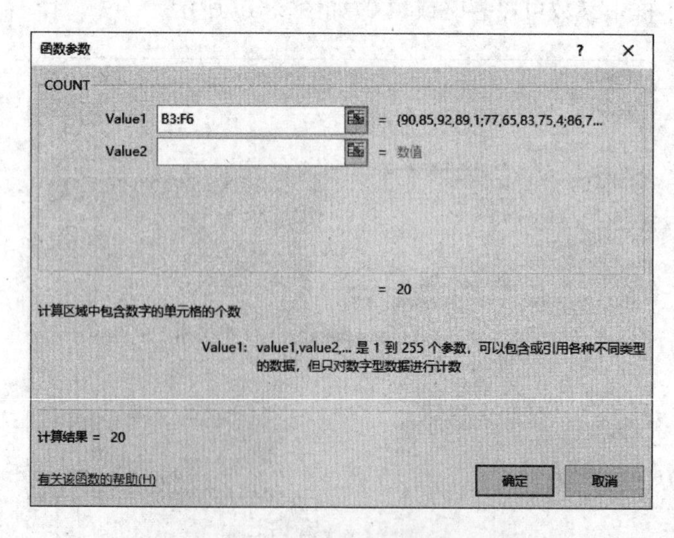

图 5-52　COUNT 函数参数对话框

(5) SUMIF(range,criteria,sum_range):对满足条件的单元格求和。

Range:要进行计算的单元格区域。

Criteria:以数字、表达式或文本形式定义的条件。

sum_range:用于求和计算的实际单元格。如果省略,将使用区域中的单元格。

如,分别统计图 5-53 中各部门的总工资。

操作如下。

将鼠标定位在需要计算培训部的工资合计单元格 L2,单击【f_x】按钮,在全部类别里找到 SUMIF 函数。

	A	B	C	D	E	F	G	H	I	J	K	L
1	序号	职工号	部门	组别	年龄	性别	学历	职称	基本工资		部门	工资合计
2	1	W001	工程部	E1	28	男	硕士	工程师	4000		培训部	
3	2	W002	开发部	D1	26	女	硕士	工程师	3500		销售部	
4	3	W003	培训部	T1	35	女	本科	高工	4500		开发部	
5	4	W004	销售部	S1	32	男	硕士	工程师	3500		工程部	
6	5	W005	培训部	T2	33	男	本科	工程师	3500			
7	6	W006	工程部	E1	23	男	本科	助工	2500			
8	7	W007	工程部	E2	26	男	本科	工程师	3500			
9	8	W008	开发部	D2	31	男	博士	工程师	4500			
10	9	W009	销售部	S2	37	女	本科	高工	5500			
11	10	W010	开发部	D3	36	男	硕士	工程师	3500			
12	11	W011	工程部	E3	41	男	本科	高工	4000			
13	12	W012	工程部	E2	35	女	硕士	高工	5000			
14												

图 5-53　各部门工资情况表

在出现的 SUMIF 函数参数对话框中,设置参数 Range(条件的单元格区域)为 C2:C13,由于在公式填充过程中该条件范围要求不变,应将该区域设置为绝对引用 \$C\$2:\$C\$13;设置参数 Criteria(条件)为 K2;设置参数 Sum_range(参加计算的数据区域)为 I2:I13,由于在公式填充过程中该求和范围要求不变,应将该区域设置为绝对引用 \$I\$2:\$I\$13,如图 5-54 所示。

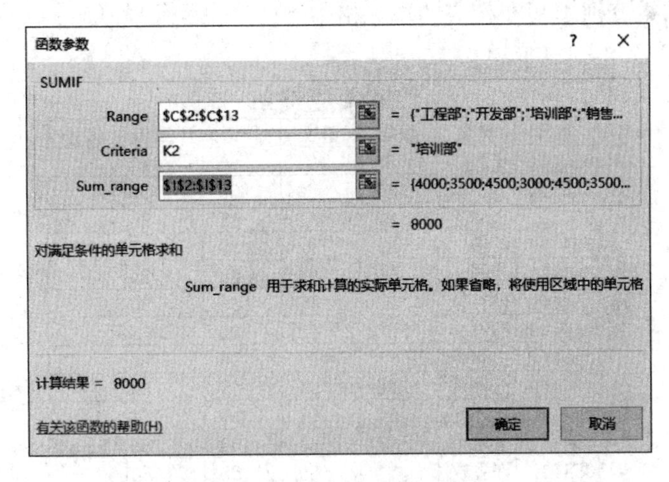

图 5-54　SUMIF 函数参数设置

单击【确定】按钮,然后通过鼠标拖动到 L5 单元格完成公式填充。

(6) AVERAGEIF(range,criteria,average_range):查找给定条件指定的单元格的平均值(算数平均值)。

Range:要进行计算的单元格区域。

Criteria:以数字、表达式或文本形式定义的条件,它定义了用于查找平均值的单元格范围。

Average_range:是用于查找平均值的实际单元格。如果省略,将使用区域中的单元格。

如,分别统计图 5-53 中各分部的平均工资。

操作方法和 SUMIF 函数类似,函数参数设置如图 5-55 所示。

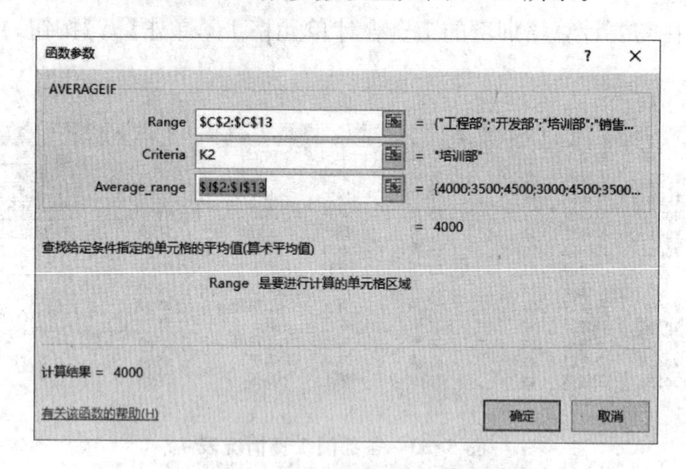

图 5-55 AVERAGEIF 函数参数设置

其他函数此处不再一一讲解。

实例 5.3 公式函数的使用(全国高新考试样题)

使用图 5-56 所示的工作表中的数据,应用函数公式统计出每个学生的"总分",并计算"各科平均分",结果分别填写在相应的单元格中。

	A	B	C	D	E	F	G
1	期末成绩单						
2	学号	姓名	数学	语文	外语	计算机	总分
3	054101	崔海婷	88	91	86	82	
4	054102	葛小稳	87	89	85	80	
5	054103	李荣丽	87	89	85	80	
6	054104	刘学	91	93	89	86	
7	054105	吕诚	90	92	88	84	
8	054106	孙君佩	87	89	85	80	
9	054107	孙秀秀	90	92	89	85	
10	054108	王飘萍	96	97	95	94	
11	054109	王静霖	89	91	87	83	
12	054110	王婷	89	91	87	83	
13	054111	吴洁	91	93	89	86	
14	054112	许香永	87	89	85	80	
15	各科平均分						

图 5-56 某中学高一考试成绩表

操作步骤如下。

将鼠标定位于 G3 单元格,点击【f_x】按钮弹出插入函数对话框,在常用函数类别下选择函数 SUM，单击【确定】按钮，出现【函数参数】对话框，在 Number1 参数后的文本框中用鼠标拖动选中求和单元格区域 C3:F3，如图 5-57 所示。

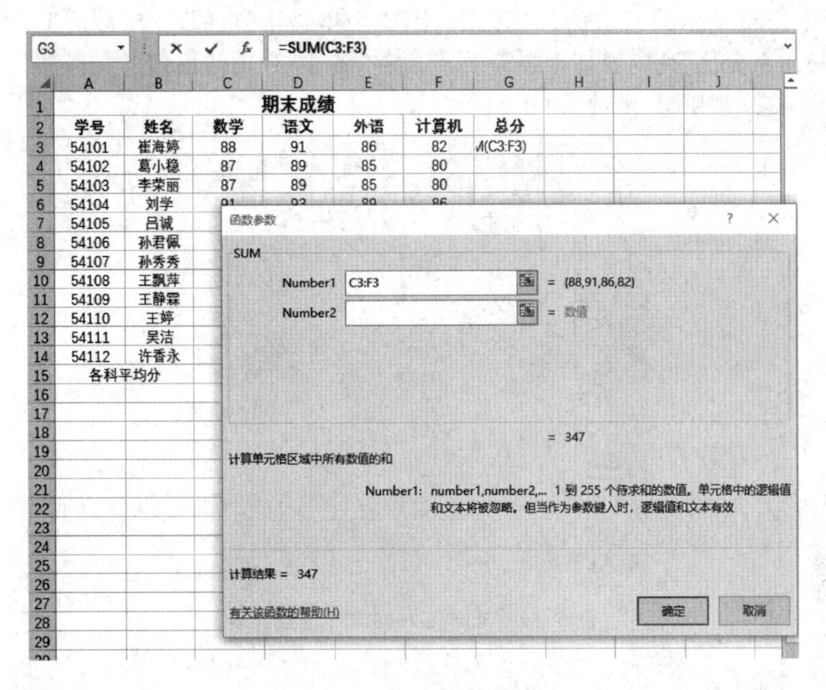

图 5-57　SUM 函数参数对话框

单击【确定】按钮，用鼠标拖动进行公式填充，算出所有同学的总分。

计算各科成绩的平均分，将鼠标定位于单元格 C15，点击【f_x】按钮弹出【插入函数】对话框，在常用函数类别下选择函数 AVERAGE，单击【确定】按钮，出现【函数参数】对话框，在 Number1 参数后的文本框中用鼠标拖动选中求和单元格区域 C3:C14，单击【确定】按钮，用鼠标拖动进行公式填充，算出所有科目的平均分，如图 5-58 所示。

	A	B	C	D	E	F	G
1	期末成绩单						
2	学号	姓名	数学	语文	外语	计算机	总分
3	054101	崔海婷	88	91	86	82	347
4	054102	葛小稳	87	89	85	80	341
5	054103	李荣丽	87	89	85	80	341
6	054104	刘学	91	93	89	86	359
7	054105	吕诚	90	92	88	84	354
8	054106	孙君佩	87	89	85	80	341
9	054107	孙秀秀	90	92	89	85	356
10	054108	王飘萍	96	97	95	94	382
11	054109	王静霖	89	91	87	83	350
12	054110	王婷	89	91	87	83	350
13	054111	吴洁	91	93	89	86	359
14	054112	许香永	87	89	85	80	341
15	各科平均分		89	91	88	84	352

图 5-58　计算后成绩表

实例 5.4　公式函数的使用（全国等级考试样题）

使用图 5-59 所示的工作表中的数据，计算“全年总量”行的内容（数值型，小数位数为 0），计算“所占百分比”列内容高于或等于 8%，在“备注”列内给出信息“良好”，否则内容为“　”（一个空格）（利用 IF 函数）。

	A	B	C	D
1	某产品2018年数量统计表（单位：个）			
2	月份	销售量	所占百分比	备注
3	1月	330		
4	2月	180		
5	3月	190		
6	4月	426		
7	5月	680		
8	6月	942		
9	7月	520		
10	8月	408		
11	9月	468		
12	10月	278		
13	11月	266		
14	12月	167		
15	全年总量			

图 5-59　某产品 2008 年销量统计表

操作步骤如下。

计算全年总量：将鼠标定位于单元格 B15，点击【f_x】按钮弹出【插入函数】对话框，在常用函数类别下选择 SUM 函数，单击【确定】按钮，出现【函数参数】对话框，在 Number1 参数后的文本框中用鼠标拖动选中求和单元格区域 B3:B14，单击【确定】按钮，在 B15 单元格计算结果为4 855，然后打开设置单元格格式对话框，单击【数字】选项卡，在分类下选择“数值”，在小数位数后输入 0，单击【确定】按钮完成数字格式设置。

计算所占百分比：将鼠标定位于单元格 C3，输入等号“=”，用鼠标点击单元格 B3，输入除号“/”，再用鼠标点击单元格 B15，由于在拖动鼠标进行填充时，要保证分母全年总量保持不变，因此需要将单元格 B15 进行绝对引用＄B＄15（或相对引用 B＄15），然后按回车键确认。打开设置单元格格式对话框，单击【数字】选项卡，在分类下选择“百分比”，在小数位数后输入 0，单击【确定】按钮完成数字格式设置，C3 单元格计算结果为 7%。然后拖动鼠标到单元格 C14 进行公式填充，完成所占百分比计算，如图 5-60 所示。

	A	B	C	D
1	某产品2018年数量统计表（单位：个）			
2	月份	销售量	所在百分表	备注
3	1月	330	7%	
4	2月	180	4%	
5	3月	190	4%	
6	4月	426	9%	
7	5月	680	14%	
8	6月	942	19%	
9	7月	520	11%	
10	8月	408	8%	
11	9月	468	10%	
12	10月	278	6%	
13	11月	266	5%	
14	12月	167	3%	
15	全年总量	4855		

图 5-60　计算后数据表

填写备注信息：将鼠标定位于单元格 D3，点击【f_x】按钮弹出【插入函数】对话框，在常用函数类别下选择 IF 函数，单击【确定】按钮，出现【函数参数】对话框，在 Logical_test 参数后的文本框中输入表达式 C3＞＝8%，在 Value_if_ true 参数后的文本框中输入良好，在 Value_if_false 参数后的文本框中输入“　”(空格)，如图 5-61 所示，单击【确定】按钮，完成在单元格 D3 中填入空格。

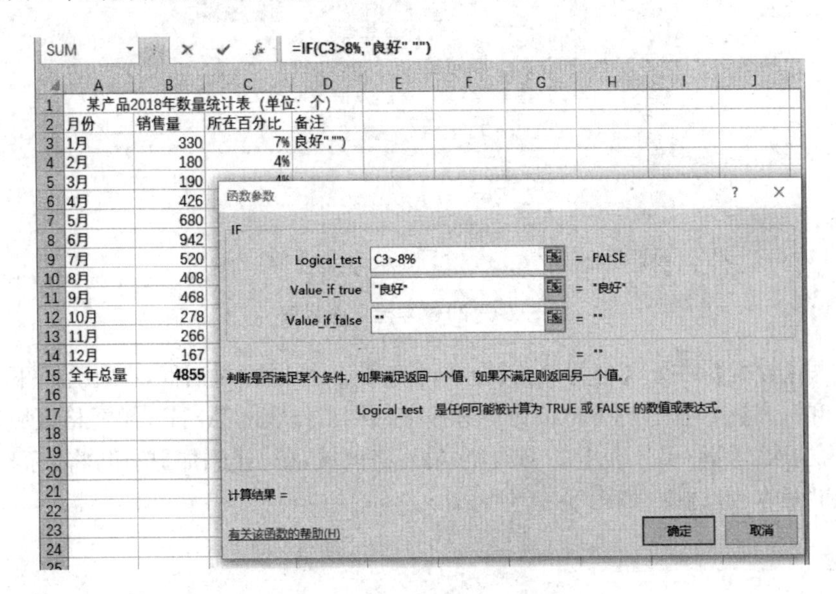

图 5-61　IF 函数参数设置

然后拖动鼠标到单元格 D14，完成备注列的填充。

5.4.2　合并计算

合并计算是把来自不同数据区域的数据进行汇总，通过建立合并表的方式来进行的。其中，合并表可以建立在某源数据区域所在工作表中，也可以建在同一工作簿或不同的工作簿中。

在同一工作簿中有“考勤”工作表，其中包含“2019 年上半年考勤表”和“2019 年下半年考勤表”两个数据清单，如图 5-62 和图 5-63 所示。现需新建工作表，统计出 2019 年全年考勤表。具体操作步骤如下。

2019上半年考勤表				
班级	迟到人数	早退人数	请假人数	旷课人数
计高191	5	8	1	2
计高192	4	2	5	2
计高193	3	7	3	3

图 5-62　2019 年上半年考勤表

2019下半年考勤表				
班级	迟到人数	早退人数	请假人数	旷课人数
计高191	6	5	4	1
计高192	1	3	6	2
计高193	3	5	2	3

图 5-63　2019 年下半年考勤表

(1) 在此工作表中新建“全年考勤表”工作表，如图 5-64 所示，输入相应字段，选定用于存放合并计算结果的起始单元格 A2。

	A	B	C	D
1			2019全年考勤表	
2	班级			
3				
4				
5				
6				
7				
8				
9				

图 5-64　2019 年全年考勤表

（2）单击【数据】菜单下【合并计算】命令，弹出【合并计算】对话框，在“函数”下拉列表框中选择“求和”，在【引用位置】下拉按钮下选择“考勤”工作表的 A2:E5 单元格区域，单击【添加】按钮，再选取“考勤”工作表中的 H2:L5 单元格区域，单击【添加】按钮，将“标签位置”中的“首行”和“最左列”选中，如图 5-65 所示。

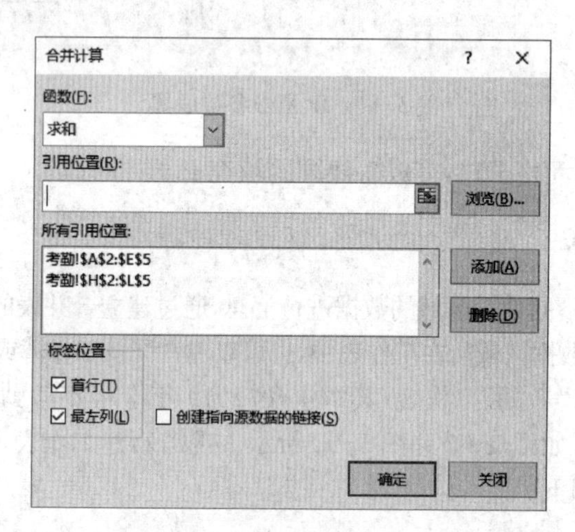

图 5-65　【合并计算】对话框

（3）单击【确定】按钮，完成合并计算，如图 5-66 所示。

A	B	C	D	E
2019全年考勤工作表				
班级	迟到人数	早退人数	请假人数	旷课人数
计高191	11	13	5	3
计高192	5	5	11	4
计高193	6	12	5	6

图 5-66　合并计算结果

5.4.3　数据排序

数据排序是把一列或多列无序的数据变成有序的数据，有利于数据的管理。

1. 单条件排序

数据的单条件排序是指按照一个条件进行排序，单条件排序具体方法如下。

(1) 打开工作表，选中数据清单中任一单元格。单击【排序与筛选】工具栏上【升序】按钮，可进行升序排列。

- 若排序的对象是数字则从最小的负数到最大的正数进行排序。
- 若对象是文本则按照英文字母 A～Z 顺序进行排序。
- 若对象是逻辑值则按 FALSE 值在 TRUE 值前的顺序进行排序，空格排在最后。

单击【降序】按钮进行降序排序时，结果与升序相反。

(2) 打开工作表，选中数据清单中任一单元格。在【数据】菜单的【排序与筛选】工具栏中单击【排序】按钮，弹出【排序】对话框，如图 5-67 所示。设置“主要关键字”“排序依据”和“次序”，单击【确定】按钮完成单条件排序。

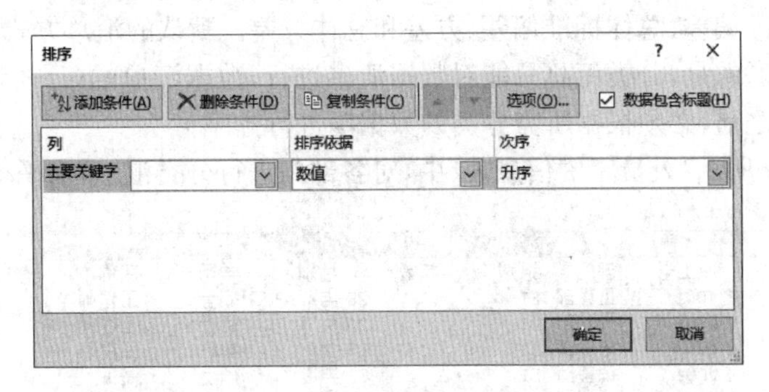

图 5-67　【排序】对话框

提示:【主要关键字】条件是在排序时作为第一顺序的，所以务必要将最具代表性的数据作为【主要关键字】条件。

2. 多条件排序

数据的多条件排序是指按照多个条件进行排序，这是针对使用单一条件排序后仍有相同数据的情况进行的一种排序方式，多条件排序具体方法如下。

(1) 打开工作表，选中数据清单中任一单元格。在【数据】菜单的【排序与筛选】工具栏中单击【排序】按钮，弹出【排序】对话框，将【主要关键字】等项进行设置。

(2) 单击【添加条件】按钮，在【主要关键字】下面会出现【次要关键字】。

(3) 在【次要关键字】下拉列表中选择排序字段，这表示按照主要关键字进行排序后还要按照次要关键字继续排序。

(4) 选择排序的次序，如按主关键字升序排列，按次关键字降序排列，单击【确定】按钮，完成操作。

(5) 如果要将排序字段按笔划、按行进行排序，那么单击排序对话框中【选项】按钮，弹出排序选项对话框，在【方法】选项组中选中【笔划排序】单选按钮，在【方向】选项组中选中【按行排序】单选按钮，如图 5-68 所示。单击【确定】按钮完成设置。

提示:【次要关键字】条件是在排序时作为第二顺序的，仅次于【主要关键字】条件，其他条件以此类推。

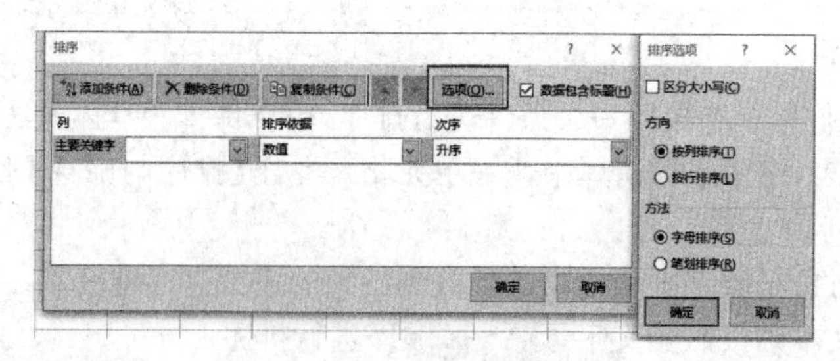

图 5-68 【排序选项】对话框

5.4.4 分类汇总

Excel 分类汇总是对工作表中的数据清单中的内容进行分类，然后统计同类记录的相关信息。Excel 2016 中提供了 11 种汇总类型，包括：求和、计数、平均值、最大值、最小值、乘积、数值计数、标准偏差、总体标准偏差、方差和总体方差。默认的汇总方式为求和。

需要特别注意的是，分类汇总只能对数据清单进行，数据清单的第一行必须有列标题。在进行分类汇总之前，必须根据所需分类的数据项进行排序。

在如图 5-69 所示"人员工资信息表"中，对各部门进行分类汇总，求平均基本工资。

	A	B	C	D	E	F	G	H	I
1	序号	职工号	部门	组别	年龄	性别	学历	职称	基本工资
2	1	W001	工程部	E1	28	男	硕士	工程师	4000
3	2	W002	开发部	D1	26	女	硕士	工程师	3500
4	3	W003	培训部	T1	35	女	本科	工程师	4500
5	4	W004	销售部	S1	32	男	硕士	高工	3500
6	5	W005	培训部	T2	33	男	本科	工程师	3500
7	6	W006	工程部	E1	23	男	本科	助工	2500
8	7	W007	工程部	E2	26	男	本科	工程师	3500
9	8	W008	开发部	D2	31	男	硕士	工程师	4500
10	9	W009	销售部	S2	37	女	博士	高工	5500
11	10	W010	开发部	D3	36	男	硕士	工程师	3500
12	11	W011	工程部	E3	41	男	本科	高工	4000
13	12	W012	工程部	E2	35	女	硕士	高工	5000

图 5-69 人员工资信息表

(1) 对分类字段"部门"进行排序。

(2) 单击【数据】菜单中的【分级显示】工具栏上【分类汇总】命令，弹出如图 5-70 所示的【分类汇总】对话框。

序号	职工号	部门	组别	年龄	性别	学历	职称	基本工资
1	W001	工程部	E1	28	男	硕士	工程师	4000
2	W002	开发部	D1	26	女	硕士	工程师	3500
3	W003	培训部	T1	35	女	本科	工程师	4500
4	W004	销售部	S1	32	男	硕士	高工	3000
5	W005	培训部	T2	33	男	本科	工程师	4500
6	W006	工程部	E1	23	男	本科	助工	3500
7	W007	工程部	E2	26	男	本科	工程师	3500
8	W008	开发部	D2	31	男	硕士	工程师	3500
9	W009	销售部	S2	37	女	博士	高工	4500
10	W010	开发部	D3	36	男	硕士	工程师	4000
11	W011	工程部	E3	41	男	本科	高工	4000
12	W012	工程部	E2	35	女	硕士	高工	5000

分类汇总
分类字段(A):
部门
汇总方式(U):
平均值
选定汇总项(D):
组别
年龄
性别
学历
职称
替换当前分类汇总(C)
每组数据分页(P)
汇总结果显示在数据下方(S)
全部删除(R)
确定
取消

图 5-70 【分类汇总】对话框

在“分类字段”列表框中选择“部门”；在“汇总方式”列表框中选择“平均值”；在“选定汇总项” 列表框中选择“基本工资”。

(3) 单击【确定】按钮，结果如图 5-71 所示。

	A	B	C	D	E	F	G	H	I
1	序号	职工号	部门	组别	年龄	性别	学历	职称	基本工资
2	1	W001	工程部	E1	28	男	硕士	工程师	4000
3			**工程部 平均值**						4000
4	2	W002	开发部	D1	26	女	硕士	工程师	3500
5			**开发部 平均值**						3500
6	3	W003	培训部	T1	35	女	本科	工程师	4500
7			**培训部 平均值**						4500
8	4	W004	销售部	S1	32	男	硕士	高工	3000
9			**销售部 平均值**						3000
10	5	W005	培训部	T2	33	男	本科	工程师	4500
11			**培训部 平均值**						4500
12	6	W006	工程部	E1	23	男	本科	助工	3500
13	7	W007	工程部	E2	26	男	本科	工程师	3500
14			**工程部 平均值**						3500
15	8	W008	开发部	D2	31	男	硕士	工程师	3500
16			**开发部 平均值**						3500
17	9	W009	销售部	S2	37	女	博士	高工	4500
18			**销售部 平均值**						4500
19	10	W010	开发部	D3	36	男	硕士	工程师	4000
20			**开发部 平均值**						4000
21	11	W011	工程部	E3	41	男	本科	高工	4000
22	12	W012	工程部	E2	35	女	硕士	高工	5000
23			**工程部 平均值**						4500
24			**总计平均值**						3958.333

图 5-71　进行“分类汇总”后的工作表

注意：

- 工作表左边的减号(—)或加号(+)和上边的【1】【2】【3】按钮可折叠或展开显示数据。
- 删除分类汇总：单击图 5-70 中的【全部删除】按钮即可。

5.4.5　数据筛选

筛选是查找和处理数据清单中数据子集的快捷方法。筛选清单仅显示满足给定条件的行，条件由用户针对某列指出。与排序不同，它并不重排数据清单，而只是将不必显示的行暂时隐藏。

1. 自动筛选

自动筛选，就是按照一定的条件自动将满足条件的内容筛选出来。下面我们以基本工资超过 4 000 为例来讲解自动筛选的具体方法。

(1) 打开“人员工资信息表”，鼠标定位于数据清单中任一单元格内，在【数据】菜单的【排序和筛选】工具栏中单击【筛选】命令按钮，如图 5-72 所示。

(2) 单击“基本工资”字段右侧的三角形按钮，在弹出的列表框中选择【数字筛选】|【大于】命令，如图 5-73 所示。

	A	B	C	D	E	F	G	H	I
1	序号	职工号	部门	组别	年龄	性别	学历	职称	基本工资
2	1	W001	工程部	E1	28	男	硕士	工程师	4000
3	2	W002	开发部	D1	26	女	硕士	工程师	3500
4	3	W003	培训部	T1	35	女	本科	工程师	4500
5	4	W004	销售部	S1	32	男	硕士	高工	3000
6	5	W005	培训部	T2	33	男	本科	工程师	4500
7	6	W006	工程部	E1	23	男	本科	助工	3500
8	7	W007	工程部	E2	26	男	本科	工程师	3500
9	8	W008	开发部	D2	31	男	硕士	工程师	3500
10	9	W009	销售部	S2	37	女	博士	高工	4500
11	10	W010	开发部	D3	36	男	硕士	工程师	4000
12	11	W011	工程部	E3	41	男	本科	高工	4000
13	12	W012	工程部	E2	35	女	硕士	高工	5000

图 5-72 【筛选】命令

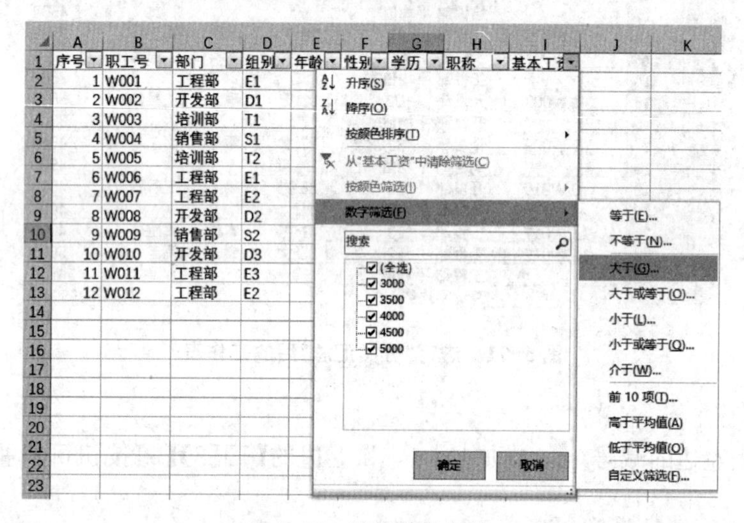

图 5-73 选择筛选条件

(3) 弹出如图 5-74 所示的【自定义自动筛选方式】对话框，在【显示行】下的文本框中输入条件值“4000”，单击【确定】按钮，最后显示的行只有基本工资大于 4000 的员工信息。

	A	B	C	D	E	F	G	H	I
1	序号	职工号	部门	组别	年龄	性别	学历	职称	基本工资
2	1	W001	工程部	E1	28	男	硕士	工程师	4000
3	2	W002	开发部	D1	26	女	硕士	工程师	3500
4	3	W003	培训部	T1	35	女	本科	工程师	4500
5	4	W004	销售部	S1	32	男	硕士	高工	3000
6	5	W005	培训部	T2					
7	6	W006	工程部	E1					
8	7	W007	工程部	E2					
9	8	W008	开发部	D2					
10	9	W009	销售部	S2					
11	10	W010	开发部	D3					
12	11	W011	工程部	E3					
13	12	W012	工程部	E2					

自定义自动筛选方式 ? ×

显示行:

基本工资

大于 4000

◉ 与(A) ○ 或(O)

可用 ? 代表单个字符

用 * 代表任意多个字符

确定 取消

图 5-74 【自定义自动筛选方式】对话框

2. 高级筛选

在实际操作中，常常涉及到更复杂的筛选条件，利用自动筛选已无法完成，这时需要使用多个条件进行筛选，甚至计算结果也可以用作筛选条件。

具体操作方法如下。

(1) 打开“人员工资信息表”工作表，选择数据清单外的空白单元格区域如 A15:B16 作为条件区域，如图 5-75 所示。

	A	B	C	D	E	F	G	H	I
1	序号	职工号	部门	组别	年龄	性别	学历	职称	基本工资
2	1	W001	工程部	E1	28	男	硕士	工程师	4000
3	2	W002	开发部	D1	26	女	硕士	工程师	3500
4	3	W003	培训部	T1	35	女	本科	工程师	4500
5	4	W004	销售部	S1	32	男	硕士	高工	3000
6	5	W005	培训部	T2	33	男	本科	工程师	4500
7	6	W006	工程部	E1	23	男	本科	助工	3500
8	7	W007	工程部	E2	26	男	本科	工程师	3500
9	8	W008	开发部	D2	31	男	硕士	工程师	3500
10	9	W009	销售部	S2	37	女	博士	高工	4500
11	10	W010	开发部	D3	36	男	硕士	工程师	4000
12	11	W011	工程部	E3	41	男	本科	高工	4000
13	12	W012	工程部	E2	35	女	硕士	高工	5000
14									
15									
16									
17									

图 5-75　选择区域

(2) 在其中输入筛选条件，如图 5-76 所示。

	A	B	C	D	E	F	G	H	I
1	序号	职工号	部门	组别	年龄	性别	学历	职称	基本工资
2	1	W001	工程部	E1	28	男	硕士	工程师	4000
3	2	W002	开发部	D1	26	女	硕士	工程师	3500
4	3	W003	培训部	T1	35	女	本科	工程师	4500
5	4	W004	销售部	S1	32	男	硕士	高工	3000
6	5	W005	培训部	T2	33	男	本科	工程师	4500
7	6	W006	工程部	E1	23	男	本科	助工	3500
8	7	W007	工程部	E2	26	男	本科	工程师	3500
9	8	W008	开发部	D2	31	男	硕士	工程师	3500
10	9	W009	销售部	S2	37	女	博士	高工	4500
11	10	W010	开发部	D3	36	男	硕士	工程师	4000
12	11	W011	工程部	E3	41	男	本科	高工	4000
13	12	W012	工程部	E2	35	女	硕士	高工	5000
14									
15	学历	基本工资							
16	本科	>=4000							
17									

图 5-76　输入条件

(3) 在【数据】菜单的【排序与筛选】工具栏中单击【高级】按钮，弹出如图 5-77 所示的【高级筛选】对话框。

(4) 单击【列表区域】文本框右侧的按钮，选择 A1:I13 单元格区域，如图 5-78 所示，然后单击按钮。

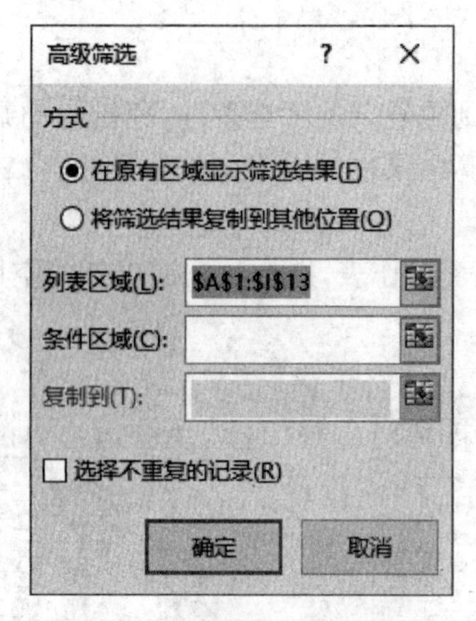

图 5-77 【高级筛选】的对话框

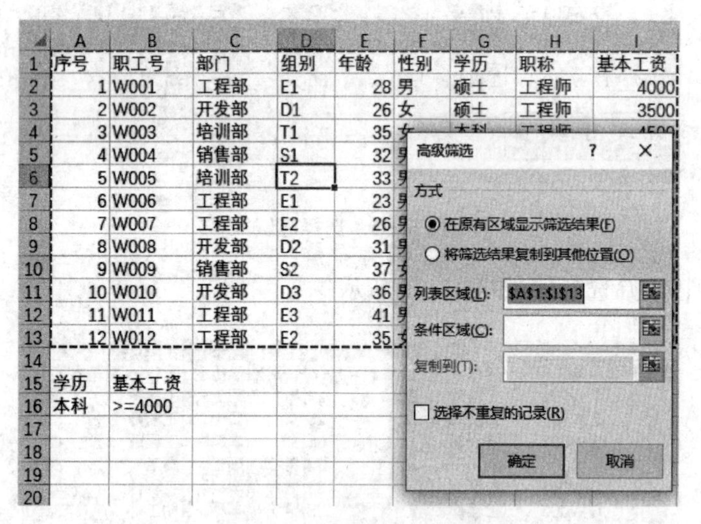

图 5-78 列表区域的操作

(5) 返回【高级筛选】对话框,单击【条件区域】文本框右侧的按钮,如图 5-79 所示。

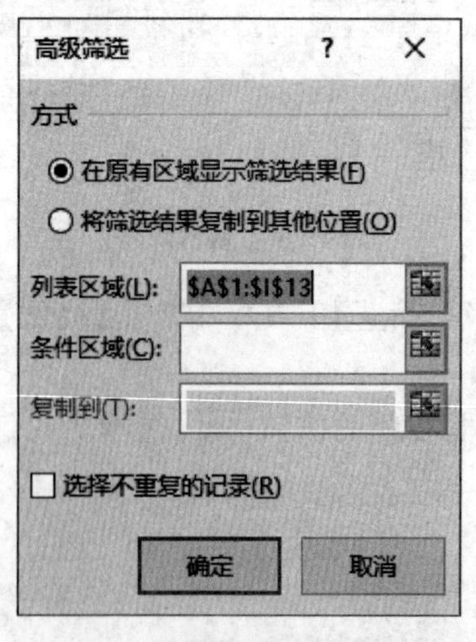

图 5-79 返回【高级筛选】对话框

(6) 选择前面输入的条件区域 A15:B16,然后单击按钮,如图 5-80 所示。

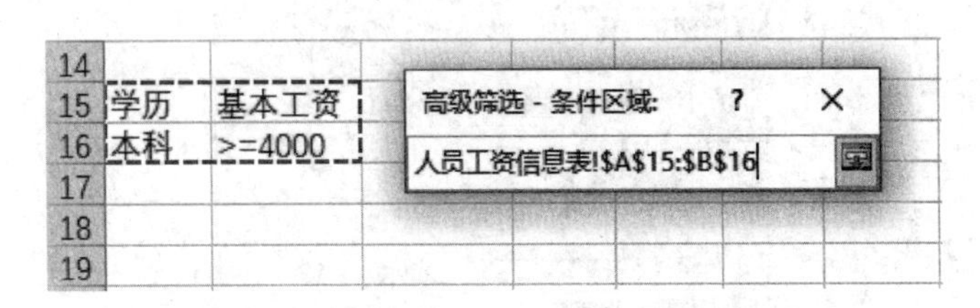

图 5-80　选定条件区域

(7) 返回高级筛选对话框,单击【确定】按钮,即可筛选出“基本工资在 4 000 及以上的本科职工”的记录。

提示:在【开始】菜单的【编辑】工具栏中单击【排序与筛选】旁的下三角按钮,在弹出的下拉列表中再次选择【筛选】可以取消筛选。

5.4.6　条件格式

条件格式是指当单元格中的数据满足某个条件时,数据的格式为指定的格式,否则为原来的格式。要设置条件格式,可在【开始】选项卡的【样式】组中单击【条件格式】按钮,在展开的列表中选择某一个规则,如实例 5.2 中的操作。

5.4.7　数据透视表与切片器

数据透视表从工作表的数据清单中提取信息,可以对数据清单进行重新布局和分类汇总,还能立即计算出结果。利用“数据透视表向导”可以对已有的表格中的数据进行交叉制表和汇总,然后重新布置并立即计算出结果。在建立数据透视表时,须考虑如何汇总数据。

1. 创建数据透视表

(1) 利用图 5-81 所示的数据清单来创建数据透视表。单击要创建数据透视表的数据列表中任一单元格,选择【插入】菜单下【表格】工具栏上【数据透视表】命令,在下拉列表框中点击【数据透视表】,出现如图 5-82 所示对话框。

	A	B	C	D	E	F	G	H	I
1	序号	职工号	部门	组别	年龄	性别	学历	职称	基本工资
2	1	W001	工程部	E1	28	男	硕士	工程师	4000
3	2	W002	开发部	D1	26	女	硕士	工程师	3500
4	3	W003	培训部	T1	35	女	本科	高工	4500
5	4	W004	销售部	S1	32	男	硕士	工程师	3500
6	5	W005	培训部	T2	33	男	本科	工程师	3500
7	6	W006	工程部	E1	23	男	本科	助工	2500
8	7	W007	工程部	E2	26	男	本科	工程师	3500
9	8	W008	开发部	D2	31	男	博士	工程师	4500
10	9	W009	销售部	S2	37	女	本科	高工	5500
11	10	W010	开发部	D3	36	男	硕士	工程师	3500
12	11	W011	工程部	E3	41	男	本科	高工	4000
13	12	W012	工程部	E2	35	女	硕士	高工	5000
14									
15									
16									

图 5-81　数据清单

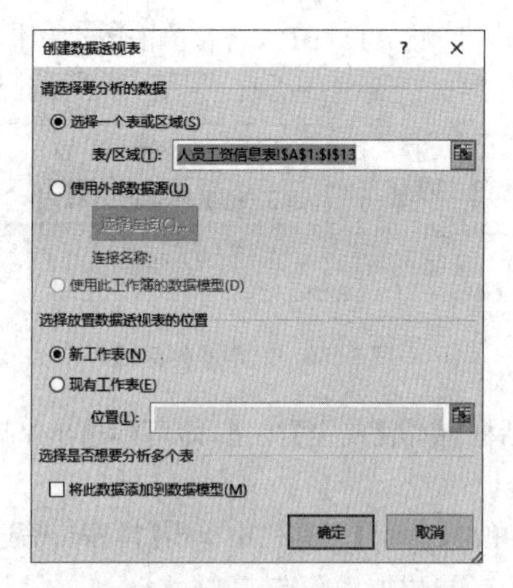

图 5-82 【创建数据透视表】对话框

(2) 确认“表/区域”和“选择放置数据透视表的位置”的选择无误后单击【确定】按钮进入“数据透视表视图环境”,如图 5-83 所示。

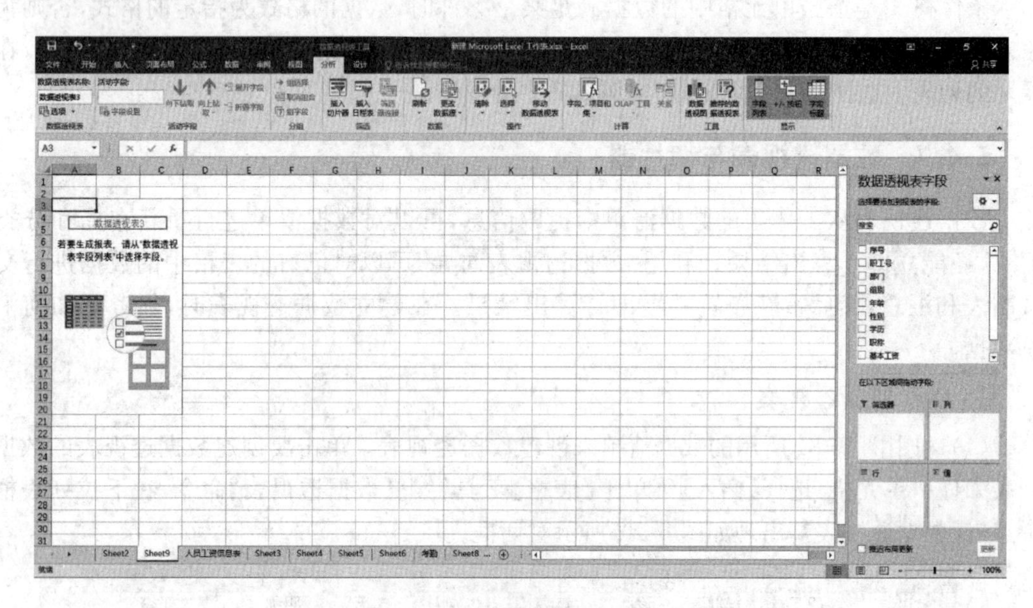

图 5-83 数据透视表视图

(3) 从“数据透视表字段列表”中分别拖动所需的字段到“报表筛选”“列标签”“行标签”“数值”区域并修改“数值”项的计算类型。根据要求对创建的数据透视表进行进一步完善即可完成数据透视表的创建,如图 5-84 所示。

职称	(全部)		
平均值项:基本工资	列标签		
行标签	男	女	总计
本科	3875	4500	4000
博士		4500	4500
硕士	3625	4250	3833
总计	3750	4375	3958

图 5-84 数据透视表

2. 切片器

在 Excel 2003 和 Excel 2007 的数据透视表中，当对多个项目进行筛选后，如果要查看是对哪些字段进行了筛选，是怎样进行筛选的，需要打开筛选下拉列表来查看，很不直观。在 Excel 2016 中新增了切片器工具，不仅能轻松地对数据透视表进行筛选操作，还可以非常直观地查看筛选信息。

如图 5-84 所示的数据透视表，若要查看各部门员工的基本工资和奖金数额，用切片器来操作简单而直观，步骤如下。

（1）选择数据透视表，在功能区中选择【数据透视表工具】选项，在【排序和筛选】组中单击【插入切片器】按钮，如图 5-85 所示。

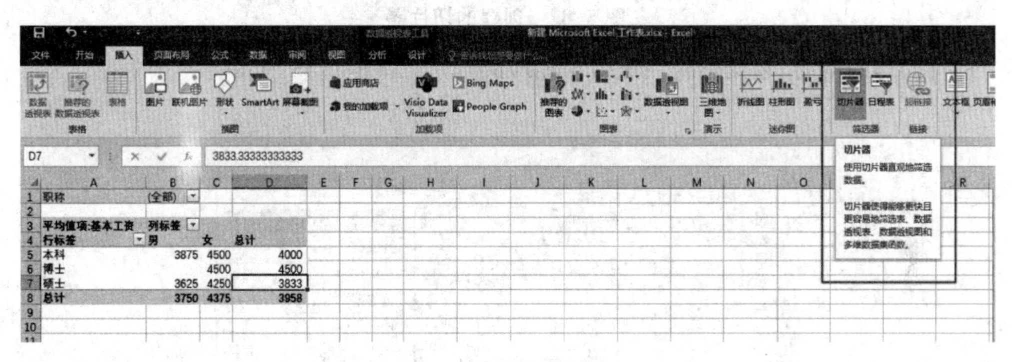

图 5-85　插入切片器

（2）在弹出的【插入切片器】对话框中勾选“部门”选项，单击【确定】按钮，如图5-86所示。

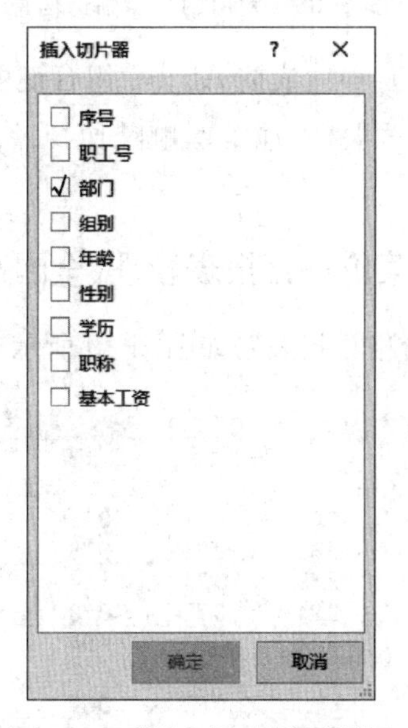

图 5-86　【插入切片器】对话框

（3）Excel 将创建 1 个切片器，如图 5-87 所示。

（4）在“部门”切片器中选择部门名称，如果要选择多个可以用 Ctrl 键逐一选择，如先选择“工程部”，然后按 Ctrl 键单击“培训部”；也可以用 Shift 键选择连续的多个名称。在切片

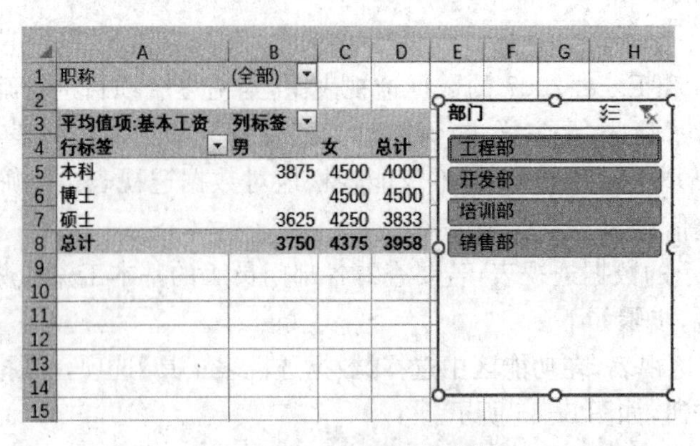

	A	B	C	D
1	职称	(全部)		
2				
3	平均值项:基本工资	列标签		
4	行标签	男	女	总计
5	本科	3875	4500	4000
6	博士		4500	4500
7	硕士	3625	4250	3833
8	总计	3750	4375	3958

图 5-87　创建的切片器

器中进行操作的同时，数据透视表进行了相应的筛选，如图 5-88 所示。

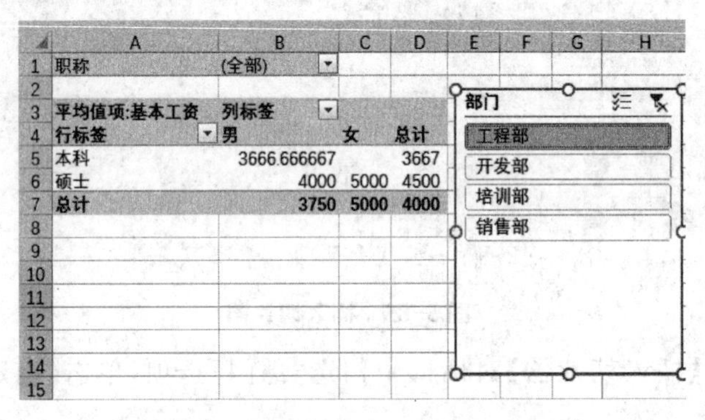

	A	B	C	D
1	职称	(全部)		
2				
3	平均值项:基本工资	列标签		
4	行标签	男	女	总计
5	本科	3666.666667		3667
6	硕士	4000	5000	4500
7	总计	3750	5000	4000

图 5-88　利用切片器筛选信息

(5) 单击【筛选清除器】按钮 或按 Alt＋C 组合键可以清除活动切片器中的所有筛选，也就是说对于该字段未进行筛选。如果要删除切片器，选择某个切片器，按 Delete 键即可。

实例 5.5　蔬菜价格日报表管理(全国高新考试样题)

打开数据表“山东省蔬菜价格日报表”，如图 5-89 所示，完成以下数据管理操作。

	A	B	C	D	E	F
1	山东省蔬菜价格日报表					
2	批发市场	大蒜	大葱	黄瓜	花菜	茄子
3	济宁	2.03	0.61	0.71	1.81	1.35
4	青岛	2.86	0.81	0.76	1.17	1.32
5	济南	2.48	0.76	1.04	1.15	1.32
6	淄博	2.24	0.72	0.78	1.76	1.46
7	烟台	2.94	0.98	0.94	1.07	1.53
8	日照	2.28	0.82	0.96	1.33	1.47
9	临沂	2.3	0.68	0.89	1.82	1.56
10	泰安	2.34	0.87	1.14	1.21	1.38
11	威海	2.72	0.56	0.95	1.83	1.11
12	菏泽	2.21	0.9	0.73	1.21	1.19
13	最大值					
14	最小值					
15	平均值					

图 5-89　山东省蔬菜价格日报表

1. 在工作表的 B3:F12 数据区域应用条件格式，为数值大于 1.5 的单元格添加红色底纹。

具体操作步骤如下。

(1) 选中单元格区域 B3:F12，单击【开始】菜单，在【样式】工具栏中单击【条件格式】命令，下拉命令中的【新建规则】，弹出【新建格式规则】对话框，在“选择规则类型”组中选择“只为包含以下内容的单元格设置格式”，在“编辑规则说明”中完成设置，如图 5-90 所示。

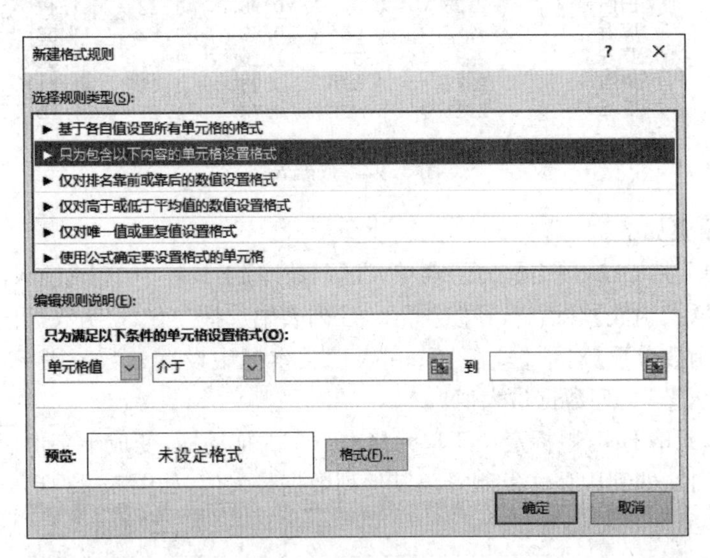

图 5-90　【新建格式规则】对话框

(2) 单击【格式】按钮，弹出【设置单元格格式】对话框，单击【填充】选项卡，选择红色后单击【确定】按钮返回【新建格式规则】对话框，单击【确定】按钮完成设置，如图 5-91 所示。

	A	B	C	D	E	F
1	山东省蔬菜价格日报表					
2	批发市场	大蒜	大葱	黄瓜	花菜	茄子
3	济宁	2.03	0.61	0.71	1.81	1.35
4	青岛	2.86	0.81	0.76	1.17	1.32
5	济南	2.48	0.76	1.04	1.15	1.32
6	淄博	2.24	0.72	0.78	1.76	1.46
7	烟台	2.94	0.98	0.94	1.07	1.53
8	日照	2.28	0.82	0.96	1.33	1.47
9	临沂	2.3	0.68	0.89	1.82	1.66
10	泰安	2.34	0.87	1.14	1.21	1.38
11	威海	2.72	0.56	0.95	1.83	1.11
12	菏泽	2.21	0.9	0.73	1.21	1.19
13	最大值					
14	最小值					
15	平均值					

图 5-91　条件格式设置后效果图

2. 公式(函数)应用:使用如图 5-92 中的数据，计算“最大值”“最小值”和“平均值”，结果分别放在相应的单元格中。

	A	B	C	D	E	F
1	山东省蔬菜价格日报表					
2	批发市场	大蒜	大葱	黄瓜	花菜	茄子
3	济宁	2.03	0.61	0.71	1.81	1.35
4	青岛	2.86	0.81	0.76	1.17	1.32
5	济南	2.48	0.76	1.04	1.15	1.32
6	淄博	2.24	0.72	0.78	1.76	1.46
7	烟台	2.94	0.98	0.94	1.07	1.53
8	日照	2.28	0.82	0.96	1.33	1.47
9	临沂	2.3	0.68	0.89	1.82	1.56
10	泰安	2.34	0.87	1.14	1.21	1.38
11	威海	2.72	0.56	0.95	1.83	1.11
12	菏泽	2.21	0.9	0.73	1.21	1.19

图 5-92　数据表

具体操作步骤如下。

(1) 选中单元格 B13,单击【公式】菜单,在【函数库】工具栏中单击【插入函数】命令。

(2) 弹出【插入函数】对话框,在“选择函数”列表中选择“MAX”函数,单击【确定】按钮。

(3) 弹出【函数参数】对话框,在“Number1”文本框中设置参数范围 B3:B12,单击【确定】按钮,求出“大葱”一列数据最大值。

(4) 选中单元格 B13,鼠标定位于单元格右下角的拖动柄,变成十字形后按住鼠标左键拖动到单元格 F13,即利用公式复制求出其他列数据最大值,如图 5-93 所示。

	A	B	C	D	E	F
1	山东省蔬菜价格日报表					
2	批发市场	大蒜	大葱	黄瓜	花菜	茄子
3	济宁	2.03	0.61	0.71	1.81	1.35
4	青岛	2.86	0.81	0.76	1.17	1.32
5	济南	2.48	0.76	1.04	1.15	1.32
6	淄博	2.24	0.72	0.78	1.76	1.46
7	烟台	2.94	0.98	0.94	1.07	1.53
8	日照	2.28	0.82	0.96	1.33	1.47
9	临沂	2.3	0.68	0.89	1.82	1.56
10	泰安	2.34	0.87	1.14	1.21	1.38
11	威海	2.72	0.56	0.95	1.83	1.11
12	菏泽	2.21	0.9	0.73	1.21	1.19
13	最大值	2.94	0.98	1.14	1.83	1.56
14	最小值					
15	平均值					

图 5-93　求最大值

(5) 使用同样的方法分别用“MIN”函数和“AVERAGE”函数求出最小值和平均值,注意在第(3)步设置参数范围时均为 B3:B12。

3. 数据排序:使用图 5-92 中的数据,以“大蒜”为主要关键字,降序排序。

具体操作步骤如下:将鼠标定位于数据清单中“大蒜”一列中任意数据单元格;单击【数据】菜单,在【排序和筛选】工具栏中单击 Z↓A 命令,排序结果如图 5-94 所示。

4. 数据筛选:使用图 5-92 中的数据,筛选出“大蒜”的价格大于等于 2.2 与小于等于 2.6 的记录。

具体操作步骤如下。

	A	B	C	D	E	F
1	山东省蔬菜价格日报表					
2	批发市场	大蒜	大葱	黄瓜	花菜	茄子
3	烟台	2.94	0.98	0.94	1.07	1.53
4	青岛	2.86	0.81	0.76	1.17	1.32
5	威海	2.72	0.56	0.95	1.83	1.11
6	济南	2.48	0.76	1.04	1.15	1.32
7	泰安	2.34	0.87	1.14	1.21	1.38
8	临沂	2.3	0.68	0.89	1.82	1.56
9	日照	2.28	0.82	0.96	1.33	1.47
10	淄博	2.24	0.72	0.78	1.76	1.46
11	菏泽	2.21	0.9	0.73	1.21	1.19
12	济宁	2.03	0.61	0.71	1.81	1.35

图 5-94　排序结果

(1) 将鼠标定位于数据清单中“大蒜”一列中任意数据单元格，单击【数据】菜单，在【排序和筛选】工具栏中单击【筛选】命令。

(2) 单击“大蒜”标题右侧的下拉按钮，选择【数字筛选】命令按钮下级菜单中的【自定义筛选】。

(3) 弹出【自定义自动筛选方式】对话框，设置筛选条件，如图 5-95 所示，单击【确定】按钮，完成数据筛选。

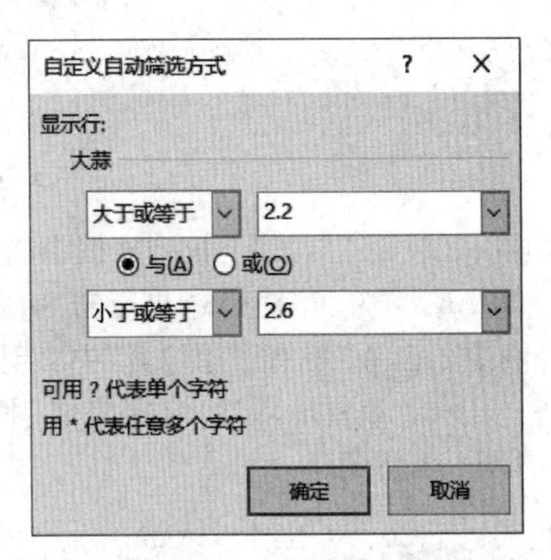

图 5-95　【自定义自动筛选方式】对话框

5. 数据合并计算：使用图 5-96 中的数据，在“山东菜市场价格最高值”中进行“最大值”合并计算。

	A	B	C	D	E
1	烟台价格			青岛价格	
2	蔬菜名称	批发价		蔬菜名称	批发价
3	大蒜	2.94		大蒜	2.86
4	大葱	0.98		大葱	0.81
5	黄瓜	0.94		黄瓜	0.76
6	花菜	1.07		花菜	1.17
7	茄子	1.53		茄子	1.32
8					
9					
10	威海价格			济南价格	
11	蔬菜名称	批发价		蔬菜名称	批发价
12	大蒜	2.72		大蒜	2.48
13	大葱	0.56		大葱	0.76
14	黄瓜	0.95		黄瓜	1.04
15	花菜	1.83		花菜	1.15
16	茄子	1.11		茄子	1.32

图 5-96　数据合并计算数据表

具体操作步骤如下。

(1) 鼠标定位于单元格 A20，单击【数据】菜单，在【数据工具】工具栏中单击【合并计算】命令，弹出【合并计算】对话框，如图 5-97 所示。

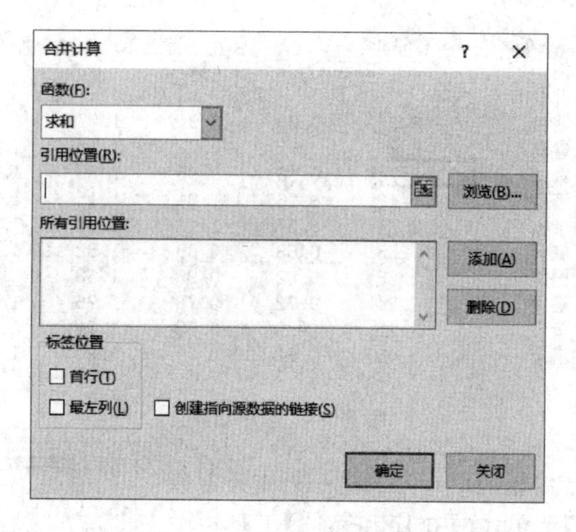

图 5-97 【合并计算】对话框

(2) 在“函数”下拉列表框中选择“最大值”,在“引用位置”文本框中,点击【折叠】按钮选取 A3:B7 单元格区域,再点击“折叠”按钮,则引用位置处出现“$A$3:$B$7”,点击【添加】按钮,在“所有引用位置”中出现第一个引用位置“蔬菜价格批发!$A$3:$B$7”。

(3) 重复步骤 2,依次完成引用位置的设置,在“标签位置”组中选择“最左列”,如图5-98 所示。

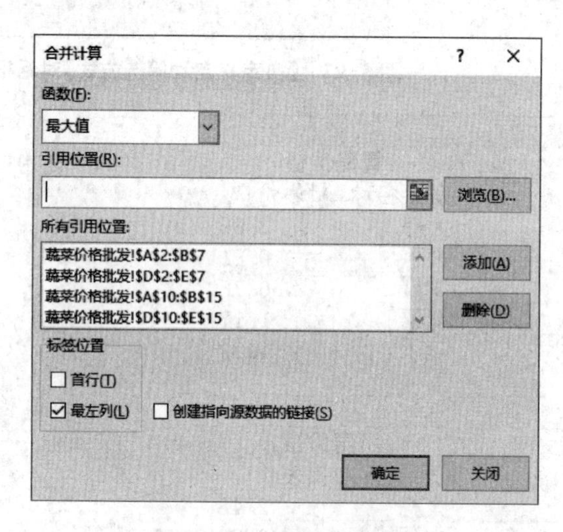

图 5-98 引用位置设置

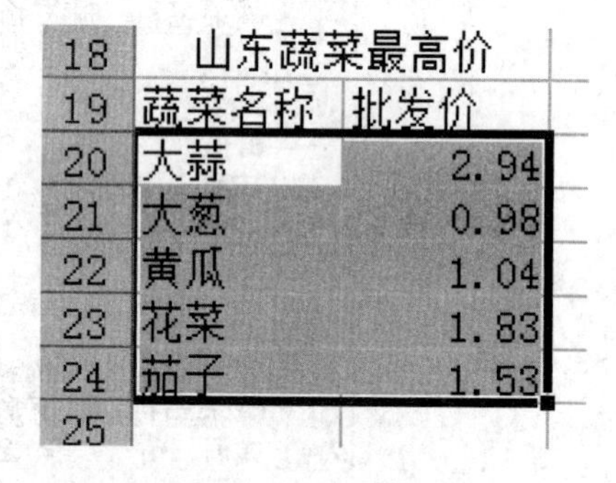

18	山东蔬菜最高价	
19	蔬菜名称	批发价
20	大蒜	2.94
21	大葱	0.98
22	黄瓜	1.04
23	花菜	1.83
24	茄子	1.53
25		

图 5-99 合并计算结果

(4) 单击图 5-98 中的【确定】按钮,完成数据合并计算,结果如图 5-99 所示。

6. 分类汇总:使用如图 5-100 所示的数据表中的数据,以“日期”为分类字段,将各种蔬菜批发价格分别进行“平均值”分类汇总。

具体操作步骤如下。

(1) 将鼠标定位于日期列中任一数据单元格,单击【数据】菜单,在【排序和筛选】工具栏中单击 A↓Z 按钮。

(2) 单击【数据】菜单,在【分级显示】工具栏中单击【分类汇总】命令按钮,弹出【分类汇

山东省各地蔬菜价格日报表

日期	批发市场	大蒜	大葱	黄瓜	花菜	茄子
12月30日	菏泽	2.63	0.92	0.67	1.28	1.13
12月31日	菏泽	2.11	0.66	0.63	1.9	1.38
1月1日	菏泽	2.51	0.5	0.89	1.84	1.16
12月30日	济南	2.35	0.64	0.85	1.62	1.36
12月31日	济南	2.7	0.84	0.64	1.03	1.08
1月1日	济南	2.45	0.7	1.07	1.61	1.52
12月30日	济宁	2.22	0.68	0.72	1.9	1.06
12月31日	济宁	2.71	0.8	0.87	1.86	1.3
1月1日	济宁	2.64	0.6	1.04	1.36	1.3
12月30日	临沂	2.41	0.55	1.09	1.17	1.42
12月31日	临沂	2.69	0.7	1.1	1.39	1.28
1月1日	临沂	2.24	0.69	0.84	1.14	1.38
12月30日	青岛	2.35	0.56	1.11	1.08	1.14
12月31日	青岛	2.62	0.63	0.76	1.97	1.49
1月1日	青岛	2.84	0.63	0.6	1.6	1.03
12月30日	日照	2.24	0.95	1.08	1.73	1.59
12月31日	日照	2.53	0.7	1.12	1.22	1.26
1月1日	日照	2.07	0.88	0.66	1.17	1.5
12月30日	泰安	2.46	0.62	1.12	1.31	1
12月31日	泰安	2.77	0.89	0.63	1.32	1.1
1月1日	泰安	2.5	0.94	0.83	1.46	1.56
12月30日	威海	2.76	0.68	0.91	1.14	1.12
12月31日	威海	[illegible]	0.7	1.08	1.1	1.01

图 5-100　数据表

总】对话框,如图 5-101 所示。

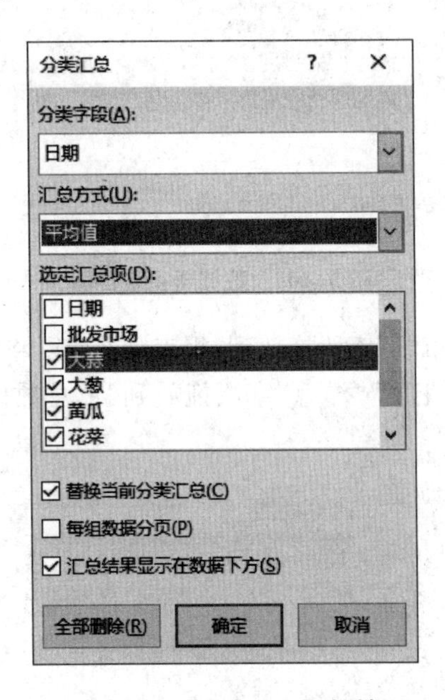

图 5-101　【分类汇总】对话框

(3) 在上图中的“分类字段”下拉列表中选择“日期”,在“汇总方式”下拉列表中选择“平均值”,在“选定汇总项”列表中将各种蔬菜均选中,单击【确定】按钮,完成分类汇总,结果如图 5-102 所示。

7. 建立数据透视表:使用图 5-103 工作表中的数据,以“批发市场”为报表筛选项,以“日期”为行标签,以各种蔬菜价格为求最大值项,在当前工作表中单元格 I3 起建立数据透视表。

	A	B	C	D	E	F	G
1				山东省各地蔬菜价格日报表			
2	日期	批发市场	大蒜	大葱	黄瓜	花菜	茄子
13	**12月30日 平均值**		2.579	0.678	0.869	1.543	1.327
24	**12月31日 平均值**		2.63	0.767	0.836	1.497	1.269
35	**1月1日 平均值**		2.556	0.711	0.854	1.499	1.184
36	**总计平均值**		2.588333	0.718667	0.853	1.513	1.26
37							

图 5-102　分类汇总结果

具体操作步骤如下。

(1) 选取单元格区域 A2:G20，单击【插入】菜单，在【表格】工具栏中单击【数据透视表】命令按钮，在下拉命令中选择【数据透视表】，弹出【创建数据透视表】对话框。

(2) 在“选择放置数据透视表的位置”组中选择“现有工作表”，在“位置”文本框中通过鼠标操作选择 I3 单元格，单击【确定】按钮，打开数据透视表布局界面，如图 5-103 所示。

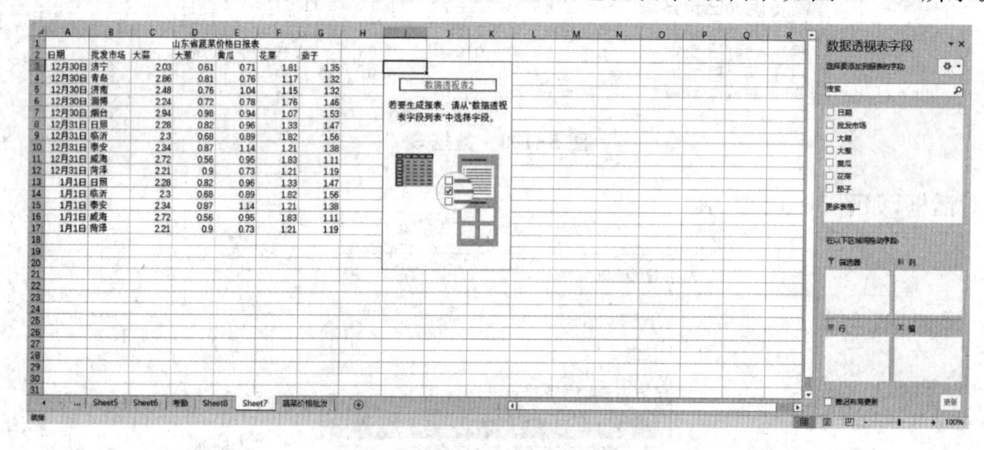

图 5-103　数据透视表视图

(3) 在上图中，将“批发市场”字段拖放到“报表筛选”项，将“日期”字段拖放到“行标签”项，将“大葱”“大蒜”“黄瓜”“花菜”“洋葱”字段拖放到“汇总数值”项，然后将汇总方式改为“最大值”，如图 5-104 所示。

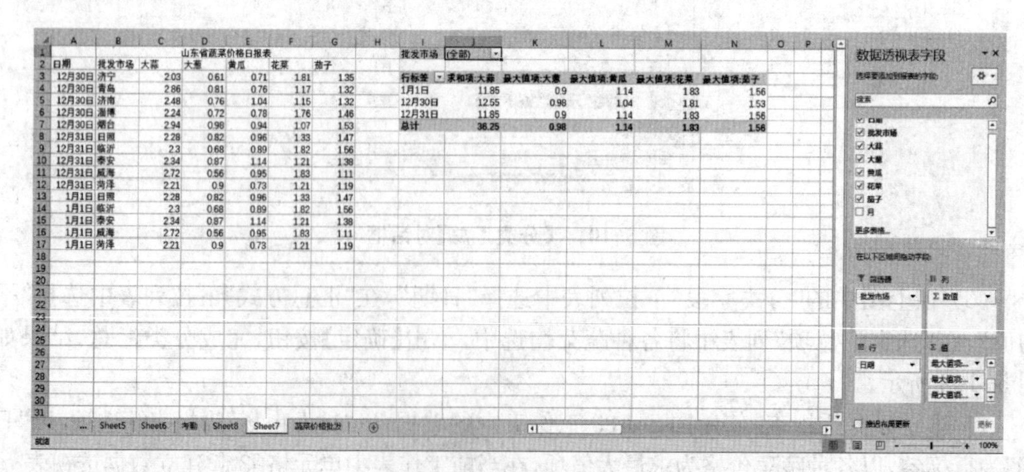

图 5-104　数据透视表

(4) 可以使用【数据透视表工具】中的【选项】菜单、【设计】菜单对数据透视表进行进一步编辑。

实例 5.6　对家用电器销售情况表进行排序和高级筛选

打开“家用电器销售情况表”如图 5-105 所示，并完成以下数据操作。

	A	B	C	D	E	F	G
1	季度	分公司	产品类别	产品名称	销售数量	销售额（	销售额排名
2	2	西部1	D-1	电视	42	18.73	12
3	3	西部1	D-1	电视	78	34.79	2
4	1	南部2	K-1	空调	54	19.12	11
5	2	南部2	K-1	空调	63	22.30	7
6	3	南部2	K-1	空调	86	30.44	4
7	1	南部1	D-1	电视	64	17.60	17
8	2	东部2	K-1	空调	79	27.97	6
9	3	东部2	K-1	空调	45	15.93	20
10	1	东部1	D-1	电视	67	18.43	14
11	3	东部1	D-1	电视	66	18.15	16
12	1	北部1	D-1	电视	86	38.36	1
13	2	北部1	D-1	电视	73	32.56	3
14	3	北部1	D-1	电视	64	28.54	5

图 5-105　家用电器销售情况表

1. 单击数据区域任一单元格，在【数据】功能区的【排序和筛选】分组中，单击【排序】按钮，弹出【排序】对话框，设置“主要关键字”为“分公司”，设置“次序”为“降序”；单击【添加条件】按钮，设置“次要关键字”为“季度”，设置“次序”为“升序”，单击【确定】按钮，如图 5-106 所示。

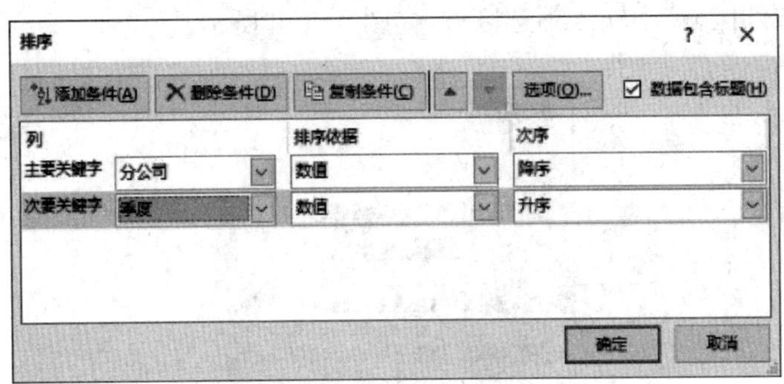

图 5-106　自定义排序

2. 选中第一行，右击，在弹出的快捷菜单中选择【插入】，反复此操作三次即可在数据清单前插入四行，如图 5-107 所示。

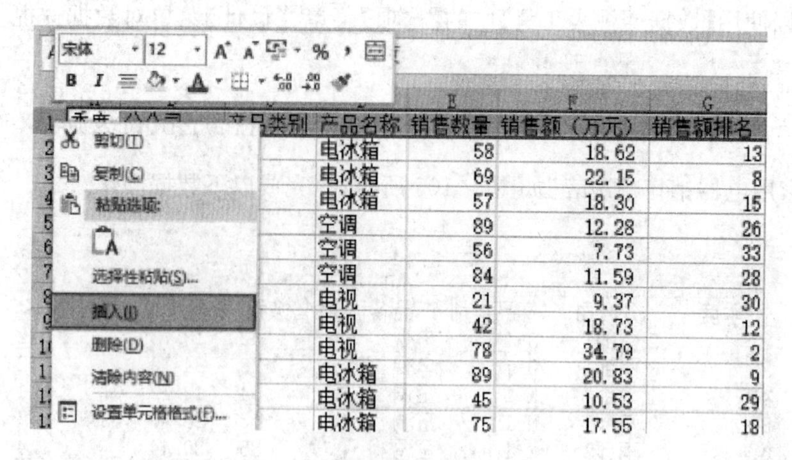

图 5-107　在数据清单前插入行

3. 选中单元格区域 A5:G5，按 Ctrl＋C 键，单击单元格 A1，按 Ctrl＋V 键；在 D2 单元格中输入“空调”，在 D3 单元格中输入“电视”，在 G2 和 G3 单元格中分别输入“＜＝20”，如图5-108 所示。

	A	B	C	D	E	F	G
1	季度	分公司	产品类别	产品名称	销售数量	销售额（万元）	销售额排名
2				空调			<=20
3				电视			<=20
4							

图 5-108　设置筛选条件

4. 在【数据】功能区的【排序和筛选】组中单击【高级】按钮，弹出【高级筛选】对话框，在“列表区域”和“条件区域”中输入筛选区域，如图 5-109 所示。

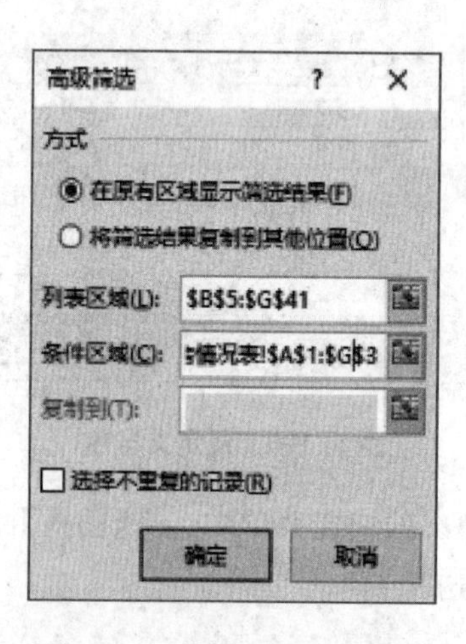

图 5-109　【高级筛选】对话框

5. 单击【确定】按钮，得筛选结果如图 5-110 所示。

6. 最后单击【保存】按钮即可。

	A	B	C	D	E	F	G
1	季度	分公司	产品类别	产品名称	销售数量	销售额（万元）	销售额排名
2				空调			<=20
3				电视			<=20
4							
5	季度	分公司	产品类别	产品名称	销售数量	销售额（万元）	销售额排名
13	2	西部1	D-1	电视	42	18.73	12
14	3	西部1	D-1	电视	78	34.79	2
18	1	南部2	K-1	空调	54	19.12	11
19	2	南部2	K-1	空调	63	22.30	7
20	3	南部2	K-1	空调	86	30.44	4
21	1	南部1	D-1	电视	64	17.60	17
28	2	东部2	K-1	空调	79	27.97	6
29	3	东部2	K-1	空调	45	15.93	20
30	1	东部1	D-1	电视	67	18.43	14
32	3	东部1	D-1	电视	66	18.15	16
39	1	北部1	D-1	电视	86	38.36	1
40	2	北部1	D-1	电视	73	32.56	3
41	3	北部1	D-1	电视	64	28.54	5

图 5-110　高级筛选结果

5.5　图　　表

本节主要介绍 Excel 2016 中的图表，包括创建图表、编辑图表，创建迷你图等内容。在处理电子表格时，要对大量烦琐的数据进行分析和研究，有时需要利用图形方式再现数据变动和发展趋势。Excel 2016 提供了强有力的图表处理功能，使得用户很快就可得到所要的图表。

5.5.1　创建图表

Excel 提供了丰富的图表类型，每种图表类型又有多种子类型，此外用户还可以自定义图表类型。用户准备好要用于创建图表的工作表数据后，可以使用 Excel 2016 的【插入】菜单中的【图表】命令创建各种类型的图表。

创建图表的具体操作步骤如下。

（1）选取创建图表所需要的数据，如图 5-111 所示。

	A	B	C	D	E
1	销售数量统计表				
2	型号	一月	二月	三月	总和
3	A001	90	85	92	267
4	A002	77	65	83	225
5	A003	86	72	80	238
6	A004	67	79	86	232
7	合计	320	301	341	962

图 5-111　选择数据

(2) 单击【插入】菜单中【图表】命令,在出现的图表类型中选择所需要的类型,如“柱形图”,然后在下拉菜单中选择所需的子类型命令,如图 5-112 所示。

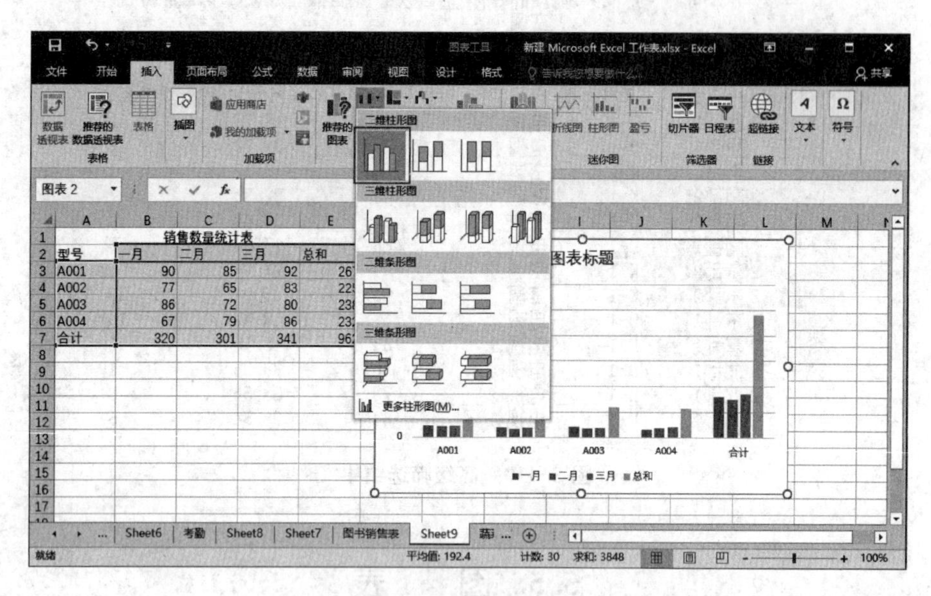

图 5-112　图表类型

(3) 图表创建后,若不符合要求可以通过【图表工具】中的【设计】【格式】菜单对图表进行进一步编辑,如图 5-113 所示。

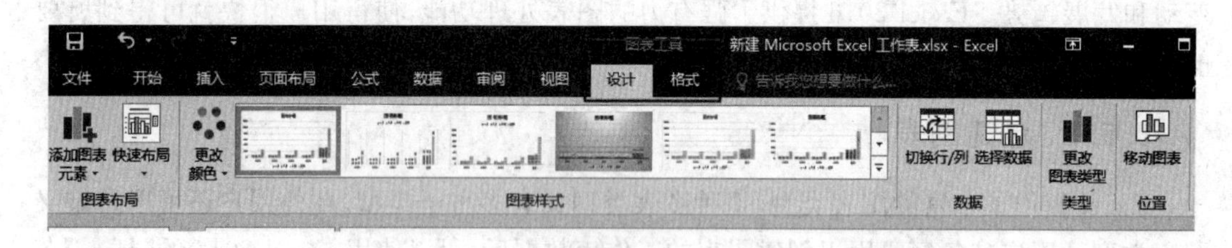

图 5-113　图表工具

5.5.2　编辑图表

图表创建完毕,可以根据需要对图表中的数据、图表对象及整个图表的显示风格等进行修改。

1.【图表工具】中的【设计】菜单的功能

【更改图表类型】命令用来将已建好的图表更改为其他类型的图表。

【另存为模板】命令用来将已建好的图表格式和布局另存为可应用于将来图表的模板。

【切换行/列】命令用来实现交换坐标轴上的数据。

【选择数据】命令用来更改图表中包含的数据区域。

【快速布局】命令用来更改图表的整体布局,可以在下拉列表的布局样式中选择任意一种布局。

【快速样式】命令更改图表整体外观样式,可以在下拉列表的样式中选择任意一种样式。

【移动图表】命令用来将已建好的图表移至工作簿中其他工作表或标签。

2.【图表工具】中的【布局】菜单的功能

可以通过【布局】菜单中的【标签】工具栏实现对图表标题、坐标轴标题、图例等进行编辑；通过【坐标轴】工具栏实现更改坐标轴格式布局和网格线的启用与取消；其他命令的作用不再加以说明，请学习者自己学习研究。

3.【图表工具】中的【格式】菜单的功能

可以通过【格式】菜单中的各工具栏上的命令实现对图表的形状样式、艺术字样式、排列和大小进行编辑。

5.5.3　迷你图

如果你希望在一个单元格里显示图表，Excel 2016 的“迷你图”可以帮你实现。如何在单元格中插入“迷你图”，操作步骤如下。

(1) 启动 Excel 2016，打开相关的工作簿文档，如图 5-114 所示。

	A	B	C	D	E
1	销售数量统计表				
2	型号	一月	二月	三月	
3	A001	90	85	92	
4	A002	77	65	83	
5	A003	86	72	80	
6	A004	67	79	86	
7	合计	320	301	341	
8					

图 5-114　工作簿

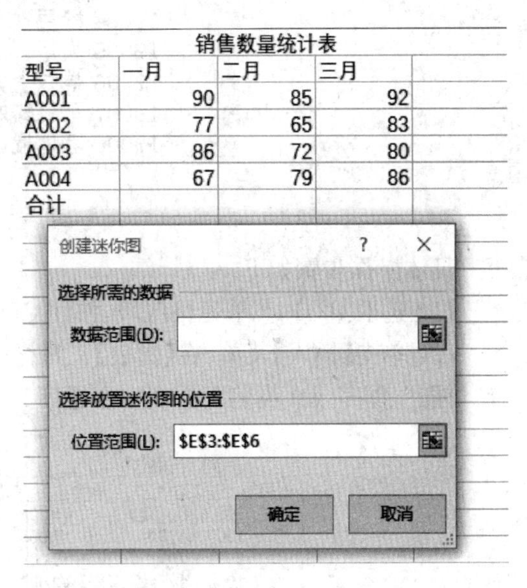

图 5-115　【创建迷你图】对话框

(2) 选中用于创建迷你图表的数据单元格区域 E3:E6，在【插入】菜单功能选项卡中的【迷你图】组中单击一种迷你图图表类型(目前只有 3 种——拆线图、柱线图、盈亏图)按钮(此处选择“柱形图”)，打开【创建迷你图】对话框，如图 5-115 所示。

(3) 利用“数据范围”右侧的【折叠】按钮，选中 B3:D6，单击【确定】按钮，迷你图就显示在上述单元格中，如图 5-116 所示。

(4) 选中迷你图表所在的单元格，软件会展开【迷你图工具/设计】功能选项卡，可以利用其中的相关功能按钮对迷你图做进一步的格式化处理。

销售数量统计表				
型号	一月	二月	三月	
A001	90	85	92	
A002	77	65	83	
A003	86	72	80	
A004	67	79	86	
合计				

图 5-116　迷你图

实例 5.7　制作某冷饮公司产品销售数量图表

打开数据表，如图 5-117 所示，使用“名称”和“数量”两列数据制作饼图并进行编辑。

2	编号	名称	单价	数量
3	19001	巧乐滋	¥ 3.00	30123
4	19002	沙皇枣	¥ 2.00	34578
5	19003	盐水	¥ 1.00	56908
6	19004	绿豆沙	¥ 2.00	26897
7	19005	火炬	¥ 4.00	19287
8	19006	蚂蚁上树	¥ 3.00	20019
9	19007	草莓酸奶	¥ 3.00	10252
10	19008	老冰棍	¥ 1.00	67892

图 5-117　数据表

具体操作步骤如下。

(1) 选取 B2:B10 单元格区域，按住 Ctrl 键再选取 D2:D10 单元格区域。

(2) 单击【插入】菜单，在【图表】工具栏中单击【饼图】命令按钮，在“二维饼图”类型中选择“饼图”，即完成在当前工作表中创建了一个分离型饼图，如图 5-118 所示。

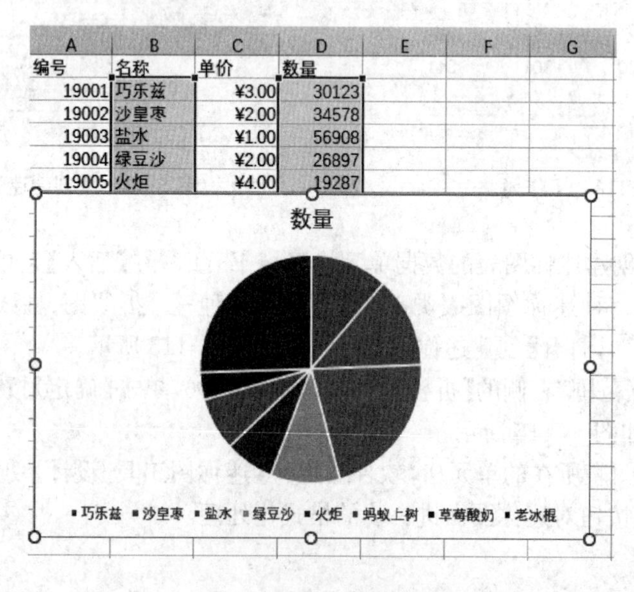

	A	B	C	D	E	F	G
	编号	名称	单价	数量			
	19001	巧乐兹	¥3.00	30123			
	19002	沙皇枣	¥2.00	34578			
	19003	盐水	¥1.00	56908			
	19004	绿豆沙	¥2.00	26897			
	19005	火炬	¥4.00	19287			

图 5-118　分离型饼图

(3) 使用【图表工具】下【设计】菜单、【布局】菜单、【格式】菜单对图表进行进一步编辑，完成效果图如图 5-119 所示。

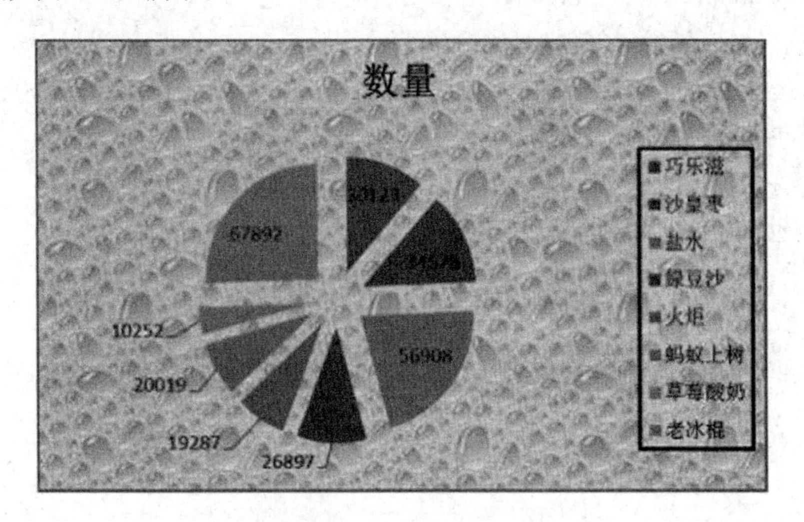

图 5-119　编辑后图表

实例 5.8　制作销售情况统计图(全国等级考试样题)

使用图 5-60 中的数据表，选取“月份”列(A2:A14)和“所占百分比”列(C2:C14)数据区域的内容建立“带数据标记的折线图”，标题为“销售情况统计图”，清除图例；将图表移动到工作表的 A17:E30 单元格区域内。

操作步骤如下。

(1) 用鼠标拖动选取区域 A2:A14，按住 Ctrl 键的同时再选取区域 C2:C14，如图 5-120 所示。

	A	B	C
1	某产品2018年数量统计表（单位：个）		
2	月份	销售量	所占百分比
3	1月	330	7%
4	2月	180	4%
5	3月	190	4%
6	4月	426	9%
7	5月	680	14%
8	6月	942	19%
9	7月	520	11%
10	8月	408	8%
11	9月	468	10%
12	10月	278	6%
13	11月	266	5%
14	12月	167	3%

图 5-120　选取数据区域

(2) 单击【插入】|【图表】中的【折线图】按钮，在出现的二维折线图类型中单击【带数据标记的折线图】按钮，如图 5-121 所示。

在数据表中出现默认设置的图表，如图 5-122 所示。

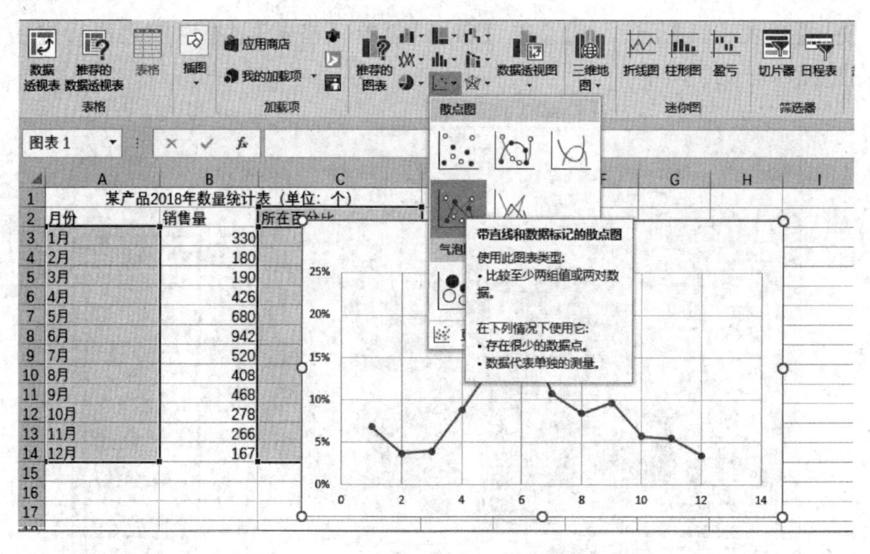

图 5-121 选择【带数据标记的折线图】

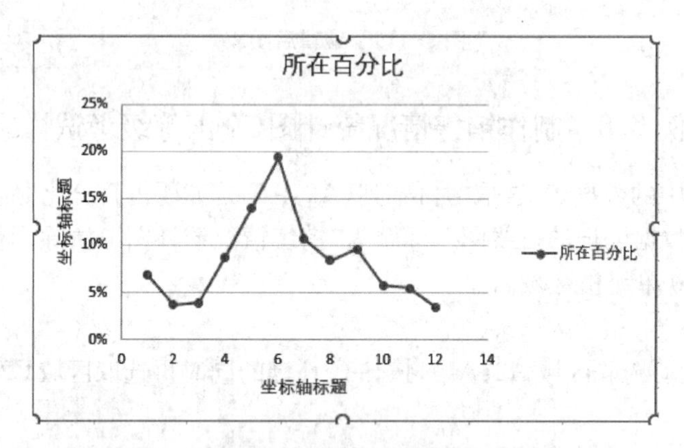

图 5-122 默认设置的折线图

（3）单击图表标题文本框，将标题改为“销售情况统计图”，单击【图表工具】中的【布局】选项下的【图例】按钮，在出现的下拉列表中选择“无”，如图 5-123 所示，即可实现清除图例。

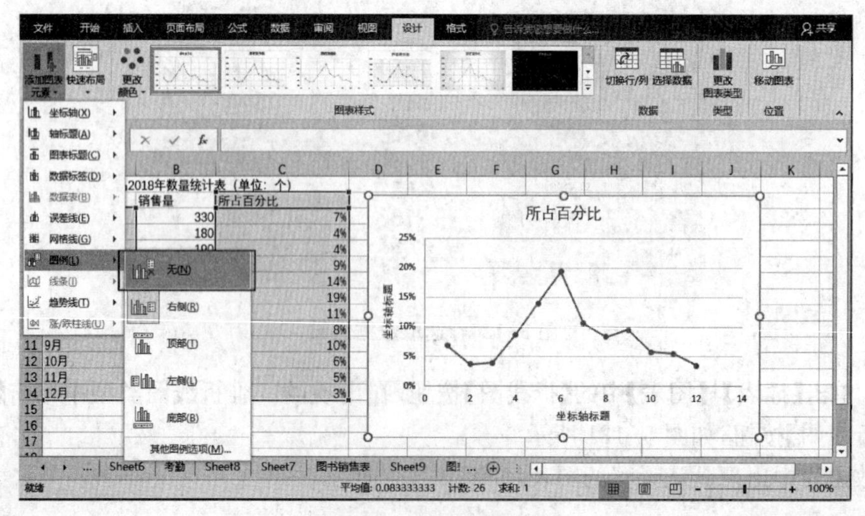

图 5-123 清除图例操作

(4) 拖动图表至 A17 单元格，然后调整图表大小，使其刚好嵌入在 A17:E30 范围内，如图5-123 所示。

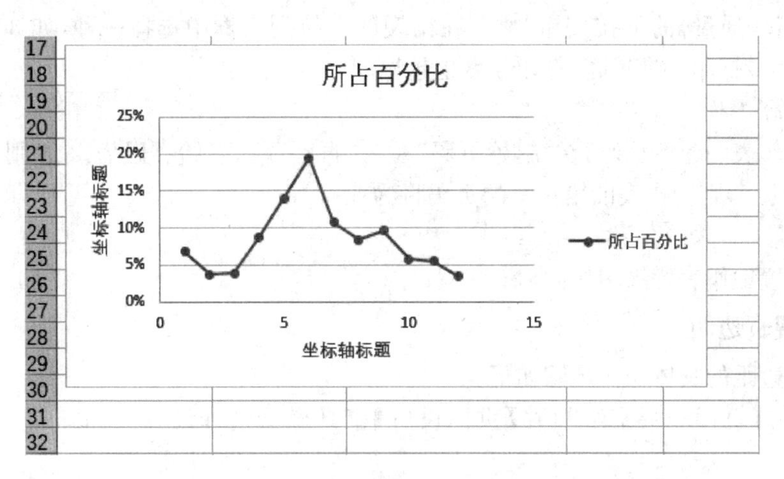

图 5-124　图表放置于 A17:E30 区域内

5.6　页面设置与打印

本节主要介绍设置工作表版面布局、分页符的插入与删除、打印预览及打印等内容。工作表和图表建立后，可以将其打印出来。在打印前最好能看到实际打印效果，以免多次打印调整，浪费时间和纸张。Excel 提供了打印前能看到实际效果的“打印预览”功能，实现了“所见即所得”。

5.6.1　页面设置

和 Word 的操作相同，在打印数据和图表之前，我们先要进行页面的设置。

1. 设置页面选项

页面设置包括：页边距、纸张大小、纸张方向、背景和打印标题的设置等。

(1) 页边距

用于设置整个工作簿或当前工作表的边距大小。

(2) 方向

其中有【纵向】和【横向】两个单选按钮。选【纵向】时，表示从左到右按行打印；选【横向】时，表示将数据旋转 90 度打印。

(3) 缩放比例

一般采用 100%(1 比 1)比例打印，有时行尾数据未打出来，或者工作表末页只有 1 行，应将这行合并到上一页。为此，可以采用缩小比例打印，使行尾数据能打印出来，或使末页一行能合并到上一页打印。

(4) 纸张大小

用于指定当前工作表的页面大小。如果要将特定页面大小应用到工作簿中的所有工作表，可在弹出菜单中选择【其他纸张大小】命令，打开【页面设置】对话框的【页面】选项卡，从中进行所需的设置。

(5) 打印质量

单击【打印质量】的下拉按钮"▼",在出现的下拉列表框中选择一种,如 300 点/英寸。这个数字越大,打印质量越高,打印速度也越慢。

(6) 起始页码

确定工作表的起始页码,在"起始页码"栏为"自动"时,起始页码为 1,否则输入一个数字。例如输入 5,则工作表的第一页的页码将为 5。

(7) 背景

用于设置工作表背景图像。

2. 设置页边距

设置页边距的具体操作步骤如下。

(1) 打开【页面布局】菜单,在【页面设置】工具栏下选择设置页面需要的命令,如图 5-125 所示。

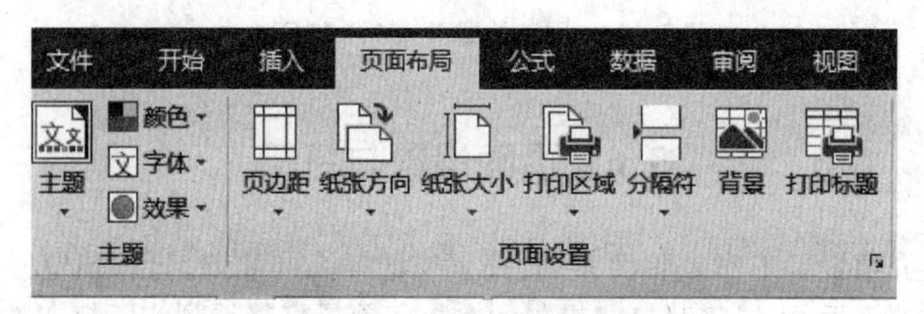

图 5-125 【页面设置】工具栏

(2) 选择【页边距】命令,打开下拉菜单,如图 5-126 所示。Excel 2016 预设了 3 种页边距,可以选择合适设置;如果都不满意,可以选择最下方的【自定义边距】命令,打开【页面设置】对话框。

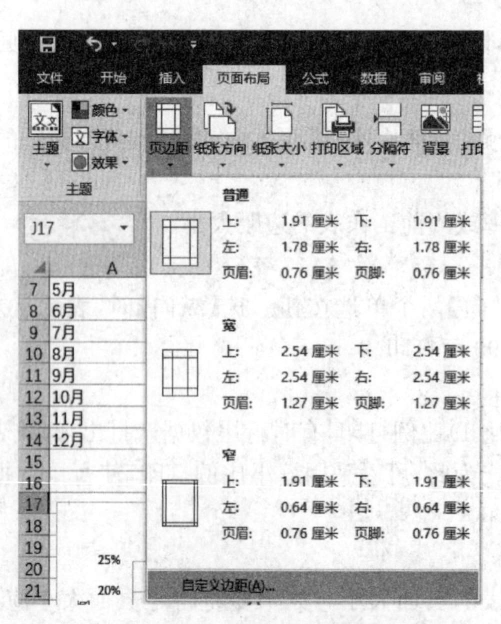

图 5-126 选择页边距种类

(3) 在【设置页面】对话框中，将“上”改为“3”，“下”改为“3”，“居中方式”栏中将“水平”和“垂直”前面的复选框选中，如图 5-127 所示。

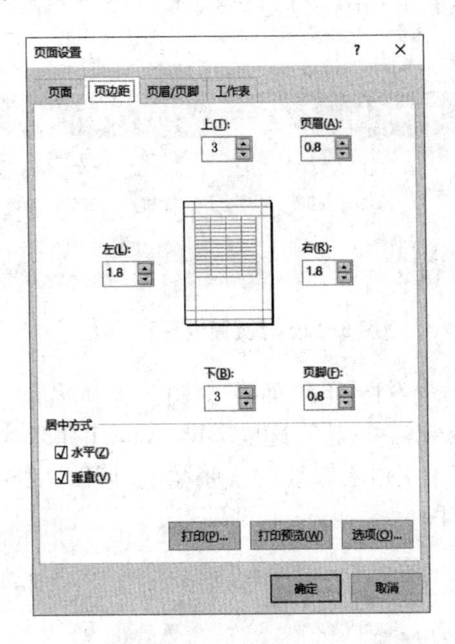

图 5-127　设置页边距

(4) 此时，再打开【页边距】下拉菜单，会发现刚刚设置的页面布局已经出现在下拉菜单中了，如图 5-128 所示。

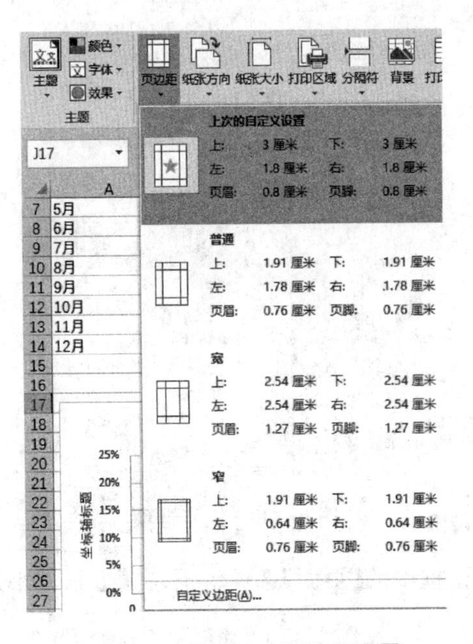

图 5-128　显示上次页边距设置

3. 设置纸张大小及方向

(1) 点击【页面布局】菜单，在【页面设置】工具栏下选择设置页面需要的命令，如图 5-129 所示。

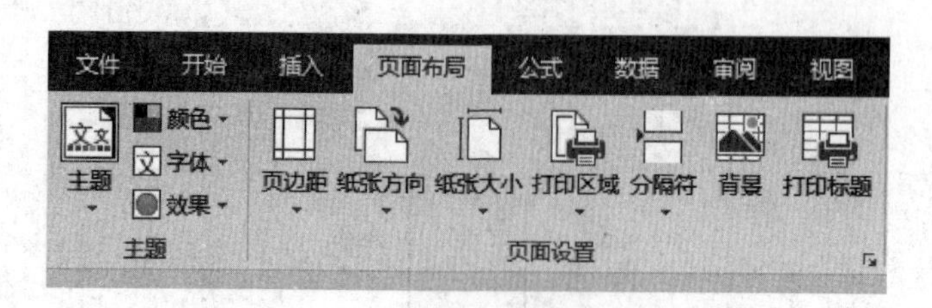

图 5-129 【页面设置】工具栏

(2) 选择【纸张大小】命令，打开下拉菜单，如图 5-130 所示。Excel 2016 包含了很多纸张类型，只要选择合适的纸张就可以了，这里选择"A4，21 厘米×29.7 厘米"。如果要打印的东西比较特殊，在下拉菜单中没有需要的纸张类型，可以选择最下方的【其他纸张大小】命令，打开【页面设置】对话框。

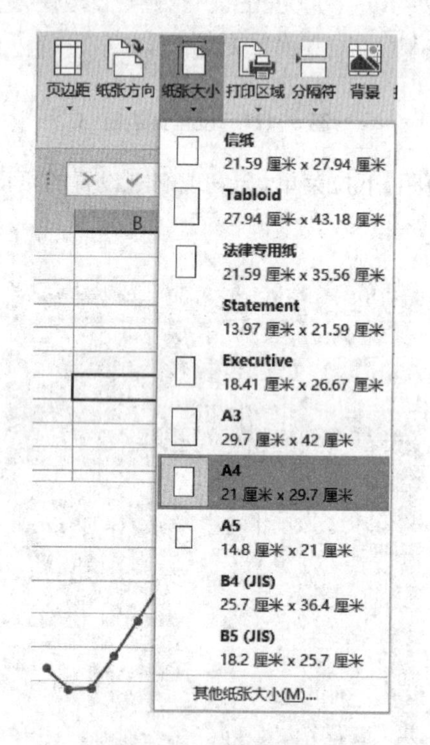

图 5-130 纸张选项

(3) 在【页面设置】对话框中的【页面】选项卡下，在【纸张大小】栏中打开下拉菜单，选择预先定义好的纸张即可。

(4) 紧接着，就要设置纸张的方向，依次选择【页面布局】菜单中的【纸张方向】命令，可以根据需要选择【纵向】或者【横向】命令。

4. 设置打印标题

有时需要在打印出来的每个数据表的上方均显示表标题，此时应进行打印标题设置，步骤如下。

在【页面布局】菜单下的【页面设置】工具栏中，单击【打印标题】，在弹出的【页面设置】对话框中的【工作表】选项卡中设置“顶端标题行”，输入标题行所在的行范围，如图 5-131 所示，单击【确定】按钮完成打印标题的设置。

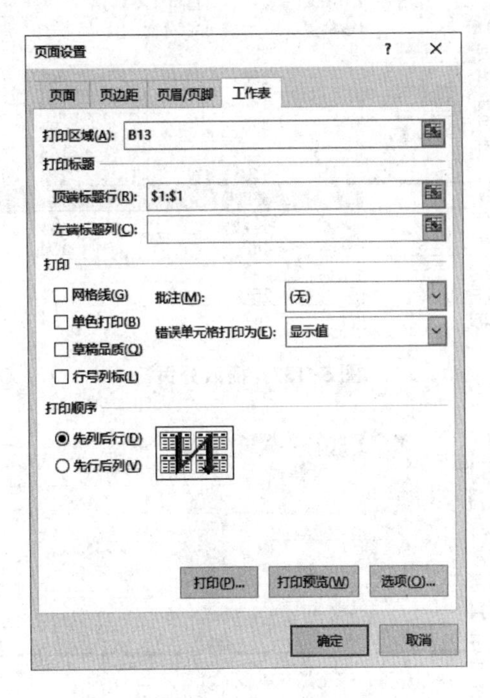

图 5-131　打印标题设置

5.6.2　插入与删除分页符

分页符是文件分页的基准，工作簿页数既可以按照默认设置，也可以按照内容或打印需求来进行设置，分页符能很好地将这点体现出来。

1. 插入分页符

(1) 选择某一单元格，若该单元格是此行的第一个单元格则在该行上方插入分页符，若该单元格是此列的第一个单元格则在该列左方插入分页符，否则会分别在该单元格所在的行上方和列左方各插入分页符，此处选择 A7 单元格。

(2) 在【页面设置】组中单击【分隔符】按钮，在弹出的列表中选择【插入分页符】选项，如图 5-132 所示。

(3) 在工作表的第 7 行可看到一条虚框线，即分页符，如图 5-133 所示。

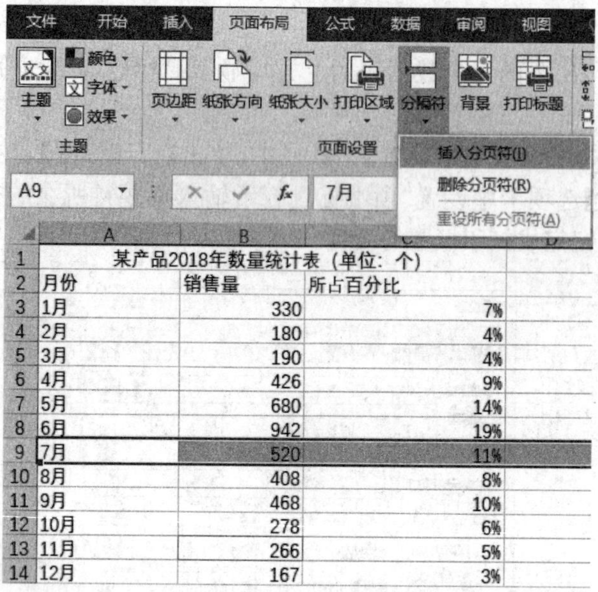

	A	B	C
1	某产品2018年数量统计表（单位：个）		
2	月份	销售量	所占百分比
3	1月	330	7%
4	2月	180	4%
5	3月	190	4%
6	4月	426	9%
7	5月	680	14%
8	6月	942	19%
9	7月	520	11%
10	8月	408	8%
11	9月	468	10%
12	10月	278	6%
13	11月	266	5%
14	12月	167	3%

图 5-132　插入分页符

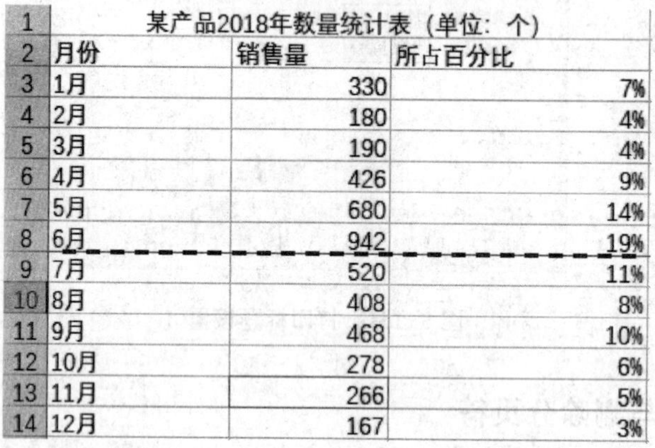

1	某产品2018年数量统计表（单位：个）		
2	月份	销售量	所占百分比
3	1月	330	7%
4	2月	180	4%
5	3月	190	4%
6	4月	426	9%
7	5月	680	14%
8	6月	942	19%
9	7月	520	11%
10	8月	408	8%
11	9月	468	10%
12	10月	278	6%
13	11月	266	5%
14	12月	167	3%

图 5-133　插入分页符后效果图

2. 删除分页符

Excel 中的分页符起到了强制分页的作用，对于工作表中已插入的分页符，如果需要将两个页面的内容合并且不再显示中间的分页符，就需要删除分页符。

在【页面布局】选择卡的【页面设置】组中单击【分隔符】按钮，在弹出的下拉列表中选择【删除分页符】选项，即可删除已插入的分页符。

5.6.3　打印预览与打印

在 Excel 2016 中，不再独立设置【打印预览】命令，而是通过单击【文件】菜单下的【打印】命令直接在同一窗口的右侧显示预览效果。在预览中，您可以配置所有类型的打印设置，例如打印份数、打印范围、方向、页面大小等。预览达到预期效果后可点击【打印】进行打印输出。

5.7　宏及与其他软件的协同操作

本节主要介绍在 Excel 2016 中如何新建宏以及 Excel 2016 与其他软件的联合应用。

5.7.1　宏

1. 录制宏

下面以录制一个设置表格单元格中字体、字号的宏为例进行简单的介绍。

(1) 打开原始文件“产品销售统计表”工作簿，点击【文件】菜单【选项】命令，打开【Excel 选项】对话框，点击【信任中心】→【信任中心设置】，在打开的“信任中心”对话框中点击【宏设置】，在“宏设置”选项组中选择【启用所有宏】，将“开发人员宏设置”中的“信任对 VBA 工程对象模型的访问”选项选中，然后单击【确定】按钮，如图 5-134 所示。

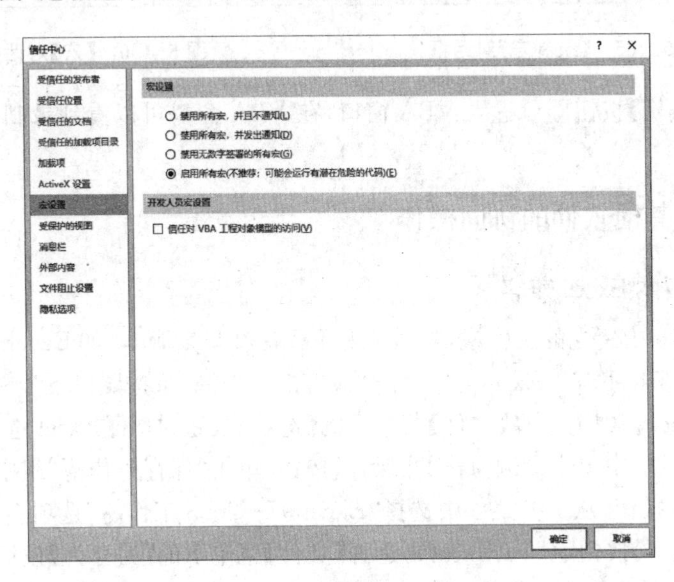

图 5-134　【信任中心】对话框

(2) 返回工作簿窗口，在工作表“sheet1”中切换【视图】菜单，在【宏】命令的下拉列表中选择【录制宏】，打开【录制宏】对话框，在“宏名”文本框中输入“设置文字格式”，在“快捷键”文本框中输入需要设置的快捷键，如“Ctrl＋I”，在“保存在”下拉列表中选择“当前工作簿”选项，如图 5-135 所示，单击【确定】按钮，即可开始录制宏的操作。

(3) 选中单元格区域如 A1，将选中区域字体设置为“华文琥珀”，字形设置为“加粗”。

(4) 选择【视图】菜单，在【宏】命令的下拉列表中选择【停止录制】，宏的建立完成。

2. 查看录制的宏内容

宏录制器的功能是将鼠标和键盘的动作转换成 VBA 代码，下面来查看上面录制的宏。

(1) 打开原始文件，在【视图】菜单下单击【宏】命令，选择【查看宏】即可打开【宏】对话框，如图 5-136 所示。

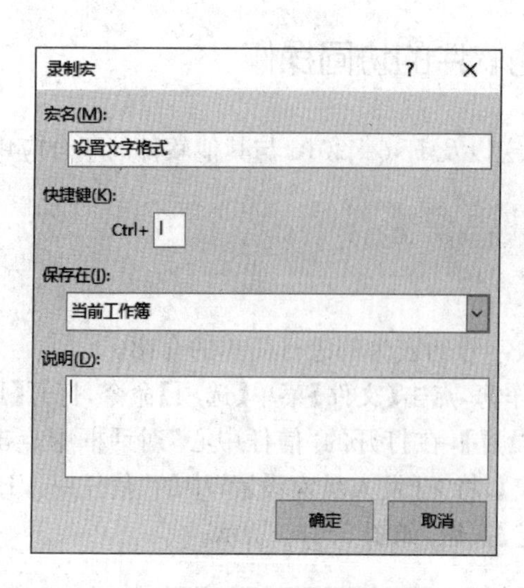

图 5-135 【录制宏】对话框

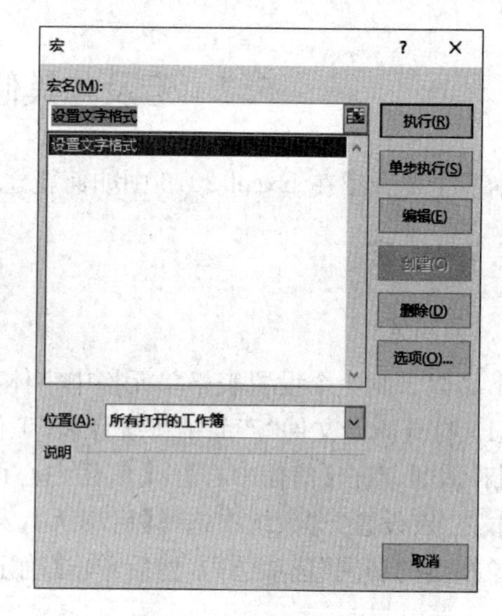

图 5-136 【宏】对话框

(2) 单击【编辑】按钮即可进入 VBA 窗口，在 VBA 窗口可以看到录制的宏命令存储在“模块 1”代码。

5.7.2 与其他软件的协同操作

1. 实现多版本 Excel 兼容

在 Excel 2016 中建立的工作簿，默认情况下无法在早期版本（如 Excel 2003）中打开，但如果想要建立与 Excel 97—Excel 2003 完全兼容的工作簿，可按照以下步骤操作。

(1) 启动 Excel 2016，选择【文件】菜单下的【选项】按钮，打开【Excel 选项】对话框。

(2) 在该对话框中单击左侧窗格的【保存】按钮，单击“保存工作簿”组中“将文件保存为此格式”右侧下拉按钮，从下拉菜单中选择“Excel 97—2003 工作簿”选项。

(3) 单击【确定】按钮返回工作表，再选择【文件】菜单下的【另存为】按钮，打开【另存为】对话框，在其中可以看到默认的“保存类型”为“Excel 97—2003 工作簿”，如图 5-137 所示。

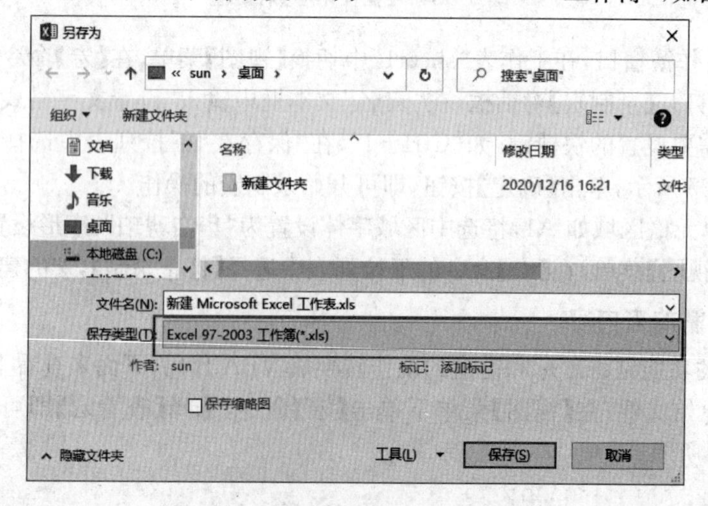

图 5-137 【另存为】对话框

(4) 在【另存为】对话框中给文件选择保存路径，在“文件名”文本框中输入文件名，单击【保存】按钮即可完成文件的保存。

2. 与 Word 数据相互转换

(1) 复制 Word 表格至 Excel 工作表

用户可以将 Word 中的表格复制到 Excel 中，以实现 Excel 与 Word 之间的数据共享。具体操作步骤如下。

① 打开 Word 文档，选择要复制的表格区域，然后进行复制操作。

② 打开 Excel 工作表，选择要粘贴数据区域左上角的单元格，选择【开始】菜单，单击【剪贴板】组中的【粘贴】按钮，即完成数据的转换。在 Excel 中进行粘贴操作时，如果单击【粘贴】按钮下方的三角形按钮，从下拉菜单中选择【选择性粘贴】，可打开【选择性粘贴】对话框，也可以在其中选择所需要的粘贴格式，如图 5-138 所示。

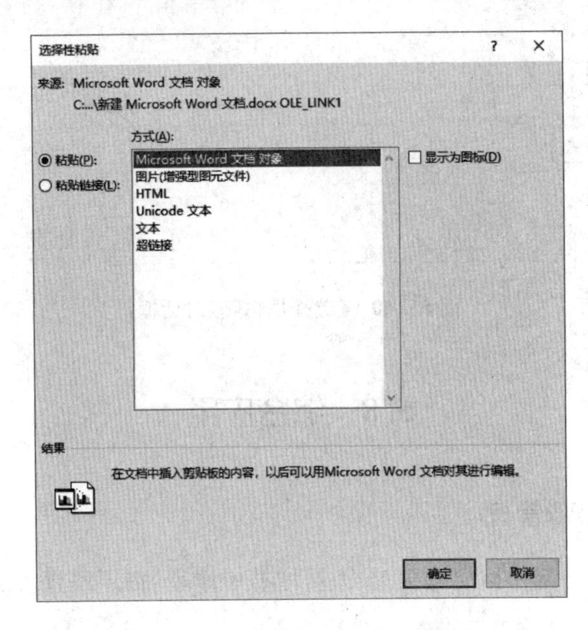

图 5-138　【选择性粘贴】对话框

(2) 复制 Excel 数据至 Word 文档

如果需要将 Excel 工作表数据置于 Word 文档中使用，最快捷的方法就是复制粘贴法，也可以将 Excel 工作表以工作表对象插入到 Word 文档中。以如图 5-139 所示的“某冷饮公司产品销售情况统计表”工作簿为例，将其复制到 Word 文档的具体操作步骤如下。

① 选择 Excel 工作表中需要复制的数据区域 A2:D10，通过【复制】按钮或快捷键实现复制。

	A	B	C	D
1				
2	编号	名称	单价	数量
3	19001	巧乐滋	¥ 3.00	30123
4	19002	沙皇枣	¥ 2.00	34578
5	19003	盐水	¥ 1.00	56908
6	19004	绿豆沙	¥ 2.00	26897
7	19005	火炬	¥ 4.00	19287
8	19006	蚂蚁上树	¥ 3.00	20019
9	19007	草莓酸奶	¥ 3.00	10252
10	19008	老冰棍	¥ 1.00	67892
11				

图 5-139　某冷饮公司产品销售情况统计表

② 在 Word 文档中指定的位置单击【粘贴】按钮实现粘贴或单击【粘贴】按钮下方的三角形按钮，在下拉菜单中选择【选择性粘贴】，打开【选择性粘贴】对话框。在对话框中的形式列表中选择“Microsoft Excel 工作表对象”，单击【确定】按钮，即实现将 Excel 中的工作表以工作表对象插入到 Word 文档中，如图 5-140 所示。

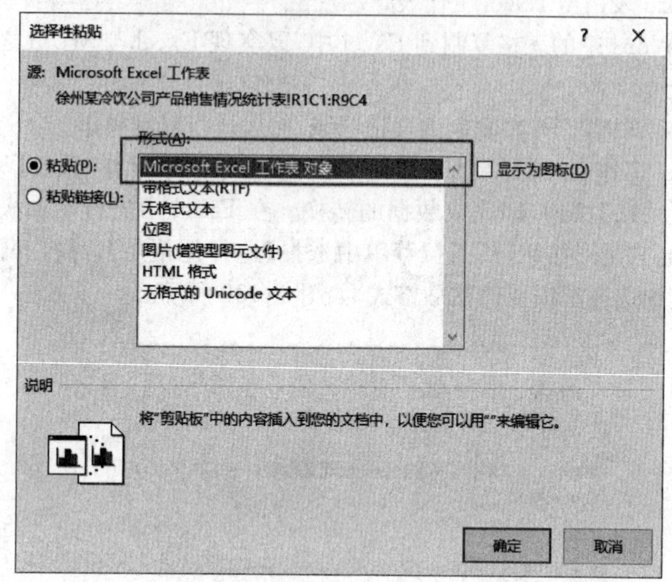

图 5-140 【选择性粘贴】对话框

5.8 综合应用

5.8.1 人员招聘管理

本节主要介绍如何制作招聘流程图、人员增补申请表、费用预算表及面试评价表。

1. 招聘流程图

制作如图 5-141 所示的招聘流程图。

具体操作步骤如下。

(1) 启动 Excel 2016 程序，重命名工作表“招聘流程图”。

(2) 插入 SmartArt 流程图。

① 单击【插入】菜单，在【插图】工具栏中单击【SmartArt】命令按钮，弹出【选择 SmartArt 图形】对话框，选择【流程】选项，在右侧的选项区域中选择“垂直蛇形流程”图标，然后单击【确定】按钮。

② 在【SmartArt 工具】|【设计】选项卡的【创建图形】组中单击【添加图形】右侧的三角形按钮，在展开的列表中选择【在后面添加形状】选项。使用相同的方法添加另外两个形状。

③ 选择垂直蛇形流程图，单击左侧的展开按钮，打开文本窗格，在顶部的文本框中输入“提出申请”。用同样的方法为其他图示添加文本。

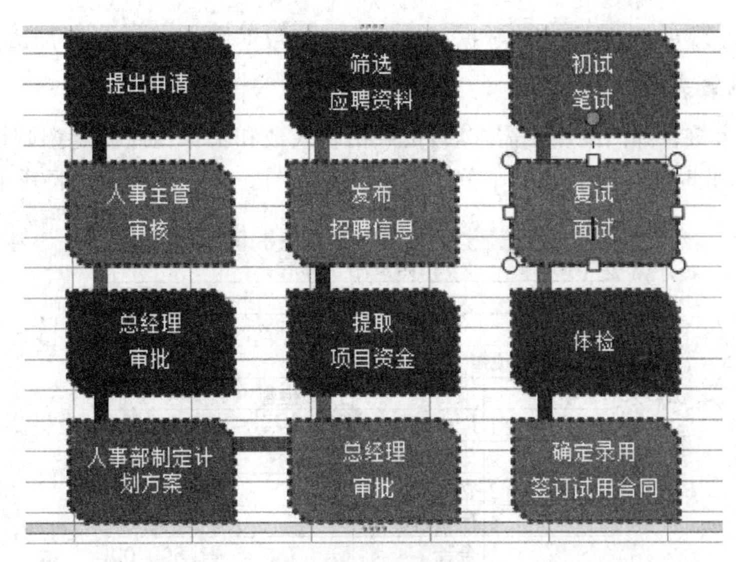

图 5-141　招聘流程图

④ 在【SmartArt 工具】|【设计】选项卡单击【更换颜色】按钮，在展开的库中选择形状颜色“彩色—强调文字颜色”样式。

⑤ 切换至【SmartArt 工具】|【格式】选项卡，依次选择所有的图示，在【形状】组中单击【更改形状】按钮，在弹出的下拉列表框中选择“减去对角的矩形”图标，以更改文本框形状。

⑥ 选择任一图示，单击【SmartArt 工具】——【格式】|【形状样式】组右下角的对话框启动器，弹出【设置形状格式】对话框，选择“线条颜色”选项，在“线条颜色”选项区域选择“实线”单选按钮，单击“颜色”右侧的三角按钮，在弹出的下拉列表框中选择“红色”，选择“线型”选项，单击“短划线类型”右侧的三角按钮选择“圆点”。用相同的方法更改其他图示的线条颜色。

2. 人员增补申请表

公司内各部门的人员增减需要向上级部门提出申请。人员增补申请表主要设计人员增加的情况，以方便公司有关部门向上级提交增补请求。制作如图 5-142 所示的人员增补申请表。

	A	B	C	D	E	F	G	H	I
1	聘用人员增补申请表								
2	申请部门						日期		
3	编号	岗位	编制人数	现有人数	拟增补人数	条件			理由
4						年龄	学历	技能要求	
5									
6									
7									
8									
9									
10									
11									
12									
13									
14									

图 5-142　公司聘用人员增补申请表

具体操作步骤如下：输入表格数据并设置单元格数据格式；为表格添加边框。

3. 费用预算表

人力资源审核各部门的用工需求后，按照招聘人数和工作性质制定招聘计划并进行招聘费用的预算，此时费用预算表就十分重要。制作如图 5-143 所示的招聘费用预算表。

	A	B	C
1	招聘费用预算表		
2	招聘时间：		人数：
3	招聘地点：		招聘负责人：
4	招聘费用预算		
5	序号	项目	预算金额（元）
6	1	广告费	¥700.00
7	2	印刷品费用	¥200.00
8	3	交通费	¥400.00
9	4	住宿费	¥200.00
10		合计	¥1,500.00
11-12	财务部主管（签章）：		总经理（签章）：
13	预算编制人：		日期：

图 5-143 公司招聘费用预算表

具体操作步骤：输入表格内容并设置单元格数据格式；利用“自动求和”功能预算金额。

4. 面试评价表

公司在完成笔试和面试之后，需要对求职者的素质水平、言语谈吐等进行考评。制作如图 5-144 所示的面试评价表。

2	姓名		应聘职位		
3	评价内容	评价要素	评价级别		
4			一级（好）	二级（中等）	三级（差）
5	素质评价	仪容仪表			
6		语言表达			
7		亲和力			
8		诚实度			
9		逻辑思维			
10		纪律意识			
11		自我评价			
12	适应评价	分析能力			
13		工作经验			
14		专业知识			
15		学习能力			
16		创造能力			
17	录用评价	工作观念			
18		忠诚度			
19		胜任能力			
20		发展潜力			
21		总得分			
22	建议是否录用：			签名：	
23	制表人：		制表日期：		

图 5-144 公司面试评价表

具体操作步骤如下：

(1) 输入表格内容并进行格式设置；

(2) 为表格添加边框；

(3) 设置页面格式：纸张大小、页边距等；

(4) 预览与打印“面试评价表”。

5.8.2　产品进销存管理

企业在运营过程中离不开原材料、商品等货物的购进、销出和存储管理，可借助 Excel 在数据处理方面的诸多优点创建一个适合自身的进销存管理系统。

具体操作步骤如下。

(1) 建立如图 5-145 所示的“产品目录表”。

	A	B	C	D	E	F
1	产品目录表					
2	编号	名称	产地	规格	单位	参考价
3	A001	薯片	广州	200g	桶	18
4	A002	蛋糕	上海	200g	袋	20
5	A003	米老头	山东	500g	袋	13
6	A004	饼干	江苏	450g	盒	15
7						

图 5-145　产品目录表

(2) 进行产品入库登记

建立如图 5-146 所示的入库登记表。

	A	B	C	D	E	F	G	H
1	序号	编号	名称	产地	规格	单位	入库价	入库数量
2	1	A004	饼干	江苏	450g	盒	14	56
3	2	A002	蛋糕	上海	200g	袋	19	53
4	3	A003	米老头	山东	500g	袋	14	39
5	4	A004	饼干	江苏	450g	盒	11	20
6	5	A002	蛋糕	上海	200g	袋	17	27
7	6	A003	米老头	山东	500g	袋	15	46
8	7	A001	薯片	广州	200g	桶	17	32
9	8	A002	蛋糕	上海	200g	袋	18	36
10	9	A003	米老头	山东	500g	袋	10	47
11	10	A002	蛋糕	上海	200g	袋	19	52
12	11	A003	米老头	山东	500g	袋	17	55
13	12	A001	薯片	广州	200g	桶	20	49
14	13	A004	饼干	江苏	450g	盒	17	46
15	14	A001	薯片	广州	200g	桶	16	60
16								

图 5-146　入库登记表

① 设置数据有效性，要求“产品编号”列内容必须有效，即应在图 5-146 表中的产品“编号”值范围内。可以通过建立数据有效性来实现。选择 B 列，单击【数据】菜单下的【数据有效性】按钮，弹出【数据有效性】对话框，如图 5-147 所示。在【设置】选项卡“允许”下拉列表中选择“序列”，在“来源”文本框中输入“＝产品目录！$A$3：$A$6”，单击【确定】按钮返回工作表；单击 B2 单元格右侧的三角按钮，在下拉列表中选择需要的产品编号 A004，如图 5-148 所示。

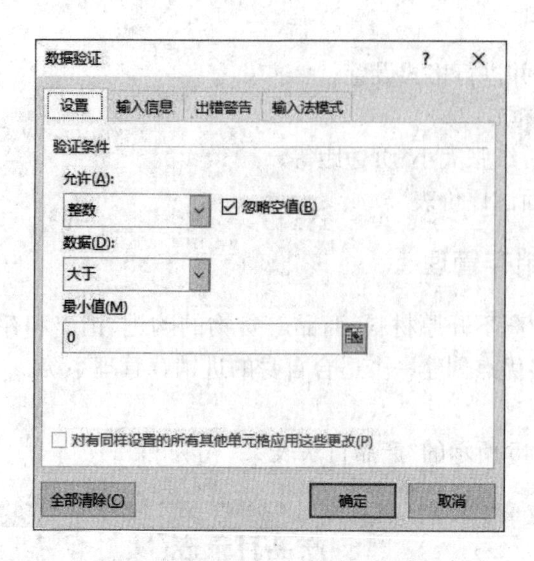

图 5-147 【数据有效性】对话框

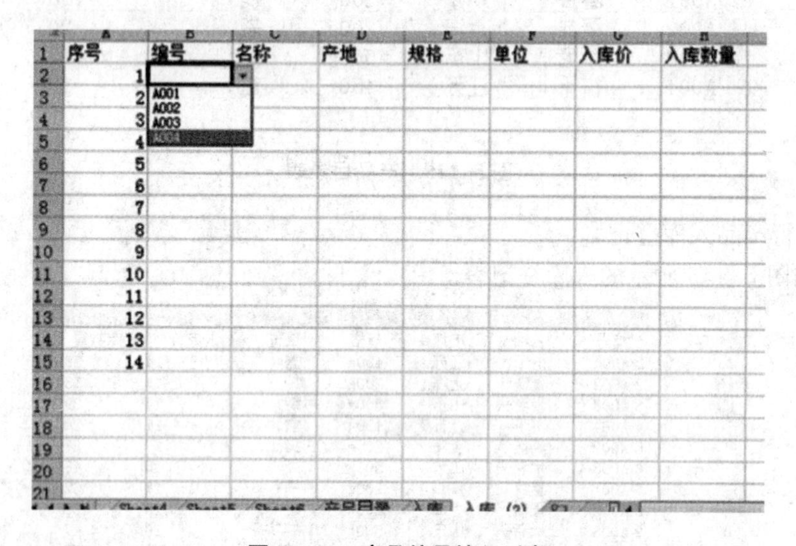

图 5-148 产品编号输入列表

② 此时，在 B2 单元格输入了选择的产品编号，选择 C2 单元格，在“编辑栏”输入公式“=VLOOKUP(B2,产品目录!$A$2:$F$6,2,FALSE)”后回车，计算出产品编号 A004 对应的产品名称。

③ 用同样的方法计算出产地、规格、单位及入库价。

④ 输入入库数量，要求必须输入大于 0 的整数，可以通过设置“数据有效性”来进行自动校对输入数值是否有效。在如图 5-147 的数据有效性对话框中，在“允许”下拉列表中选择“整数”，在“数据”下拉列表中选择“大于”，在“最小值”文本框中输入“0”；点击“输入信息”选项卡，在“标题”和“输入信息”文本框中输入提示文本，如图 5-149 所示。设置出错警告，如图 5-150 所示。

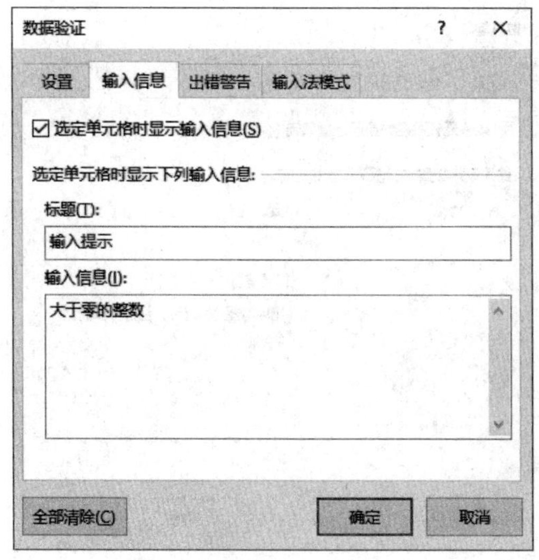

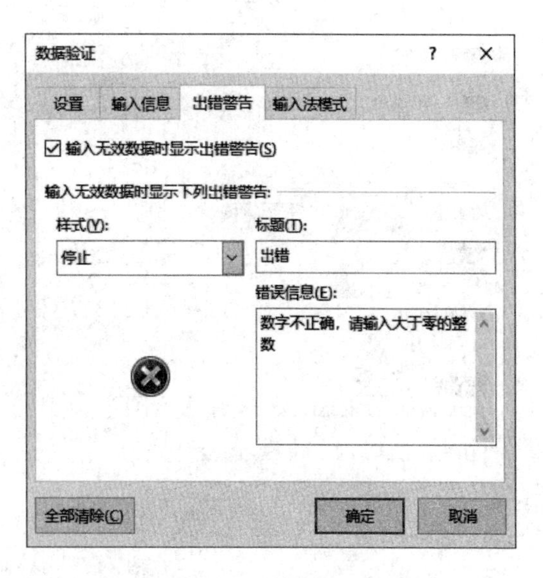

图 5-149　【输入信息设置】对话框　　　　图 5-150　【出错警告设置】对话框

(3) 产品出库登记

复制“入库登记”表至“出库登记”表，然后进行删除列，最终建立起如图 5-151 所示的出库登记表。

	A	B	C	D	E	F	G	H
1	序号	编号	名称	产地	规格	单位	出库数量	出库时间
2	1	A003	米老头	山东	500g	袋		
3	2	A004	饼干	江苏	450g	盒		
4	3	A002	蛋糕	上海	200g	袋		
5	4	A004	饼干	江苏	450g	盒		
6	5	A001	薯片	广州	200g	桶		
7	6	A001	薯片	广州	200g	桶		
8	7	A002	蛋糕	上海	200g	袋		
9	8	A003	米老头	山东	500g	袋		
10	9	A002	蛋糕	上海	200g	袋		

图 5-151　出库登记表

① 设置“出库数量”字段的有效性，如图 5-145 所示，单击【全部清除】按钮来清除现有的数据有效性条件设置。在“允许”下拉列表中选择“整数”，在“数据”下拉列表中选择“介于”，在“最小值”文本框中输入“0”，在最大值文本框中输入“=SUMIF(入库!$C$2:$C$20,C2,入库!$H$2:$H$20)-SUMIF($C$2:C2,C2,$G$1:G1)”，如图 5-152 所示。设置出错警告提示，如图 5-153 所示。

② 设置“出库时间”字段的有效性，要求该字段只允许输入日期。如图 5-152 所示【数据验证】对话框中，在“允许”下拉列表中选择“日期”即可。

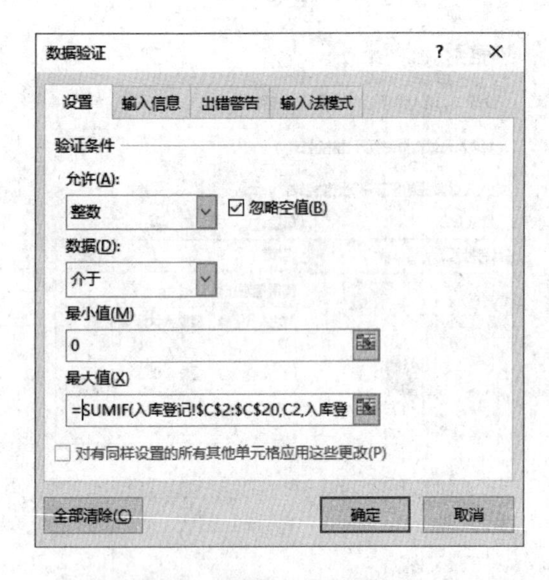

图 5-152　出库数量字段有效性设置

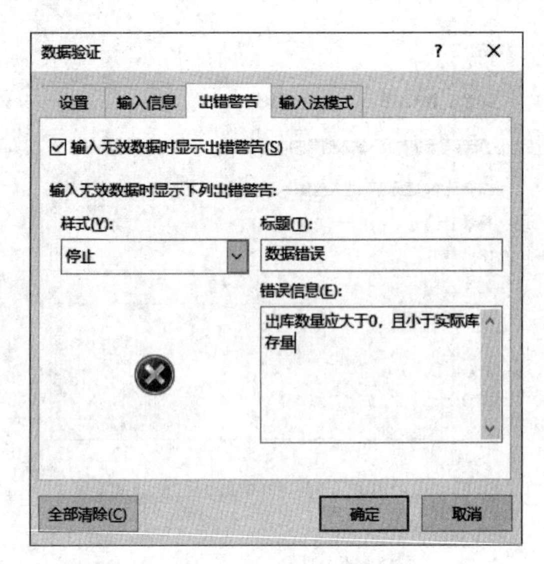

图 5-153　出错警告设置

(4)产品库存统计

复制“产品目录”表中 A2:F13 单元格区域,到“库存量”工作表中从 A1 单元格起进行粘贴并完善表格,如图 5-154 所示。

	A	B	C	D	E	F	G	H	I
1	编号	名称	产地	规格	单位	入库数量	出库数量	库存量	库存警戒值
2	A001	薯片	广州	200g	桶				
3	A002	蛋糕	上海	200g	袋				
4	A003	米老头	山东	500g	袋				
5	A004	饼干	江苏	450g	盒				
6									

图 5-154　库存量数据表

① 使用公式计算出入库数量,选择 F2:F5 单元格,单击“数学与三角函数”按钮,选择 SUMIF 选项,弹出【函数参数】对话框,设置 Range 为“入库!＄B＄2:＄B＄15”、Criteria 为 B2,Sum_range 为“入库!＄H＄2:＄H＄15”,拖动填充柄计算其余产品入库量,如图 5-155 所示。

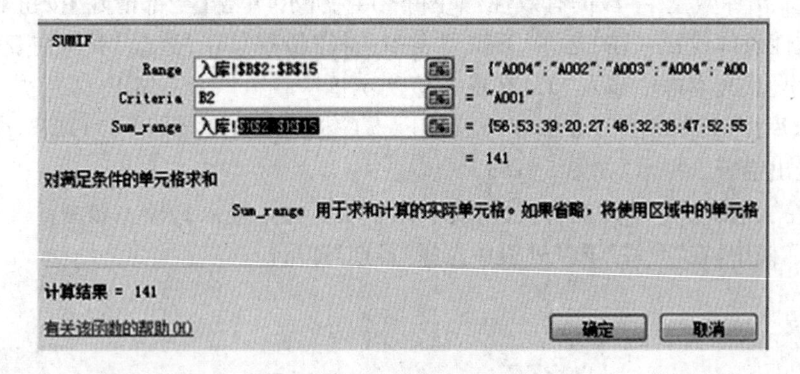

图 5-155　【函数参数】对话框

② 使用同①的方法计算出出库数量。

③ 单击单元格 H2，在编辑栏输入"＝F2－G2"，回车确认后计算出该产品库存量，利用公式复制将其余产品库存量计算出来。

(5) 使用条件格式设置自动提醒

当库存量小于库存警戒值时该产品库存量数值以红色显示，并填充黄色底纹，如图 5-156所示。具体操作可参照前面的学习案例。

	A	B	C	D	E	F	G	H	I
1	编号	名称	产地	规格	单位	入库数量	出库数量	库存量	库存警戒值
2	A001	薯片	广州	200g	桶	141	110	31	40
3	A002	蛋糕	上海	200g	袋	168	110	58	30
4	A003	米老头	山东	500g	袋	187	166	21	20
5	A004	饼干	江苏	450g	盒	122	112	10	30

图 5-156　条件格式设置后效果图

(6) 创建复合饼图

根据数据表中的"产品名称"和"库存量"两列创建一复合饼图，如图 5-157 所示。

具体操作可参照前面的学习案例。

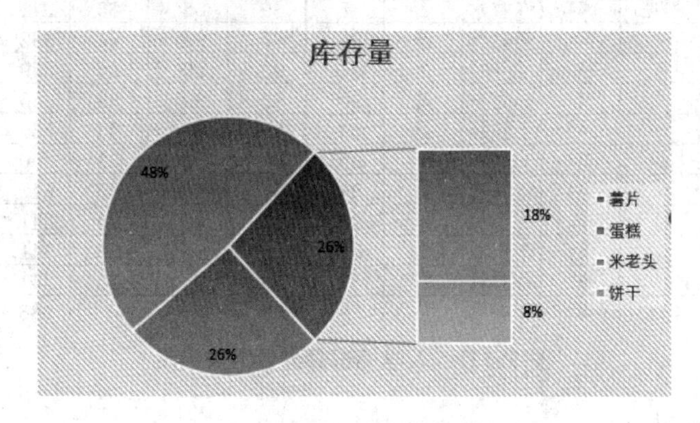

图 5-157　复合饼图

5.8.3　拓展练习一：入学编班

教务处提供一份录取学生原始数据表，如图 5-158 所示，要求综合使用 Excel 数据处理能力进行合理编班。进行合理编班的思路是：走读生和住校生搭配要相对均匀，学习成绩优劣搭配也要相对均匀。

重点提示：

• 按要求排序：主要关键字"住宿"，升序；次要关键字"总分"，降序。

• 插入列："姓名"列前插入一列"排序号"，从 1 至学生总人数依次输入。

• 按班数编组："姓名"列前插入一列"编组号"，一个年级打算分多少个班，就给学生编多少组，组号分别记为 A、B、C……

• 将"编组号"换成"编班号"。

完成操作后效果图如图 5-159 所示。

	A	B	C	D	E	F	G
1	姓名	住宿	数学	语文	外语	信息	总分
2	崔海婷	是	88	91	86	82	347
3	葛小稳	是	87	89	85	80	341
4	李荣丽	是	87	89	85	80	341
5	刘学	是	91	93	89	86	359
6	吕诚	否	90	92	88	84	354
7	孙君佩	是	87	89	85	80	341
8	孙秀秀	是	90	92	89	85	356
9	王飘萍	是	96	97	95	94	382
10	王静霖	是	89	91	87	83	350
11	王婷	是	89	91	87	83	350
12	吴洁	否	91	93	89	86	359
13	许香永	否	87	89	85	80	341
14	张益俊	是	78	89	54	67	288
15	王丹	是	45	78	89	76	288

图 5-158 部分原始录取名单

	A	B	C	D	E	F	G	H	I
1	排序号	编班号	姓名	住宿	数学	语文	外语	信息	总分
2	11	高1	吴洁	否	91	93	89	86	359
3	5	高2	吕诚	否	90	92	88	84	354
4	12	高3	许香永	否	87	89	85	80	341
5	8	高1	王飘萍	是	96	97	95	94	382
6	4	高2	刘学	是	91	93	89	86	359
7	7	高3	孙秀秀	是	90	92	89	85	356
8	9	高1	王静霖	是	89	91	87	83	350
9	10	高2	王婷	是	89	91	87	83	350
10	1	高3	崔海婷	是	88	91	86	82	347
11	2	高1	葛小稳	是	87	89	85	80	341
12	3	高2	李荣丽	是	87	89	85	80	341
13	6	高3	孙君佩	是	87	89	85	80	341
14	13	高1	张益俊	是	78	89	54	67	288

图 5-159 入学编班部分数据效果图

5.8.4 拓展练习二:学生成绩单处理

教师经常要对学生成绩进行评定工作,用传统手工统计费时费力还容易出错,工作效率较低。利用 Excel 相关函数可以方便地进行多种数据的分析和统计,明显提高工作效率。

某班级学生期末成绩单如图 5-160 所示,对该成绩单完成一下统计分析工作。

(1) 统计每位学生的总分、平均分。

(2) 保持学号顺序不变按总分进行排序。

(3) 将体育百分制转换成不同的等级:优秀(90~100)、良好(75~89)、合格(60~74)、不合格(低于 60)。

(4) 统计各学科相应分数段学生数。

(5) 使不及格的分数以红色显示。

(6) 制作“语文”科目各分数段学生数统计饼图。

(7) 生成一个成绩单模板文件。

重要提示:

- 使用 IF()函数实现将百分制转换成等级。

初一4班七上期末成绩单

学号	姓名	数学	语文	外语	历史	地理	计算机	总分	平均分	名次	体育
054101	崔海婷	88	91	86	82	78	89				80
054102	葛小稳	87	89	85	80	89	73				89
054103	李荣丽	87	89	85	80	67	79				76
054104	刘学	91	93	89	86	89	76				58
054105	吕诚	90	92	88	84	83	85				78
054106	孙君佩	87	89	85	80	85	93				89
054107	孙秀秀	90	92	89	85	79	84				88
054108	王飘萍	96	97	95	94	67	85				92
054109	王静霖	89	91	87	83	79	88				79
054110	王婷	89	91	87	83	75	90				76
054111	吴洁	91	93	89	86	84	78				68
054112	许香永	87	89	85	80	92	77				87

图 5-160　部分原始成绩单

- 使用 COUNTIF()函数统计各分数段学生数。
- 使用条件格式设置将不及格的分数以红色显示。
- 保存文件时将“保存类型”选为“模板”来生成模板文本。

完成设置后效果图如图 5-161 所示，统计饼图如图 5-162 所示。

初一4班七上期末成绩单

学号	姓名	数学	语文	外语	历史	地理	计算机	总分	平均分	名次	体育
054101	崔海婷	88	91	86	82	78	89	514	86	7	合格
054102	葛小稳	87	89	85	80	89	73	503	84	9	合格
054103	李荣丽	87	89	85	80	67	79	487	81	10	合格
054104	刘学	91	93	89	86	89	76	524	87	2	不合格
054105	吕诚	90	92	88	84	83	85	522	87	3	合格
054106	孙君佩	87	89	85	80	85	56	482	80	11	合格
054107	孙秀秀	90	35	89	85	79	84	462	77	12	合格
054108	王飘萍	96	97	95	94	67	85	534	89	1	优秀
054109	王静霖	89	91	87	83	79	88	517	86	5	合格
054110	王婷	89	91	87	83	75	90	515	86	6	合格
054111	吴洁	91	93	89	86	84	78	521	87	4	合格
054112	许香永	87	89	85	80	92	77	510	85	8	合格

图 5-161　成绩处理部分数据效果图

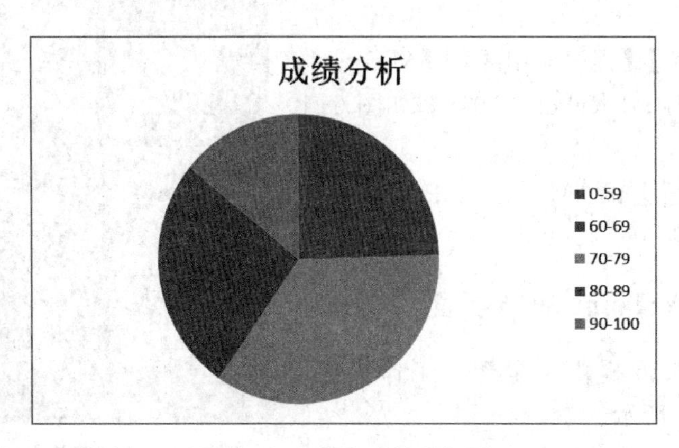

图 5-162　语文成绩分析图

第6章

使用 PowerPoint 2016 制作演示文稿

本章要点

- PowerPoint 2016 的界面和视图方式
- 演示文稿的新建与基本编辑技术
- 在演示文稿中插入与编辑文本、表格、图片、图表等
- 母版的概念与操作方法
- 设置 PPT 的切换与动画效果
- 管理、打印和放映演示文稿

本章难点

- 母版操作方法
- 设置 PPT 的切换与动画效果

6.1 演示文稿启动与工作界面

6.1.1 PowerPoint 2016 的启动

Microsoft PowerPoint 2016 的启动常用的方法有以下两种：

(1) 单击【开始】|【程序应用区】|【Microsoft Office】|【Microsoft PowerPoint 2016】，如图 6-1 所示。

(2) 双击桌面上的“Microsoft PowerPoint 2016”快捷方式图标。

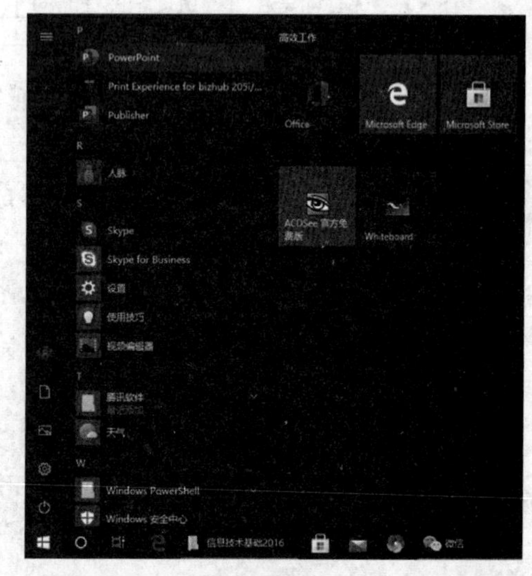

图 6-1 开始菜单中的 PowerPoint 2016

6.1.2 PowerPoint 2016 界面

PowerPoint 2016 提供了全新的工作界面，窗口界面如图 6-2 所示。

图 6-2　PowerPoint 2016 界面

6.2　演示文稿的常规操作

6.2.1　演示文稿的建立与保存

演示文稿由一张或数张相互关联的幻灯片组成。创建演示文稿涉及的内容包括：基础设计入门、添加新幻灯片和内容、选取版式、通过更改配色方案或应用不同的设计模板修改幻灯片设计、设置动态效果、播放。

单击【文件】|【新建】，这里提供了一系列创建演示文稿的方法。

(1) 空白演示文稿，从具备最少的设计且未应用颜色的幻灯片开始。

(2) 样本模板，在已经书写和设计过的演示文稿基础上创建演示文稿。使用此命令创建现有演示文稿的副本，以对新演示文稿进行设计或内容更改。

(3) 主题，在已经具备设计概念、字体和颜色方案的 PowerPoint 模板基础上创建演示文稿(模板还可自己创建)。

单击【文件】|【另存为】或【保存】命令来保存演示文稿文件。在【另存为】对话框中选择演示文稿文件要保存的磁盘、目录(文件夹)和文件名。文件系统默认演示文稿文件的扩展名为. pptx。

通常，对幻灯片有选择、插入、删除、复制、移动等操作。

单击某张幻灯片则选中了该张幻灯片；选择多张幻灯片，须按住 Shift 键单击要选择的幻灯片；单击【开始】|【编辑】|【全选】命令(快捷键 Ctrl+A)，选中所有幻灯片。

在当前幻灯片后插入新幻灯片：在“普通视图”下，将鼠标定在界面左侧的窗格中回车；单击【插入】|【新幻灯片】命令(快捷键 Ctrl+M)。

选中幻灯片后按 Del 键或者使用右键快捷菜单选中【删除幻灯片】，可删除幻灯片。

用鼠标拖动或利用【复制】【粘贴】命令可进行幻灯片的移动。

6.2.2 演示文稿的视图

Microsoft PowerPoint 2016 有五种主要视图：普通视图、大纲视图、幻灯片浏览视图、备注页和阅读视图。用户可以从这些主要视图中选择一种视图作为 PowerPoint 的默认视图，如图 6-3 所示。

(1) 普通视图是主要的编辑视图，提供了无所不能的各项操作，常用于撰写或设计演示文稿。

(2) 大纲视图以文字标题形式显示，它与普通视图的区别是，普通视图显示的是幻灯片外观，大纲视图则显示文章标题。

(3) 幻灯片浏览视图。可以查看幻灯片整体设计如何，还可以进行改变幻灯片先后顺序、删除幻灯片等操作。

(4) 备注页是专门用于编辑备注内容的，正文内容不可编辑。

(5) 阅读视图可以窗口形式查看幻灯片制作完成后放映的效果，不需要全屏。退出需要按 Esc 键。

工作窗口的右下角有这五种幻灯片视图的图标按钮，用户可单击进行切换。

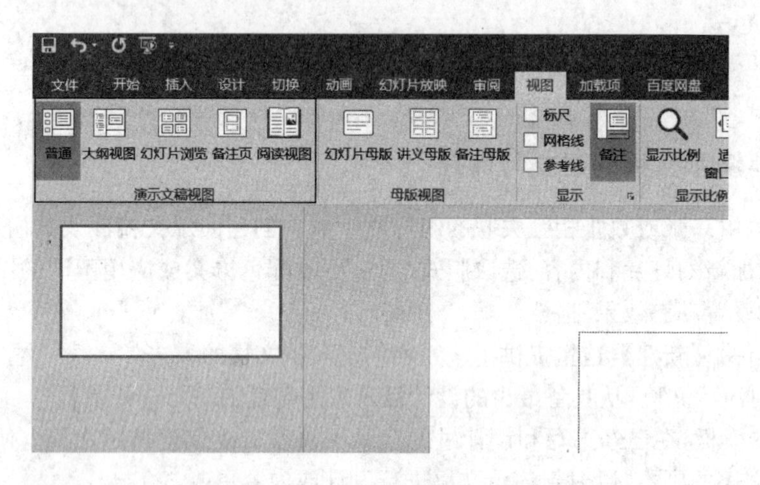

图 6-3 演示文稿的四种不同视图

6.2.3 新建演示文稿

创建演示文稿的方法有很多，在此我们介绍常见的“样本模板”“主题”“空演示文稿”三种创建方式。“样本模板”“主题”这些模板带有预先设计好的标题、注释、文稿格式和背景颜色等。用户可以根据演示文稿的需要，选择合适的模板。

1. 通过模板创建演示文稿

启动 Microsoft PowerPoint 2016，在类型上选择，也可以直接拖动滚动条选择要创建的模板演示文稿。如图 6-4 所示，系统提供了多种类型，如离子、环保、平面、丝状等。单击某种演示文稿类型，右侧的列表框中将出现该类型的典型模式，用户可以根据需要选择其中的一种模式。

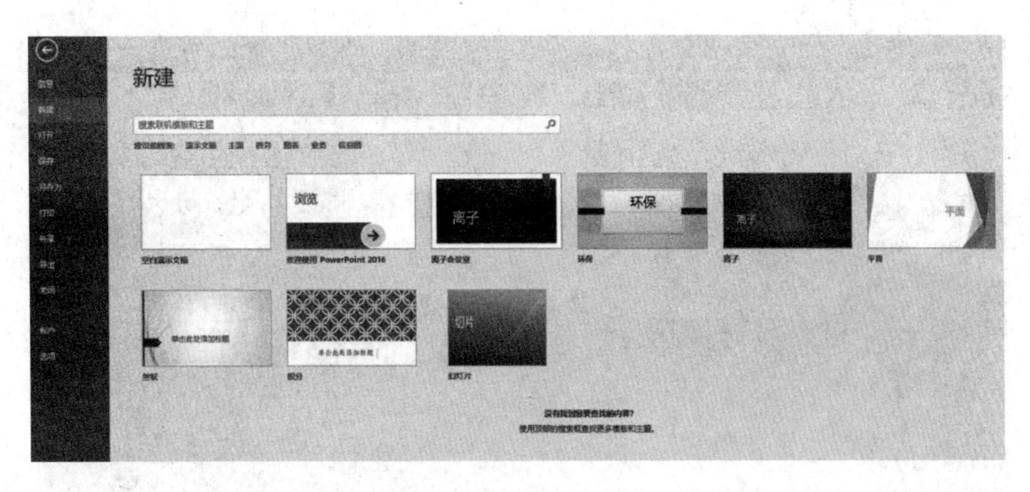

图 6-4　“样本模板”类型

双击要创建的模板，即完成了演示文稿的创建工作。新创建的演示文稿窗口如图 6-5 所示。可以看到，文稿、图形甚至背景等对象都已经形成，用户仅仅需要做一些修改和补充即可。

图 6-5　选择演示文稿样式

2. 通过“主题”设计演示文稿

样本模板演示文稿注重内容本身，而主题模板侧重于外观风格设计。如图 6-6 所示，系统提供了“回顾”“离子会议室”“丝状”等多种风格样式，对幻灯片的背景样式、颜色、文字效果进行了各种搭配设置。

图 6-6　演示文稿的主题模板

3. 新建空白演示文稿

启动 Microsoft PowerPoint 2016,单击“空白演示文稿”选项将出现如图 6-7 所示幻灯片。

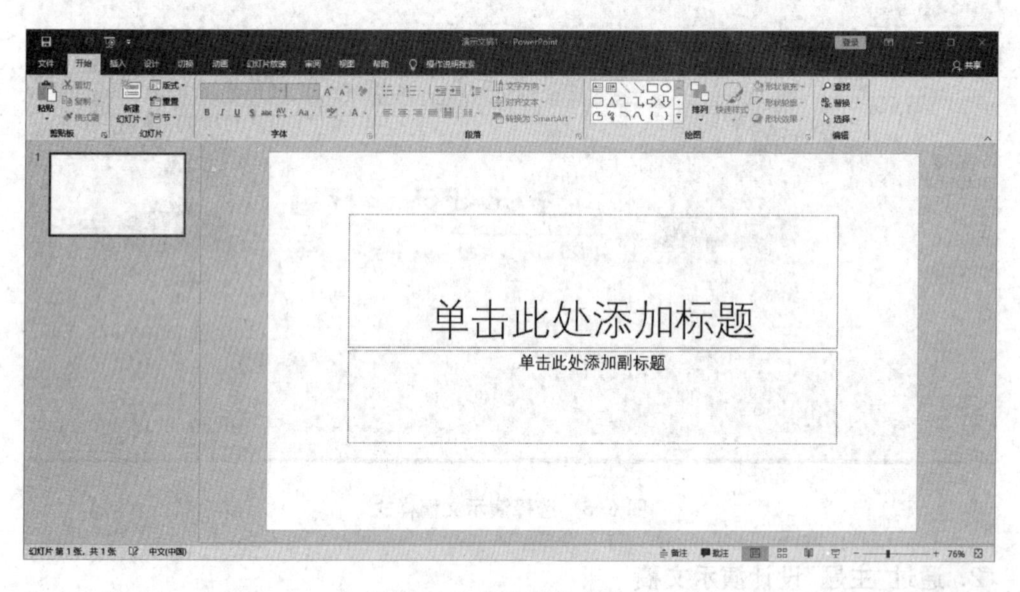

图 6-7　空白演示文稿

用户可以选用版式来调整幻灯片中内容的排列方式,也可使用模板简便快捷地统一整个演示文稿的风格。

版式是幻灯片内容在幻灯片上的排列方式,不同的版式中占位符的位置与排列的方式也不同。用户可以选择需要的版式并运用到相应的幻灯片中。

具体操作步骤:打开一个文件,在【开始】选项卡下单击【版式】按钮,在展开的库中显示了多种版式，选择一页幻灯片，点击右键选择“版式”，在如图 6-8 所示对话框中选择需要的版式。

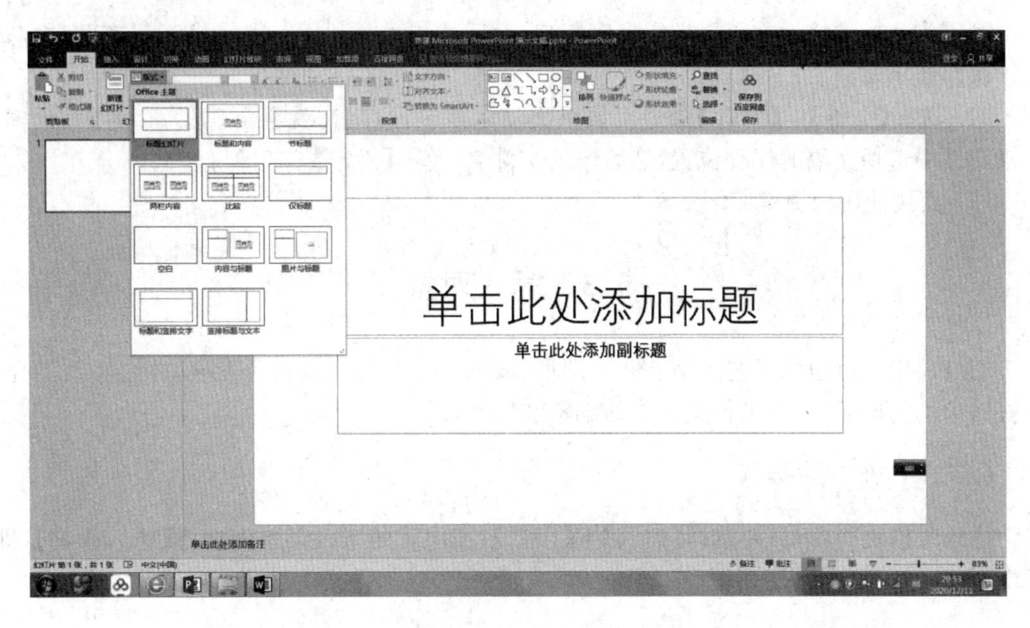

图 6-8　幻灯片版式

如新建一个空白演示文稿，分别选择不同的版式“图片和标题”“两栏内容”，则得到的效果也不一样，如图 6-9 所示。

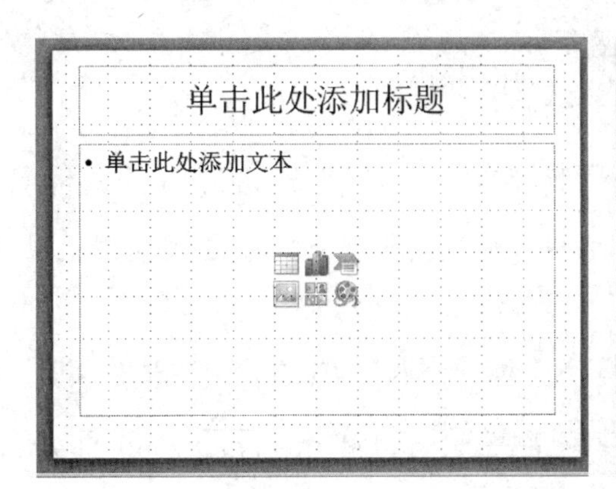

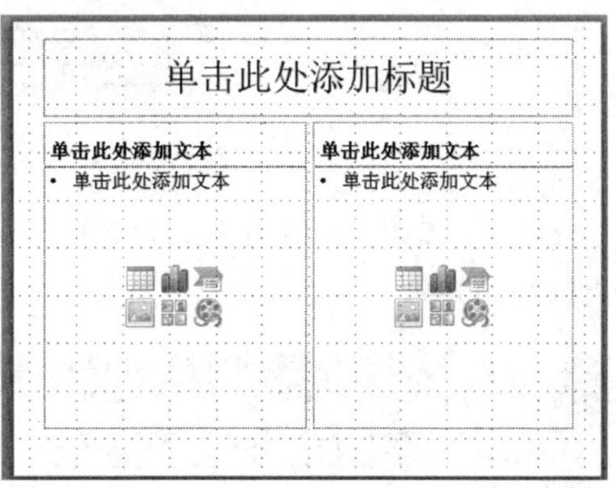

图 6-9　选择不同版式效果对比

6.2.4　关闭和保存演示文稿

1. 关闭演示文稿

PowerPoint 允许用户同时打开并操作多个演示文稿，所以关闭文稿可分为：关闭当前演示文稿和同时关闭所有演示文稿。

(1) 关闭当前演示文稿：单击菜单栏上的【关闭】按钮 × 或选择【文件】|【关闭】选项。

(2) 关闭所有演示文稿并退出 PowerPoint ：单击标题栏上的【关闭】按钮 × 或选择【文

件】|【退出】选项。

2. 保存演示文稿

刚刚创建好的演示文稿要把它保存起来，以后才能重复利用。PowerPoint 有两种方式用于保存演示文稿。

(1) 选择【文件】|【保存】命令。如果文稿是第一次存盘，就会出现【另存为】对话框。在对话框中选择文稿的保存位置，然后输入文件名，单击【确定】按钮即可。

(2) 直接使用快捷键 Ctrl+S。

6.3 插入对象

幻灯片中只有包含了艺术字、图片、图形、按钮、视频、超级链接等元素，才会美观漂亮。这些对象均需要插入，并进行进一步的编辑和格式设置。

6.3.1 表格的插入

插入表格很简单，只要选择【插入】|【表格】，在出现的下拉菜单中选择【插入表格】，即可出现如图 6-10 所示对话框。

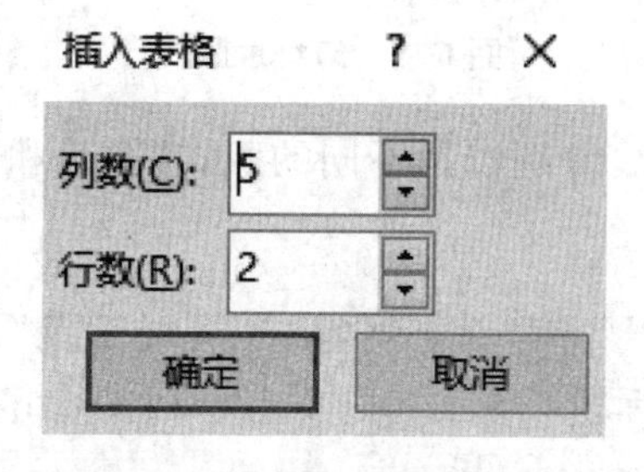

图 6-10 【插入表格】对话框

然后录入需要的行数和列数，则可以生成表格。选中表格，选择【布局】，则可以出现如图 6-11 所示界面。

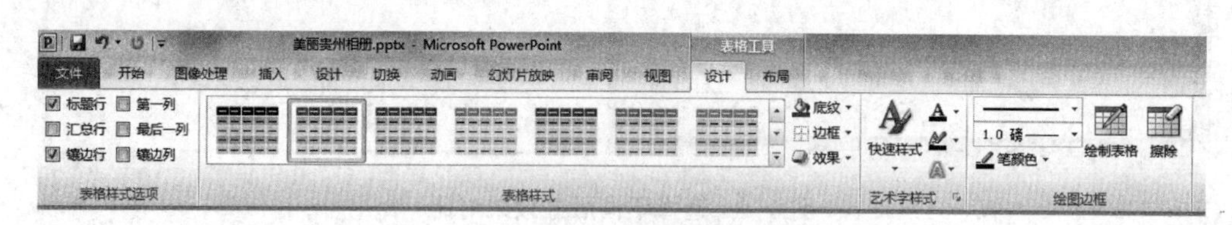

图 6-11 表格布局

我们可以进行插入行和列，删除行和列，拆分单元格，单元格大小、对齐方式、表格尺寸等设置。

6.3.2 图像的插入

在 PowerPoint 2016 中可以插入的图像包括四种：图片、联机图片、屏幕截图和相册，如图 6-12 所示。

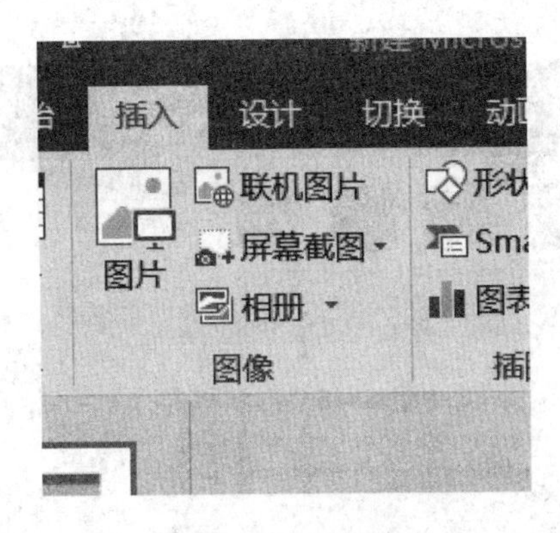

图 6-12　图像类型

6.3.3　插图的插入

在 PowerPoint 2016 中可以插入的插图包括三种:形状、SmartArt 和图表,如图 6-13 所示。

图 6-13　插图类型

1. 插入形状

形状的插入操作简单,只需选择【插入】|【形状】,选择需要的形状之后,在幻灯片上拖动即可完成形状的插入。如在幻灯片中插入“基本形状”中的“五角星”,如图 6-14 所示。

图 6-14　“五角星”形状

选择插入的形状,选择【格式】,可以对形状进行形状样式、形状填充、形状轮廓、形状效果等进行编辑,如图 6-15 所示。也可以进行旋转、排列(多个形状)、大小的更改等操作。

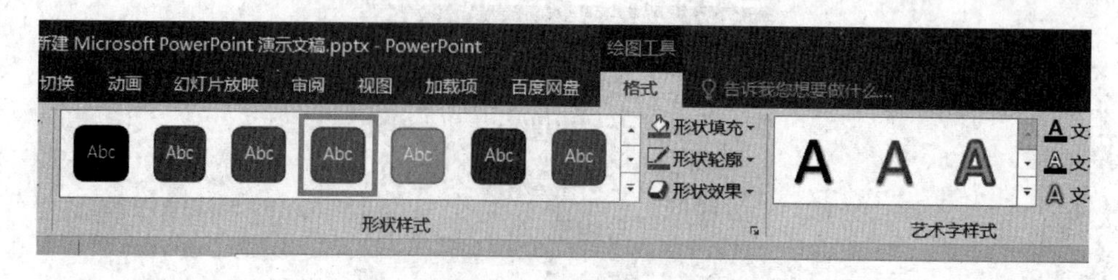

图 6-15　形状样式

2. 插入图表

除 Excel 图表外，对于一些较小的统计图表，可以直接在 PowerPoint 2016 中设计。使用【插入】|【图表】命令，屏幕上出现数据表后，修改数据表中横行和竖行上的数据，单击幻灯片上的空白处就可以建立数据表所对应的统计表，如图 6-16 所示。

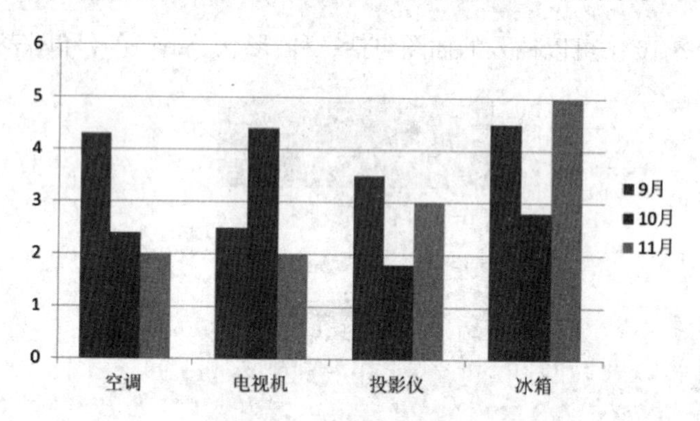

图 6-16　插入图表示例

3. 插入 SmartArt

和 Word 的操作方式相似，为了使 PPT 制作得更加美观，可以使用 SmartArt 来实现。选择【插入】选项，在【插图】下点击【SmartArt】选项，则可出现如图 6-17 所示对话框。

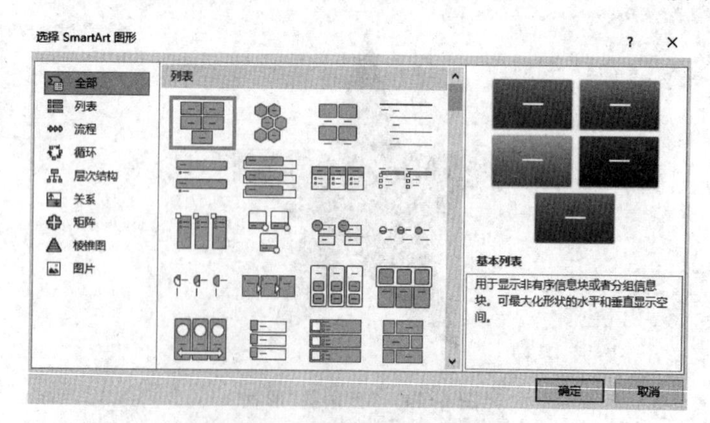

图 6-17　插入 SmartArt 图形

在此可以选择“列表”“流程”“循环”“层次结构”“关系”“矩阵”等图形，如插入“关系”中的“漏斗”，如图 6-18 所示。

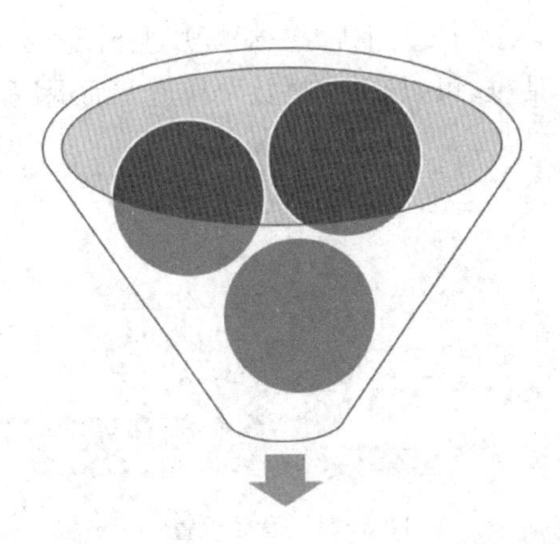

图 6-18　插入“漏斗”SmartArt 图形

选择插入的 SmartArt 之后，可以在【设计】选项里对 SmartArt 进行更改布局、颜色、样式等编辑。

6.3.4　文本的插入

在 PPT 中可以插入文本框、页眉和页脚、艺术字、日期和时间、幻灯片编号、对象等文本，如图 6-19 所示。

图 6-19　文本组

6.3.5　媒体的插入

在 PPT 中可以插入音频和视频两种媒体。

1. 插入音频

在 PowerPoint 2016 中，选择【插入】选项，在其中的【媒体】选项中点击【音频】，出现如图 6-20 所示下拉列表。

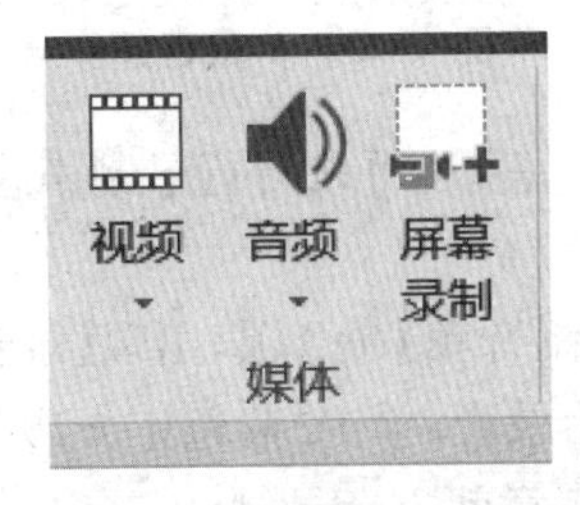

图 6-20　插入音频

有 2 个选项：“PC 中的音频”和“录制音频”，以“PC 中的音频”为例，讲解主要操作。

选择一个 mp3 文件，插入到 PPT 中后，在幻灯片上出现 图标，选中此图标，可出现如图 6-21 所示音频设置对话框，可以进行“播放”“快进”“后退”和“音量调节”设置。

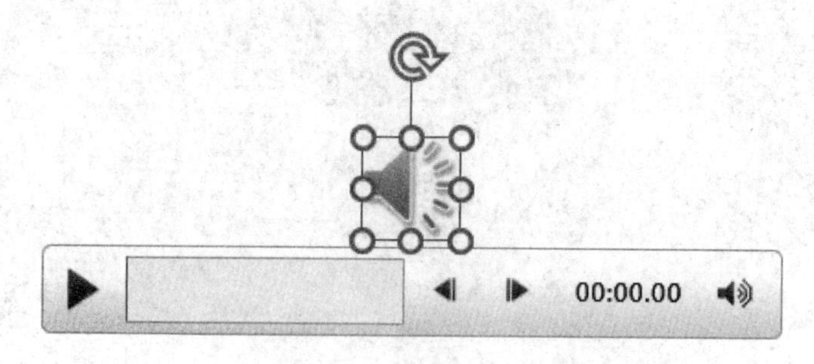

图 6-21 音频设置

如果想截取所插入音频文件的一部分，需要先选中 图标，然后选择【播放】选项下的音频编辑，如图 6-22 所示。

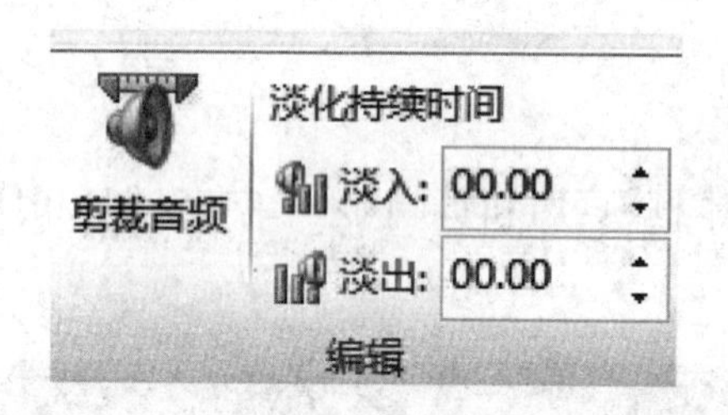

图 6-22 音频编辑

然后选择【剪裁音频】，在如图 6-23 所示的对话框中，通过拖动“开始滑块”(绿色)和“结束滑块”(红色)截取所需要的部分，完成对音频文件的剪裁。

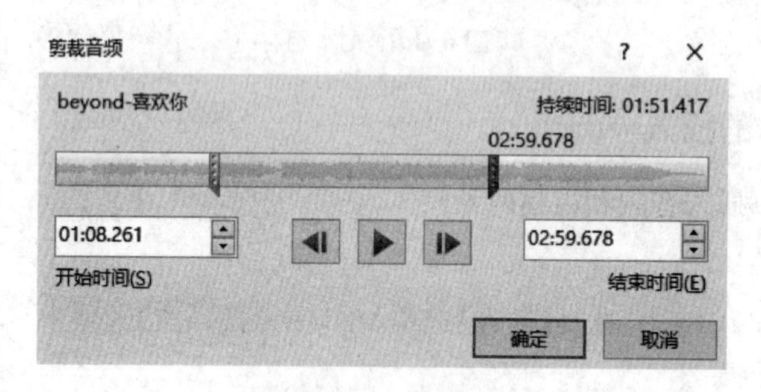

图 6-23 剪裁音频

如果对现有的影音文件都不满意，还可以自行录制声音插入到演示文稿当中。

(1) 选择要添加声音的幻灯片。

(2) 选择【插入】|【音频】|【录制音频】命令项，出现【录音】对话框。

(3) 单击“红色圆点”按钮开始录音，单击“蓝色正方形”按钮停止录音。单击“绿色三角形”按钮可以听到录制的效果，不满意就重新录制。

(4) 录制完毕后在“名称”栏内输入声音文件的名称，单击【确定】按钮就可以把声音文件插入到幻灯片中。

当然，如果想录音，就必须要配备话筒。

2. **插入视频**

在 PowerPoint 2016 中插入视频和音频的方法相似，单击【插入】，选择【视频】，有两个选项，如图 6-24 所示。

图 6-24　视频选项

如点击【PC 上的视频】，在出现的对话框里选择相应的视频，就可以将视频文件插入到 PPT 中，如图 6-25 所示。

图 6-25　插入视频

选择插入的视频，点击【格式】下的“视频样式”可以为视频设置不同的样式，如为所插入的视频选择“柔化边缘椭圆”样式，则变为如图 6-26 所示样式。

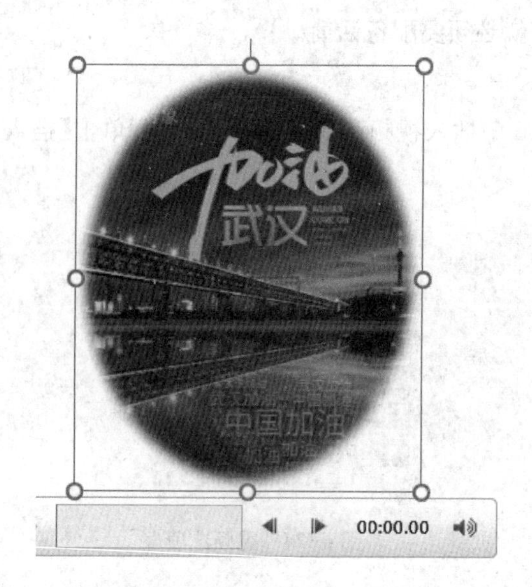

图 6-26 “柔化边缘椭圆”视频样式

另外，对于视频的播放设置如图 6-27 所示，具体设置方法和音频相似，在此不再详述。

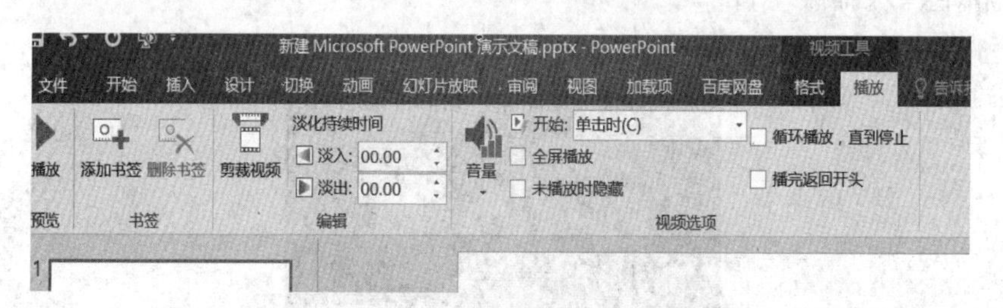

图 6-27 视频播放设置

实例 6.1 PPT 相册制作

我们在 PowerPoint 2016 中可以轻松实现相册的制作，在幻灯片浏览视图下，效果如图 6-28 所示。

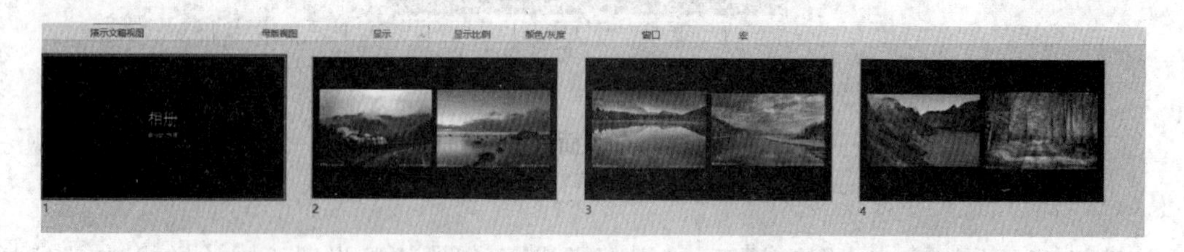

图 6-28 PowerPoint 相册效果

具体制作步骤如下。

(1) 选择【插入】|【相册】|【新建相册】。

(2) 出现如图 6-29 所示对话框，以“插入图片”为例，选择【文件/磁盘】。

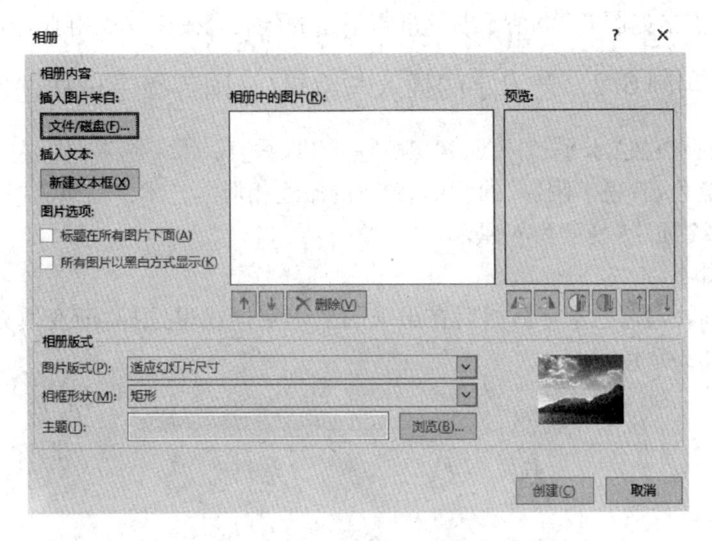

图 6-29　【相册】对话框

(3) 在出现的对话框中选择需要的图片,点击右下角的【插入】按钮。

(4) 出现如图 6-30 所示对话框,我们可以选择"图片版式",在此选择"2 张图片"。

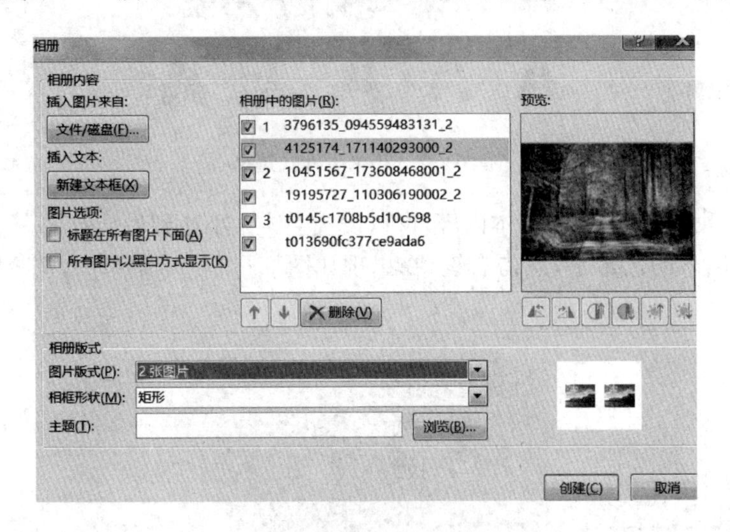

图 6-30　图片版式设置

还可以进行相框形状的设置,在此选择"复杂框架,黑色",如图 6-31 所示。

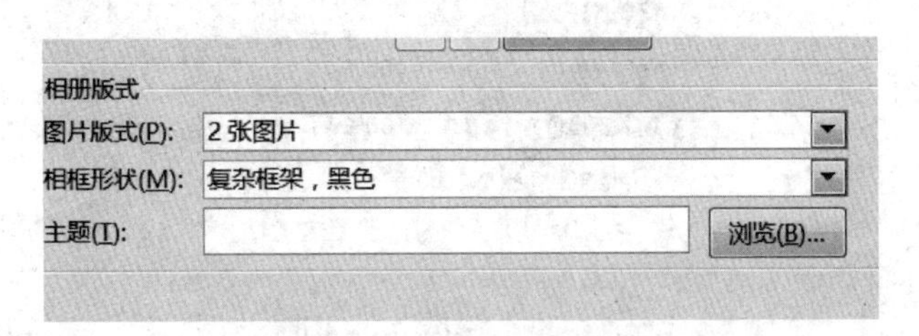

图 6-31　相框形状设置

(5) 最后,点击如图 6-30 所示对话框右下角的【创建】按钮完成相册的创建。

实例 6.2 艺术字的插入与编辑(全国等级考试样题)

题目要求:在位置"水平:1.7 厘米,从:左上角,垂直:8.24 厘米,从:左上角"插入样式为"渐变填充-蓝色,着色 1 阴影"的艺术字"我的旅途相册",艺术字效果为"转换—上弯弧",艺术字宽度为 22 厘米,高度为 6 厘米。

操作步骤如下。

(1) 选择【插入】|【艺术字】,然后在出现的艺术字样式里选择"渐变填充-蓝色,着色 1 阴影",如图 6-32 所示。

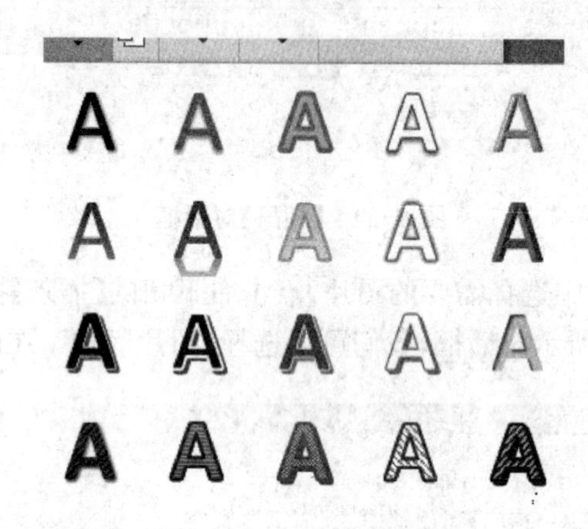

图 6-32 艺术字样式选择

(2) 录入"我的旅途相册"文本内容,可以设置字体大小达到最佳效果。

(3) 选择插入的艺术字,点击右键,在出现如图 6-33 所示菜单中,选择【大小和位置】选项。

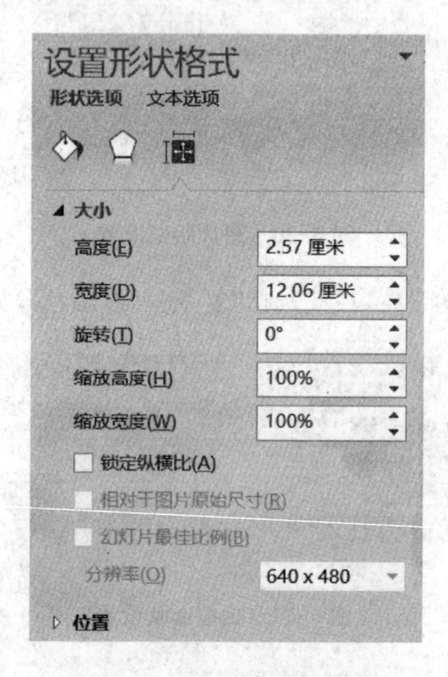

图 6-33 【大小和位置】选项

（4）在如图 6-34 所示对话框中完成大小的设置。

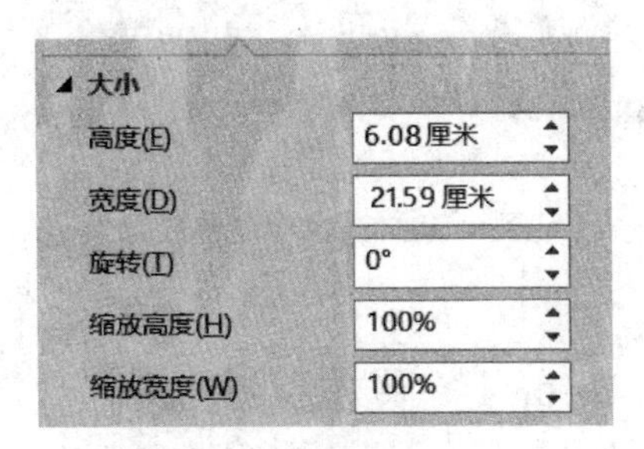

图 6-34　艺术字“大小”设置

（5）在如图 6-35 所示对话框中完成位置的设置。

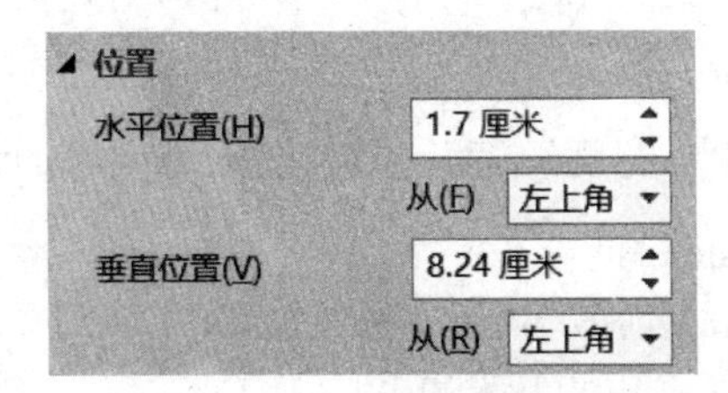

图 6-35　艺术字“位置”设置

（6）选择艺术字，在【格式】选项卡下进行艺术字样式设计中的“文本效果”中的“转换”，如图 6-36 所示。

图 6-36　“转换”样式

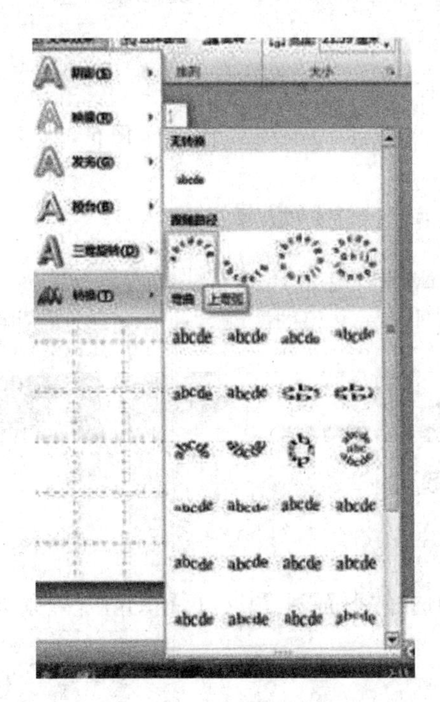

图 6-37　“上弯弧”效果

然后选择“转换”下的“上弯弧”，如图 6-37 所示，最终效果如图 6-38 所示。

我的旅途相册

图 6-38　艺术字最终效果

6.4　演示文稿设计

PowerPoint 2016 中的演示文稿设计包括三个方面的内容：幻灯片大小设置、主题和背景。

6.4.1　页面设置

页面设置包括幻灯片大小、宽度、高度、起始编号、方向等的设置，如图 6-39 所示。

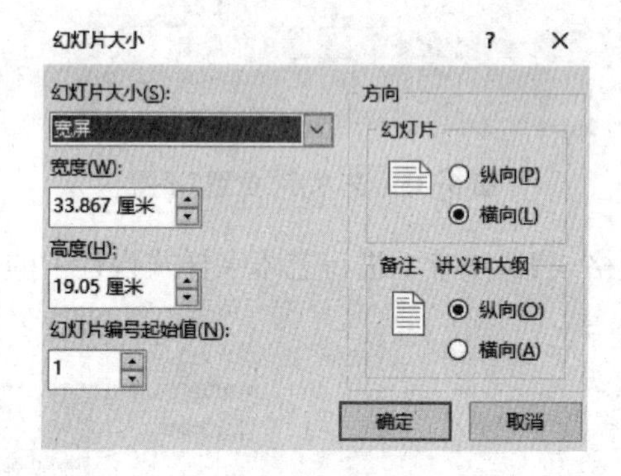

图 6-39　演示文稿页面设置

6.4.2　主题设置

PowerPoint 2016 中提供了内置的许多主题，如“回顾”“积分”“切片”“丝状”等，也可以浏览其他演示文稿的主题，“所有主题”如图 6-40 所示。

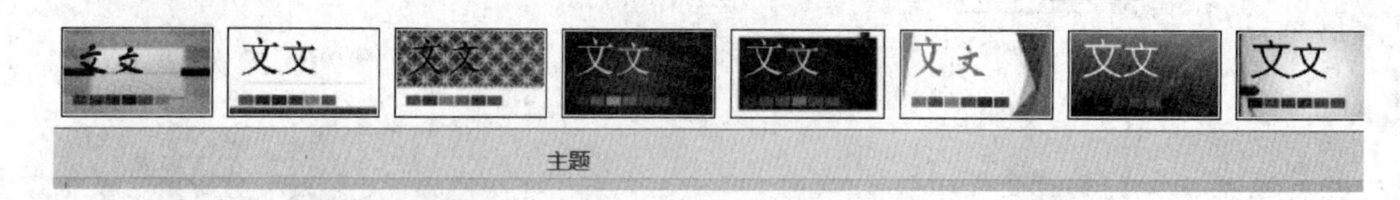

图 6-40　所有主题

如选择“平面”主题后，标题幻灯片效果如图 6-41 所示。

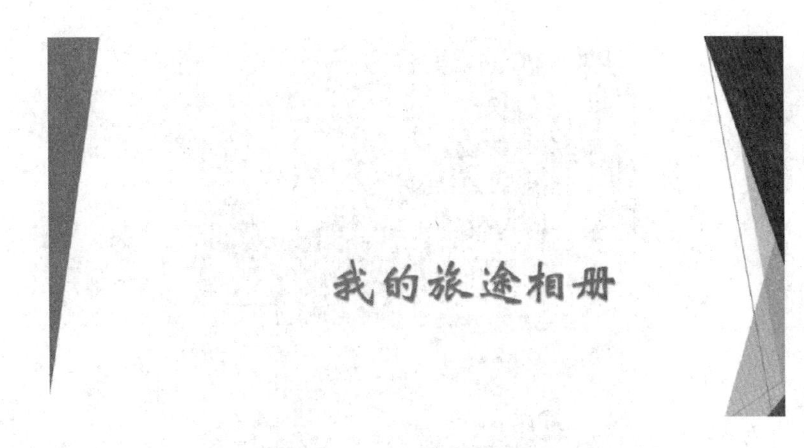

图 6-41　“平面”主题效果

6.4.3　背景设置

在实际应用中，有时候需要对全部或者部分幻灯片进行背景的设置，PowerPoint 2016 中幻灯片背景格式设置包括五个内容：纯色填充、渐变填充、图片或纹理填充、图案填充和隐藏背景图形，可以根据不同的幻灯片背景进行不同的设置，如图 6-42 所示。

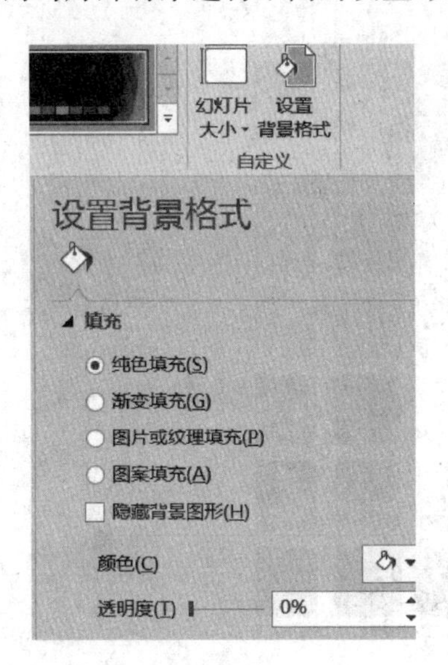

图 6-42　设置背景格式

实例 6.3　幻灯片背景设计(全国等级考试样题)

题目要求：背景格式的渐变填充效果设置为预设“浅色渐变-个性色 2”，类型为“路径”。

操作步骤如下。

(1) 选择【设计】选项卡下的“设置背景格式”。

(2) 然后在出现的对话框中选择“设置背景格式”。

(3) 在出现的对话框中选择“渐变填充”，如图 6-43 所示。

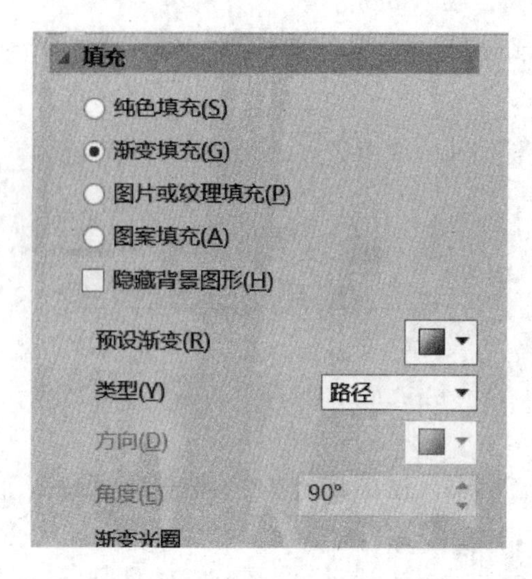

图 6-43 “渐变填充”效果设置

(4) 在如图 6-43 所示的对话框中,“预设渐变”选择“浅色渐变-个性色 2”,如图 6-44 所示。

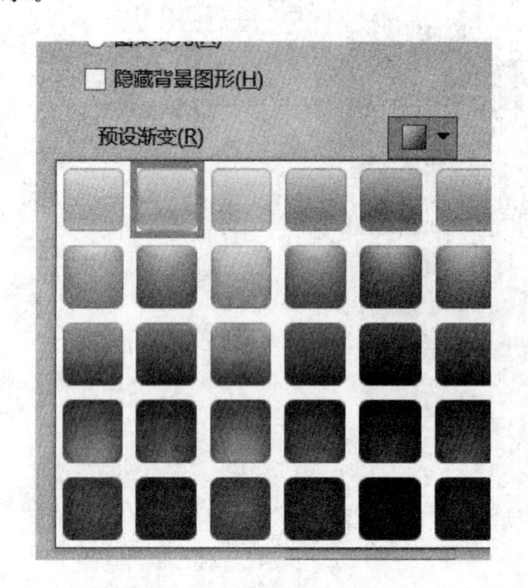

图 6-44 “预设渐变”选择

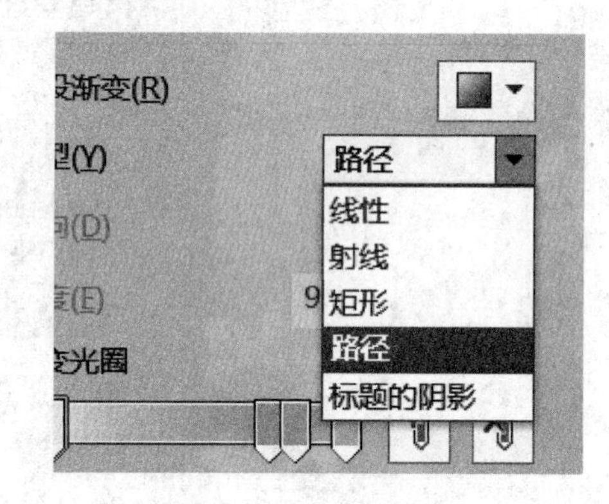

图 6-45 “路径”类型

(5) 类型选择“路径”,如图 6-45 所示,最终完成背景格式的设计。

(6) 如果背景格式需要设置成“斜纹布”纹理,则在如图 6-43 所示的对话框中选择“图片或纹理填充”进行相关设计即可。

6.5　幻灯片切换

演示文稿放映过程中由一张幻灯片进入另一张幻灯片就是幻灯片之间的切换，为了使幻灯片放映更具有趣味性，PowerPoint 2016 为用户提供了多种幻灯片的切换效果，接下来就介绍设置切换效果的方法。

幻灯片切换效果的设置主要包括两个方面：切换效果的选择和计时设置。

选择一张幻灯片后，点击【切换】，然后选择内置的切换效果即可。PowerPoint 2016 提供了细微型、华丽型、动态内容三个大的类型选择，每个类型下还有多种选择。

切换效果设置好之后，可以进行声音、持续时间、自动换片时间等内容的设置，如图 6-46 所示。

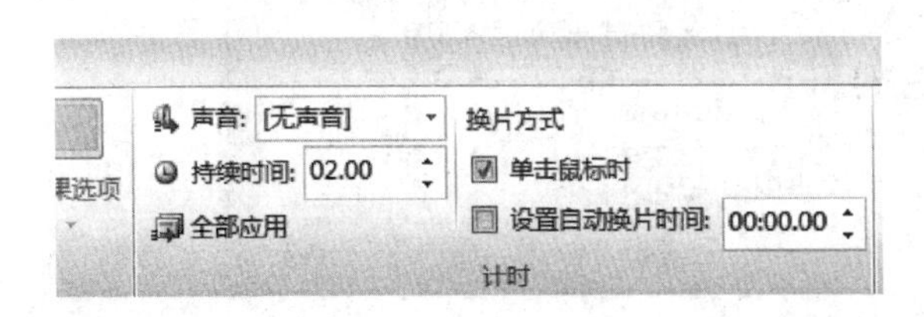

图 6-46　计时设置

6.6　动画和超链接

PowerPoint 2016 提供了动画和超链接技术，使幻灯片的制作更为简单灵活、锦上添花，有网页之效果。

6.6.1　动画设计

为幻灯片上的文本和各对象设置动画效果，可以突出重点、控制信息的流程、提高演示的效果。

幻灯片内的动画设计是指在演示一张幻灯片时，依次以各种不同的方式显示片内各对象。

PowerPoint 2016 提供了“进入”“强调”“退出”和“动作路径”四种动画设计效果。

1. 进入动画

常用的“进入”效果包括：出现、淡出、飞入、劈裂、删除、形状等，具体如图 6-47 所示。

图 6-47　常用“进入”效果

如果需要选择更多的效果，则选择【动画】选项卡下的【更多进入效果】，在出现如

图 6-48 所示的对话框中进行选择。

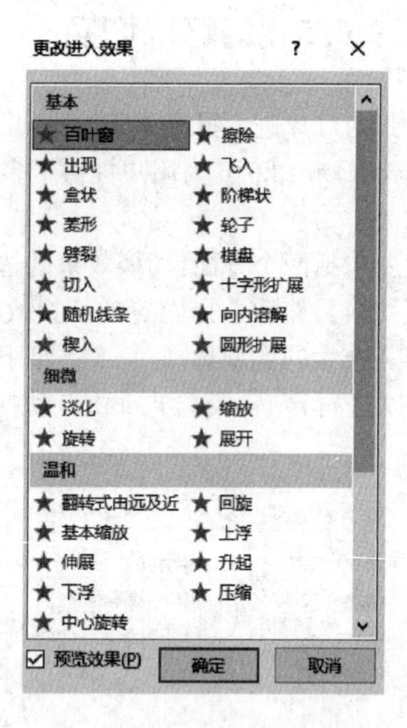

图 6-48　更多进入效果

动画效果添加之后,根据需要可以对其进行效果选项、播放顺序和计时等的设计。如为一行文本添加了"浮入"效果后,可以进行"方向"和"序列"的设计,如图 6-49 所示。

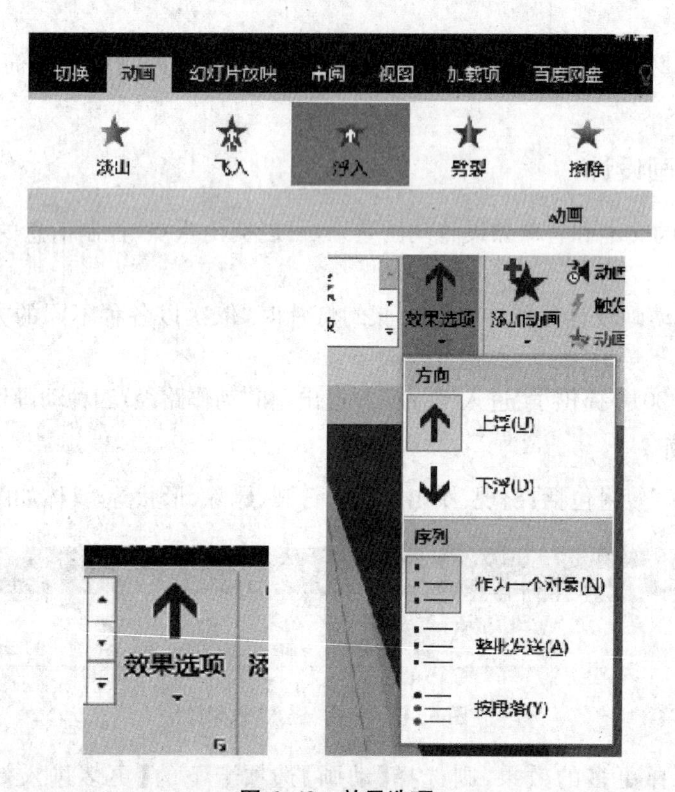

图 6-49　效果选项

另外，我们还可以为一个对象添加多个动画效果，只要选择如图 6-50 所示的【添加动画】。

图 6-50　添加动画

图 6-51　动画播放顺序

当一页幻灯片上有多个对象设置了动画之后，每个对象的左上角都有数字，如图 6-51 所示，表示动画播放的顺序。

动画播放顺序默认是按照创建动画的顺序来排序，如果需要调整，可以选择【动画】|【计时】下的【向前移动】和【向后移动】进行修改，如图 6-52 所示。

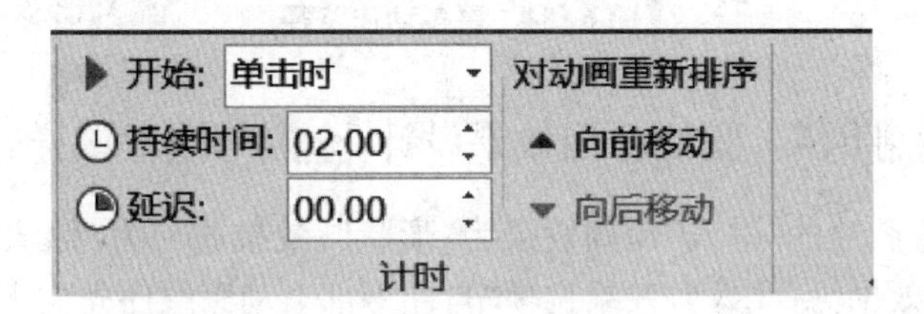

图 6-52　对动画重新排序

同理，如图 6-52 所示，也可以对动画进行"开始""持续时间"和"延迟"的设计和修改。

"强调"和"退出"的动画设计与"进入"类似，不再详述。

2. 动作路径

PowerPoint 2016 中为对象提供了"直线""弧形""转弯""形状""循环"和"自定义路径"六种常用动作路径，如图 6-53 所示。

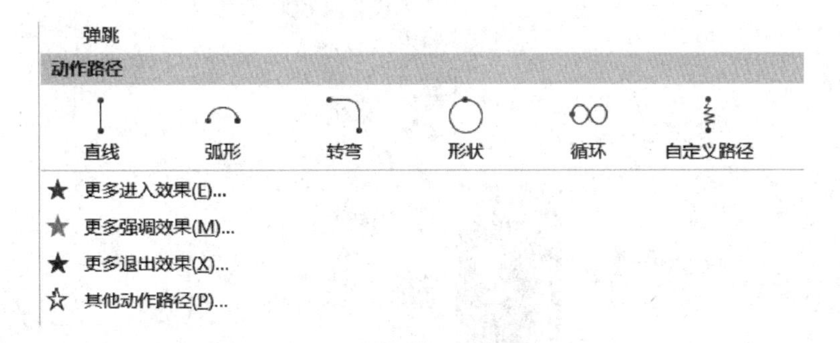

图 6-53　常用动作路径

如果需要更多动作路径，可以选择【其他动作路径】，在如图 6-54 所示对话框中进行选择。

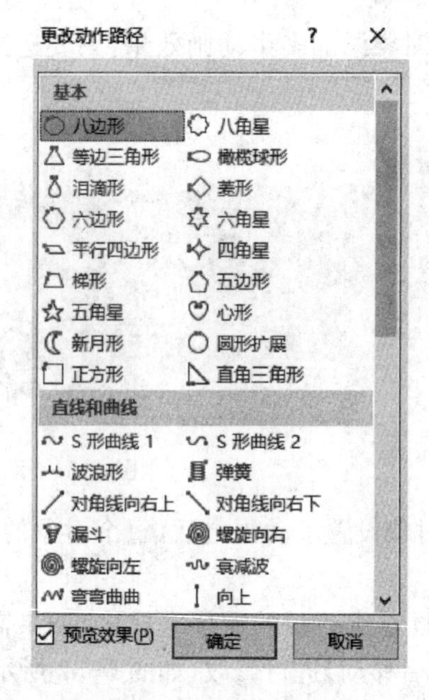

图 6-54　更多动作路径

实例 6.4　图片动画效果设计(全国等级考试样题)

题目要求:设置图片的“进入”动画效果为“形状”,效果选项为“形状—菱形”,设置文本部分的“进入”动画效果为“飞入”,效果选项“自左下部”,动画顺序先文本后图片。

操作步骤如下。

(1) 选中图片,选择【动画】选项下“进入动画”的“形状”效果。

(2) 选择“形状”效果下的“菱形”,如图 6-55 所示。

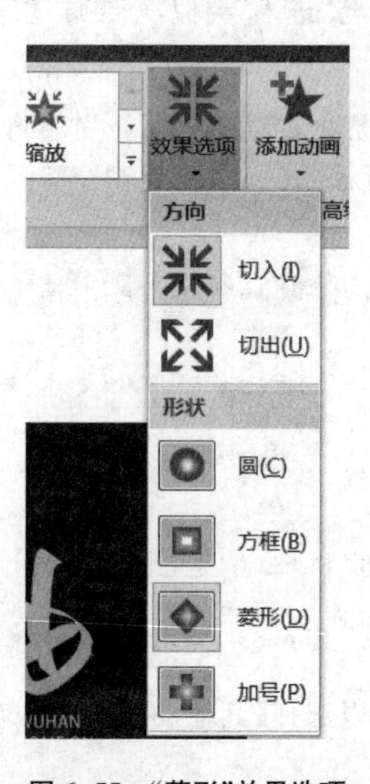

图 6-55　“菱形”效果选项

(3) 选中文本，选择【动画】选项下“进入动画”的“飞入”效果。

(4) 选择“方向”中的“自左下部”，如图 6-56 所示。

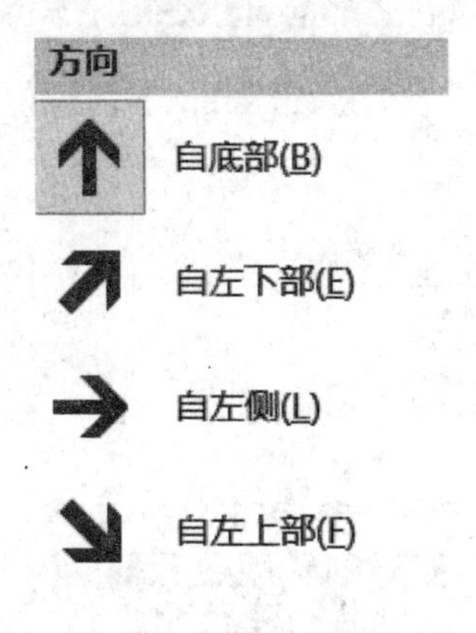

图 6-56　“自左下部”方向

(5) 调整动画播放次序，如图 6-57 所示，此时图片的播放顺序为第 1 位。

图 6-57　图片动画播放顺序

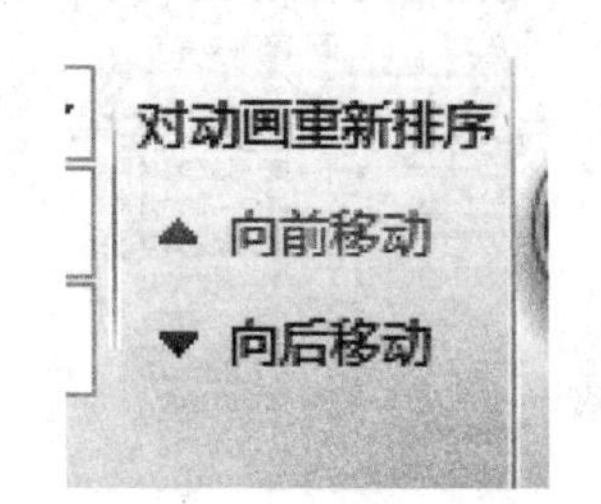

图 6-58　对动画重新排序

由于题目要求是先文本后图片，我们可以选择图片，在【动画】|【计时】下选择“向后移动”，如图 6-58 所示，则更改了动画播放顺序，完成题目要求。

6.6.2　超链接的使用

创建超级链接起点可以是任何文本或对象，激活超级链接最好用单击鼠标的方法。设置了超级链接，代表超级链接起点的文本会添加下划线，并且显示成系统配色方案指定的颜色。创建超级链接有使用“超级链接”命令和“动作按钮”两种方法。

1. 添加“超级链接”

(1) 保存要进行超级链接的演示文稿。

(2) 在幻灯片视图中选择要设置超级链接的文本或对象。

(3) 单击【插入】|【链接】命令，显示如图 6-59 所示插入【插入超级链接】对话框。

(4) 在【插入超级链接】对话框中，通过巧妙设置，可以实现各种链接。

图 6-59 【插入超级链接】对话框

“链接到”有四个选项：“现有文件或网页”“本文档中的位置”“新建文档”和“电子邮件地址”。

其中使用比较多的是“本文档中的位置”，选择需要建立超链接的文本、图片或是文本框等对象后，点击右键，选择【超链接】，出现如图 6-60 所示对话框。

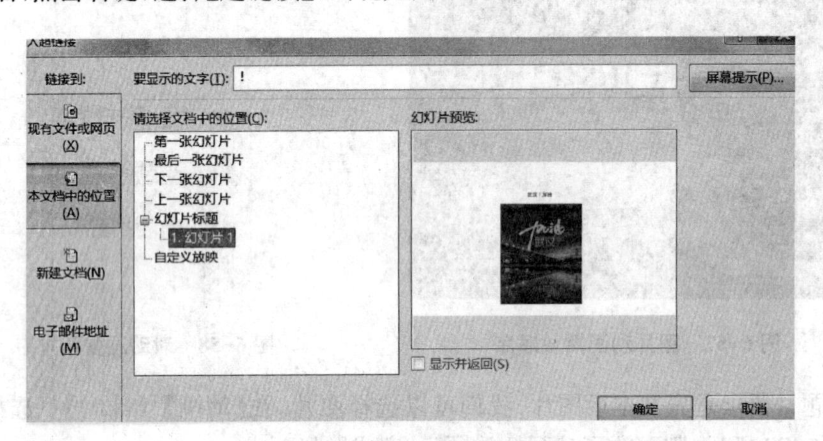

图 6-60 本文档中的位置

在对话框中，选择【幻灯片标题】下的各个选项，可以实现链接到文档中的其他页面。

2. 更改或删除超链接

删除或取消超链接的方法为：选择已创建了超链接的文本或其他对象，单击鼠标右键，在弹出的快捷菜单中选择【取消超链接】菜单项即可。如果想要更改、编辑超链接，同样选择要更改的超链接对象，单击鼠标右键，在弹出的快捷菜单中选择【编辑超链接】菜单命令。

3. 使用【动作】按钮

利用【插入】|【动作】也可以创建同样效果的超级链接。在超级链接激活后，跳转到幻灯片，若希望返回到原超级链接的起点，方法如下。

(1) 选择【插入】|【动作】命令，系统显示如图 6-61 所示动作设置对话框，在对话框中选择相应的选项。

图 6-61　【动作设置】对话框

(2)【单击鼠标】选项卡表示单击鼠标启动跳转。
(3)【鼠标悬停】选项卡表示移过鼠标启动跳转。
(4) 在“超链接到”选项表示列表框中选择跳转的位置。

6.7　幻灯片放映

如果在 PowerPoint 2016 里制作了多张幻灯片，有的人会认为放映的时候需要从头到尾一张一张地点击，其实通过幻灯片放映设置可以实现多种放映方式。

6.7.1　开始放映幻灯片

打开一个演示文稿，我们可以选择从头播放，还是从当前幻灯片播放。

如图 6-62 所示，我们通过“自定义幻灯片放映”可以自己设置幻灯片放映方式。操作方法如下。

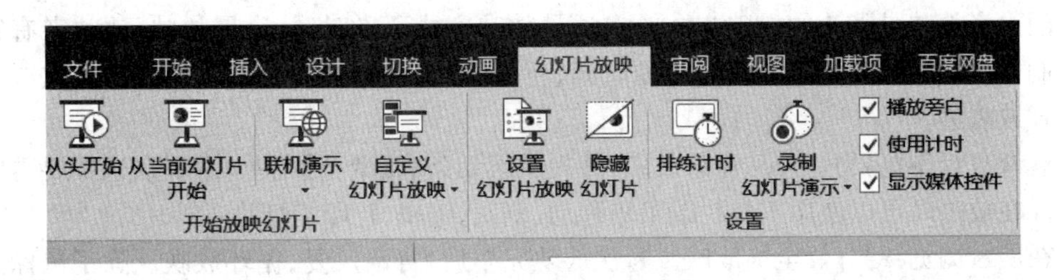

图 6-62　开始放映幻灯片

(1) 选择【幻灯片放映】|【自定义幻灯片放映】，出现如图 6-63 所示对话框，选择【新建】。

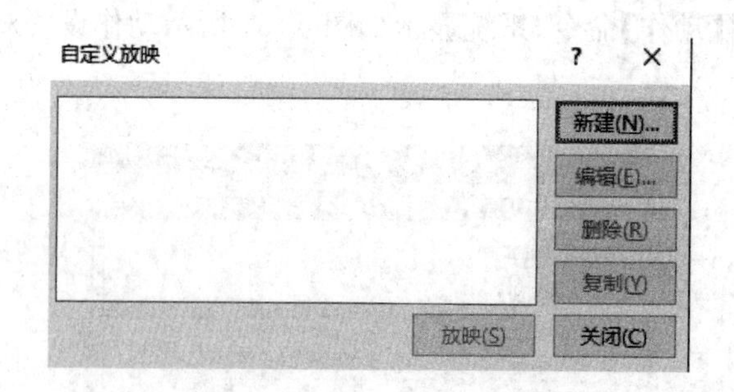

图 6-63 【自定义放映】对话框

(2) 进入【定义自定义放映】对话框,如图 6-64 所示。

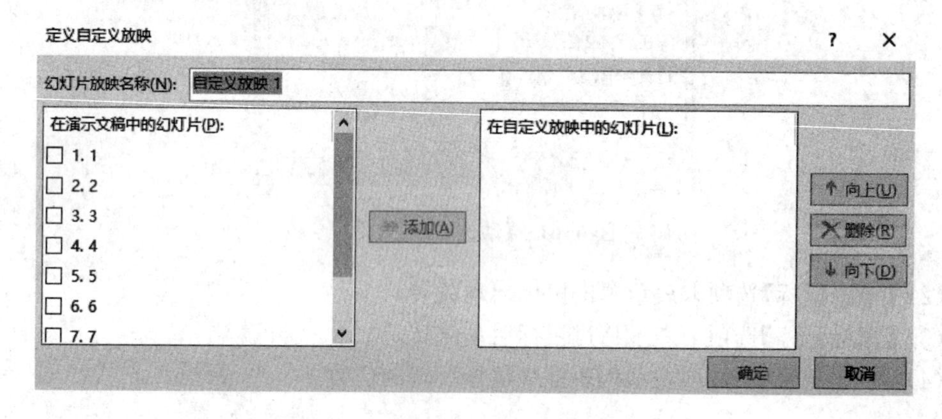

图 6-64 【定义自定义放映】对话框

我们可以自定义幻灯片放映名称,如修改成“我的放映”。左侧窗口里显示的是演示文稿中所有的幻灯片,选择需要放映的幻灯片,点击【添加】按钮,即完成了自定义幻灯片放映的设置。

6.7.2 设置放映方式

1. 放映类型

选择【放映】|【设置幻灯片放映】,如图 6-65 所示,可以看出幻灯片放映为使用者提供了三种放映类型:演讲者放映、观众自行浏览和在展台浏览。

演讲者放映是默认的放映方式。在这种放映方式下,幻灯片全屏放映,放映者有完全的控制权。例如可以控制放映停留的时间、暂停演示文稿放映,可以选择自动方式或者人工方式放映等。

观众自行浏览:幻灯片从窗口放映,并提供滚动条和【浏览】菜单,由观众选择要看的幻灯片。在放映时可以使用工具栏或菜单移动、复制、编辑、打印幻灯片。

在展台浏览:幻灯片全屏放映。每次放映完毕后,自动反复、循环放映。除了鼠标指针外,其余菜单和工具栏的功能全部失效,终止放映要按 Esc 键。观众无法对放映进行干预,也无法修改演示文稿。适合于无人管理的展台放映。

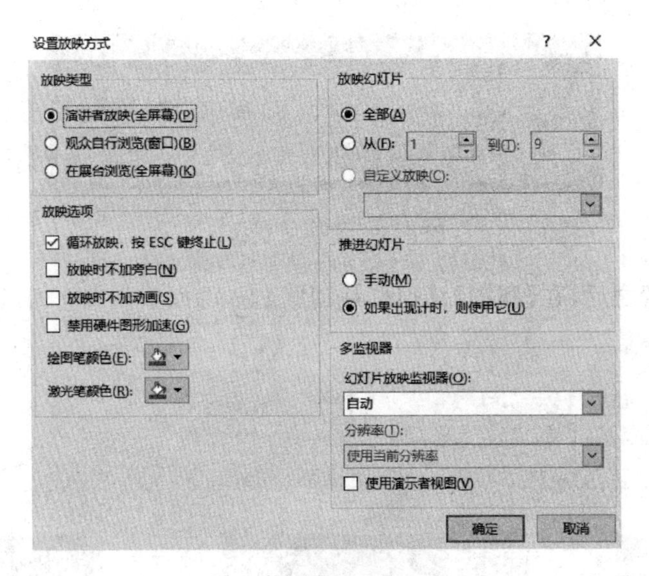

图 6-65　设置放映方式

2. 放映选项

放映选项包括三个常用选项:“循环放映,按 ESC 键终止”“放映时不加旁白”和“放映时不加动画”。

3. 放映幻灯片

如图 6-65 所示,待放映的幻灯片有全部、部分和自定义放映三种选择。

全部放映:从头至尾放映。

部分放映:选择开始和结束的幻灯片编号,即可定义放映所选择的那一部分幻灯片。

自定义放映:需要先在“幻灯片放映” 1“自定义放映”选项中,选择演示文稿中某些幻灯片,以某种顺序组成新的演示文稿,以一个自定义放映名命名。然后在“自定义放映”框中选择自定义的演示文稿,单击【确定】按钮,此时只放映选定的自定义的演示文稿。

4. 换片方式

“换片方式”框可以选择人工手动换片,还是按设定的排练时间换片。

我们选择【幻灯片放映】|【排练计时】,则在放映时,左上角会出现如图 6-66 所示录制排练计时的对话框。

图 6-66　录制排练计时

幻灯片在播放时,我们根据需要选择“下一页”“暂停录制”和“重复”,当所有幻灯片排练计时完成之后,关闭图 6-66 所示对话框,则出现图 6-67 所示对话框,选择【是】,则设置了幻灯片排练时间。

图 6-67 排练计时确认

排练计时设置之后,在【视图】|【幻灯片浏览】下,可以看到每张幻灯片排练计时的时间,如图 6-68 所示。

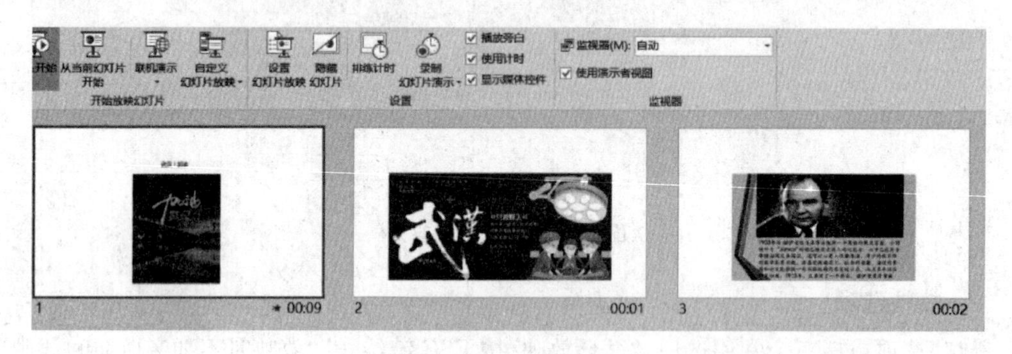

图 6-68 排练计时效果

排练计时设置完成之后,选择“如果存在排练计时,则使用它”,则我们放映时幻灯片就按时排练计自动放映,不需要人工点击了。

实例 6.5 页眉页脚设计

如图 6-69 所示,我们经常在幻灯片的页眉或页脚上插入日期和时间、页脚及幻灯片编号等内容。

图 6-69 页脚效果

要实现上述效果，操作很简单，选择【插入】菜单中【文本】分组的【页眉和页脚】命令，在出现的对话框中设置页眉、页脚和幻灯片编号，如图 6-70 所示。

图 6-70　页眉页脚设置

实例 6.6　水印效果制作

Word 2016 中有专门制作图片或文字水印的工具选项，在 PowerPoint 2016 中可以通过在“幻灯片母版”视图下添加相应的内容来实现水印效果，如图 6-71 所示。

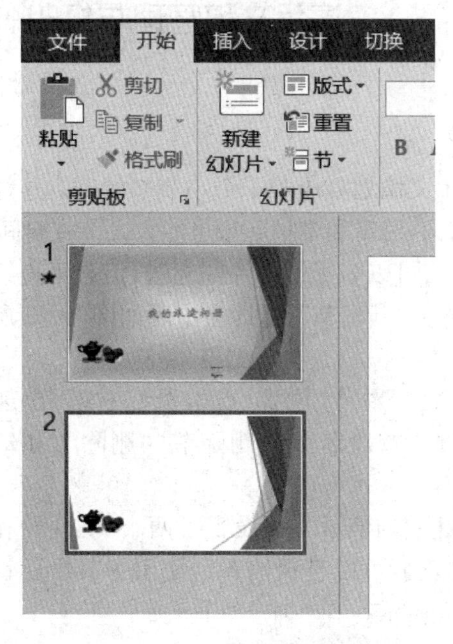

图 6-71　图片水印效果

操作步骤如下。

(1) 打开演示文稿,选择【视图】|【幻灯片母版】。

(2) 选择“幻灯片母版”幻灯片。

(3) 选择【插入】|【图片】,选择相应的图片。

(4) 对插入的图片进行旋转、调整大小等修改。

(5) 完成水印效果的制作,单页幻灯片效果如图 6-72 所示。

图 6-72　单页幻灯片水印效果

6.8　演示文稿管理与打印

6.8.1　节的使用

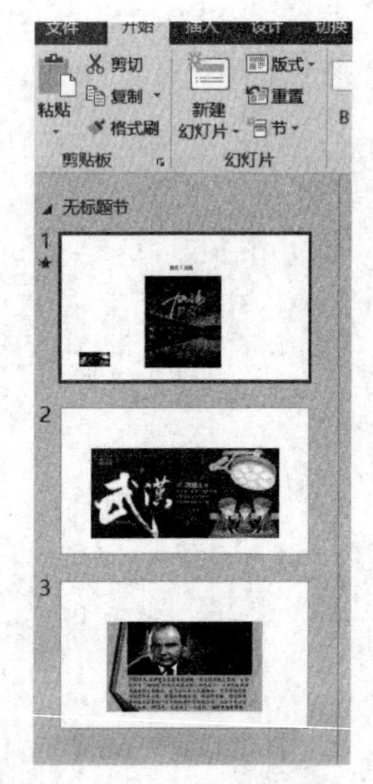

图 6-73　新增节

使用节可以将整个演示文稿划分成若干个小节来管理。这样一来,不仅有助于规划文稿结构,编辑和维护起来也能大大节省时间。

选中要添加节的幻灯片(可以多张幻灯片一起选,但是不连续的幻灯片不能新增节),点击右键“新增节”,随即会出现如图 6-73 所示效果。

在如图 6-73 所示的“无标题节”位置,点击鼠标右键,出现如图 6-74 所示菜单,可以进行“重命名节”“删除节”“删除节和幻灯片”“全部折叠”等设置。

如将一个包括 3 页幻灯片的演示文稿设置了两个节:开始和结束,选择【视图】|【幻灯片浏览】,可以直观地看到使用了节之后管理演示文稿的方便,如图 6-75 所示。

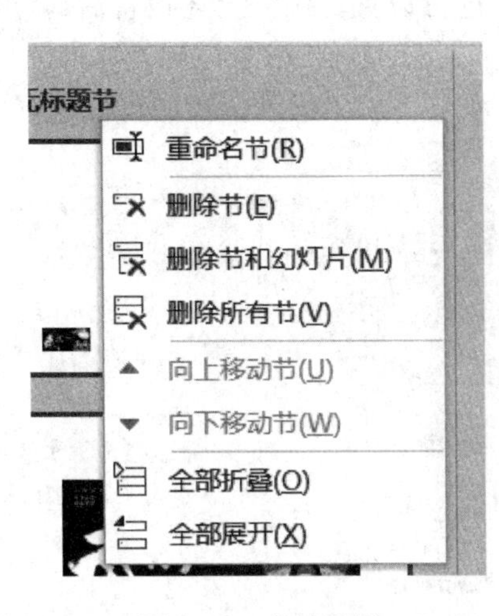

图 6-74　节的设置

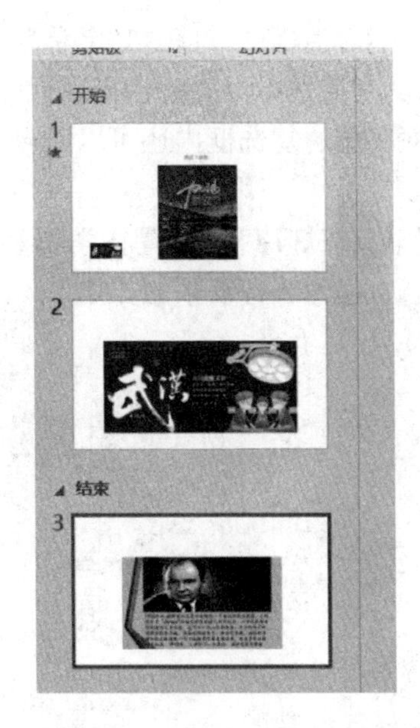

图 6-75　使用节之后的“幻灯片浏览视图”效果

6.8.2　幻灯片打印

幻灯片除了可以放映给观众观看外，还可以打印出来进行分发，这样观众以后还可以用来参考。所以打印幻灯片还是很有必要的。

打印有两个步骤。

选择【文件】|【打印】命令项，出现【打印】工作窗口如图 6-76 所示，可以根据自己的需要进行打印设置。比如：打印幻灯片采用的颜色、打印的内容、打印的范围、打印的份数以及是否需要打印成特殊格式等。

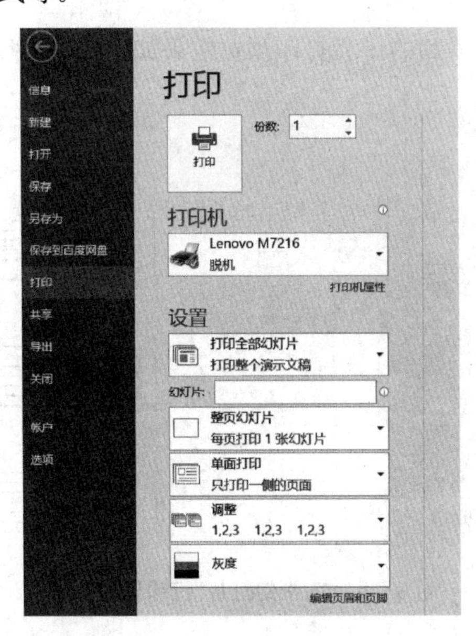

图 6-76　【打印】对话框

在【打印】对话框中，打印机“名称”栏内可以选择打印机的名称。单击旁边的【属性】按钮，在弹出的对话框中设置打印机属性、纸张来源、大小等。

对话框底端的复选框内还可以对打印采用的颜色进行设置。做完上述设置后，就可以打印了。

其中“整页幻灯片”的设置在学习和工作中常用，如图 6-77 所示。我们可以选择“讲义”下的选项，起到节省纸张的作用。

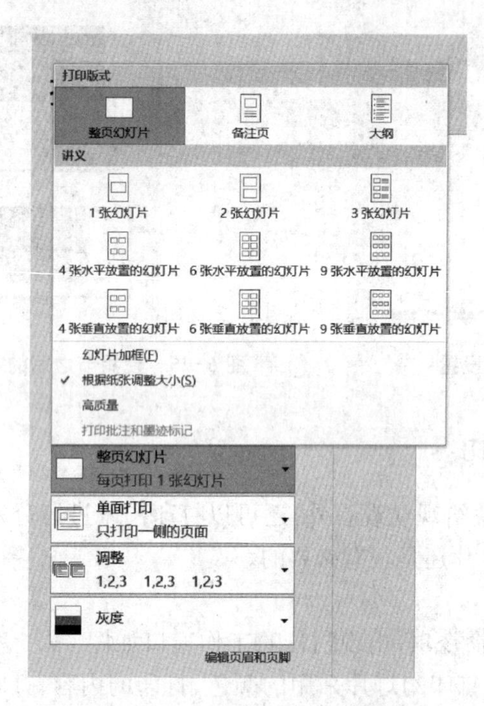

图 6-77 “整页幻灯片”设置

如选择“3 张幻灯片”，得到的讲义打印预览效果如图 6-78 所示。

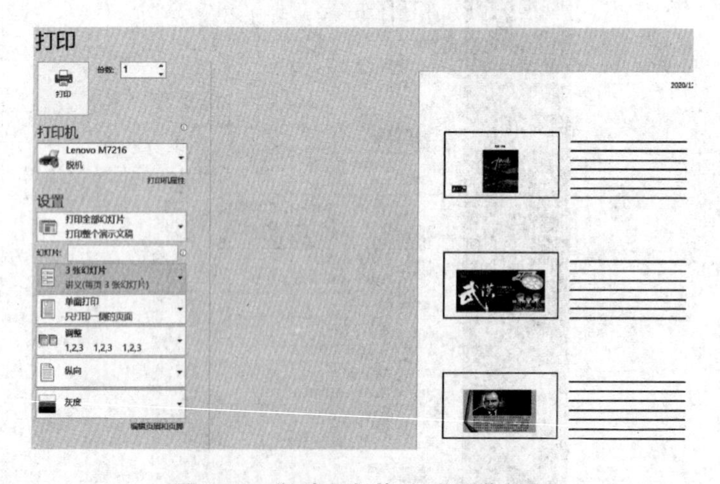

图 6-78 “3 张幻灯片”打印预览效果

6.9　综合应用

全国等级考试模拟训练题

题目要求：

(1) 为整个演示文稿应用“红利”主题，设置全体幻灯片的切换方式为“擦除”，效果选项为“从右上部”；设置幻灯片的大小为宽屏(16:9)，设置放映方式为“观众自行浏览”。

(2) 为第一张幻灯片添加副标题“年终总结报告会”，字体设置为“微软雅黑”，字体大小为 32 磅，将主标题的文字大小设置为 66 磅，文字颜色设置为标准色红色。

(3) 在第六张幻灯片后面加入一张新幻灯片，版式为“两栏内容”，标题是“收入组成”，在左侧栏中插入一个 6 行 3 列的表格，内容如下表所示；设置高度为 8 厘米，宽度为 8 厘米。

名称	2016	百分比
烟酒	201万	26.9%
旅游	156万	20.9%
农产品	124万	16.6%
直销	105万	14.1%
其他	160万	21.4%

(4) 在第七张幻灯片中，根据左侧表格中“名称”和“百分比”两列内容，在右侧栏插入一个“三维饼图”，图表标题为“收入组成”，设置图表样式为“样式 4”，不显示图例，设置图表高度为 10 厘米，宽度为 12 厘米。

(5) 将第二张幻灯片的文本框中的文字转换成 SmartArt 图形“垂直曲形列表”，并且为每个项目添加相应幻灯片的超链接。

(6) 将第三张幻灯片中的“良好态势”和“不足弊端”这两项内容的列表级别降低一个等级(即增大缩进级别)；将第五张幻灯片中的所有对象(幻灯片标题除外)组合成一个图形对象，并为这个组合对象设置“强调”动画的“跷跷板”；将第六张幻灯片表格中所有文字大小设置为 32 磅，表格样式为“主题样式 2 -强调 2”，所有单元格对齐方式为“垂直居中”。

(7) 将最后一张幻灯片的背景设置为渐变颜色的“顶部聚光灯-个性色 5”；在幻灯片中插入样式为“填充-粉色，主题色 3 锋利棱台”的艺术字，艺术字的文字为“感谢大家的支持与付出”，艺术字的文本填充设置为纹理“花岗岩”；为艺术字设置“进入”动画的“形状”，效果选项为“切入”“菱形”；为标题设置“强调”动画的“放大\缩小”，效果选项为“水平”“巨大”，持续时间为 3 秒；动画顺序是先标题后艺术字。

效果对比：

设置前效果和设置后效果分别如图 6-79 和图 6-80 所示。

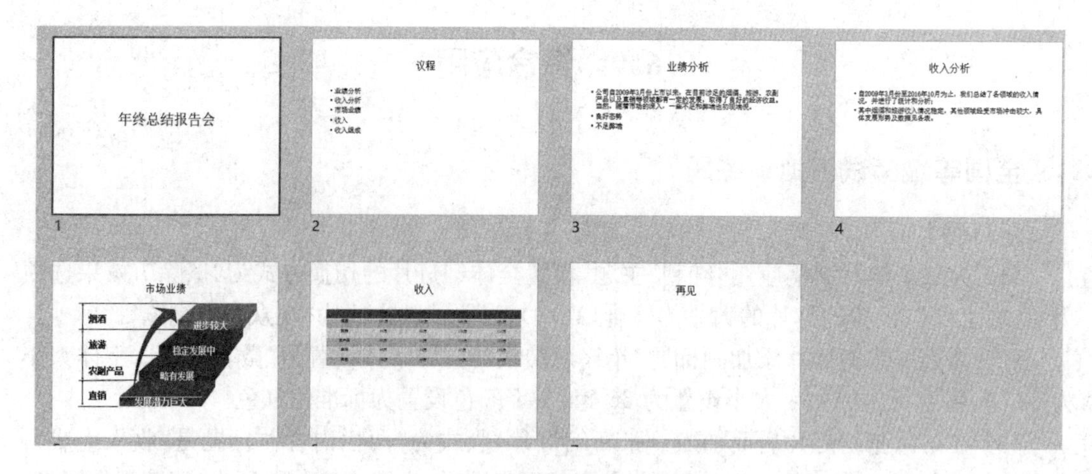

图 6-79　模拟训练题设置前效果

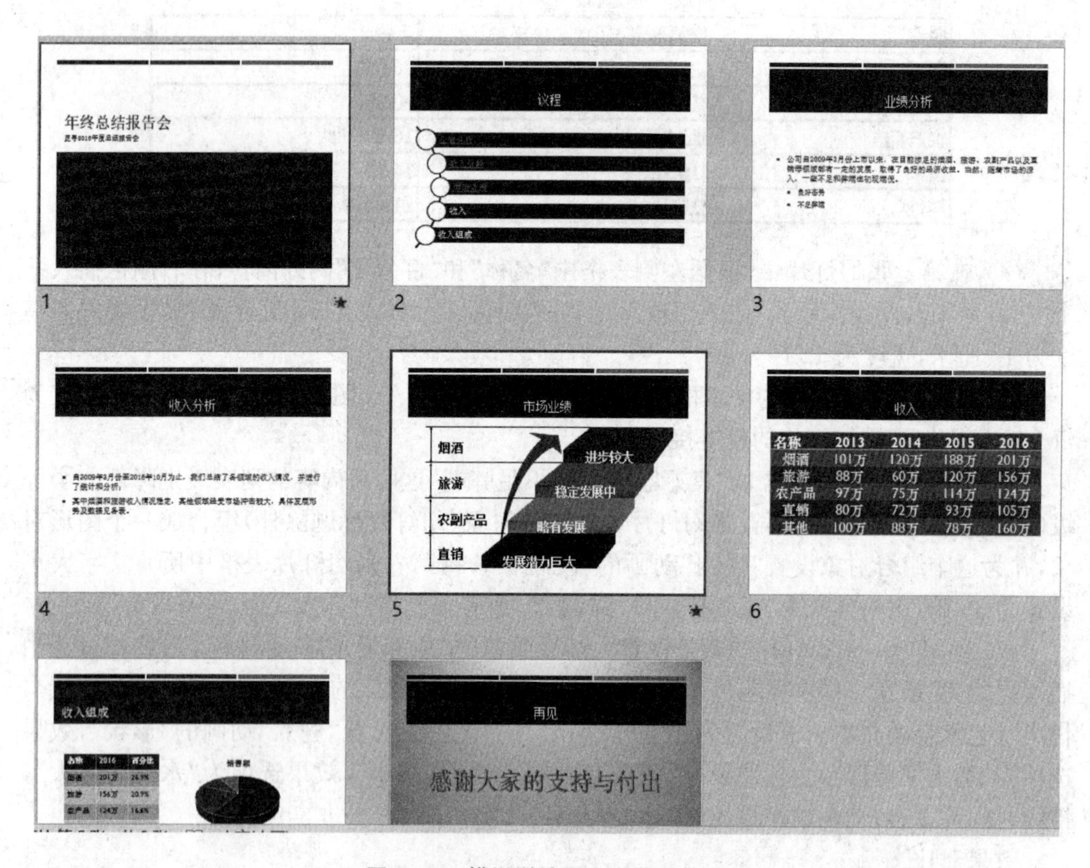

图 6-80　模拟训练题 2 设置后效果

操作步骤如下。

(1) 单击“考生文件夹”按钮，打开 swg. pptx 文件，选中第一张幻灯片，在【设计】功能区的【主题】分组中，选择“红利”主题修饰全文；

在【切换】功能区的【切换到此幻灯片】分组中单击【擦除】按钮，单击【效果选项】按钮，在弹出的下拉列表框中选择“自右上部”；

在【设计】功能区的【自定义】分组中点击“幻灯片大小”，选择“宽屏(16∶9)”；

在【幻灯片放映】功能区的【设置】分组中，点击“设置幻灯片放映”，选择“观众自行浏览”。

(2) 在【设计】功能区下，点击输入副标题文字“年终总结报告会”，文字设置略。

(3) 选中第六张和第七张幻灯片中间，右击“新建幻灯片”，在【开始】功能区的【幻灯片】分组中单击【版式】按钮，选择“两栏内容”选项，标题是“收入组成”。

在【插入】功能区的【表格】组中点击【插入表格】，输入“6 行”“3 列”；选中表格，在【表格】功能区的【布局】中设置表格的宽、高分别为 8 厘米；输入表格内容文字。

(4) 在【插入】功能区的【图表】分组中，点击“饼图”—“三维饼图”，复制粘贴饼图中的数据；双击图表输入标题为“收入组成”，选中图表依次设置图例、图表宽度和高度。

(5) 选中第二张幻灯片的文本框的文字，鼠标右击【转换为 SmartArt】，找到“垂直曲形列表”；选中文字“业绩分析”，鼠标右击【超链接】，点击“本文档中的位置”选择“3. 业绩分析”，点击【确定】按钮。其他步骤同上。

(6) 选择第三张幻灯片中的“良好态势”和“不足弊端”，在【开始】功能区的【段落】中点击【增大缩进级别】。

选择第五张幻灯片中的所有对象(幻灯片标题除外)，鼠标右击选择【组合】|【组合】；在【动画】功能区的【动画】中点击“强调”下的“跷跷板。”

选中第六张幻灯片表格中的文字，在【开始】功能区的【字体】中输入字号“32”；选中表格，在【表格工具】功能区的【设计】中，点击表格样式为“主题样式 2 -强调 2”；在【表格工具】功能区的【布局】中，设置所有单元格“对齐方式”为“垂直居中”。

(7) 在【设计】功能区的【设置背景格式】中，设置“渐变填充”中的“预设渐变”，点击“顶部聚光灯-个性色 5”。

在【插入】功能区的【艺术字】中，点击“填充-粉色，主题色 3 锋利棱台”，输入文字“感谢大家的支持与付出”；选择艺术字，点击“设置形状格式”，找到“文本选项”，点击“图片或纹理填充”—“纹理”—“花岗岩”。

在【动画】功能区的【进入】中的“形状”，效果选项为“切入”“菱形”；选中文字“再见”，在【动画】功能区，设置“强调”“放大缩小”，效果选项为“水平”“巨大”，持续时间为 3 秒；选中标题文字“再见”，在【动画】功能区的【计时】中，单击“向前移动”，前面数字符号变为 1 即可。

附录 A

全国计算机等级考试一级 MS Office 考试大纲

基本要求

1. 具有微型计算机的基础知识(包括计算机病毒的防治常识)。

2. 了解微型计算机系统的组成和各部分的功能。

3. 了解操作系统的基本功能和作用,掌握 Windows 的基本操作和应用。

4. 了解文字处理的基本知识,熟练掌握文字处理 MS Word 的基本操作和应用,熟练掌握一种汉字(键盘)输入方法。

5. 了解电子表格软件的基本知识,掌握电子表格软件 Excel 的基本操作和应用。

6. 了解多媒体演示软件的基本知识,掌握演示文稿制作软件 PowerPoint 的基本操作和应用。

7. 了解计算机网络的基本概念和因特网(Internet)的初步知识,掌握 IE 浏览器软件和 Express 软件的基本操作和使用。

考试内容

一、计算机基础知识

1. 计算机的发展、类型及其应用领域。

2. 计算机中数据的表示、存储与处理。

3. 多媒体技术的概念与应用。

4. 计算机病毒的概念、特征、分类与防治。

5. 计算机网络的概念、组成和分类;计算机与网络信息安全的概念和防控。

6. 因特网网络服务的概念、原理和应用。

二、操作系统的功能和使用

1. 计算机软、硬件系统的组成及主要技术指标。

2. 操作系统的基本概念、功能、组成及分类。

3. Windows 操作系统的基本概念和常用术语,文件、文件夹、库等。

4. Windows 操作系统的基本操作和应用:

(1) 桌面外观的设置,基本的网络配置。

(2) 熟练掌握资源管理器的操作与应用。

(3) 掌握文件、磁盘、显示属性的查看、设置等操作。

(4) 中文输入法的安装、删除和选用。

(5) 掌握检索文件、查询程序的方法。

(6) 了解软、硬件的基本系统工具。

三、文字处理软件的功能和使用

1. Word的基本概念,Word的基本功能和运行环境,Word的启动和退出。

2. 文档的创建、打开、输入、保存等基本操作。

3. 文本的选定、插入与删除、复制与移动、查找与替换等基本编辑技术;多窗口和多文档的编辑。

4. 字体格式设置、段落格式设置、文档页面设置、文档背景设置和文档分栏等基本排版技术。

5. 表格的创建、修改;表格的修饰;表格中数据的输入与编辑;数据的排序和计算。

6. 图形和图片的插入;图形的建立和编辑;文本框、艺术字的使用和编辑。

7. 文档的保护和打印。

四、电子表格软件的功能和使用

1. 电子表格的基本概念和基本功能,Excel的基本功能、运行环境、启动和退出。

2. 工作簿和工作表的基本概念和基本操作,工作簿和工作表的建立、保存和退出;数据输入和编辑;工作表和单元格的选定、插入、删除、复制、移动;工作表的重命名和工作表窗口的拆分和冻结。

3. 工作表的格式化,包括设置单元格格式、设置列宽和行高、设置条件格式、使用样式、自动套用模式和使用模板等。

4. 单元格绝对地址和相对地址的概念,工作表中公式的输入和复制,常用函数的使用。

5. 图表的建立、编辑和修改以及修饰。

6. 数据清单的概念,数据清单的建立,数据清单内容的排序、筛选、分类汇总,数据合并,数据透视表的建立。

7. 工作表的页面设置、打印预览和打印,工作表中链接的建立。

8. 保护和隐藏工作簿和工作表。

五、PowerPoint的功能和使用

1. 中文PowerPoint的功能、运行环境、启动和退出。

2. 演示文稿的创建、打开、关闭和保存。

3. 演示文稿视图的使用,幻灯片基本操作(版式、插入、移动、复制和删除)。

4. 幻灯片基本制作(文本、图片、艺术字、形状、表格等插入及其格式化)。

5. 演示文稿主题选用与幻灯片背景设置。

6. 演示文稿放映设计(动画设计、放映方式、切换效果)。

7. 演示文稿的打包和打印。

六、因特网(Internet)的初步知识和应用

1. 了解计算机网络的基本概念和因特网的基础知识,主要包括网络硬件和软件,TCP/IP协议的工作原理,以及网络应用中常见的概念,如域名、IP地址、DNS服务等。

2. 能够熟练掌握浏览器、电子邮件的使用和操作。

考试方式

1. 采用无纸化考试,上机操作。考试时间为90分钟,满分100分。

2. 软件环境:Windows 7操作系统或Windows 10操作系统,Microsoft Office 2016办公软件。

3. 在指定时间内，完成下列各项操作：

(1) 选择题(计算机基础知识和网络的基本知识)。(20 分)

(2) Windows 操作系统的使用。(10 分)

(3) Word 操作。(25 分)

(4) Excel 操作。(20 分)

(5) PowerPoint 操作。(15 分)

(6) 浏览器(IE)的简单使用和电子邮件收发。(10 分)

附录 B

全国计算机信息技术考试办公软件应用模块考试大纲

第一单元　操作系统应用(8 分)

1. Windows 10 操作系统的基本操作：

进入操作系统和资源管理器，建立考生文件夹，复制和重命名文件。

2. Windows 10 操作系统的设置与优化：

添加或删除输入语言，语言栏的简单设置；

设置系统日期、时间或时区；

安装、预览、删除或者显示和隐藏字体；

创建或删除桌面快捷方式；

设置桌面背景；

添加、卸载或设置桌面小工具；

设置文件和文件夹的视图方式；

显示、隐藏或更改桌面图标；

电源按钮操作：重新启动、切换用户、注销等。

第二单元　文字录入与编辑(10 分)

1. 新建文件：

在“Microsoft Word 2016”程序中，新建文档，并以指定的文件名保存至考生文件夹中。

2. 录入文档：

录入汉字、字母、标点符号和特殊符号，并具有较高的准确率和一定的速度。

3. 复制粘贴：

复制指定文档内容，并粘贴至指定的文档和位置；

4. 查找替换：

查找现有文档的指定内容，并替换为不同的内容或格式。

第三单元　文档的格式设置与编排(15 分)

1. 设置字体格式：

为指定的文本设置字体格式(字体、字号、字形、颜色等)及添加文本效果(如阴影、发光或映像等)。

2. 设置段落格式：

为指定的文本设置段落格式(对齐方式、段落缩进、行距和段落间距等)。

3. 拼写检查：

利用“拼写和语法”工具检查并更正英文文档中的错误单词。

4. 设置项目符号或编号：

为文档段落设置指定内容和格式的项目符号或编号。

5. 设置中文版式：

为文档指定内容添加字符边框、拼音等。

第四单元　文档表格的创建与设置(10 分)

1. 创建表格并自动套用格式：

创建表格并自动套用表格样式。

2. 表格的基本操作：

将表格中的单元格合并或拆分，行和列的交换、插入或删除，设置行高和列宽等。

3. 表格的格式设置：

设置表格中单元格的对齐方式、字体格式，设置表格的边框与底纹等。

第五单元　文档的版面设置与编排(15 分)

1. 页面设置：

设置文档的纸张大小、方向、页边距等；为文档添加页眉(页脚)文字，插入页码等。

2. 艺术字设置：

按要求设置艺术字的位置、文本样式(字体、外观、填充、轮廓、三维效果等)和形状样式(外观、填充、轮廓、三维效果等)。

3. 文档的版面格式设置：

为文档中指定的内容进行分栏、分页设置；为文档指定的内容设置文字方向、添加边框和底纹等。

4. 文档的插入设置：

在文档中指定的位置插入指定的图片，并对图片的大小、位置、环绕方式及样式(边框、效果、外观等)进行设置；为文档中指定的文字添加脚注或尾注。

第六单元　电子表格的基本操作(16 分)

1. 工作表的基本操作：

插入、删除、移动行或列，调整行高和列宽，工作表的重命名、移动、删除或复制，设置工作表标签的颜色。

2. 单元格格式的设置：

设置单元格或单元格区域的字体、字号、字形、颜色及对齐方式等，设置单元格或单元格区域的边框与底纹。

3. 表格的插入设置：

为指定单元格插入批注；利用公式输入程序输入指定的公式；在表格中指定的位置插入图片、SmartArt 图形等对象元素。

4. 工作表的打印设置：

在工作表的指定位置插入分页符，设置打印标题、打印区域、打印预览等。

5. 建立图表：

使用指定的数据建立指定类型的图表，并对图表进行简单的修饰。

第七单元　电子表格的数据处理(16 分)

1. 数据的查找与替换：

对表格中指定内容进行查找、替换或定位操作。

2. 公式、函数的应用：

利用公式进行行间与列间的计算，调用函数进行简单计算（总和、均值、最大值、最小值等）。

3. 基本数据分析：

对指定的数据进行不加选项的排序和筛选；对指定的数据进行合并计算、分类汇总及应用条件格式。

4. 数据的透视分析：

应用指定的数据建立数据透视表。

第八单元　MS Word 和 MS Excel 的进阶应用（10 分）

1. 选择性粘贴：

在文字处理程序中嵌入电子表格程序中的工作表对象。

2. 文本与表格的转换：

在文字处理程序中按要求将表格转换为文本，或将文本转换为表格。

3. 记录（录制）宏：

在文字处理程序或电子表格程序中，记录（录制）指定的宏。

4. 邮件合并：

创建主控文档，获取并引用数据源，合并数据并保存邮件。

参考文献

[1] 黄永才.计算机基础[M].北京:中国水利水电出版社,2012.

[2] 林永兴.大学计算机基础[M].北京:科学出版社,2012.

[3] 陈伟.办公自动化高级应用案例教程[M].北京:中国水利水电出版社,2012.

[4] 杨臻.PPT 要你好看[M].北京:电子工业出版社,2012.

[5] 宋宴.计算机应用基础[M].北京:电子工业出版社,2013.

[6] 马希荣.计算机应用基础[M].北京:电子工业出版社,2013.

[7] 高长铎.计算机应用基础[M].北京:人民邮电出版社,2013.

[8] 戴锐青.计算机应用基础(第 3 版)[M].北京:清华大学出版社,2014.

[9] 宁玲.计算机应用基础(第 2 版)[M].北京:机械工业出版社,2014.

[10] 国家职业技能鉴定专家委员会,计算机专业委员会.办公软件应用试题汇编[M].北京:科学出版社,北京希望电子出版社,2008.

[11] 全国高校网络教育考试委员会.计算机应用基础[M].北京:清华大学出版社,2013.